一流规划教材

一流学科教材

数 学

线性代数讲义

LECTURE NOTES ON LINEAR ALGEBRA

王新茂 编著

U0190084

中国科学技术大学出版社

内 容 简 介

本书是作者在中国科学技术大学讲授数学专业线性代数课程时编写的讲义. 本书的第1～7章介绍线性代数的矩阵理论(线性方程组、矩阵运算、行列式、矩阵的相抵、矩阵的相似、正交方阵、二次型),第8～10章介绍线性代数的空间理论(线性空间、线性变换、内积空间). 矩阵理论与空间理论是线性代数的一体两面、各有特点. 本书结构清晰、内容翔实、文字精炼,每节都配有丰富的典型例题和各种难度的习题,适合作为高水平大学的本科数学专业教材或教学参考书.

图书在版编目(CIP)数据

线性代数讲义/王新茂编著. —合肥:中国科学技术大学出版社,2021.10(2024.2重印)
ISBN 978-7-312-05273-6

Ⅰ. 线… Ⅱ. 王… Ⅲ. 线性代数—高等学校—教学参考资料 Ⅳ. O151.2

中国国家版本馆CIP数据核字(2021)第147572号

线性代数讲义
XIANXING DAISHU JIANGYI

出版 中国科学技术大学出版社
安徽省合肥市金寨路96号,230026
http://press.ustc.edu.cn
https://zgkxjsdxcbs.tmall.com
印刷 安徽省瑞隆印务有限公司
发行 中国科学技术大学出版社
开本 787 mm×1092 mm 1/16
印张 12
字数 292千
版次 2021年10月第1版
印次 2024年2月第2次印刷
定价 36.00元

前　　言

本书是作者在中国科学技术大学讲授数学专业线性代数课程时所编写的讲义. 教学内容是向数学专业本科生介绍关于线性代数的基本概念、基本理论和基本方法. 教学目标是让学生能够快速地入门线性代数, 扎实且全面地掌握基础知识, 并能够熟练地运用线性代数知识解决相关的数学问题. 为此, 本书按照从具体到抽象、从特殊到一般、从简单到复杂的原则安排内容.

线性代数起源于线性方程组的求解问题. 本书从线性方程组的消元解法开始讲起, 引入矩阵和初等变换的概念. 向量可以看作是数的推广, 矩阵又可以看作是向量的推广, 自然有矩阵的加法、数乘运算. 矩阵也可以看作是线性映射的表示, 从而引入矩阵的乘法运算. 为了定义乘法的逆运算以及判断矩阵是否可逆, 我们对矩阵作初等方阵乘积分解, 从而得到相抵标准形. 行列式是矩阵理论的重要分支, 与各种矩阵问题有着密切的联系. 对于整数矩阵和一元多项式矩阵, 相抵的概念可推广到模相抵的概念. 为了解决矩阵方幂的计算问题, 引入了相似的概念. 矩阵的相抵、相似、相合关系都可以看作是某种形式的矩阵乘积分解. 为了研究相似标准形问题, 引入了多种概念和方法. 本书还详细介绍了正交 (酉) 方阵、对称 (Hermite) 方阵、正定方阵的良好性质及其在二次型问题中的应用.

本书在介绍了矩阵的基础知识之后, 还介绍了线性代数的空间理论, 主要包括一般域上的线性空间、线性变换和内积理论, 空间的维数不做限制. 线性空间理论是对向量和矩阵知识的抽象和扩充. 有限维线性空间上的线性代数问题, 可以转化为矩阵问题加以研究. 对于无限维线性空间上的线性代数问题, 有限维线性空间中成立的结论在无限维线性空间中有可能不成立, 矩阵方法无法替代空间理论. 线性代数的矩阵理论和空间理论是两套不同的数学语言, 分别具有代数属性和几何属性, 它们是线性代数的一体两面, 各有特点. 综合掌握这两套数学语言, 有利于从多个角度深入思考具体问题.

多项式（尤其是一元多项式）是代数学的基本工具, 在线性代数的研究中有着重要的作用. 关于多项式以及群、环、域的一些代数学基础知识应该在先修课程中学习, 本书不再详细介绍这部分代数学知识.

学完了主要知识之后, 学生能够对线性代数学科有一定的了解, 能够解决一些简单的常见类型的线性代数问题. 想要熟练运用所学知识, 学生还需要通过大量习题的磨炼, 来巩固知识. 本书安排了各种难度的习题供不同层次的学生练习. 做习题只是学习的辅助手段, 目的是检验学习的效果. 建议学生首先深入理解基本概念, 掌握定理的证明和例题的求解思路, 然后再做习题. 遇到有难度的习题, 要主动思考, 百思不得其解后, 再向他人寻求帮助.

编 者

2021 年 5 月

目　　录

第 1 章　线性方程组

线性方程组是最简单也是最重要的一类代数方程组, 在科学研究和生产实践等领域中都有着广泛的应用. 线性方程组求解问题具有非常久远的历史, 中国古代数学名著《九章算术》(成书于约公元前 150 年) 中就记载着线性方程组的消元解法. 线性方程组求解问题的研究促进了线性空间、线性变换以及矩阵理论的建立和发展, 构成了线性代数这门数学分支学科的中心内容.

本章主要介绍一般的 n 元线性方程组

$$\begin{cases} a_{11}x_1 + a_{12}x_2 + \cdots + a_{1n}x_n = b_1 \\ a_{21}x_1 + a_{22}x_2 + \cdots + a_{2n}x_n = b_2 \\ \qquad\qquad \cdots \\ a_{m1}x_1 + a_{m2}x_2 + \cdots + a_{mn}x_n = b_m \end{cases} \tag{1.1}$$

的求解方法, 其中 $a_{11}, a_{12}, \cdots, a_{mn}, b_1, b_2, \cdots, b_m$ 是已知的数, $x_1, x_2, \cdots, x_n$ 是待求解的变量. 特别地, 当 $b_1 = b_2 = \cdots = b_m = 0$ 时, 线性方程组 (1.1) 称为齐次线性方程组.

关于线性方程组, 有下列几个基本问题:

(1) **解的存在性**问题. 线性方程组 (1.1) 是否有解?

(2) **解的唯一性**问题. 线性方程组 (1.1) 是否有唯一解?

(3) **解集的结构**问题. 线性方程组 (1.1) 的解集有何性质?

在本章以及后续的章节中, 将从不同的角度来研究这些问题.

在本书中, 数指的是某个数域中的元素. **数域** $\mathbb{F}$ 是一个定义了加、减、乘、除运算, 并且满足特定运算律的非空集合, 详见定义 8.2. 若存在素数 p 使得 $\underbrace{x + \cdots + x}_{p\text{ 个}} = 0 (\forall x \in \mathbb{F})$, 则 p 称为 $\mathbb{F}$ 的**特征**, 记作 $\operatorname{char}\mathbb{F} = p$. 否则, 规定 $\operatorname{char}\mathbb{F} = 0$. 例如, 无限域 $\mathbb{C}, \mathbb{R}, \mathbb{Q}$ 的特征为 0, q 元有限域 $\mathbb{F}_q$ 的特征为 p, 其中 q 是素数 p 的方幂.

1.1　消 元 解 法

求解代数方程组的基本思想是"消元": 由原方程不断产生新方程, 并且不断减少每个新方程所包含未知数的个数, 直到求出一个未知数; 然后如法炮制, 求出其他未知数. 在求解过程中有可能得到增根, 因此, 还需要把所求得的可能解代入原方程组进行检验, 这样才能得到方程组的真正解. 对于非线性方程组, 很难做到不产生增根. 然而对于线性方程组, 可以进行如下的同解变形, 以避免验根所带来的额外运算.

例 1.1 求解线性方程组

$$\begin{cases} x_2 - x_3 = -1 & ① \\ x_1 - 2x_2 = -4 & ② \\ 3x_1 - 2x_2 + x_4 = -7 & ③ \\ 3x_1 + x_2 + x_3 + 3x_4 = 0 & ④ \end{cases}$$

解 ④ − ③, 得

$$3x_2 + x_3 + 2x_4 = 7 \qquad ⑤$$

方程组①～④的解一定满足方程组①～③, ⑤. 反之, ④ = ③ + ⑤, 方程组①～③, ⑤的解一定满足方程组①～③, ④. 因此, 方程组①～④与方程组①～③, ⑤的解集相同.

同理, ③ − 3 × ②, 得同解方程组①, ②, ⑥, ⑤, 其中

$$4x_2 + x_4 = 5 \qquad ⑥$$

⑤ − 3 × ①, 得同解方程组①, ②, ⑥, ⑦, 其中

$$4x_3 + 2x_4 = 10 \qquad ⑦$$

⑥ − 4 × ①, 得同解方程组①, ②, ⑧, ⑦, 其中

$$4x_3 + x_4 = 9 \qquad ⑧$$

⑦ − ⑧, 得同解方程组①, ②, ⑧, ⑨, 其中

$$x_4 = 1 \qquad ⑨$$

把 x_4 代入⑧, 得到 $x_3 = 2$. 把 x_3 代入①, 得到 $x_2 = 1$. 把 x_2 代入②, 得到 $x_1 = -2$.

思考: 把解出的未知数代入某个方程求得其他未知数的过程是否有可能产生增根?

定理 1.1 对于线性方程组的下列操作不改变线性方程组的解:

(1) 交换某两个方程在线性方程组中的位置, 其他方程不变.

(2) 把某个方程替换成它的非零常数倍, 其他方程不变.

(3) 把某个方程替换成它与另一方程的常数倍之和, 其他方程不变.

其中方程 $a_1x_1 + a_2x_2 + \cdots + a_nx_n = b$ 的常数 λ 倍定义为

$$(\lambda a_1)x_1 + (\lambda a_2)x_2 + \cdots + (\lambda a_n)x_n = \lambda b$$

两个方程 $a_1x_1 + a_2x_2 + \cdots + a_nx_n = b$ 与 $a_1'x_1 + a_2'x_2 + \cdots + a_n'x_n = b'$ 的和定义为

$$(a_1 + a_1')x_1 + (a_2 + a_2')x_2 + \cdots + (a_n + a_n')x_n = b + b'$$

定义 1.1 以上三类操作称为线性方程组的**初等变换**.

通过第 (3) 类初等变换, 我们可以消去两个方程所包含的公共未知数. 例如, 假设第一个方程含有 x_1, 即 $a_{11} \neq 0$, 则第一个方程的 $-\dfrac{a_{i1}}{a_{11}}$ 倍与第 i 个方程之和不含 x_1, 从而可以得到 $m-1$ 个不含 x_1 的方程; 待由这 $m-1$ 个方程求得 $x_2, \cdots, x_n$ 之后, 代回第一个方程, 解得 x_1. 当 $a_{11}=0$ 时, 某个方程含有 x_1, 第 (1) 类初等变换可以把方程组化为 $a_{11} \neq 0$ 的情形. 第 (2) 类初等变换则可以把 $a_{11} \neq 0$ 的情形化为 $a_{11}=1$ 的情形.

例 1.1 中的同解变形消元过程可以表示为如下初等变换:

$$\begin{cases} \text{①} \\ \text{②} \\ \text{③} \\ \text{④} \end{cases} \xrightarrow{\text{换行}} \begin{cases} \text{②} \\ \text{①} \\ \text{③} \\ \text{④} \end{cases} \xrightarrow{\text{消去 } x_1} \begin{cases} \text{②} \\ \text{①} \\ \text{③} \\ \text{⑤} = \text{④} - \text{③} \end{cases} \xrightarrow{\text{消去 } x_1} \begin{cases} \text{②} \\ \text{①} \\ \text{⑥} = \text{③} - 3 \times \text{②} \\ \text{⑤} \end{cases}$$

$$\xrightarrow{\text{消去 } x_2} \begin{cases} \text{②} \\ \text{①} \\ \text{⑥} \\ \text{⑦} = \text{⑤} - 3 \times \text{①} \end{cases} \xrightarrow{\text{消去 } x_2} \begin{cases} \text{②} \\ \text{①} \\ \text{⑧} = \text{⑥} - 4 \times \text{①} \\ \text{⑦} \end{cases} \xrightarrow{\text{消去 } x_3} \begin{cases} \text{②} \\ \text{①} \\ \text{⑧} \\ \text{⑨} = \text{⑦} - \text{⑧} \end{cases}$$

定理 1.2　线性方程组 (1.1) 可以通过一系列初等变换, 化为如下阶梯形的线性方程组:

$$\begin{cases} a'_{1p_1}x_{p_1} + a'_{1p_2}x_{p_2} + \cdots + a'_{1n}x_n = b'_1 \\ \qquad\qquad a'_{2p_2}x_{p_2} + \cdots + a'_{2n}x_n = b'_2 \\ \qquad\qquad\qquad \cdots \\ \qquad\qquad a'_{rp_r}x_{p_r} + \cdots + a'_{rn}x_n = b'_r \\ \qquad\qquad\qquad\qquad 0 = b'_{r+1} \\ \qquad\qquad\qquad\qquad \cdots \\ \qquad\qquad\qquad\qquad 0 = b'_m \end{cases} \tag{1.2}$$

其中 $0 \leqslant r \leqslant \min\{m,n\}$,$1 \leqslant p_1 < p_2 < \cdots < p_r \leqslant n$ 并且 $a'_{1p_1}a'_{2p_2}\cdots a'_{rp_r} \neq 0$.

证明　对 m 使用数学归纳法. 当 $m=1$ 时, 结论显然成立. 当 $m \geqslant 2$ 时, 设 p 是最小的正整数, 使得存在 $a_{ip} \neq 0$. 不妨设 $i=1$, 否则交换第 i 个方程与第 1 个方程的位置. 通过第 (3) 类初等变换, 利用第 1 个方程, 可以把第 $2, \cdots, m$ 个方程中 $x_1, \cdots, x_p$ 的系数都变成 0. 对这 $m-1$ 个方程应用归纳假设, 可以通过一系列初等变换, 化为阶梯形的线性方程组. 添上第 1 个方程, 仍然是阶梯形的线性方程组.

定理 1.3　(1) 线性方程组 (1.1) 有解的充分必要条件是 $b'_{r+1} = \cdots = b'_m = 0$.

(2) 线性方程组 (1.1) 有唯一解的充分必要条件是 $r=n$ 且 $b'_{r+1} = \cdots = b'_m = 0$.

证明　把线性方程组 (1.1) 变成 (1.2) 的初等变换操作不改变方程组的解.

(1) 若方程组 (1.2) 有解, 则 $b'_{r+1} = \cdots = b'_m = 0$. 若 $b'_{r+1} = \cdots = b'_m = 0$, 则可以解出 $x_{p_1}, x_{p_2}, \cdots, x_{p_r}$ 为其他变元的一次函数.

(2) 设 $b'_{r+1} = \cdots = b'_m = 0$. 当 $r=n$ 时, 由方程组(1.2) 的前 r 个方程, 可依次解出 $x_n, x_{n-1}, \cdots, x_1$, 解是唯一的. 当 $r<n$ 时, 设 $i \notin \{p_1, p_2, \cdots, p_r\}$, 则 x_i 可取任意值, 方程组(1.2) 的解不唯一.

习 题 1.1

1. 证明定理 1.1.

2. 求解下列线性方程组:

(1) $\begin{cases} 2x_1+x_2-2x_4=1 \\ x_1+x_2-x_3=1 \\ 2x_2-x_3-x_4=1 \\ x_1+2x_2+2x_3-2x_4=1 \end{cases}$; (2) $\begin{cases} x_1-4x_3+2x_4=0 \\ x_1+2x_2-2x_3=0 \\ x_1+x_2-x_3+x_4=0 \\ x_1+3x_2-3x_3-x_4=0 \end{cases}$;

(3) $\begin{cases} x_1+x_2-x_3+2x_5=1 \\ x_1-x_3-x_4-x_5=1 \\ 2x_1-2x_2+x_3+x_4+2x_5=1 \\ 2x_1+x_2+x_3-x_5=1 \end{cases}$; (4) $\begin{cases} x_1+x_2-2x_3+2x_5=1 \\ x_2-2x_3+x_4+2x_5=1 \\ x_1-x_3+x_4+x_5=1 \\ x_1+x_2-x_3-2x_4+x_5=1 \end{cases}$;

(5) $\begin{cases} x_1+x_2-x_3+2x_4+x_5=1 \\ x_1+3x_2+4x_4+5x_5=1 \\ 2x_1+x_2-4x_3+5x_4=1 \\ 2x_2+x_3+2x_4+4x_5=1 \\ 2x_1+3x_2+3x_3-x_4+4x_5=1 \end{cases}$; (6) $\begin{cases} x_1+x_2+x_4=-2 \\ 2x_1+2x_3-x_4=1 \\ 2x_1+x_2-x_3-x_4=0 \\ x_1-2x_2-2x_3-2x_4=4 \\ 2x_2-2x_3+x_4=-3 \end{cases}$.

3. 证明: 当 $m<n$ 且 $b_1=b_2=\cdots=b_m=0$ 时, 齐次线性方程组 (1.1) 必有非零解.

1.2 矩阵表示

在对线性方程组施行初等变换的时候, 我们注意到每个方程的左端都是数与字母的乘积之和的形式, 只需要对未知数的系数进行操作; 并且方程的个数、未知数的个数、未知数的顺序均保持不变. 因此, 我们可以隐去未知数和运算符号, 用一个 m 行、$n+1$ 列的矩形表格

$$\boldsymbol{M}=\begin{pmatrix} a_{11} & a_{12} & \cdots & a_{1n} & b_1 \\ a_{21} & a_{22} & \cdots & a_{2n} & b_2 \\ \vdots & \vdots & & \vdots & \vdots \\ a_{m1} & a_{m2} & \cdots & a_{mn} & b_m \end{pmatrix} \tag{1.3}$$

来表示线性方程组 (1.1), 把对于线性方程组的操作转化为对于矩形表格的操作.《九章算术 · 方程》中就记载着这样的解法: 用算筹把线性方程组的系数和常数项排成长方形阵, 然后用加减消元法求解. 秦九韶的《数书九章》(成书于 1247 年) 中则用互乘相消法和代入法求解线性方程组.

定义 1.2 式 (1.3) 中的 $\boldsymbol{M}$ 称为线性方程组 (1.1) 的**增广矩阵**. 删去 $\boldsymbol{M}$ 的最后一列得到的 m 行、n 列的矩形表格称为线性方程组 (1.1) 的**系数矩阵**. $\boldsymbol{M}$ 的第 i 行从左至右排成的数组, 称为 $\boldsymbol{M}$ 的第 i 个**行向量**. $\boldsymbol{M}$ 的第 j 列从上至下排成的数组, 称为 $\boldsymbol{M}$ 的第 j 个**列向量**.

矩阵的元素并不仅限于数, 也可以是含有未知数和字母的代数表达式.

定义 1.3　由数域 $\mathbb{F}$ 中的 n 个数构成的数组 $\boldsymbol{x}=(x_1,x_2,\cdots,x_n)$ 称为数域 $\mathbb{F}$ 上的 n 维**数组向量**, 简称 n 维向量. 数域 $\mathbb{F}$ 上所有 n 维数组向量构成的集合记作 $\mathbb{F}^n$. 元素都是 0 的向量称为**零向量**, 记作 $\mathbf{0}$. 第 i 个元素是 1、其他元素都是 0 的向量称为第 i 个**标准单位向量**, 记作 $\boldsymbol{e}_i$.

设 $\boldsymbol{y}=(y_1,y_2,\cdots,y_n)\in\mathbb{F}^n$, $\lambda\in\mathbb{F}$. 定义两个向量的**加法**运算

$$\boldsymbol{x}+\boldsymbol{y}=(x_1+y_1,x_2+y_2,\cdots,x_n+y_n)$$

向量的**数乘**运算

$$\lambda\boldsymbol{x}=(\lambda x_1,\lambda x_2,\cdots,\lambda x_n)$$

显然, 向量的加法和数乘运算是数的加法和乘法运算的推广. 类似地, 可定义两个向量的**减法**运算

$$\boldsymbol{x}-\boldsymbol{y}=(x_1-y_1,x_2-y_2,\cdots,x_n-y_n)$$

线性组合运算

$$\lambda\boldsymbol{x}+\mu\boldsymbol{y}=(\lambda x_1+\mu y_1,\lambda x_2+\mu y_2,\cdots,\lambda x_n+\mu y_n)$$

并推广为多个向量 $\boldsymbol{\alpha}_1,\boldsymbol{\alpha}_2,\cdots,\boldsymbol{\alpha}_k\in\mathbb{F}^n$ 的线性组合运算

$$\lambda_1\boldsymbol{\alpha}_1+\lambda_2\boldsymbol{\alpha}_2+\cdots+\lambda_k\boldsymbol{\alpha}_k$$

其中 $\mu,\lambda_1,\lambda_2,\cdots,\lambda_k\in\mathbb{F}$.

以下是对线性方程组 (1.1) 的两种常见看法:

(1) 定义两个 n 维向量 $\boldsymbol{x}=(x_1,x_2,\cdots,x_n)$ 和 $\boldsymbol{y}=(y_1,y_2,\cdots,y_n)$ 的**数量积**运算为

$$\boldsymbol{x}\cdot\boldsymbol{y}=x_1y_1+x_2y_2+\cdots+x_ny_n$$

记 n 维向量 $\boldsymbol{\alpha}_i=(a_{i1},a_{i2},\cdots,a_{in})$. 线性方程组 (1.1) 可以理解为:

- 求向量 $\boldsymbol{x}=(x_1,x_2,\cdots,x_n)$, 使得 $\boldsymbol{\alpha}_i\cdot\boldsymbol{x}=b_i(\forall i=1,2,\cdots,m)$.

(2) 记 m 维向量 $\boldsymbol{\beta}_j=(a_{1j},a_{2j},\cdots,a_{mj})$, $\boldsymbol{b}=(b_1,b_2,\cdots,b_m)$. 线性方程组 (1.1) 还可以理解为:

- 求线性组合的系数 $x_1,x_2,\cdots,x_n$, 使得 $x_1\boldsymbol{\beta}_1+x_2\boldsymbol{\beta}_2+\cdots+x_n\boldsymbol{\beta}_n=\boldsymbol{b}$.

定理 1.4　数组向量的加法和数乘运算具有下列性质:

(A1) $\boldsymbol{x}+\boldsymbol{y}=\boldsymbol{y}+\boldsymbol{x}$;　(A2) $(\boldsymbol{x}+\boldsymbol{y})+\boldsymbol{z}=\boldsymbol{x}+(\boldsymbol{y}+\boldsymbol{z})$;

(A3) $\boldsymbol{x}+\mathbf{0}=\mathbf{0}+\boldsymbol{x}=\boldsymbol{x}$;　(A4) $\boldsymbol{x}+(-\boldsymbol{x})=(-\boldsymbol{x})+\boldsymbol{x}=\mathbf{0}$;

(M1) $(\lambda\mu)\boldsymbol{x}=\lambda(\mu\boldsymbol{x})$;　(M2) $1\boldsymbol{x}=\boldsymbol{x}$;

(D1) $\lambda(\boldsymbol{x}+\boldsymbol{y})=\lambda\boldsymbol{x}+\lambda\boldsymbol{y}$;　(D2) $(\lambda+\mu)\boldsymbol{x}=\lambda\boldsymbol{x}+\mu\boldsymbol{x}$.

其中 $\boldsymbol{x},\boldsymbol{y},\boldsymbol{z}\in\mathbb{F}^n$, $\lambda,\mu\in\mathbb{F}$.

线性方程组 (1.1) 与矩阵 $\boldsymbol{M}$ 之间存在一一对应关系. 方程 $a_{i1}x_1+a_{i2}x_2+\cdots+a_{in}x_n=b_i$ 与行向量 $(a_{i1},a_{i2},\cdots,a_{in},b_i)$ 一一对应, 方程的常数倍对应于行向量的数乘运算, 两个方程

之和对应于两个行向量的加法运算. 对线性方程组 (1.1) 作初等变换的消元过程, 可以表示为对矩阵 $\boldsymbol{M}$ 的行向量做初等变换, 把 $\boldsymbol{M}$ 化为阶梯形的矩阵

$$\boldsymbol{M}' = \begin{pmatrix} a'_{1p_1} & \cdots & \cdots & \cdots & \cdots & a'_{1n} & b'_1 \\ & a'_{2p_2} & \cdots & \cdots & \cdots & a'_{2n} & b'_2 \\ & & \ddots & & & \vdots & \vdots \\ & & & a'_{rp_r} & \cdots & a'_{rn} & b'_r \\ & & & & & & b'_{r+1} \\ & & & & & & \vdots \\ & & & & & & b'_m \end{pmatrix}$$

其中 $\boldsymbol{M}'$ 中空白处的元素都是 0.

例 1.2 用矩阵方法求解例 1.1.

解

$$\begin{pmatrix} 0 & 1 & -1 & 0 & -1 \\ 1 & -2 & 0 & 0 & -4 \\ 3 & -2 & 0 & 1 & -7 \\ 3 & 1 & 1 & 3 & 0 \end{pmatrix} \xrightarrow{\text{交换①,②}} \begin{pmatrix} 1 & -2 & 0 & 0 & -4 \\ 0 & 1 & -1 & 0 & -1 \\ 3 & -2 & 0 & 1 & -7 \\ 3 & 1 & 1 & 3 & 0 \end{pmatrix} \xrightarrow[④-3①]{③-3①}$$

$$\begin{pmatrix} 1 & -2 & 0 & 0 & -4 \\ 0 & 1 & -1 & 0 & -1 \\ 0 & 4 & 0 & 1 & 5 \\ 0 & 7 & 1 & 3 & 12 \end{pmatrix} \xrightarrow[④-7②]{③-4②} \begin{pmatrix} 1 & -2 & 0 & 0 & -4 \\ 0 & 1 & -1 & 0 & -1 \\ 0 & 0 & 4 & 1 & 9 \\ 0 & 0 & 8 & 3 & 19 \end{pmatrix} \xrightarrow{④-2③}$$

$$\begin{pmatrix} 1 & -2 & 0 & 0 & -4 \\ 0 & 1 & -1 & 0 & -1 \\ 0 & 0 & 4 & 1 & 9 \\ 0 & 0 & 0 & 1 & 1 \end{pmatrix} \xrightarrow{③-④} \begin{pmatrix} 1 & -2 & 0 & 0 & -4 \\ 0 & 1 & -1 & 0 & -1 \\ 0 & 0 & 4 & 0 & 8 \\ 0 & 0 & 0 & 1 & 1 \end{pmatrix} \xrightarrow{\frac{1}{4}③}$$

$$\begin{pmatrix} 1 & -2 & 0 & 0 & -4 \\ 0 & 1 & -1 & 0 & -1 \\ 0 & 0 & 1 & 0 & 2 \\ 0 & 0 & 0 & 1 & 1 \end{pmatrix} \xrightarrow{②+③} \begin{pmatrix} 1 & -2 & 0 & 0 & -4 \\ 0 & 1 & 0 & 0 & 1 \\ 0 & 0 & 1 & 0 & 2 \\ 0 & 0 & 0 & 1 & 1 \end{pmatrix} \xrightarrow{①+2②} \begin{pmatrix} 1 & 0 & 0 & 0 & -2 \\ 0 & 1 & 0 & 0 & 1 \\ 0 & 0 & 1 & 0 & 2 \\ 0 & 0 & 0 & 1 & 1 \end{pmatrix}$$

上式最后一个矩阵的最后一列即为方程组的解, $(x_1, x_2, x_3, x_4) = (-2, 1, 2, 1)$.

习 题 1.2

1. 证明定理 1.4.
2. 用矩阵方法求解习题 1.1 第 2 题.
3. 设 $A(1,0)$, $B(0,2)$, $C(3,3)$. 求 $\triangle ABC$ 的外接圆方程.
4. 设 $A(1,0,0)$, $B(0,2,0)$, $C(0,0,3)$. 求 $\triangle ABC$ 的外接圆方程.
5. 求满足 $f(1) = f(2) = f(3) = 1$, $f(-1) = f(-2) = f(-3) = -1$ 的所有多项式 $f(x)$.

6. 求满足 $f(1) = f'(1) = f''(1) = 1$, $f(-1) = f'(-1) = f''(-1) = -1$ 的所有多项式 $f(x)$.

7. 当 λ 取何值时, 如下线性方程组有解? 有唯一解? 并求其所有解.

$$\begin{cases} \lambda x_1 + x_2 + x_4 = 1 \\ x_1 + \lambda x_2 + x_3 = 1 \\ x_2 + \lambda x_3 + x_4 = 1 \\ x_1 + x_3 + \lambda x_4 = 1 \end{cases}$$

8. 当 a, b 取何值时, 如下线性方程组有解? 有唯一解? 并求其所有解.

$$\begin{cases} a x_1 + x_2 + x_3 + x_4 = 0 \\ 2x_1 - x_2 + 2x_3 + 3x_4 = b \\ 2x_1 + x_2 - x_3 + 2x_4 = 1 \\ x_2 + x_3 + 2x_4 = 1 \\ x_2 + 2x_3 + 3x_4 = 2 \end{cases}$$

第 2 章　矩阵运算

与线性方程组一样, 矩阵的概念也具有悠久的历史, 如河图、洛书、幻方、拉丁方等. 矩阵正式作为现代数学的研究对象出现, 则是在行列式的研究发展起来之后. 许多与矩阵有关的性质已经在行列式的研究中被发现, 此时引入矩阵的概念变得水到渠成. 1801 年, Gauss①把线性变换的所有系数当作一个整体使用, 并用一个字母表示. 1844 年, Eisenstein②讨论了线性变换（矩阵）的乘积, 并强调了乘积的不可交换性. 1850 年, Sylvester③ 首先使用了"矩阵"一词. 从 1858 年开始, Cayley④发表了一系列关于矩阵的论文, 系统地阐述了矩阵的运算及性质. 因此, Cayley 被公认为矩阵论的奠基人.

2.1　基本概念

一个 m 行、n 列的表格

$$\boldsymbol{A}=\begin{pmatrix} a_{11} & a_{12} & \cdots & a_{1n} \\ a_{21} & a_{22} & \cdots & a_{2n} \\ \vdots & \vdots & & \vdots \\ a_{m1} & a_{m2} & \cdots & a_{mn} \end{pmatrix}$$

称为 $m\times n$ **矩阵**, 简记为 $\boldsymbol{A}=(a_{ij})_{m\times n}(i=1,2,\cdots,m;\ j=1,2,\cdots,n)$, 其中 a_{ij} 称为 $\boldsymbol{A}$ 的第 i 行 j 列元素, 或者 $\boldsymbol{A}$ 在 (i,j) 位置处的**元素**. 有序整数对 (m,n) 称为 $\boldsymbol{A}$ 的**维数**或**阶数**. 当 $m=n$ 时, $\boldsymbol{A}$ 称为 n 阶**方阵**. 当 $mn=0$ 时, $\boldsymbol{A}$ 称为**空矩阵**.

设 $\boldsymbol{A}$ 的元素都属于某个集合 S, 则 $\boldsymbol{A}$ 称为 S 上的矩阵. 例如, 当 $S=\mathbb{C},\mathbb{R},\mathbb{Q},\mathbb{Z}$ 时, $\boldsymbol{A}$ 分别称为复数矩阵、实数矩阵、有理数矩阵、整数矩阵. S 上的所有 $m\times n$ 矩阵构成的集合记作 $S^{m\times n}$. 每个矩阵 $\boldsymbol{A}\in S^{m\times n}$ 还可以看作是从集合 $\{1,2,\cdots,m\}\times\{1,2,\cdots,n\}$ 到 S 的映射: $(i,j)\mapsto a_{ij}$.

每个 a_{ii} 称为 $\boldsymbol{A}$ 的**对角元素**. $\boldsymbol{A}$ 的所有对角元素之和 $a_{11}+a_{22}+\cdots$ 称为 $\boldsymbol{A}$ 的**迹**, 记作 $\mathrm{tr}(\boldsymbol{A})$. 当 $i<j$ 时, a_{ij} 称为 $\boldsymbol{A}$ 的**上三角元素**. 当 $i>j$ 时, a_{ij} 称为 $\boldsymbol{A}$ 的**下三角元素**. 下三角元素都是 0 的矩阵称为**上三角矩阵**. 上三角元素都是 0 的矩阵称为**下三角矩阵**. 上三角矩阵和下三角矩阵统称为**三角矩阵**.

---

① Johann Carl Friedrich Gauss, 1777 ~ 1855, 德国数学家, 近代数学奠基人之一.

② Ferdinand Gotthold Max Eisenstein, 1823 ~ 1852, 德国数学家.

③ James Joseph Sylvester, 1814 ~ 1897, 英国数学家.

④ Arthur Cayley, 1821 ~ 1895, 英国数学家.

元素都是 0 的矩阵称为**零矩阵**, 记作 $\boldsymbol{O}$. 通常也把空矩阵视为零矩阵. 非对角元素都是 0 的矩阵称为**对角矩阵**. 以 $a_1, a_2, \cdots, a_n$ 为对角元素的 n 阶对角方阵常记作 $\mathrm{diag}(a_1, a_2, \cdots, a_n)$. $\mathrm{diag}(a, a, \cdots, a)$ 称为**纯量方阵**. $\mathrm{diag}(1, 1, \cdots, 1)$ 称为**单位方阵**, 记作 $\boldsymbol{I}$. (i, j) 位置处元素为 1、其他元素为 0 的矩阵称为**基础矩阵**, 记作 $\boldsymbol{E}_{ij}$.

满足 $b_{ij} = a_{ji}\ (\forall i, j)$ 的矩阵 $\boldsymbol{B} = (b_{ij})_{n\times m}$ 称为 $\boldsymbol{A} = (a_{ij})_{m\times n}$ 的**转置**, 记作 $\boldsymbol{B} = \boldsymbol{A}^{\mathrm{T}}$. 满足 $\boldsymbol{A}^{\mathrm{T}} = \boldsymbol{A}$ 的矩阵 $\boldsymbol{A}$ 称为**对称方阵**. 满足 $\boldsymbol{A}^{\mathrm{T}} = -\boldsymbol{A}$ 的矩阵 $\boldsymbol{A}$ 称为**反对称方阵**. 当 $\boldsymbol{A}$ 是复数矩阵时, 矩阵 $\boldsymbol{B} = (\overline{a_{ij}})_{m\times n}$ 称为 $\boldsymbol{A}$ 的**共轭**, 记作 $\boldsymbol{B} = \overline{\boldsymbol{A}}$. 矩阵 $\overline{\boldsymbol{A}}^{\mathrm{T}}$ 称为 $\boldsymbol{A}$ 的**共轭转置**, 常记作 $\boldsymbol{A}^{\mathrm{H}}$. 若 $\boldsymbol{A}^{\mathrm{H}} = \boldsymbol{A}$, 则 $\boldsymbol{A}$ 称为 **Hermite**①**方阵**. 若 $\boldsymbol{A}^{\mathrm{H}} = -\boldsymbol{A}$, 则 $\boldsymbol{A}$ 称为**反 Hermite 方阵**.

矩阵 $\boldsymbol{A}$ 可以看作是 mn 个元素排成的 m 行、n 列的表格, 也可以看作是 m 个行向量排成一列, 又或者是 n 个列向量排成一行.

$$\boldsymbol{A} = \begin{pmatrix} \boldsymbol{\alpha}_1 \\ \boldsymbol{\alpha}_2 \\ \vdots \\ \boldsymbol{\alpha}_m \end{pmatrix} = (\boldsymbol{\beta}_1 \quad \boldsymbol{\beta}_2 \quad \cdots \quad \boldsymbol{\beta}_n)$$

其中行向量 $\boldsymbol{\alpha}_i = (a_{i1}, a_{i2}, \cdots, a_{in})$, 列向量 $\boldsymbol{\beta}_j = (a_{1j}, a_{2j}, \cdots, a_{mj})^{\mathrm{T}}$. 矩阵概念可以看作是对向量概念的推广, 向量可以看作是矩阵的特殊形式. 行向量是 $1\times n$ 矩阵, 列向量是 $m\times 1$ 矩阵. 向量的运算可以推广到矩阵的运算.

定义 2.1 设 $\mathbb{F}$ 是数域, $\boldsymbol{A} = (a_{ij}) \in \mathbb{F}^{m\times n}$, $\boldsymbol{B} = (b_{ij}) \in \mathbb{F}^{m\times n}(i = 1, 2, \cdots, m;\ j = 1, 2, \cdots, n)$, $\lambda \in \mathbb{F}$, 定义:

(1) $\boldsymbol{A}$ 与 $\boldsymbol{B}$ 的**加法**运算 $\boldsymbol{A} + \boldsymbol{B} = (a_{ij} + b_{ij}) \in \mathbb{F}^{m\times n}$.

(2) $\boldsymbol{A}$ 与 $\boldsymbol{B}$ 的**减法**运算 $\boldsymbol{A} - \boldsymbol{B} = (a_{ij} - b_{ij}) \in \mathbb{F}^{m\times n}$.

(3) λ 与 $\boldsymbol{A}$ 的**数乘**运算 $\lambda\boldsymbol{A} = (\lambda a_{ij}) \in \mathbb{F}^{m\times n}$.

(4) 矩阵的**线性组合**运算 $\lambda_1\boldsymbol{A}_1 + \lambda_2\boldsymbol{A}_2 + \cdots + \lambda_k\boldsymbol{A}_k$, 其中每个 $\boldsymbol{A}_i \in \mathbb{F}^{m\times n}$, $\lambda_i \in \mathbb{F}(i = 1, 2, \cdots, k)$.

定理 2.1 矩阵的加法和数乘运算具有与定理 1.4 类似的性质, 并且对于任意 $\boldsymbol{A}, \boldsymbol{B} \in \mathbb{F}^{m\times n}$, $\lambda \in \mathbb{F}$, 有

$$(\boldsymbol{A} + \boldsymbol{B})^{\mathrm{T}} = \boldsymbol{A}^{\mathrm{T}} + \boldsymbol{B}^{\mathrm{T}}, \quad (\lambda\boldsymbol{A})^{\mathrm{T}} = \lambda\boldsymbol{A}^{\mathrm{T}}$$

例 2.1 设映射 $f = (f_1, f_2, \cdots, f_m) : \mathbb{F}^n \to \mathbb{F}^m$, 其中每个 f_i 是 n 元齐次线性函数,

$$f_i(x_1, x_2, \cdots, x_n) = a_{i1}x_1 + a_{i2}x_2 + \cdots + a_{in}x_n \quad (i = 1, 2, \cdots, m)$$

f 称为**线性映射**. $\boldsymbol{A} = (a_{ij})_{m\times n}$ 与 f 一一对应. $\boldsymbol{A}$ 称为 f 的**矩阵表示**.

例 2.2 设 $\boldsymbol{A}$ 和 $\boldsymbol{B}$ 分别是 $\mathbb{F}^n \to \mathbb{F}^m$ 的线性映射 $f = (f_1, f_2, \cdots, f_m)$ 和 $g = (g_1, g_2, \cdots, g_m)$ 的矩阵表示, $\lambda \in \mathbb{F}$, 则 $f + g = (f_1 + g_1, f_2 + g_2, \cdots, f_m + g_m)$ 和 $\lambda f = (\lambda f_1, \lambda f_2, \cdots, \lambda f_m)$ 也是 $\mathbb{F}^n \to \mathbb{F}^m$ 的线性映射, 并且 $\boldsymbol{A} + \boldsymbol{B}$ 是 $f + g$ 的矩阵表示, $\lambda\boldsymbol{A}$ 是 λf 的矩阵表示.

① Charles Hermite, 1822 ~ 1901, 法国数学家.

例 2.3 设 $f=(f_1,f_2,\cdots,f_m)$ 是 $\mathbb{F}^n\to\mathbb{F}^m$ 的线性映射, $g=(g_1,g_2,\cdots,g_n)$ 是 $\mathbb{F}^p\to\mathbb{F}^n$ 的线性映射, 其中

$$\begin{aligned}f_i(x_1,x_2,\cdots,x_n)&=a_{i1}x_1+a_{i2}x_2+\cdots+a_{in}x_n\quad(i=1,2,\cdots,m)\\g_k(x_1,x_2,\cdots,x_p)&=b_{k1}x_1+b_{k2}x_2+\cdots+b_{kp}x_p\quad(k=1,2,\cdots,n)\end{aligned}$$

则 $h=(h_1,h_2,\cdots,h_m)=f\circ g$ 是 $\mathbb{F}^p\to\mathbb{F}^m$ 的线性映射, 其中

$$h_i(x_1,x_2,\cdots,x_p)=\sum_{k=1}^{n}a_{ik}g_k(x_1,x_2,\cdots,x_p)=\sum_{k=1}^{n}a_{ik}\sum_{j=1}^{p}b_{kj}x_j=\sum_{j=1}^{p}\left(\sum_{k=1}^{n}a_{ik}b_{kj}\right)x_j$$

设 $\boldsymbol{A}=(a_{ij})_{m\times n}$, $\boldsymbol{B}=(b_{ij})_{n\times p}$, $\boldsymbol{C}=(c_{ij})_{m\times p}$ 分别是 f,g,h 的矩阵表示, 则有

$$c_{ij}=\sum_{k=1}^{n}a_{ik}b_{kj}\quad(\forall i,j)\tag{2.1}$$

定义 2.2 由式 (2.1) 定义的矩阵 $\boldsymbol{C}$ 称为 $\boldsymbol{A}$ 与 $\boldsymbol{B}$ 的**乘积**, 记作 $\boldsymbol{C}=\boldsymbol{AB}$.

设 $\boldsymbol{A}$ 的行向量分别为 $\boldsymbol{\alpha}_1,\boldsymbol{\alpha}_2,\cdots,\boldsymbol{\alpha}_m$, $\boldsymbol{B}$ 的列向量分别为 $\boldsymbol{\beta}_1,\boldsymbol{\beta}_2,\cdots,\boldsymbol{\beta}_p$, 则 $\boldsymbol{C}=\boldsymbol{AB}$ 也可以看作是由 $c_{ij}=\boldsymbol{\alpha}_i\cdot\boldsymbol{\beta}_j$（$n$ 维向量的数量积运算）排成的矩阵:

$$\boldsymbol{A}=\begin{pmatrix}\boldsymbol{\alpha}_1\\\boldsymbol{\alpha}_2\\\vdots\\\boldsymbol{\alpha}_m\end{pmatrix},\ \boldsymbol{B}=\begin{pmatrix}\boldsymbol{\beta}_1&\boldsymbol{\beta}_2&\cdots&\boldsymbol{\beta}_p\end{pmatrix}\quad\Rightarrow\quad\boldsymbol{AB}=\begin{pmatrix}\boldsymbol{\alpha}_1\cdot\boldsymbol{\beta}_1&\boldsymbol{\alpha}_1\cdot\boldsymbol{\beta}_2&\cdots&\boldsymbol{\alpha}_1\cdot\boldsymbol{\beta}_p\\\boldsymbol{\alpha}_2\cdot\boldsymbol{\beta}_1&\boldsymbol{\alpha}_2\cdot\boldsymbol{\beta}_2&\cdots&\boldsymbol{\alpha}_2\cdot\boldsymbol{\beta}_p\\\vdots&\vdots&&\vdots\\\boldsymbol{\alpha}_m\cdot\boldsymbol{\beta}_1&\boldsymbol{\alpha}_m\cdot\boldsymbol{\beta}_2&\cdots&\boldsymbol{\alpha}_m\cdot\boldsymbol{\beta}_p\end{pmatrix}$$

例 2.4 设 $\boldsymbol{A}=\begin{pmatrix}1&0\\0&0\end{pmatrix}$, $\boldsymbol{B}=\begin{pmatrix}0&1\\0&0\end{pmatrix}$, 则有 $\boldsymbol{AB}=\boldsymbol{B}$, $\boldsymbol{BA}=\boldsymbol{O}$.

并非任意两个矩阵 $\boldsymbol{A},\boldsymbol{B}$ 都可以作乘法运算 $\boldsymbol{AB}$. 只有当 $\boldsymbol{A}$ 的列数与 $\boldsymbol{B}$ 的行数相等时, 运算 $\boldsymbol{AB}$ 才有意义. $\boldsymbol{AB}$ 有意义也不能保证 $\boldsymbol{BA}$ 有意义. 矩阵的乘法运算不满足交换律. 为了避免歧义, 有时称 $\boldsymbol{AB}$ 为 "$\boldsymbol{A}$ 右乘上 $\boldsymbol{B}$" 或 "$\boldsymbol{B}$ 左乘上 $\boldsymbol{A}$".

例 2.5 利用矩阵的乘法运算, 可以很简明地表示数学式.

(1) 线性方程组 (1.1) 可写成 $\boldsymbol{Ax}=\boldsymbol{b}$.

(2) 例 2.1 中的线性映射 f 可写成 $f(\boldsymbol{x})=\boldsymbol{Ax}$.

(3) 例 2.2 表明 $\boldsymbol{Ax}+\boldsymbol{Bx}=(\boldsymbol{A}+\boldsymbol{B})\boldsymbol{x}$, $\lambda(\boldsymbol{Ax})=(\lambda\boldsymbol{A})\boldsymbol{x}$.

(4) 例 2.3 表明 $\boldsymbol{A}(\boldsymbol{Bx})=(\boldsymbol{AB})\boldsymbol{x}$. 换而言之, $f\circ g$ 的矩阵表示是 $\boldsymbol{AB}$, 线性映射的复合与它们的矩阵表示的乘积一一对应.

例 2.6 许多数学问题可以通过矩阵转化为线性代数问题. 在许多实际问题中, 矩阵也同样有着重要的作用.

(1) (几何变换) $\mathbb{R}^2$ 中向量逆时针旋转 θ 的旋转变换可以表示为矩阵乘积的形式

$$\begin{pmatrix}x\\y\end{pmatrix}\mapsto\begin{pmatrix}\cos\theta&-\sin\theta\\\sin\theta&\cos\theta\end{pmatrix}\begin{pmatrix}x\\y\end{pmatrix}$$

$\mathbb{R}^2$ 上的仿射变换 $(x,y)\mapsto(a_1x+b_1y+c_1,a_2x+b_2y+c_2)$ 可以表示为

$$\begin{pmatrix}x\\y\end{pmatrix}\mapsto\begin{pmatrix}a_1&b_1\\a_2&b_2\end{pmatrix}\begin{pmatrix}x\\y\end{pmatrix}+\begin{pmatrix}c_1\\c_2\end{pmatrix}\quad\text{或}\quad\begin{pmatrix}x\\y\\1\end{pmatrix}\mapsto\begin{pmatrix}a_1&b_1&c_1\\a_2&b_2&c_2\\0&0&1\end{pmatrix}\begin{pmatrix}x\\y\\1\end{pmatrix}$$

(2) (二次方程) $\mathbb{R}^2$ 上的一般二次曲线方程

$$a_{11}x^2+2a_{12}xy+a_{22}y^2+2b_1x+2b_2y+c=0$$

可以表示为矩阵乘积形式

$$\begin{pmatrix}x&y&1\end{pmatrix}\begin{pmatrix}a_{11}&a_{12}&b_1\\a_{12}&a_{22}&b_2\\b_1&b_2&c\end{pmatrix}\begin{pmatrix}x\\y\\1\end{pmatrix}=0$$

类似地, $\mathbb{R}^3$ 上的一般二次曲面方程

$$a_{11}x^2+a_{22}y^2+a_{33}z^2+2a_{12}xy+2a_{13}xz+2a_{23}yz+2b_1x+2b_2y+2b_3z+c=0$$

也可以表示为矩阵乘积形式

$$\begin{pmatrix}x&y&z&1\end{pmatrix}\begin{pmatrix}a_{11}&a_{12}&a_{13}&b_1\\a_{12}&a_{22}&a_{23}&b_2\\a_{13}&a_{23}&a_{33}&b_3\\b_1&b_2&b_3&c\end{pmatrix}\begin{pmatrix}x\\y\\z\\1\end{pmatrix}=0$$

(3) (数系的扩充) 设映射 $f:\mathbb{C}\to\mathbb{R}^{2\times2},\ a+b\,\mathrm{i}\mapsto\begin{pmatrix}a&b\\-b&a\end{pmatrix}$. 容易验证, f 是单射且满足

$$f(z+w)=f(z)+f(w),\quad f(zw)=f(z)f(w)\quad(\forall z,w\in\mathbb{C})$$

因此, $\mathbb{C}$ 可以看作是 $\mathbb{R}^{2\times2}$ 的子集, 复数的加、减、乘法运算对应矩阵的加、减、乘法运算.

类似地, 考虑四元数①体

$$\mathbb{K}=\{a_0+a_1\,\mathrm{i}+a_2\mathrm{j}+a_3\mathrm{k}\mid a_0,a_1,a_2,a_3\in\mathbb{R}\}$$

其中 $\mathrm{i},\mathrm{j},\mathrm{k}$ 是 $\mathbb{K}$ 的生成元, 满足

$$\mathrm{i}^2=\mathrm{j}^2=\mathrm{k}^2=-1,\quad \mathrm{ij}=-\mathrm{ji}=\mathrm{k},\quad \mathrm{jk}=-\mathrm{kj}=\mathrm{i},\quad \mathrm{ki}=-\mathrm{ik}=\mathrm{j}$$

设映射

$$g:\mathbb{K}\to\mathbb{C}^{2\times2},\quad a_0+a_1\mathrm{i}+a_2\mathrm{j}+a_3\mathrm{k}\mapsto\begin{pmatrix}a_0+a_1\mathrm{i}&a_2+a_3\mathrm{i}\\-a_2+a_3\mathrm{i}&a_0-a_1\mathrm{i}\end{pmatrix}$$

容易验证, g 是单射且满足

$$g(a+b)=g(a)+g(b),\quad g(ab)=g(a)g(b)\quad(\forall a,b\in\mathbb{K})\tag{2.2}$$

① William Rowan Hamilton 于 1843 年提出了四元数的概念.

因此, $\mathbb{K}$ 可以看作是 $\mathbb{C}^{2\times 2}$ 的子集, 四元数的加、减、乘法运算对应矩阵的加、减、乘法运算. 同理, 可以构造单射 $g:\mathbb{K}\to\mathbb{R}^{4\times 4}$ 满足(2.2)式, 把 $\mathbb{K}$ 看作是 $\mathbb{R}^{4\times 4}$ 的子集.

(4) (计算机图像) 在计算机系统中, 一幅分辨率为 $w\times h$ 的黑白图片通常可以用一个 $h\times w$ 的实数矩阵 $\boldsymbol{A}=(a_{ij})$ 表示, 其中 h 和 w 分别是图片的高度和宽度, a_{ij} 是第 i 行、第 j 列像素点的灰度. 一幅彩色图片则可以用三个矩阵 $\boldsymbol{R},\boldsymbol{G},\boldsymbol{B}$ 表示, 分别对应红、绿、蓝三色的分量. 图像处理的过程就是矩阵运算的过程.

(5) (投入产出模型) 假设共有 m 种产品和 n 种原料, 生产单位数量的产品 i 需要消耗原料 j 的数量为 a_{ij}, 则 $m\times n$ 矩阵 $\boldsymbol{A}=(a_{ij})$ 称为**消耗系数矩阵**. 假设需要生产出数量分别为 $x_1,x_2,\cdots,x_m$ 的 m 种产品, 则所需要投入的 n 种原料的数量 $y_1,y_2,\cdots,y_n$ 满足

$$\begin{pmatrix}y_1 & y_2 & \cdots & y_n\end{pmatrix}=\begin{pmatrix}x_1 & x_2 & \cdots & x_m\end{pmatrix}\begin{pmatrix}a_{11} & a_{12} & \cdots & a_{1n}\\ a_{21} & a_{22} & \cdots & a_{2n}\\ \vdots & \vdots & & \vdots\\ a_{m1} & a_{m2} & \cdots & a_{mn}\end{pmatrix}\quad \text{即}\quad \boldsymbol{y}=\boldsymbol{x}\boldsymbol{A}$$

(6) (图的矩阵表示) 如图 2.1 所示, 图 G 由 6 个点 $v_1,v_2,\cdots,v_6$ 和 6 条线段 $e_1,e_2,\cdots,e_6$ 构成.

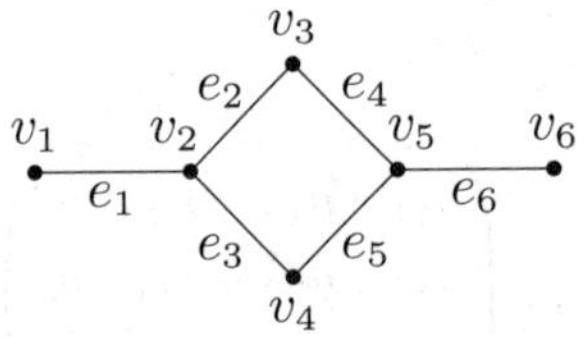

图 2.1

通常记 $G=(V,E)$, $V=\{v_1,v_2,\cdots,v_6\}$ 称为 G 的**顶点集**, $\{e_1,e_2,\cdots,e_6\}$ 称为 G 的**边集**.

我们可以用一个 6 阶方阵 $\boldsymbol{A}=(a_{ij})$ 来表示 G, 其中 $a_{ij}=\begin{cases}1, & v_i \text{ 与 } v_j \text{ 有线段相连}\\ 0, & v_i \text{ 与 } v_j \text{ 没有线段相连}\end{cases}$.

也可以用一个 6 阶方阵 $\boldsymbol{B}=(b_{ij})$ 来表示 G, 其中 $b_{ij}=\begin{cases}1, & v_j \text{ 是 } e_i \text{ 的端点}\\ 0, & v_j \text{ 不是 } e_i \text{ 的端点}\end{cases}$.

$$\boldsymbol{A}=\begin{pmatrix}0&1&0&0&0&0\\1&0&1&1&0&0\\0&1&0&0&1&0\\0&1&0&0&1&0\\0&0&1&1&0&1\\0&0&0&0&1&0\end{pmatrix},\quad \boldsymbol{B}=\begin{pmatrix}1&1&0&0&0&0\\0&1&1&0&0&0\\0&1&0&1&0&0\\0&0&1&0&1&0\\0&0&0&1&1&0\\0&0&0&0&1&1\end{pmatrix}$$

$\boldsymbol{A}$ 称为 G 的**邻接矩阵**,$\boldsymbol{B}$ 称为 G 的**关联矩阵**. 它们之间具有关系:

$$\boldsymbol{B}^{\mathrm{T}}\boldsymbol{B}=\boldsymbol{D}+\boldsymbol{A},\quad \boldsymbol{D}=\mathrm{diag}(d_1,d_2,\cdots,d_6)$$

其中 d_j 是 $\boldsymbol{A}$ 的第 j 行 (列) 元素之和, 也是 $\boldsymbol{B}$ 的第 j 列元素之和. $\boldsymbol{D}$ 称为 G 的**度矩阵**. 感兴趣的读者可参阅文献 [13], 了解关于图和矩阵的更多知识.

(7) (有限射影平面) 设 $V=\{v_1,v_2,\cdots,v_n\}$, V 中的元素称为**点**; $E=\{e_1,e_2,\cdots,e_m\}$ 由 V 的某些子集构成, E 中的元素称为**线**. 当满足下列条件时, 集合对 $\pi=(V,E)$ 称为**有限射影平面**:

① 对于任意两线 $e,f\in E$, 存在唯一的点 $v\in V$, 使得 $v\in e$ 且 $v\in f$;
② 对于任意两点 $u,v\in V$, 存在唯一的线 $e\in E$, 使得 $u\in e$ 且 $v\in e$;
③ 存在四点 $a,b,c,d\in V$, 使得 $\{a,b,c,d\}$ 与任意 $e\in E$ 至多有两个公共点.

类似地, 可定义 π 的**关联矩阵** $\boldsymbol{A}=(a_{ij})_{m\times n}$, 其中 $a_{ij}=\begin{cases}1, & v_j\in e_i\\ 0, & v_j\notin e_i\end{cases}$. 由条件①, ②可得

$$\boldsymbol{A}\boldsymbol{A}^{\mathrm{T}}=\begin{pmatrix}k_1 & 1 & \cdots & 1\\ 1 & k_2 & \ddots & \vdots\\ \vdots & \ddots & \ddots & 1\\ 1 & \cdots & 1 & k_m\end{pmatrix},\quad \boldsymbol{A}^{\mathrm{T}}\boldsymbol{A}=\begin{pmatrix}d_1 & 1 & \cdots & 1\\ 1 & d_2 & \ddots & \vdots\\ \vdots & \ddots & \ddots & 1\\ 1 & \cdots & 1 & d_n\end{pmatrix} \tag{2.3}$$

进一步由条件③可得

$$k_1=k_2=\cdots=k_m=d_1=d_2=\cdots=d_n=\lambda,\quad m=n=\lambda^2-\lambda+1 \tag{2.4}$$

例如, 图 2.2 是最小的有限射影平面, 由 7 个点 $v_1,v_2,\cdots,v_7$ 和 7 条线 $\{v_1,v_2,v_3\}$, $\{v_1,v_4,v_5\}$, $\{v_1,v_6,v_7\}$, $\{v_2,v_4,v_6\}$, $\{v_2,v_5,v_7\}$, $\{v_3,v_4,v_7\}$, $\{v_3,v_5,v_6\}$ 构成.

$$\boldsymbol{A}=\begin{pmatrix}1&1&1&0&0&0&0\\1&0&0&1&1&0&0\\1&0&0&0&0&1&1\\0&1&0&1&0&1&0\\0&1&0&0&1&0&1\\0&0&1&1&0&0&1\\0&0&1&0&1&1&0\end{pmatrix}$$

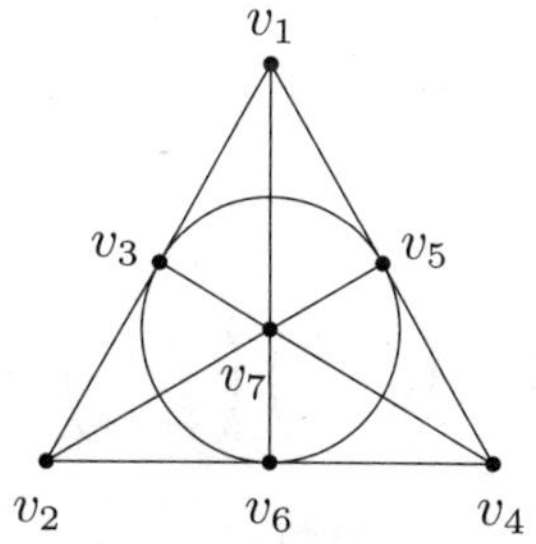

图 2.2

定理 2.2　矩阵的乘法运算具有下列性质:
(1) 对于任意 $\boldsymbol{A}\in\mathbb{F}^{m\times n}$ 和 $\boldsymbol{\beta}_1,\boldsymbol{\beta}_2,\cdots,\boldsymbol{\beta}_p\in\mathbb{F}^{n\times 1}$, 有

$$\boldsymbol{A}\begin{pmatrix}\boldsymbol{\beta}_1 & \boldsymbol{\beta}_2 & \cdots & \boldsymbol{\beta}_p\end{pmatrix}=\begin{pmatrix}\boldsymbol{A}\boldsymbol{\beta}_1 & \boldsymbol{A}\boldsymbol{\beta}_2 & \cdots & \boldsymbol{A}\boldsymbol{\beta}_p\end{pmatrix}$$

(2) 对于任意 $\boldsymbol{A}\in\mathbb{F}^{m\times n}$ 和 $\lambda\in\mathbb{F}$, 有

$$(\lambda\boldsymbol{I}_m)\boldsymbol{A}=\lambda\boldsymbol{A}=\boldsymbol{A}(\lambda\boldsymbol{I}_n)$$

(3) 对于任意 $\boldsymbol{A}\in\mathbb{F}^{m\times n}$, $\boldsymbol{B}\in\mathbb{F}^{n\times p}$ 和 $\boldsymbol{C}\in\mathbb{F}^{p\times q}$, 有

$$(\boldsymbol{A}\boldsymbol{B})\boldsymbol{C}=\boldsymbol{A}(\boldsymbol{B}\boldsymbol{C})$$

(4) 对于任意 $\boldsymbol{A},\boldsymbol{B}\in\mathbb{F}^{m\times n}$ 和 $\boldsymbol{C},\boldsymbol{D}\in\mathbb{F}^{n\times p}$, 有

$$(\boldsymbol{A}+\boldsymbol{B})\boldsymbol{C}=(\boldsymbol{A}\boldsymbol{C})+(\boldsymbol{B}\boldsymbol{C}),\quad \boldsymbol{A}(\boldsymbol{C}+\boldsymbol{D})=(\boldsymbol{A}\boldsymbol{C})+(\boldsymbol{A}\boldsymbol{D})$$

(5) 对于任意 $\boldsymbol{A}\in\mathbb{F}^{m\times n}$ 和 $\boldsymbol{B}\in\mathbb{F}^{n\times p}$, 有

$$(\boldsymbol{A}\boldsymbol{B})^{\mathrm{T}}=\boldsymbol{B}^{\mathrm{T}}\boldsymbol{A}^{\mathrm{T}}$$

(6) 对于任意 $\boldsymbol{A}\in\mathbb{F}^{m\times n}$ 和 $\boldsymbol{B}\in\mathbb{F}^{n\times m}$, 有

$$\operatorname{tr}(\boldsymbol{AB})=\operatorname{tr}(\boldsymbol{BA})$$

由定理 2.2 可知, 矩阵的乘法运算满足结合律, 从而可以定义矩阵的方幂和多项式运算.

定义 2.3 设 $\boldsymbol{A}$ 是 n 阶方阵, m 是正整数. 矩阵乘积 $\underbrace{\boldsymbol{A}\cdots\boldsymbol{A}}_{m\text{个}\boldsymbol{A}}$ 称为 $\boldsymbol{A}$ 的 m 次**方幂**, 记作$\boldsymbol{A}^m$. 特别规定 $\boldsymbol{A}^0=\boldsymbol{I}_n$ (包括 $\boldsymbol{A}=\boldsymbol{O}$ 的情形). 对于 $f(x)=\sum\limits_{k=0}^{m}c_kx^k\in\mathbb{F}[x]$, 定义

$$f(\boldsymbol{A})=\sum_{k=0}^{m}c_k\boldsymbol{A}^k=c_0\boldsymbol{I}+c_1\boldsymbol{A}+\cdots+c_m\boldsymbol{A}^m$$

计算一般矩阵 $\boldsymbol{A}$ 的方幂 $\boldsymbol{A}^k$ 和多项式 $f(\boldsymbol{A})$ 的通常方法是: 首先把 $\boldsymbol{A}$ 分解为 $\boldsymbol{A}=\boldsymbol{PBP}^{-1}$ 的形式, 其中 $\boldsymbol{B}$ 是对角方阵或 Jordan 标准形, 然后计算 $\boldsymbol{B}^k$ 和 $f(\boldsymbol{B})$, 最后计算 $\boldsymbol{A}^k=\boldsymbol{PB}^k\boldsymbol{P}^{-1}$ 和 $f(\boldsymbol{A})=\boldsymbol{P}f(\boldsymbol{B})\boldsymbol{P}^{-1}$. 相关内容详见第 5 章. 对于某些特殊矩阵, 有可能存在更简便的方法.

例 2.7 求线性递推数列 $x_{n+1}=ax_n+bx_{n-1}$ 的通项公式.

解

$$\begin{pmatrix}x_{n+1}\\x_n\end{pmatrix}=\begin{pmatrix}a&b\\1&0\end{pmatrix}\begin{pmatrix}x_n\\x_{n-1}\end{pmatrix}=\cdots=\begin{pmatrix}a&b\\1&0\end{pmatrix}^n\begin{pmatrix}x_1\\x_0\end{pmatrix}\Rightarrow x_n=\begin{pmatrix}0&1\end{pmatrix}\begin{pmatrix}a&b\\1&0\end{pmatrix}^n\begin{pmatrix}x_1\\x_0\end{pmatrix}$$

例 2.8 求连分数

$$[a_0,a_1,\cdots,a_n]=a_0+\cfrac{1}{a_1+\cfrac{1}{\ddots+\cfrac{1}{a_{n-1}+\cfrac{1}{a_n}}}}$$

的展开分数.

解 设 $\dfrac{p_k}{q_k}=[a_k,a_{k+1},\cdots,a_n]$. 由 $\dfrac{p_{k-1}}{q_{k-1}}=\dfrac{a_{k-1}p_k+q_k}{p_k}$, 可设 $\begin{pmatrix}p_{k-1}\\q_{k-1}\end{pmatrix}=\begin{pmatrix}a_{k-1}&1\\1&0\end{pmatrix}\cdot\begin{pmatrix}p_k\\q_k\end{pmatrix}\Rightarrow\begin{pmatrix}p_0\\q_0\end{pmatrix}=\begin{pmatrix}a_0&1\\1&0\end{pmatrix}\begin{pmatrix}a_1&1\\1&0\end{pmatrix}\cdots\begin{pmatrix}a_n&1\\1&0\end{pmatrix}\begin{pmatrix}1\\0\end{pmatrix}$.

习 题 2.1

1. 证明定理 2.1 和定理 2.2.

2. 设

$$A=\begin{pmatrix}1&1&2\\2&2&1\\2&1&2\\1&0&1\end{pmatrix},\quad B=\begin{pmatrix}1&0&2\\1&1&2\\1&1&0\end{pmatrix},\quad C=\begin{pmatrix}1&0&1&1\\1&1&0&1\\0&2&1&0\end{pmatrix}$$

计算 $\boldsymbol{AB}$, $\boldsymbol{BC}$,$\boldsymbol{B}^2$, $\boldsymbol{ABC}$.

3. 设 $f(x)=a_0+a_1x+\cdots+a_nx^n$. 求 $n+1$ 阶方阵 $\boldsymbol{B}=(b_{ij})$ 和 n 阶方阵 $\boldsymbol{C}=(c_{ij})$, 使得

$$f(x+y)=\sum_{i,j=1}^{n+1}b_{ij}x^{i-1}y^{j-1},\quad \frac{f(x)-f(y)}{x-y}=\sum_{i,j=1}^{n}c_{ij}x^{i-1}y^{j-1}$$

并证明 $\boldsymbol{B}$ 和 $\boldsymbol{C}$ 都是对称方阵.

4. 设 $\boldsymbol{A}\in\mathbb{F}^{m\times n}$, $\boldsymbol{B}\in\mathbb{F}^{n\times n}$. 证明:

(1) 若 $\boldsymbol{B}$ 是对称方阵, 则 $\boldsymbol{ABA}^{\mathrm{T}}$ 也是对称方阵.

(2) 若 $\boldsymbol{B}$ 是反对称方阵且对角元素都是 0, 则 $\boldsymbol{ABA}^{\mathrm{T}}$ 也是反对称方阵且对角元素都是0.

5. 对于 $\boldsymbol{H}=\begin{pmatrix}0&1\\1&0\end{pmatrix}$ 和 $\boldsymbol{H}=\begin{pmatrix}0&-1\\1&0\end{pmatrix}$, 分别求满足 $\boldsymbol{AHA}^{\mathrm{T}}=\boldsymbol{H}$ 的所有 2 阶实方阵$\boldsymbol{A}$.

6. 设

$$A=\begin{pmatrix}0&0&1\\0&1&0\\1&0&0\end{pmatrix},\quad B=\begin{pmatrix}0&1&0\\0&0&1\\1&0&0\end{pmatrix}$$

分别求一个满足如下条件的 3 阶非对角的实方阵 $\boldsymbol{X}$:

(1) $\boldsymbol{X}^2=\boldsymbol{I}$; (2) $\boldsymbol{X}^3=\boldsymbol{I}$; (3) $\boldsymbol{X}^2=-\boldsymbol{A}$;

(4) $\boldsymbol{X}^3=-\boldsymbol{A}$; (5) $\boldsymbol{X}^2=\boldsymbol{B}$; (6) $\boldsymbol{X}^3=\boldsymbol{B}$.

7. 设 m 是正整数, 求 $\boldsymbol{A}^m$, 其中 $\boldsymbol{A}$ 分别为

(1) $\begin{pmatrix}1&-1\\1&0\end{pmatrix}$; (2) $\begin{pmatrix}1&0\\1&-1\end{pmatrix}$; (3) $\begin{pmatrix}1&-1\\1&1\end{pmatrix}$;

(4) $\begin{pmatrix}1&1\\1&-1\end{pmatrix}$; (5) $\begin{pmatrix}1&1&0&0\\0&1&1&0\\0&0&1&1\\0&0&0&1\end{pmatrix}$; (6) $\begin{pmatrix}1&1&1&1\\0&1&1&1\\0&0&1&1\\0&0&0&1\end{pmatrix}$;

(7) $\begin{pmatrix}1&1&0&0\\0&1&1&0\\0&0&1&1\\1&0&0&1\end{pmatrix}$; (8) $\begin{pmatrix}a_1b_1&a_1b_2&a_1b_3&a_1b_4\\a_2b_1&a_2b_2&a_2b_3&a_2b_4\\a_3b_1&a_3b_2&a_3b_3&a_3b_4\\a_4b_1&a_4b_2&a_4b_3&a_4b_4\end{pmatrix}$.

8. 求所有与方阵 $\boldsymbol{A}$ 乘积可交换的方阵 $\boldsymbol{B}$, 即满足 $\boldsymbol{AB}=\boldsymbol{BA}$, 其中 $\boldsymbol{A}$ 分别为

$$(1)\begin{pmatrix}1&0&0&0\\0&2&0&0\\0&0&3&0\\0&0&0&4\end{pmatrix};\ (2)\begin{pmatrix}0&1&0&0\\0&0&1&0\\0&0&0&1\\1&0&0&0\end{pmatrix};\ (3)\begin{pmatrix}0&0&1&0\\0&0&0&1\\1&0&0&0\\0&1&0&0\end{pmatrix};\ (4)\begin{pmatrix}0&1&0&0\\0&0&1&0\\0&0&0&1\\0&0&0&0\end{pmatrix};$$

$$(5)\begin{pmatrix}0&0&0&1\\0&0&2&0\\0&3&0&0\\4&0&0&0\end{pmatrix};\ (6)\begin{pmatrix}0&0&0&1\\0&0&1&0\\0&1&0&0\\1&0&0&0\end{pmatrix};\ (7)\begin{pmatrix}0&0&1&0\\0&1&0&0\\1&0&0&0\\0&0&0&1\end{pmatrix};\ (8)\begin{pmatrix}0&1&0&0\\1&0&0&0\\0&0&0&1\\0&0&1&0\end{pmatrix}.$$

9. (1) 求与任意 n 阶方阵都乘积可交换的方阵;

(2) 求与任意 n 阶对称方阵都乘积可交换的方阵;

(3) 求与任意 n 阶反对称方阵都乘积可交换的方阵.

10. 设 m,n 是正整数, $\boldsymbol{A},\boldsymbol{B}\in\mathbb{F}^{n\times n}$, $f\in\mathbb{F}[x]$, $\operatorname{char}\mathbb{F}=0$. 证明:

(1) $(\boldsymbol{A}+\boldsymbol{B})^2+(\boldsymbol{A}-\boldsymbol{B})^2=2\boldsymbol{A}^2+2\boldsymbol{B}^2$;

(2) 若 $\boldsymbol{AB}=\boldsymbol{BA}$, 则 $(\boldsymbol{A}+\boldsymbol{B})^m=\sum\limits_{k=0}^{m}\mathrm{C}_m^k\boldsymbol{A}^k\boldsymbol{B}^{m-k}$, 其中 C_m^k 是组合数;

(3) 若 $\boldsymbol{AB}=\boldsymbol{BA}$ 且 $\boldsymbol{B}^m=\boldsymbol{O}$, 则 $f(\boldsymbol{A}+\boldsymbol{B})=f(\boldsymbol{A})+\sum\limits_{k=1}^{m-1}\dfrac{1}{k!}f^{(k)}(\boldsymbol{A})\boldsymbol{B}^k$;

(4) 若 $\boldsymbol{A},\boldsymbol{B}$ 都是对称方阵, 则 $\boldsymbol{AB}$ 是对称方阵 $\Leftrightarrow \boldsymbol{AB}=\boldsymbol{BA}$.

11. (1) 设 $\boldsymbol{A},\boldsymbol{B}$ 是 $m\times n$ 的复数矩阵. 证明: $\operatorname{tr}(\boldsymbol{AA}^{\mathrm{H}})\operatorname{tr}(\boldsymbol{BB}^{\mathrm{H}})\geqslant\operatorname{tr}(\boldsymbol{AB}^{\mathrm{H}})\operatorname{tr}(\boldsymbol{BA}^{\mathrm{H}})\geqslant 0$;

(2) 设复数矩阵 $\boldsymbol{A}$ 满足 $\operatorname{tr}(\boldsymbol{AA}^{\mathrm{H}})=0$. 证明: $\boldsymbol{A}=\boldsymbol{O}$;

(3) 设复数方阵 $\boldsymbol{A}$ 满足 $\operatorname{tr}(\boldsymbol{AA}^{\mathrm{H}})=\operatorname{tr}(\boldsymbol{A}^2)$. 证明: $\boldsymbol{A}=\boldsymbol{A}^{\mathrm{H}}$.

12. (1) 设 $\boldsymbol{A}\in\mathbb{F}^{m\times n},\boldsymbol{B}\in\mathbb{F}^{n\times p}$ 都是上三角矩阵. 证明: $\boldsymbol{AB}$ 也是上三角矩阵;

(2) 设 $\boldsymbol{A}$ 是上三角方阵, $f(x)$ 是多项式. 证明: $f(\boldsymbol{A})$ 也是上三角方阵.

13. 设 n 阶方阵 $\boldsymbol{A}=\big(a_{ij}(\boldsymbol{x})\big)$ 和 $\boldsymbol{B}=\big(b_{ij}(\boldsymbol{x})\big)$ 的元素都是可微函数. 记 $\dfrac{\mathrm{d}\boldsymbol{A}}{\mathrm{d}\boldsymbol{x}}=\big(a'_{ij}(\boldsymbol{x})\big)$;

(1) 证明: $\dfrac{\mathrm{d}(\boldsymbol{AB})}{\mathrm{d}\boldsymbol{x}}=\dfrac{\mathrm{d}\boldsymbol{A}}{\mathrm{d}\boldsymbol{x}}\boldsymbol{B}+\boldsymbol{A}\dfrac{\mathrm{d}\boldsymbol{B}}{\mathrm{d}\boldsymbol{x}}$;

(2) $\boldsymbol{A}$ 与 $\dfrac{\mathrm{d}\boldsymbol{A}}{\mathrm{d}\boldsymbol{x}}$ 是否一定乘积可交换? 证明你的结论.

14. 证明例 2.6 (有限射影平面) 中的式 (2.3) 和式 (2.4).

15. 设 $Q_0=1$, $Q_1=x$, $Q_n=\dfrac{Q_{n-1}^2-1}{Q_{n-2}}(\forall n\geqslant 2)$. 证明: $Q_n\in\mathbb{Z}[x]$ (2017 年 Putnam 数学竞赛 A2), 并用矩阵乘积表示 Q_n 的通项公式.

16. 利用矩阵乘积求递推数列 $\{x_n\}(n\in\mathbb{N})$ 的通项公式.

(1) $x_n=a_1x_{n-1}+a_2x_{n-2}+\cdots+a_kx_{n-k}$, 其中 k 是给定的正整数, $a_1,a_2,\cdots,a_k$ 是常数;

(2) $x_n=\dfrac{ax_{n-1}+b}{cx_{n-1}+d}$, 其中 a,b,c,d 是常数.

17. (2013 年 IMO 预选题 A1) 设 n 是正整数, $a_1,a_2,\cdots,a_{n-1}$ 是任意实数, 定义递推数列

$$u_0=u_1=v_0=v_1=1$$
$$u_{k+1}=u_k+a_ku_{k-1},\quad v_{k+1}=v_k+a_{n-k}v_{k-1}\quad(k=1,2,\cdots,n-1)$$

证明: $u_n=v_n$.

18. (2017 年 IMO 预选题 A7) 设 $a_0, a_1, a_2, \cdots$ 是整数, $b_0, b_1, b_2, \cdots$ 是正整数, 满足

$$a_0 = 0, \quad a_1 = 1, \quad a_{n+1} = \begin{cases} a_n b_n + a_{n-1}, & b_{n-1} = 1 \\ a_n b_n - a_{n-1}, & b_{n-1} > 1 \end{cases} \qquad (n = 1, 2, \cdots)$$

证明: $\max\{a_n, a_{n+1}\} \geqslant n$.

2.2 分块矩阵

定义 2.4 设 $\boldsymbol{A} = (a_{ij})_{m\times n}$, $I = (i_1, i_2, \cdots, i_r)$ 是 $\{1, 2, \cdots, m\}$ 中 r 个元素的排列, $J = (j_1, j_2, \cdots, j_s)$ 是 $\{1, 2, \cdots, n\}$ 中 s 个元素的排列. 由 $\boldsymbol{A}$ 的第 $i_1, i_2, \cdots, i_r$ 行和第 $j_1, j_2, \cdots, j_s$ 列元素构成的矩阵

$$\begin{pmatrix} a_{i_1 j_1} & a_{i_1 j_2} & \cdots & a_{i_1 j_s} \\ a_{i_2 j_1} & a_{i_2 j_2} & \cdots & a_{i_2 j_s} \\ \vdots & \vdots & & \vdots \\ a_{i_r j_1} & a_{i_r j_2} & \cdots & a_{i_r j_s} \end{pmatrix}$$

称为 $\boldsymbol{A}$ 的**子矩阵**, 记作 $\boldsymbol{A}[I, J]$ 或 $\boldsymbol{A}\begin{bmatrix} i_1 & i_2 & \cdots & i_r \\ j_1 & j_2 & \cdots & j_s \end{bmatrix}$. 特别地, 当 $I = J$ 时, $\boldsymbol{A}[I, I]$ 称为 $\boldsymbol{A}$ 的**主子矩阵**,$\boldsymbol{A}\begin{bmatrix} 1 & 2 & \cdots & k \\ 1 & 2 & \cdots & k \end{bmatrix}$ 称为 $\boldsymbol{A}$ 的第 k 个**顺序主子矩阵**.

定义 2.5 设 $m = m_1 + m_2 + \cdots + m_p$, $n = n_1 + n_2 + \cdots + n_q$, 把 $m \times n$ 矩阵 $\boldsymbol{A}$ 分块成

$$\boldsymbol{A} = \begin{pmatrix} \boldsymbol{A}_{11} & \boldsymbol{A}_{12} & \cdots & \boldsymbol{A}_{1q} \\ \boldsymbol{A}_{21} & \boldsymbol{A}_{22} & \cdots & \boldsymbol{A}_{2q} \\ \vdots & \vdots & & \vdots \\ \boldsymbol{A}_{p1} & \boldsymbol{A}_{p2} & \cdots & \boldsymbol{A}_{pq} \end{pmatrix}$$

其中每个 $\boldsymbol{A}_{ij}$ 是 $m_i \times n_j$ 的子矩阵. 这种分块形式的 $(\boldsymbol{A}_{ij})_{p\times q}$ 称为**分块矩阵**.

若 $\boldsymbol{A}_{ij} = \boldsymbol{O}(\forall i > j)$, 则 $(\boldsymbol{A}_{ij})_{p\times q}$ 称为**准上三角矩阵**.

若 $\boldsymbol{A}_{ij} = \boldsymbol{O}(\forall i < j)$, 则 $(\boldsymbol{A}_{ij})_{p\times q}$ 称为**准下三角矩阵**.

若 $\boldsymbol{A}_{ij} = \boldsymbol{O}(\forall i \neq j)$, 则 $(\boldsymbol{A}_{ij})_{p\times p}$ 称为**准对角矩阵**, 记作 $\mathrm{diag}(\boldsymbol{A}_{11}, \boldsymbol{A}_{22}, \cdots, \boldsymbol{A}_{pp})$.

准上三角、准下三角、准对角矩阵的概念都是针对分块矩阵 $(\boldsymbol{A}_{ij})_{p\times q}$ 而言的, 不涉及原矩阵$\boldsymbol{A}$.

例 2.9 考虑如图 2.3 所示的网格图 G 的邻接矩阵 $\boldsymbol{A} = (a_{ij})_{20\times 20}$. 把 $\boldsymbol{A}$ 的 400 个元素都写出来显然很费事, 逐个指明 $\boldsymbol{A}$ 中所有 1 的位置也很麻烦, 而把 $\boldsymbol{A}$ 表示为分块矩阵的形式则相对容易一些.

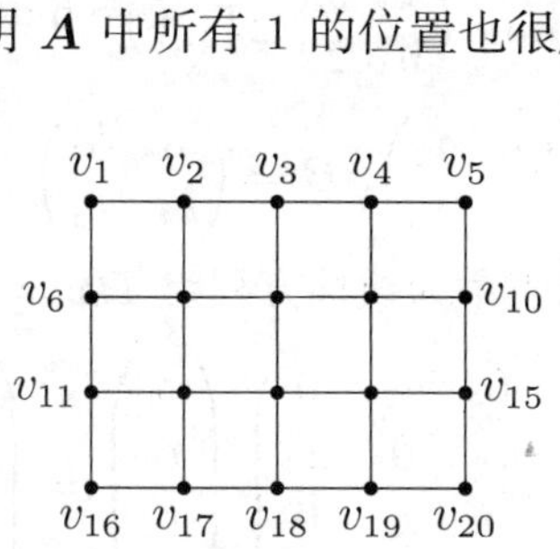

图 2.3

$$A=\begin{pmatrix}P & I & O & O\\ I & P & I & O\\ O & I & P & I\\ O & O & I & P\end{pmatrix},\quad P=\begin{pmatrix}0&1&0&0&0\\1&0&1&0&0\\0&1&0&1&0\\0&0&1&0&1\\0&0&0&1&0\end{pmatrix}$$

定理 2.3 分块矩阵的运算具有下列性质:

(1) 设 $A=(A_{ij})_{p\times q}$, 则 $A^{\mathrm{T}}=(B_{ij})_{q\times p}$, 其中 $B_{ij}=A_{ji}^{\mathrm{T}}(\forall i,j)$.

(2) 设 $A=(A_{ij})_{p\times q}$, λ 是数, 则 $\lambda A=(\lambda A_{ij})_{p\times q}$.

(3) 设 $A=(A_{ij})_{p\times q}$, $B=(B_{ij})_{p\times q}$ 满足 A_{ij} 与 B_{ij} 的大小相同, 则

$$A+B=(A_{ij}+B_{ij})_{p\times q}$$

(4) 设 $A=(A_{ij})_{p\times q}$, $B=(B_{ij})_{q\times r}$ 满足 A_{ik} 的列数等于 B_{kj} 的行数, 则

$$AB=(C_{ij})_{p\times r},\quad 其中 C_{ij}=\sum_{k=1}^{q}A_{ik}B_{kj}\quad(\forall i,j)$$

例 2.10 求所有与

$$A=\begin{pmatrix}1&0&0&0\\0&1&0&0\\0&0&2&0\\0&0&0&2\end{pmatrix}$$

乘积可交换的方阵.

解 设 $AB=BA$. 作矩阵分块 $A=\begin{pmatrix}I & O\\ O & 2I\end{pmatrix}$, $B=\begin{pmatrix}B_{11} & B_{12}\\ B_{21} & B_{22}\end{pmatrix}$, 其中每个 B_{ij} 是 2×2 方阵. 由 $AB=\begin{pmatrix}B_{11} & B_{12}\\ 2B_{21} & 2B_{22}\end{pmatrix}$, $BA=\begin{pmatrix}B_{11} & 2B_{12}\\ B_{21} & 2B_{22}\end{pmatrix}$, 可得 $B_{12}=B_{21}=O$. 容易验证, 形如 $\begin{pmatrix}B_{11} & O\\ O & B_{22}\end{pmatrix}$ 的方阵 B 都满足 $AB=BA$.

定义 2.6 设 $A=(a_{ij})$ 是 $m\times n$ 矩阵, B 是 $p\times q$ 矩阵, 则 $mp\times nq$ 矩阵

$$\begin{pmatrix}a_{11}B & a_{12}B & \cdots & a_{1n}B\\ a_{21}B & a_{22}B & \cdots & a_{2n}B\\ \vdots & \vdots & & \vdots\\ a_{m1}B & a_{m2}B & \cdots & a_{mn}B\end{pmatrix}$$

称为 A 和 B 的**张量积**或 **Kronecker 积**, 记作 $A\otimes B$.

例如, 例 2.10 中的矩阵 A 可写作 $\begin{pmatrix}1&0\\0&2\end{pmatrix}\otimes I_2$, 例 2.9 中的矩阵 A 可写作 $I_4\otimes P+P\otimes I_4$.

例 2.11 设 2 阶方阵 $A=\begin{pmatrix}a_1&a_2\\a_3&a_4\end{pmatrix}$, $B=\begin{pmatrix}b_1&b_2\\b_3&b_4\end{pmatrix}$, $X=\begin{pmatrix}x_1&x_2\\x_3&x_4\end{pmatrix}$, $Y=\begin{pmatrix}y_1&y_2\\y_3&y_4\end{pmatrix}$.

(1) 矩阵方程 $AX=Y$ 可以表示为线性方程组 $Px=y$ 的形式,

$$\begin{pmatrix}a_1&0&a_2&0\\0&a_1&0&a_2\\a_3&0&a_4&0\\0&a_3&0&a_4\end{pmatrix}\begin{pmatrix}x_1\\x_2\\x_3\\x_4\end{pmatrix}=\begin{pmatrix}y_1\\y_2\\y_3\\y_4\end{pmatrix}$$

其中系数矩阵 $\boldsymbol{P}=\boldsymbol{A}\otimes\boldsymbol{I}$, $\boldsymbol{x}$ 由 $\boldsymbol{X}$ 的行向量拼接而成, $\boldsymbol{y}$ 由 $\boldsymbol{Y}$ 的行向量拼接而成.

(2) 矩阵方程 $\boldsymbol{XB}=\boldsymbol{Y}$ 可以表示为线性方程组 $\boldsymbol{Qx}=\boldsymbol{y}$ 的形式,

$$\begin{pmatrix} b_1 & b_3 & 0 & 0 \\ b_2 & b_4 & 0 & 0 \\ 0 & 0 & b_1 & b_3 \\ 0 & 0 & b_2 & b_4 \end{pmatrix}\begin{pmatrix} x_1 \\ x_2 \\ x_3 \\ x_4 \end{pmatrix}=\begin{pmatrix} y_1 \\ y_2 \\ y_3 \\ y_4 \end{pmatrix}$$

其中系数矩阵 $\boldsymbol{Q}=\boldsymbol{I}\otimes\boldsymbol{B}^{\mathrm{T}}$.

(3) 矩阵方程 $\boldsymbol{AXB}=\boldsymbol{Y}$ 可以表示为线性方程组 $\boldsymbol{Mx}=\boldsymbol{y}$ 的形式,

$$\begin{pmatrix} a_1b_1 & a_1b_3 & a_2b_1 & a_2b_3 \\ a_1b_2 & a_1b_4 & a_2b_2 & a_2b_4 \\ a_3b_1 & a_3b_3 & a_4b_1 & a_4b_3 \\ a_3b_2 & a_3b_4 & a_4b_2 & a_4b_4 \end{pmatrix}\begin{pmatrix} x_1 \\ x_2 \\ x_3 \\ x_4 \end{pmatrix}=\begin{pmatrix} y_1 \\ y_2 \\ y_3 \\ y_4 \end{pmatrix}$$

其中系数矩阵 $\boldsymbol{M}=\boldsymbol{A}\otimes\boldsymbol{B}^{\mathrm{T}}$.

(4) 结合 (1), (2), (3), 可得 $\boldsymbol{M}=\boldsymbol{PQ}=\boldsymbol{QP}$, 即

$$\boldsymbol{A}\otimes\boldsymbol{B}^{\mathrm{T}}=(\boldsymbol{A}\otimes\boldsymbol{I})(\boldsymbol{I}\otimes\boldsymbol{B}^{\mathrm{T}})=(\boldsymbol{I}\otimes\boldsymbol{B}^{\mathrm{T}})(\boldsymbol{A}\otimes\boldsymbol{I})$$

习 题 2.2

1. 证明定理 2.3.

2. 设 $\boldsymbol{A}_i,\boldsymbol{X}_i,\boldsymbol{Y}_i,\boldsymbol{X},\boldsymbol{Y}$ 都是 n 阶方阵, m 是正整数, 计算下列矩阵乘积或方幂.

(1) $\begin{pmatrix} \boldsymbol{X}_1 & \boldsymbol{X}_2 \end{pmatrix}\begin{pmatrix} \boldsymbol{A}_1 & \boldsymbol{A}_2 \\ \boldsymbol{A}_3 & \boldsymbol{A}_4 \end{pmatrix}\begin{pmatrix} \boldsymbol{Y}_1 \\ \boldsymbol{Y}_2 \end{pmatrix}$;

(2) $\begin{pmatrix} \boldsymbol{X}_1 & \boldsymbol{X}_2 \\ \boldsymbol{X}_3 & \boldsymbol{X}_4 \end{pmatrix}\begin{pmatrix} \boldsymbol{A}_1 & \boldsymbol{O} \\ \boldsymbol{O} & \boldsymbol{A}_2 \end{pmatrix}\begin{pmatrix} \boldsymbol{Y}_1 & \boldsymbol{Y}_2 \\ \boldsymbol{Y}_3 & \boldsymbol{Y}_4 \end{pmatrix}$;

(3) $\begin{pmatrix} \boldsymbol{I} & \boldsymbol{X} \\ \boldsymbol{O} & \boldsymbol{I} \end{pmatrix}\begin{pmatrix} \boldsymbol{A}_1 & \boldsymbol{A}_2 \\ \boldsymbol{A}_3 & \boldsymbol{A}_4 \end{pmatrix}\begin{pmatrix} \boldsymbol{I} & -\boldsymbol{X} \\ \boldsymbol{O} & \boldsymbol{I} \end{pmatrix}$;

(4) $\begin{pmatrix} \boldsymbol{I} & \boldsymbol{X} \\ \boldsymbol{O} & \boldsymbol{I} \end{pmatrix}\begin{pmatrix} \boldsymbol{A}_1 & \boldsymbol{A}_2 \\ \boldsymbol{A}_3 & \boldsymbol{A}_4 \end{pmatrix}\begin{pmatrix} \boldsymbol{I} & \boldsymbol{O} \\ \boldsymbol{Y} & \boldsymbol{I} \end{pmatrix}$;

(5) $\begin{pmatrix} \boldsymbol{O} & \boldsymbol{X} \\ \boldsymbol{Y} & \boldsymbol{O} \end{pmatrix}^m$;

(6) $\begin{pmatrix} \boldsymbol{X} & \boldsymbol{O} \\ \boldsymbol{Y} & \boldsymbol{X} \end{pmatrix}^m$;

(7) $\begin{pmatrix} \boldsymbol{O} & \boldsymbol{X} & \boldsymbol{O} \\ \boldsymbol{O} & \boldsymbol{O} & \boldsymbol{X} \\ \boldsymbol{X} & \boldsymbol{O} & \boldsymbol{O} \end{pmatrix}^m$;

(8) $\begin{pmatrix} \boldsymbol{X} & \boldsymbol{I} & \boldsymbol{O} \\ \boldsymbol{O} & \boldsymbol{X} & \boldsymbol{I} \\ \boldsymbol{O} & \boldsymbol{O} & \boldsymbol{X} \end{pmatrix}^m$.

3. 设方阵

$$\boldsymbol{A}=\begin{pmatrix} 0 & 1 & 0 \\ 0 & 0 & 1 \\ 1 & 0 & 0 \end{pmatrix},\quad \boldsymbol{B}=\begin{pmatrix} \boldsymbol{O} & \boldsymbol{A} & \boldsymbol{O} \\ \boldsymbol{O} & \boldsymbol{O} & \boldsymbol{A} \\ \boldsymbol{A} & \boldsymbol{O} & \boldsymbol{O} \end{pmatrix}$$

求所有与 $\boldsymbol{B}$ 乘积可交换的方阵.

4. 设 $m\times n$ 网格图 G 的顶点集 $V=\{(x,y)\mid x=1,2,\cdots,m;\ y=1,2,\cdots,n\}$, 当且仅当 $|x_1-x_2|+|y_1-y_2|=1$ 时, 两个顶点 (x_1,y_1) 与 (x_2,y_2) 相邻. 把 V 按照字典顺序排列. 请用分块矩阵表示 G 的邻接矩阵.

5. 定义两个图 G_1, G_2 的**直积** $G = G_1 \times G_2$ 如下: G 的顶点集 $V = \{(v_1, v_2) \mid v_i是G_i的顶点\}$, 当且仅当 $u_1 = v_1$ 且 $u_2 \to v_2$ 是 G_2 的边或者 $u_2 = v_2$ 且 $u_1 \to v_1$ 是 G_1 的边时, $(u_1, u_2) \to (v_1, v_2)$ 是 G 的边. 请用 G_1, G_2 的邻接矩阵表示 G 的邻接矩阵.

6. 设 n 维超立方体图 G 的顶点集 $V = \{0,1\}^n$, 两个顶点 $(x_1, x_2, \cdots, x_n)$ 与 $(y_1, y_2, \cdots, y_n)$ 相邻当且仅当 $|x_1 - y_1| + |x_2 - y_2| + \cdots + |x_n - y_n| = 1$. 把 V 按照字典顺序排列. 请用分块矩阵递推表示 G 的邻接矩阵.

7. 设矩阵乘积 $\boldsymbol{AC}, \boldsymbol{BD}$ 有意义. 证明: $(\boldsymbol{A} \otimes \boldsymbol{B})(\boldsymbol{C} \otimes \boldsymbol{D}) = (\boldsymbol{AC}) \otimes (\boldsymbol{BD})$.

8. 设 $\boldsymbol{A}, \boldsymbol{A}_1, \boldsymbol{A}_2$ 是 $m \times n$ 矩阵, $\boldsymbol{B}, \boldsymbol{B}_1, \boldsymbol{B}_2$ 是 $p \times q$ 矩阵, $\boldsymbol{C}$ 是 $s \times t$ 矩阵. 证明:

(1) $(\boldsymbol{A}_1 + \boldsymbol{A}_2) \otimes \boldsymbol{B} = (\boldsymbol{A}_1 \otimes \boldsymbol{B}) + (\boldsymbol{A}_2 \otimes \boldsymbol{B})$;

(2) $\boldsymbol{A} \otimes (\boldsymbol{B}_1 + \boldsymbol{B}_2) = (\boldsymbol{A} \otimes \boldsymbol{B}_1) + (\boldsymbol{A} \otimes \boldsymbol{B}_2)$;

(3) $(\boldsymbol{A} \otimes \boldsymbol{B})^{\mathrm{T}} = (\boldsymbol{A}^{\mathrm{T}}) \otimes (\boldsymbol{B}^{\mathrm{T}})$;

(4) $(\boldsymbol{A} \otimes \boldsymbol{B}) \otimes \boldsymbol{C} = \boldsymbol{A} \otimes (\boldsymbol{B} \otimes \boldsymbol{C})$.

9. 设 $\boldsymbol{A}$ 是 m 阶方阵, $\boldsymbol{B}$ 是 n 阶方阵, $\boldsymbol{X}, \boldsymbol{Y}$ 都是 $m \times n$ 矩阵, $\boldsymbol{x}, \boldsymbol{y}$ 分别是 $\boldsymbol{X}, \boldsymbol{Y}$ 的列向量依次拼接而成的 mn 维列向量. 请把下列矩阵方程分别表示为 $\boldsymbol{y} = \boldsymbol{Mx}$ 的形式:

(1) $\boldsymbol{Y} = \boldsymbol{AX}$; (2) $\boldsymbol{Y} = \boldsymbol{XB}$; (3) $\boldsymbol{Y} = \boldsymbol{AXB}$; (4) $\boldsymbol{Y} = \boldsymbol{AX} - \boldsymbol{XB}$.

2.3 初等方阵

在第 1 章中, 介绍了对于线性方程组, 或者说对于矩阵的行向量进行操作的三种初等变换. 事实上, 它们都可以表示为矩阵乘积的形式. 例如, 设矩阵

$$\boldsymbol{A} = \begin{pmatrix} \boldsymbol{\alpha}_1 \\ \boldsymbol{\alpha}_2 \\ \boldsymbol{\alpha}_3 \end{pmatrix} \quad (\boldsymbol{\alpha}_i \text{ 是行向量})$$

(1) 交换 $\boldsymbol{A}$ 的第 1,3 行, 得到

$$\boldsymbol{B}_1 = \begin{pmatrix} \boldsymbol{\alpha}_3 \\ \boldsymbol{\alpha}_2 \\ \boldsymbol{\alpha}_1 \end{pmatrix} = \begin{pmatrix} 0 & 0 & 1 \\ 0 & 1 & 0 \\ 1 & 0 & 0 \end{pmatrix} \begin{pmatrix} \boldsymbol{\alpha}_1 \\ \boldsymbol{\alpha}_2 \\ \boldsymbol{\alpha}_3 \end{pmatrix} = \boldsymbol{P}_1 \boldsymbol{A}$$

(2) 把 $\boldsymbol{A}$ 的第 2 行乘上常数 λ, 得到

$$\boldsymbol{B}_2 = \begin{pmatrix} \boldsymbol{\alpha}_1 \\ \lambda \boldsymbol{\alpha}_2 \\ \boldsymbol{\alpha}_3 \end{pmatrix} = \begin{pmatrix} 1 & 0 & 0 \\ 0 & \lambda & 0 \\ 0 & 0 & 1 \end{pmatrix} \begin{pmatrix} \boldsymbol{\alpha}_1 \\ \boldsymbol{\alpha}_2 \\ \boldsymbol{\alpha}_3 \end{pmatrix} = \boldsymbol{P}_2 \boldsymbol{A}$$

(3) 把 $\boldsymbol{A}$ 的第 1 行的 λ 倍加至第 3 行, 得到

$$\boldsymbol{B}_3 = \begin{pmatrix} \boldsymbol{\alpha}_1 \\ \boldsymbol{\alpha}_2 \\ \boldsymbol{\alpha}_3 + \lambda \boldsymbol{\alpha}_1 \end{pmatrix} = \begin{pmatrix} 1 & 0 & 0 \\ 0 & 1 & 0 \\ \lambda & 0 & 1 \end{pmatrix} \begin{pmatrix} \boldsymbol{\alpha}_1 \\ \boldsymbol{\alpha}_2 \\ \boldsymbol{\alpha}_3 \end{pmatrix} = \boldsymbol{P}_3 \boldsymbol{A}$$

上述方阵 $\boldsymbol{P}_1, \boldsymbol{P}_2, \boldsymbol{P}_3$ 都可以看作是对单位方阵作同样的初等变换的结果.

定义 2.7 对单位方阵的行向量作三类初等变换所得到的方阵称为**初等方阵**.它们分别是

$$\begin{aligned}&\boldsymbol{S}_{ij}=\boldsymbol{I}-\boldsymbol{E}_{ii}-\boldsymbol{E}_{jj}+\boldsymbol{E}_{ij}+\boldsymbol{E}_{ji}\quad(i\neq j)\\&\boldsymbol{D}_i(\lambda)=\boldsymbol{I}_n+(\lambda-1)\boldsymbol{E}_{ii}\quad(\lambda\neq 0)\\&\boldsymbol{T}_{ij}(\lambda)=\boldsymbol{I}+\lambda\boldsymbol{E}_{ij}\quad(i\neq j)\end{aligned}$$

定理 2.4 初等方阵具有下列性质:

(1) $\boldsymbol{S}_{ij}$ 是对称方阵. $\boldsymbol{S}_{ij}^2=\boldsymbol{I}$. 当 $\{i,j\}\bigcap\{k,l\}=\varnothing$ 时, $\boldsymbol{S}_{ij}$ 与 $\boldsymbol{S}_{kl}$ 乘积可交换.

(2) $\boldsymbol{D}_i(\lambda)$ 是对角方阵. $\boldsymbol{D}_i(\lambda)\boldsymbol{D}_i(1/\lambda)=\boldsymbol{I}$. 任意 $\boldsymbol{D}_i(\lambda)$ 与 $\boldsymbol{D}_j(\mu)$ 乘积可交换.

(3) $\boldsymbol{T}_{ij}(\lambda)$ 是三角方阵. $\boldsymbol{T}_{ij}(\lambda)\boldsymbol{T}_{ij}(-\lambda)=\boldsymbol{I}$. 当 $i\neq l$ 且 $j\neq k$ 时, $\boldsymbol{T}_{ij}(\lambda)$ 与 $\boldsymbol{T}_{kl}(\mu)$ 乘积可交换.

(4) $\boldsymbol{S}_{ij}$ 可以表示为其他两类初等方阵的乘积. $\boldsymbol{S}_{ij}=\boldsymbol{D}_i(-1)\boldsymbol{T}_{ij}(-1)\boldsymbol{T}_{ji}(1)\boldsymbol{T}_{ij}(-1)$.

对单位方阵的列向量作初等变换得到的方阵也是初等方阵. 对矩阵的行向量作初等变换等价于矩阵左乘上初等方阵, 对矩阵的列向量作初等变换等价于矩阵右乘上初等方阵. 对于分块矩阵的行与列, 也可以作类似的 “分块初等变换”.

$$\begin{pmatrix}\boldsymbol{O}&\boldsymbol{I}\\\boldsymbol{I}&\boldsymbol{O}\end{pmatrix}\begin{pmatrix}\boldsymbol{A}&\boldsymbol{B}\\\boldsymbol{C}&\boldsymbol{D}\end{pmatrix}=\begin{pmatrix}\boldsymbol{C}&\boldsymbol{D}\\\boldsymbol{A}&\boldsymbol{B}\end{pmatrix},\qquad\begin{pmatrix}\boldsymbol{A}&\boldsymbol{B}\\\boldsymbol{C}&\boldsymbol{D}\end{pmatrix}\begin{pmatrix}\boldsymbol{O}&\boldsymbol{I}\\\boldsymbol{I}&\boldsymbol{O}\end{pmatrix}=\begin{pmatrix}\boldsymbol{B}&\boldsymbol{A}\\\boldsymbol{D}&\boldsymbol{C}\end{pmatrix}$$
$$\begin{pmatrix}\boldsymbol{P}&\boldsymbol{O}\\\boldsymbol{O}&\boldsymbol{Q}\end{pmatrix}\begin{pmatrix}\boldsymbol{A}&\boldsymbol{B}\\\boldsymbol{C}&\boldsymbol{D}\end{pmatrix}=\begin{pmatrix}\boldsymbol{PA}&\boldsymbol{PB}\\\boldsymbol{QC}&\boldsymbol{QD}\end{pmatrix},\qquad\begin{pmatrix}\boldsymbol{A}&\boldsymbol{B}\\\boldsymbol{C}&\boldsymbol{D}\end{pmatrix}\begin{pmatrix}\boldsymbol{P}&\boldsymbol{O}\\\boldsymbol{O}&\boldsymbol{Q}\end{pmatrix}=\begin{pmatrix}\boldsymbol{AP}&\boldsymbol{BQ}\\\boldsymbol{CP}&\boldsymbol{DQ}\end{pmatrix}$$
$$\begin{pmatrix}\boldsymbol{I}&\boldsymbol{O}\\\boldsymbol{X}&\boldsymbol{I}\end{pmatrix}\begin{pmatrix}\boldsymbol{A}&\boldsymbol{B}\\\boldsymbol{C}&\boldsymbol{D}\end{pmatrix}=\begin{pmatrix}\boldsymbol{A}&\boldsymbol{B}\\\boldsymbol{XA}+\boldsymbol{C}&\boldsymbol{XB}+\boldsymbol{D}\end{pmatrix},\qquad\begin{pmatrix}\boldsymbol{A}&\boldsymbol{B}\\\boldsymbol{C}&\boldsymbol{D}\end{pmatrix}\begin{pmatrix}\boldsymbol{I}&\boldsymbol{O}\\\boldsymbol{X}&\boldsymbol{I}\end{pmatrix}=\begin{pmatrix}\boldsymbol{A}+\boldsymbol{BX}&\boldsymbol{B}\\\boldsymbol{C}+\boldsymbol{DX}&\boldsymbol{D}\end{pmatrix}$$

定理 2.5 对于任意 $\boldsymbol{A}\in\mathbb{F}^{m\times n}$, 有如下结论:

(1) 存在非负整数 r 和一系列初等方阵 $\boldsymbol{P}_1,\cdots,\boldsymbol{P}_s\in\mathbb{F}^{m\times m}$, $\boldsymbol{Q}_1,\cdots,\boldsymbol{Q}_t\in\mathbb{F}^{n\times n}$, 使得

$$\boldsymbol{P}_s\cdots\boldsymbol{P}_1\boldsymbol{A}\boldsymbol{Q}_1\cdots\boldsymbol{Q}_t=\begin{pmatrix}\boldsymbol{I}_r&\boldsymbol{O}\\\boldsymbol{O}&\boldsymbol{O}\end{pmatrix}$$

(2) 存在非负整数 r 和一系列初等方阵 $\widetilde{\boldsymbol{P}}_1,\cdots,\widetilde{\boldsymbol{P}}_s\in\mathbb{F}^{m\times m}$, $\widetilde{\boldsymbol{Q}}_1,\cdots,\widetilde{\boldsymbol{Q}}_t\in\mathbb{F}^{n\times n}$, 使得

$$\boldsymbol{A}=\widetilde{\boldsymbol{P}}_1\cdots\widetilde{\boldsymbol{P}}_s\begin{pmatrix}\boldsymbol{I}_r&\boldsymbol{O}\\\boldsymbol{O}&\boldsymbol{O}\end{pmatrix}\widetilde{\boldsymbol{Q}}_t\cdots\widetilde{\boldsymbol{Q}}_1$$

证明 当 $\boldsymbol{A}=\boldsymbol{O}$ 时, 设 $\boldsymbol{P}_i=\widetilde{\boldsymbol{P}}_i=\boldsymbol{I}_m$, $\boldsymbol{Q}_i=\widetilde{\boldsymbol{Q}}_i=\boldsymbol{I}_n$, $r=0$, 结论显然成立. 下设 $\boldsymbol{A}=(a_{ij})\neq\boldsymbol{O}$.

(1) 对 m 使用数学归纳法. 当 $m=1$ 时, 设 $a_{1j}\neq 0$, 则有

$$\boldsymbol{A}\cdot\boldsymbol{D}_j(1/a_{1j})\cdot\prod_{k\neq j}\boldsymbol{T}_{jk}(-a_{1k})\cdot\boldsymbol{S}_{1j}=(1\quad 0\quad\cdots\quad 0)$$

当 $m\geqslant 2$ 时, 设 $a_{ij}\neq 0$, 则有

$$\boldsymbol{S}_{1i}\cdot\prod_{k\neq i}\boldsymbol{T}_{ki}(-a_{kj})\cdot\boldsymbol{A}\cdot\boldsymbol{D}_j(1/a_{ij})\cdot\prod_{k\neq j}\boldsymbol{T}_{jk}(-a_{ik})\cdot\boldsymbol{S}_{1j}=\begin{pmatrix}1&\\&\boldsymbol{B}\end{pmatrix}$$

对于矩阵 $\boldsymbol{B}$ 应用归纳假设, 存在非负整数 r 和一系列初等方阵 $\boldsymbol{P}_1,\cdots,\boldsymbol{P}_s,\boldsymbol{Q}_1,\cdots,\boldsymbol{Q}_t$, 使得 $\boldsymbol{P}_s\cdots\boldsymbol{P}_1\boldsymbol{B}\boldsymbol{Q}_1\cdots\boldsymbol{Q}_t=\begin{pmatrix}\boldsymbol{I}_r & \boldsymbol{O}\\ \boldsymbol{O} & \boldsymbol{O}\end{pmatrix}$, 从而有

$$\begin{pmatrix}1 & \\ & \boldsymbol{P}_s\end{pmatrix}\cdots\begin{pmatrix}1 & \\ & \boldsymbol{P}_1\end{pmatrix}\begin{pmatrix}1 & \\ & \boldsymbol{B}\end{pmatrix}\begin{pmatrix}1 & \\ & \boldsymbol{Q}_1\end{pmatrix}\cdots\begin{pmatrix}1 & \\ & \boldsymbol{Q}_t\end{pmatrix}=\begin{pmatrix}\boldsymbol{I}_{r+1} & \\ & \boldsymbol{O}\end{pmatrix}$$

其中所有 $\begin{pmatrix}1 & \\ & \boldsymbol{P}_i\end{pmatrix},\begin{pmatrix}1 & \\ & \boldsymbol{Q}_i\end{pmatrix}$ 也都是初等方阵. 故定理结论成立.

(2) 根据定理 2.4知, 对于任意初等方阵 $\boldsymbol{P}_i,\boldsymbol{Q}_i$, 都存在初等方阵 $\widetilde{\boldsymbol{P}}_i,\widetilde{\boldsymbol{Q}}_i$, 使得 $\widetilde{\boldsymbol{P}}_i\boldsymbol{P}_i=\boldsymbol{I}_m$, $\boldsymbol{Q}_i\widetilde{\boldsymbol{Q}}_i=\boldsymbol{I}_n$. 因此,

$$\widetilde{\boldsymbol{P}}_1\cdots\widetilde{\boldsymbol{P}}_s\begin{pmatrix}\boldsymbol{I}_r & \boldsymbol{O}\\ \boldsymbol{O} & \boldsymbol{O}\end{pmatrix}\widetilde{\boldsymbol{Q}}_t\cdots\widetilde{\boldsymbol{Q}}_1=\widetilde{\boldsymbol{P}}_1\cdots\widetilde{\boldsymbol{P}}_s\boldsymbol{P}_s\cdots\boldsymbol{P}_1\boldsymbol{A}\boldsymbol{Q}_1\cdots\boldsymbol{Q}_t\widetilde{\boldsymbol{Q}}_t\cdots\widetilde{\boldsymbol{Q}}_1=\boldsymbol{A}$$

习 题 2.3

1. 证明定理 2.4.

2. 证明: 对于三类初等方阵 $\boldsymbol{P}$, 均存在列向量 $\boldsymbol{\alpha},\boldsymbol{\beta}$, 使得 $\boldsymbol{P}=\boldsymbol{I}+\boldsymbol{\alpha}\boldsymbol{\beta}^{\mathrm{T}}$.

3. 若 n 维列向量 $\boldsymbol{\alpha},\boldsymbol{\beta}$ 满足 $\boldsymbol{\alpha}^{\mathrm{T}}\boldsymbol{\beta}=\boldsymbol{0}$, 则 n 阶方阵 $\boldsymbol{P}=\boldsymbol{I}+\boldsymbol{\alpha}\boldsymbol{\beta}^{\mathrm{T}}$ 称为**平延**. 证明: 对于任意两个不平行的列向量 $\boldsymbol{u},\boldsymbol{v}$, 存在平延 $\boldsymbol{P}$, 使得 $\boldsymbol{P}\boldsymbol{u}=\boldsymbol{v}$.

4. 每行每列均恰有一个元素是 1、其他元素都是 0 的方阵称为**置换方阵**. 证明: 每个 n 阶置换方阵可经过至多 $n-1$ 次交换两行 (列) 的操作变为单位方阵.

5. 证明: 任意 $\boldsymbol{T}_{ij}(\lambda)$ 都可以表示为 $\boldsymbol{T}_{pq}(a)\boldsymbol{T}_{uv}(b)\boldsymbol{T}_{pq}(-a)\boldsymbol{T}_{uv}(-b)$ 的形式①, 其中 $i\neq j$, $p\neq q$, $u\neq v$.

6. 证明: 对于任意 $m\times n$ 矩阵 $\boldsymbol{A}$, 存在一系列 m 阶初等方阵 $\boldsymbol{P}_1,\boldsymbol{P}_2,\cdots,\boldsymbol{P}_s$ 和 n 阶置换方阵 $\boldsymbol{Q}$, 使得 $\boldsymbol{P}_s\cdots\boldsymbol{P}_2\boldsymbol{P}_1\boldsymbol{A}\boldsymbol{Q}$ 形如 $\begin{pmatrix}\boldsymbol{I}_r & *\\ \boldsymbol{O} & \boldsymbol{O}\end{pmatrix}$, 其中 $0\leqslant r\leqslant\min\{m,n\}$.

7. 对角元素都是 1 的上 (下) 三角矩阵称为**单位上 (下) 三角矩阵**. 证明: 对于任意 $m\times n$ 矩阵 $\boldsymbol{A}$, 存在一系列 m 阶单位下三角的初等方阵 $\boldsymbol{P}_1,\boldsymbol{P}_2,\cdots,\boldsymbol{P}_s$ 和 m 阶置换方阵 $\boldsymbol{Q}$, 使得 $\boldsymbol{P}_s\cdots\boldsymbol{P}_2\boldsymbol{P}_1\boldsymbol{Q}\boldsymbol{A}$ 为上三角矩阵.

8. 设 $\mathbb{R}^3$ 中以 x,y,z 轴为转轴的三类旋转变换分别对应矩阵

$$\boldsymbol{P}_1(\theta)=\begin{pmatrix}1 & 0 & 0\\ 0 & \cos\theta & -\sin\theta\\ 0 & \sin\theta & \cos\theta\end{pmatrix},\boldsymbol{P}_2(\theta)=\begin{pmatrix}\cos\theta & 0 & \sin\theta\\ 0 & 1 & 0\\ -\sin\theta & 0 & \cos\theta\end{pmatrix},\boldsymbol{P}_3(\theta)=\begin{pmatrix}\cos\theta & -\sin\theta & 0\\ \sin\theta & \cos\theta & 0\\ 0 & 0 & 1\end{pmatrix}$$

(1) 证明: $\boldsymbol{P}_i(\alpha)\boldsymbol{P}_i(\beta)=\boldsymbol{P}_i(\alpha+\beta)\ (\forall i,\alpha,\beta)$;

(2) 求 $\theta_1,\theta_2,\theta_3$, 使得 $\boldsymbol{P}_1(\theta_1)\boldsymbol{P}_2(\theta_2)\boldsymbol{P}_3(\theta_3)=\begin{pmatrix}0 & 0 & 1\\ 1 & 0 & 0\\ 0 & 1 & 0\end{pmatrix}$;

(3) 证明: 对于任意 3 阶实数方阵 $\boldsymbol{A}$, 存在 $\theta_1,\theta_2,\theta_3$, 使得 $\boldsymbol{P}_1(\theta_1)\boldsymbol{P}_2(\theta_2)\boldsymbol{P}_3(\theta_3)\boldsymbol{A}$ 是上三角方阵.

① 在一个乘法群中, 形如 $ghg^{-1}h^{-1}$ 的元素称为**换位子**.

2.4 可逆矩阵

在 2.1 节中定义了矩阵的加法、减法、数乘、乘法以及正整数次幂的运算, 定理 2.2 也表明单位方阵是矩阵乘法的单位元, 我们自然考虑是否能够定义矩阵的除法运算或负整数次幂运算. 由于矩阵乘法运算不满足交换律, 我们有如下定义:

定义 2.8　设 $\boldsymbol{A} \in \mathbb{F}^{m\times n}$, $\boldsymbol{B} \in \mathbb{F}^{n\times m}$. 若 $\boldsymbol{AB} = \boldsymbol{I}_m$ 是单位方阵, 则称 $\boldsymbol{A}$ 是 $\boldsymbol{B}$ 的一个**左逆**, $\boldsymbol{B}$ 是 $\boldsymbol{A}$ 的一个**右逆**. 若 $\boldsymbol{A}$ 既有右逆 $\boldsymbol{B}$, 又有左逆 $\boldsymbol{C}$, 则有 $\boldsymbol{C} = \boldsymbol{C}(\boldsymbol{AB}) = (\boldsymbol{CA})\boldsymbol{B} = \boldsymbol{B}$, 此时 $\boldsymbol{A}$ 称为**可逆矩阵**, $\boldsymbol{B}$ 称为 $\boldsymbol{A}$ 的**逆矩阵**, 记作 $\boldsymbol{A}^{-1}$.

显然, 并非所有矩阵都是可逆矩阵. 例如, 零矩阵既没有左逆, 也没有右逆, 不是可逆矩阵. 那么, 如何判断一个矩阵 $\boldsymbol{A}$ 是否是可逆矩阵呢? 定理 2.9 以线性方程组的形式给出了 $\boldsymbol{A}$ 是可逆矩阵的一些充分必要条件. 在第 3 章和第 4 章中, 我们还将通过行列式和秩的概念给出 $\boldsymbol{A}$ 是可逆矩阵的其他充分必要条件.

例 2.12　设 $\boldsymbol{A} = \begin{pmatrix} a & b \\ c & d \end{pmatrix} \in \mathbb{F}^{2\times 2}$. 当 $\delta = ad - bc \neq 0$ 时, $\boldsymbol{A}$ 是可逆矩阵,

$$\boldsymbol{A}^{-1} = \frac{1}{\delta}\begin{pmatrix} d & -b \\ -c & a \end{pmatrix}$$

例 2.13　设 $\boldsymbol{A} = \begin{pmatrix} \boldsymbol{u} \\ \boldsymbol{v} \\ \boldsymbol{w} \end{pmatrix} = \begin{pmatrix} u_1 & u_2 & u_3 \\ v_1 & v_2 & v_3 \\ w_1 & w_2 & w_3 \end{pmatrix} \in \mathbb{F}^{3\times 3}$. 当 $\delta = \boldsymbol{u} \times \boldsymbol{v} \cdot \boldsymbol{w} \neq 0$ 时, $\boldsymbol{A}$ 是可逆矩阵,

$$\boldsymbol{A}^{-1} = \frac{1}{\delta}\begin{pmatrix} \boldsymbol{v}\times\boldsymbol{w} & \boldsymbol{w}\times\boldsymbol{u} & \boldsymbol{u}\times\boldsymbol{v} \end{pmatrix} = \frac{1}{\delta}\begin{pmatrix} v_2w_3 - v_3w_2 & w_2u_3 - w_3u_2 & u_2v_3 - u_3v_2 \\ v_3w_1 - v_1w_3 & w_3u_1 - w_1u_3 & u_3v_1 - u_1v_3 \\ v_1w_2 - v_2w_1 & w_1u_2 - w_2u_1 & u_1v_2 - u_2v_1 \end{pmatrix}$$

在 $\boldsymbol{u} \times \boldsymbol{v} \cdot \boldsymbol{w}$ 中,

$$(x_1, x_2, x_3) \times (y_1, y_2, y_3) = (x_2y_3 - x_3y_2, x_3y_1 - x_1y_3, x_1y_2 - x_2y_1)$$

是 $\mathbb{F}^3$ 上的**向量积**运算,

$$(x_1, x_2, x_3) \cdot (y_1, y_2, y_3) = x_1y_1 + x_2y_2 + x_3y_3$$

是 $\mathbb{F}^3$ 上的**数量积**运算.

例 2.14　所有初等方阵都是可逆矩阵.

例 2.15　$m \times n$ 矩阵 $\begin{pmatrix} \boldsymbol{I}_r & \boldsymbol{O} \\ \boldsymbol{O} & \boldsymbol{O} \end{pmatrix}$ 是可逆矩阵的充分必要条件是 $m = n = r$.

根据定义, 可逆矩阵具有以下常用性质:

定理 2.6　若 $\boldsymbol{A}$ 是可逆矩阵, 则 $\boldsymbol{A}^{-1}$ 和 $\boldsymbol{A}^{\mathrm{T}}$ 也是可逆矩阵, 并且

$$(\boldsymbol{A}^{-1})^{-1} = \boldsymbol{A}, \quad (\boldsymbol{A}^{\mathrm{T}})^{-1} = (\boldsymbol{A}^{-1})^{\mathrm{T}}$$

定理 2.7 设矩阵 $\boldsymbol{P}=\boldsymbol{A}_1\boldsymbol{A}_2\cdots\boldsymbol{A}_k$. 若 $\boldsymbol{A}_1,\boldsymbol{A}_2,\cdots,\boldsymbol{A}_k$ 都是可逆矩阵, 则 $\boldsymbol{P}$ 也是可逆矩阵, 并且

$$\boldsymbol{C}^{-1}=\boldsymbol{A}_k^{-1}\cdots\boldsymbol{A}_2^{-1}\boldsymbol{A}_1^{-1}$$

结合例 2.14、例 2.15 以及定理 2.5, 2.7, 可得如下充分必要条件, 通过它们可判断一个矩阵是否可逆.

定理 2.8 $\boldsymbol{A}$ 是可逆矩阵当且仅当 $\boldsymbol{A}$ 是初等方阵的乘积. 故可逆矩阵一定是方阵.

定理 2.9 设 $\boldsymbol{A}$ 是 n 阶方阵. 下列叙述相互等价:

(1) $\boldsymbol{A}$ 是可逆方阵;

(2) 矩阵方程 $\boldsymbol{AX}=\boldsymbol{I}$ 有唯一解, 即 $\boldsymbol{A}$ 有唯一的右逆;

(3) 对于任意 n 维列向量 $\boldsymbol{b}$, 线性方程组 $\boldsymbol{Ax}=\boldsymbol{b}$ 有唯一解;

(4) 线性方程组 $\boldsymbol{Ax}=\boldsymbol{0}$ 有唯一解 $\boldsymbol{x}=\boldsymbol{0}$.

证明 (1) $\Rightarrow$ (2): $\boldsymbol{A}^{-1}$ 是 $\boldsymbol{A}$ 的唯一右逆.

(2) $\Rightarrow$ (3): 设 $\boldsymbol{AB}=\boldsymbol{I}$, 则 $\boldsymbol{Ax}=\boldsymbol{b}$ 有解 $\boldsymbol{x}=\boldsymbol{Bb}$. 若 $\boldsymbol{Ax}=\boldsymbol{b}$ 的解不唯一, 则存在 $\boldsymbol{v}\neq\boldsymbol{0}$ 满足 $\boldsymbol{Av}=\boldsymbol{0}$, 从而 $\boldsymbol{B}+\begin{pmatrix}\boldsymbol{v} & \boldsymbol{O}\end{pmatrix}$ 也是 $\boldsymbol{A}$ 的右逆, 矛盾.

(3) $\Rightarrow$ (4): (4) 是 (3) 的特殊情形.

(4) $\Rightarrow$ (1): 根据定理 2.5, 存在非负整数 r 和初等方阵 $\boldsymbol{P}_1,\cdots,\boldsymbol{P}_s,\boldsymbol{Q}_1,\cdots,\boldsymbol{Q}_t$, 使得

$$\boldsymbol{A}=\boldsymbol{P}_1\cdots\boldsymbol{P}_s\begin{pmatrix}\boldsymbol{I}_r & \boldsymbol{O}\\ \boldsymbol{O} & \boldsymbol{O}\end{pmatrix}\boldsymbol{Q}_t\cdots\boldsymbol{Q}_1$$

如果 $r<n$, 那么 $\boldsymbol{x}=\boldsymbol{Q}_1^{-1}\cdots\boldsymbol{Q}_t^{-1}\boldsymbol{e}_n\neq\boldsymbol{0}$, 并且满足 $\boldsymbol{Ax}=\boldsymbol{0}$, 矛盾. 所以 $r=n$, $\boldsymbol{A}=\boldsymbol{P}_1\cdots\boldsymbol{P}_s\boldsymbol{Q}_t\cdots\boldsymbol{Q}_1$. 根据定理 2.7 知, $\boldsymbol{A}$ 是可逆方阵.

数域 $\mathbb{F}$ 上 n 阶可逆方阵的全体, 在矩阵乘法运算下构成群, 称为**一般线性群**, 记作 $GL(n,\mathbb{F})$.

根据定理 2.9 知, 求解矩阵方程 $\boldsymbol{AX}=\boldsymbol{I}$ 是判断方阵 $\boldsymbol{A}$ 是否是可逆矩阵以及求 $\boldsymbol{A}^{-1}$ 的通用方法. 与求解线性方程组 $\boldsymbol{Ax}=\boldsymbol{b}$ 类似, 对增广矩阵 $\boldsymbol{M}=\begin{pmatrix}\boldsymbol{A} & \boldsymbol{I}\end{pmatrix}$ 施行一系列初等行变换, 把它变成 $\begin{pmatrix}\boldsymbol{I} & \boldsymbol{X}\end{pmatrix}$ 的形式. 此时, $\boldsymbol{X}$ 即为 $\boldsymbol{A}^{-1}$. 若矩阵方程 $\boldsymbol{AX}=\boldsymbol{I}$ 无解, 则 $\boldsymbol{A}$ 不是可逆矩阵.

例 2.16 设 n 阶上三角方阵

$$\boldsymbol{A}=\begin{pmatrix}1 & 2 & 3 & \cdots & n\\ & 1 & 2 & \cdots & n-1\\ & & \ddots & \ddots & \vdots\\ & & & 1 & 2\\ & & & & 1\end{pmatrix}$$

求 $\boldsymbol{A}^{-1}$.

解法 1 对增广矩阵 $\begin{pmatrix}\boldsymbol{A} & \boldsymbol{I}\end{pmatrix}$ 施行初等行变换, 从第一行开始, 每行减去下一行, 再重复一遍, 得

$$\begin{pmatrix} 1 & 2 & 3 & \cdots & n & 1 & & & & \\ & 1 & 2 & \cdots & n-1 & & 1 & & & \\ & & \ddots & \ddots & \vdots & & & \ddots & & \\ & & & 1 & 2 & & & & 1 & \\ & & & & 1 & & & & & 1 \end{pmatrix} \to \begin{pmatrix} 1 & 1 & 1 & \cdots & 1 & 1 & -1 & & & \\ & 1 & 1 & \cdots & 1 & & 1 & -1 & & \\ & & \ddots & \ddots & \vdots & & & \ddots & \ddots & \\ & & & 1 & 1 & & & & 1 & -1 \\ & & & & 1 & & & & & 1 \end{pmatrix}$$

$$\to \begin{pmatrix} 1 & & & & & 1 & -2 & 1 & & \\ & 1 & & & & & 1 & -2 & \ddots & \\ & & \ddots & & & & & \ddots & \ddots & 1 \\ & & & 1 & & & & & 1 & -2 \\ & & & & 1 & & & & & 1 \end{pmatrix} \Rightarrow \boldsymbol{A}^{-1} = \begin{pmatrix} 1 & -2 & 1 & & \\ & 1 & -2 & \ddots & \\ & & \ddots & \ddots & 1 \\ & & & 1 & -2 \\ & & & & 1 \end{pmatrix}$$

解法 2 可设 $\boldsymbol{A} = \boldsymbol{I} + 2\boldsymbol{B} + 3\boldsymbol{B}^2 + \cdots + n\boldsymbol{B}^{n-1}$, 其中

$$\boldsymbol{B} = \begin{pmatrix} 0 & 1 & & & \\ & 0 & 1 & & \\ & & \ddots & \ddots & \\ & & & 0 & 1 \\ & & & & 0 \end{pmatrix}$$

满足 $\boldsymbol{B}^n = \boldsymbol{O}$. 由 $\boldsymbol{B}A = \boldsymbol{B} + 2\boldsymbol{B}^2 + \cdots + (n-1)\boldsymbol{B}^{n-1}$, 得 $(\boldsymbol{I} - \boldsymbol{B})\boldsymbol{A} = \boldsymbol{I} + \boldsymbol{B} + \cdots + \boldsymbol{B}^{n-1}$, 进而有 $(\boldsymbol{I} - \boldsymbol{B})^2\boldsymbol{A} = \boldsymbol{I}$. 因此,

$$\boldsymbol{A}^{-1} = (\boldsymbol{I} - \boldsymbol{B})^2 = \boldsymbol{I} - 2\boldsymbol{B} + \boldsymbol{B}^2 = \begin{pmatrix} 1 & -2 & 1 & & \\ & 1 & -2 & \ddots & \\ & & \ddots & \ddots & 1 \\ & & & 1 & -2 \\ & & & & 1 \end{pmatrix}$$

下面, 我们考虑分块矩阵的逆矩阵问题.

例 2.17 设 $\boldsymbol{P}, \boldsymbol{Q}$ 是可逆方阵, $\boldsymbol{X}$ 是 $m \times n$ 矩阵, $\boldsymbol{Y}$ 是 $n \times m$ 矩阵, 则

$$\begin{pmatrix} \boldsymbol{O} & \boldsymbol{I}_m \\ \boldsymbol{I}_n & \boldsymbol{O} \end{pmatrix}^{-1} = \begin{pmatrix} \boldsymbol{O} & \boldsymbol{I}_n \\ \boldsymbol{I}_m & \boldsymbol{O} \end{pmatrix}, \quad \begin{pmatrix} \boldsymbol{P} & \boldsymbol{O} \\ \boldsymbol{O} & \boldsymbol{Q} \end{pmatrix}^{-1} = \begin{pmatrix} \boldsymbol{P}^{-1} & \boldsymbol{O} \\ \boldsymbol{O} & \boldsymbol{Q}^{-1} \end{pmatrix}$$

$$\begin{pmatrix} \boldsymbol{I}_m & \boldsymbol{X} \\ \boldsymbol{O} & \boldsymbol{I}_n \end{pmatrix}^{-1} = \begin{pmatrix} \boldsymbol{I}_m & -\boldsymbol{X} \\ \boldsymbol{O} & \boldsymbol{I}_n \end{pmatrix}, \quad \begin{pmatrix} \boldsymbol{I}_m & \boldsymbol{O} \\ \boldsymbol{Y} & \boldsymbol{I}_n \end{pmatrix}^{-1} = \begin{pmatrix} \boldsymbol{I}_m & \boldsymbol{O} \\ -\boldsymbol{Y} & \boldsymbol{I}_n \end{pmatrix}$$

例 2.18 设分块矩阵 $\boldsymbol{A} = \begin{pmatrix} \boldsymbol{A}_1 & \boldsymbol{A}_2 \\ \boldsymbol{A}_3 & \boldsymbol{A}_4 \end{pmatrix}$, 其中 $\boldsymbol{A}_1, \boldsymbol{A}_4$ 都是方阵.

(1) 当 $\boldsymbol{A}_1$ 是可逆方阵时, 有矩阵乘积分解

$$\boldsymbol{A} = \begin{pmatrix} \boldsymbol{I} & \boldsymbol{O} \\ \boldsymbol{A}_3\boldsymbol{A}_1^{-1} & \boldsymbol{I} \end{pmatrix} \begin{pmatrix} \boldsymbol{A}_1 & \boldsymbol{O} \\ \boldsymbol{O} & \boldsymbol{A}_4 - \boldsymbol{A}_3\boldsymbol{A}_1^{-1}\boldsymbol{A}_2 \end{pmatrix} \begin{pmatrix} \boldsymbol{I} & \boldsymbol{A}_1^{-1}\boldsymbol{A}_2 \\ \boldsymbol{O} & \boldsymbol{I} \end{pmatrix}$$

上式称为 **Schur**[①]**公式**, $\boldsymbol{S} = \boldsymbol{A}_4 - \boldsymbol{A}_3\boldsymbol{A}_1^{-1}\boldsymbol{A}_2$ 称为 $\boldsymbol{A}_1$ 的 **Schur 补**. $\boldsymbol{A}$ 是可逆方阵当且仅当

① Issai Schur, 1875 ~ 1941, 德国数学家, Ferdinard Georg Frobenius 的学生.

$\boldsymbol{S}$ 是可逆方阵. 此时, 有

$$\boldsymbol{A}^{-1}=\begin{pmatrix}\boldsymbol{I} & -\boldsymbol{A}_1^{-1}\boldsymbol{A}_2\\ \boldsymbol{O} & \boldsymbol{I}\end{pmatrix}\begin{pmatrix}\boldsymbol{A}_1^{-1} & \boldsymbol{O}\\ \boldsymbol{O} & \boldsymbol{S}^{-1}\end{pmatrix}\begin{pmatrix}\boldsymbol{I} & \boldsymbol{O}\\ -\boldsymbol{A}_3\boldsymbol{A}_1^{-1} & \boldsymbol{I}\end{pmatrix}$$
$$=\begin{pmatrix}\boldsymbol{A}_1^{-1}+\boldsymbol{A}_1^{-1}\boldsymbol{A}_2\boldsymbol{S}^{-1}\boldsymbol{A}_3\boldsymbol{A}_1^{-1} & -\boldsymbol{A}_1^{-1}\boldsymbol{A}_2\boldsymbol{S}^{-1}\\ -\boldsymbol{S}^{-1}\boldsymbol{A}_3\boldsymbol{A}_1^{-1} & \boldsymbol{S}^{-1}\end{pmatrix}$$

(2) 类似地, 当 $\boldsymbol{A}_4$ 是可逆方阵时, 有矩阵乘积分解

$$\boldsymbol{A}=\begin{pmatrix}\boldsymbol{I} & \boldsymbol{A}_2\boldsymbol{A}_4^{-1}\\ \boldsymbol{O} & \boldsymbol{I}\end{pmatrix}\begin{pmatrix}\boldsymbol{A}_1-\boldsymbol{A}_2\boldsymbol{A}_4^{-1}\boldsymbol{A}_3 & \boldsymbol{O}\\ \boldsymbol{O} & \boldsymbol{A}_4\end{pmatrix}\begin{pmatrix}\boldsymbol{I} & \boldsymbol{O}\\ \boldsymbol{A}_4^{-1}\boldsymbol{A}_3 & \boldsymbol{I}\end{pmatrix}$$

上式也称为 **Schur 公式**, $\boldsymbol{T}=\boldsymbol{A}_1-\boldsymbol{A}_2\boldsymbol{A}_4^{-1}\boldsymbol{A}_3$ 称为 $\boldsymbol{A}_4$ 的 **Schur 补**. $\boldsymbol{A}$ 是可逆方阵当且仅当 $\boldsymbol{T}$ 是可逆方阵. 此时, 有

$$\boldsymbol{A}^{-1}=\begin{pmatrix}\boldsymbol{I} & \boldsymbol{O}\\ -\boldsymbol{A}_4^{-1}\boldsymbol{A}_3 & \boldsymbol{I}\end{pmatrix}\begin{pmatrix}\boldsymbol{T}^{-1} & \boldsymbol{O}\\ \boldsymbol{O} & \boldsymbol{A}_4^{-1}\end{pmatrix}\begin{pmatrix}\boldsymbol{I} & -\boldsymbol{A}_2\boldsymbol{A}_4^{-1}\\ \boldsymbol{O} & \boldsymbol{I}\end{pmatrix}$$
$$=\begin{pmatrix}\boldsymbol{T}^{-1} & -\boldsymbol{T}^{-1}\boldsymbol{A}_2\boldsymbol{A}_4^{-1}\\ -\boldsymbol{A}_4^{-1}\boldsymbol{A}_3\boldsymbol{T}^{-1} & \boldsymbol{A}_4^{-1}+\boldsymbol{A}_4^{-1}\boldsymbol{A}_3\boldsymbol{T}^{-1}\boldsymbol{A}_2\boldsymbol{A}_4^{-1}\end{pmatrix}$$

(3) 当 $\boldsymbol{A}_1,\boldsymbol{A}_4$ 和 $\boldsymbol{A}$ 都是可逆方阵时, 比较以上两个关于 $\boldsymbol{A}^{-1}$ 的表达式, 可得 $\boldsymbol{S}$ 和 $\boldsymbol{T}$ 之间的关系

$$\boldsymbol{S}^{-1}=\boldsymbol{A}_4^{-1}+\boldsymbol{A}_4^{-1}\boldsymbol{A}_3\boldsymbol{T}^{-1}\boldsymbol{A}_2\boldsymbol{A}_4^{-1},\quad \boldsymbol{T}^{-1}=\boldsymbol{A}_1^{-1}+\boldsymbol{A}_1^{-1}\boldsymbol{A}_2\boldsymbol{S}^{-1}\boldsymbol{A}_3\boldsymbol{A}_1^{-1}$$

例 2.19 设 n 阶下三角方阵 $\boldsymbol{A}=(\mathrm{C}_i^j)$, 其中 $\mathrm{C}_i^j=\dfrac{i!}{j!(i-j)!}$ 是组合数. 求 $\boldsymbol{A}^{-1}$.

解 设 $\boldsymbol{M}=(\mathrm{C}_i^j)=\begin{pmatrix}\mathbf{1} & \mathbf{0}\\ \mathbf{1} & \boldsymbol{A}\end{pmatrix}$, 其中 $0\leqslant i,j\leqslant n$. 根据二项式定理, 有

$$\begin{pmatrix}1\\ 1+x\\ \vdots\\ (1+x)^n\end{pmatrix}=\begin{pmatrix}\mathrm{C}_0^0 & & & \\ \mathrm{C}_1^0 & \mathrm{C}_1^1 & & \\ \vdots & \vdots & \ddots & \\ \mathrm{C}_n^0 & \mathrm{C}_n^1 & \cdots & \mathrm{C}_n^n\end{pmatrix}\begin{pmatrix}1\\ x\\ \vdots\\ x^n\end{pmatrix}$$

$$\begin{pmatrix}1\\ x\\ \vdots\\ x^n\end{pmatrix}=\begin{pmatrix}\mathrm{C}_0^0 & & & \\ -\mathrm{C}_1^0 & \mathrm{C}_1^1 & & \\ \vdots & \vdots & \ddots & \\ (-1)^n\mathrm{C}_n^0 & (-1)^{n-1}\mathrm{C}_n^1 & \cdots & \mathrm{C}_n^n\end{pmatrix}\begin{pmatrix}1\\ 1+x\\ \vdots\\ (1+x)^n\end{pmatrix}$$

因此, $\boldsymbol{M}^{-1}=\begin{pmatrix}\mathbf{1} & \mathbf{0}\\ * & \boldsymbol{A}^{-1}\end{pmatrix}=\left((-1)^{i-j}\mathrm{C}_i^j\right)$, $\boldsymbol{A}^{-1}=\left((-1)^{i-j}\mathrm{C}_i^j\right)$.

习 题 2.4

1. 证明定理 2.6 ~ 2.8.

2. 证明: $\mathbb{F}^3$ 上的向量积运算具有下列性质, 其中 $\boldsymbol{a},\boldsymbol{b},\boldsymbol{c}\in\mathbb{F}^3$, $\lambda,\mu\in\mathbb{F}$:

(1) 双线性: $(\lambda\boldsymbol{a}+\mu\boldsymbol{b})\times\boldsymbol{c}=\lambda(\boldsymbol{a}\times\boldsymbol{c})+\mu(\boldsymbol{b}\times\boldsymbol{c})$, $\boldsymbol{a}\times(\lambda\boldsymbol{b}+\mu\boldsymbol{c})=\lambda(\boldsymbol{a}\times\boldsymbol{b})+\mu(\boldsymbol{a}\times\boldsymbol{c})$;

(2) 反对称: $\boldsymbol{a}\times\boldsymbol{b}=-\boldsymbol{b}\times\boldsymbol{a}$, $\boldsymbol{a}\times\boldsymbol{a}=\boldsymbol{0}$;

(3) 混合积: $(\boldsymbol{a}\times\boldsymbol{b})\cdot\boldsymbol{c}=(\boldsymbol{b}\times\boldsymbol{c})\cdot\boldsymbol{a}=(\boldsymbol{c}\times\boldsymbol{a})\cdot\boldsymbol{b}$;

(4) 双重向量积: $(\boldsymbol{a}\times\boldsymbol{b})\times\boldsymbol{c}=(\boldsymbol{a}\cdot\boldsymbol{c})\,\boldsymbol{b}-(\boldsymbol{b}\cdot\boldsymbol{c})\,\boldsymbol{a}$;

(5) Jacobi 恒等式: $(\boldsymbol{a}\times\boldsymbol{b})\times\boldsymbol{c}+(\boldsymbol{b}\times\boldsymbol{c})\times\boldsymbol{a}+(\boldsymbol{c}\times\boldsymbol{a})\times\boldsymbol{b}=\boldsymbol{0}$.

3. 判断下列方阵 $\boldsymbol{A}$ 是否为可逆方阵, 或者求 a,b,c,d 应满足的充分必要条件, 使得 $\boldsymbol{A}$ 是可逆方阵. 当 $\boldsymbol{A}$ 是可逆方阵时, 求 $\boldsymbol{A}^{-1}$.

(1) $\begin{pmatrix}1&1&0&1\\1&-1&1&-1\\1&1&-1&1\\-1&0&0&1\end{pmatrix}$; (2) $\begin{pmatrix}1&1&0&0\\0&1&1&0\\0&0&1&1\\-1&0&0&1\end{pmatrix}$; (3) $\begin{pmatrix}0&1&0&0\\1&0&1&0\\0&1&0&1\\0&0&1&0\end{pmatrix}$;

(4) $\begin{pmatrix}a&b&c&d\\-b&a&-d&c\\-c&d&a&-b\\-d&-c&b&a\end{pmatrix}$; (5) $\begin{pmatrix}0&b&c&d\\-b&0&b&c\\-c&-b&0&b\\-d&-c&-b&0\end{pmatrix}$; (6) $\begin{pmatrix}1&a&a^2&a^3\\1&b&b^2&b^3\\1&c&c^2&c^3\\1&d&d^2&d^3\end{pmatrix}$;

(7) $\begin{pmatrix}a&a+1&a+2&a+3\\b&b+1&b+2&b+3\\c&c+1&c+2&c+3\\d&d+1&d+2&d+3\end{pmatrix}$; (8) $\begin{pmatrix}a^2&(a+1)^2&(a+2)^2&(a+3)^2\\b^2&(b+1)^2&(b+2)^2&(b+3)^2\\c^2&(c+1)^2&(c+2)^2&(c+3)^2\\d^2&(d+1)^2&(d+2)^2&(d+3)^2\end{pmatrix}$.

4. 设 $\boldsymbol{A}=(a_{ij})$ 是 n 阶三角方阵. 证明: $\boldsymbol{A}$ 是可逆方阵当且仅当 $\prod\limits_{i=1}^{n}a_{ii}\neq 0$.

5. 设 $\boldsymbol{A}$ 是 n 阶可逆方阵. 证明:

(1) 若 $\boldsymbol{A}$ 是上 (下) 三角方阵, 则 $\boldsymbol{A}^{-1}$ 也是上 (下) 三角方阵;

(2) 若 $\boldsymbol{A}$ 是 (反) 对称方阵, 则 $\boldsymbol{A}^{-1}$ 也是 (反) 对称方阵;

(3) 若 $\boldsymbol{A}$ 是 (反) Hermite 方阵, 则 $\boldsymbol{A}^{-1}$ 也是 (反) Hermite 方阵.

6. 设 n 阶方阵 $\boldsymbol{A}$ 满足 $\boldsymbol{A}^k=\lambda\boldsymbol{I}$($k$ 是正整数, $\lambda\neq 1$). 证明: $\boldsymbol{I}-\boldsymbol{A}$ 是可逆方阵, 并且

$$(\boldsymbol{I}-\boldsymbol{A})^{-1}=\frac{1}{1-\lambda}(\boldsymbol{I}+\boldsymbol{A}+\boldsymbol{A}^2+\cdots+\boldsymbol{A}^{k-1})$$

7. 设 n 阶方阵 $\boldsymbol{A}=(a_ib_j)$, $\boldsymbol{B}=\lambda\boldsymbol{I}-\boldsymbol{A}$, $\mu=\sum\limits_{i=1}^{n}a_ib_i(n\geqslant 2)$. 证明:

(1) $\boldsymbol{A}^2=\mu\boldsymbol{A}$, $\boldsymbol{B}^2=(2\lambda-\mu)\boldsymbol{B}-\lambda(\lambda-\mu)\boldsymbol{I}$;

(2) $\boldsymbol{B}$ 是可逆方阵当且仅当 $\lambda\notin\{0,\mu\}$, 并且 $\boldsymbol{B}^{-1}=\dfrac{1}{\lambda}\boldsymbol{I}+\dfrac{1}{\lambda(\lambda-\mu)}\boldsymbol{A}$.

8. 设 $\boldsymbol{A},\boldsymbol{B}$ 分别是 $m\times n$ 和 $n\times m$ 矩阵. 何时 $\boldsymbol{M}=\begin{pmatrix}\boldsymbol{A}&\boldsymbol{O}\\\boldsymbol{O}&\boldsymbol{B}\end{pmatrix}$ 是可逆方阵? 并求 $\boldsymbol{M}^{-1}$.

9. 设 $\boldsymbol{A},\boldsymbol{B}$ 是方阵. 证明: $\boldsymbol{A}\otimes\boldsymbol{B}$ 是可逆方阵当且仅当 $\boldsymbol{A},\boldsymbol{B}$ 都是可逆方阵, 并且

$$(\boldsymbol{A}\otimes\boldsymbol{B})^{-1}=(\boldsymbol{A}^{-1})\otimes(\boldsymbol{B}^{-1})$$

10. (Sherman-Morrison-Woodbury 公式) 设 $\boldsymbol{A}$ 是 m 阶可逆方阵, $\boldsymbol{B}$ 是 $m\times n$ 矩阵, $\boldsymbol{C}$ 是 $n\times m$ 矩阵. 证明: $\boldsymbol{A}+\boldsymbol{BC}$ 是可逆方阵当且仅当 $\boldsymbol{I}+\boldsymbol{CA}^{-1}\boldsymbol{B}$ 是可逆方阵, 并且

$$(\boldsymbol{A}+\boldsymbol{BC})^{-1}=\boldsymbol{A}^{-1}-\boldsymbol{A}^{-1}\boldsymbol{B}(\boldsymbol{I}+\boldsymbol{CA}^{-1}\boldsymbol{B})^{-1}\boldsymbol{CA}^{-1}$$

特别地, $\boldsymbol{I}_m-\boldsymbol{BC}$ 是可逆方阵当且仅当 $\boldsymbol{I}_n-\boldsymbol{CB}$ 是可逆方阵, 并且

$$(\boldsymbol{I}_m-\boldsymbol{BC})^{-1}=\boldsymbol{I}_m+\boldsymbol{B}(\boldsymbol{I}_n-\boldsymbol{CB})^{-1}\boldsymbol{C}$$

11. 设 n 阶可逆方阵$\boldsymbol{A}=\big(a_{ij}(x)\big)$的元素都是可微函数. 证明: $\dfrac{\mathrm{d}(\boldsymbol{A}^{-1})}{\mathrm{d}x}=-\boldsymbol{A}^{-1}\dfrac{\mathrm{d}\boldsymbol{A}}{\mathrm{d}x}\boldsymbol{A}^{-1}$.

12. 设 n 阶复数方阵 $\boldsymbol{A}=(a_{ij})$ 满足 $|a_{ii}|>\sum\limits_{j\neq i}|a_{ij}|(\forall i)$, 则 $\boldsymbol{A}$ 是**严格行对角优**的. 证明: 线性方程组 $\boldsymbol{Ax}=\boldsymbol{0}$ 只有零解, 从而 $\boldsymbol{A}$ 是可逆方阵.

13. 设 n 阶整数方阵 $\boldsymbol{A}=(a_{ij})$, 当 j 整除 i 时,$a_{ij}=1$, 否则 $a_{ij}=0$. 证明:

$$\boldsymbol{A}^{-1}=\Big(\mu(i/j)a_{ij}\Big)$$

其中

$$\mu(x)=\begin{cases}(-1)^k, & x\ \text{是}\ k\ \text{个不同素数的乘积}\\ 0, & \text{否则}\end{cases}$$

注: $\boldsymbol{A}$ 是 **Möbius 变换** $f(x)\mapsto g(x)=\sum\limits_{d|x}f(d)$ 的矩阵表示, $\mu(x)$ 称为 **Möbius 函数**.

第 3 章　行　列　式

行列式的概念来源于求解 n 个方程和 n 个未知数的线性方程组. Takakazu①与 Leibnitz②分别于 1683 年和 1693 年独立地提出了行列式的概念, 用于求解线性方程组. 1750 年, Cramer③发表了著名的 Cramer 法则. 1841 年, Cauchy④首先提出了现代的行列式概念及其记号. 1750～1900 年, 对行列式的研究成为线性代数的重要内容. 自 1858 年 Cayley 创立矩阵论以来, 矩阵逐渐发展为线性代数的主要组成部分和重要的数学工具, 而行列式则逐渐变成矩阵理论的一个小分支.

3.1　行列式的定义

关于行列式的概念, 有许多形式不同但实质等价的定义. 大致有下列几种方式:

(1) 把行列式看作具有特定性质的函数;

(2) 直接给出 n 阶行列式的完全展开式;

(3) 通过 $n-1$ 阶行列式归纳定义 n 阶行列式;

(4) 定义行列式为平行多面体的有向体积;

(5) 通过 Grassmann⑤代数定义行列式.

定义 3.1　具有下列性质的 $\mathbb{F}^n$ 上的 n 元函数 $\det(\boldsymbol{\alpha}_1,\boldsymbol{\alpha}_2,\cdots,\boldsymbol{\alpha}_n)$ 称为数域 $\mathbb{F}$ 上的 n 阶**行列式**.

(1) (**多重线性**) 行列式关于每个变量是线性的.

$$\det(\cdots,\lambda\boldsymbol{\alpha}_i+\mu\boldsymbol{\beta}_i,\cdots)=\lambda\det(\cdots,\boldsymbol{\alpha}_i,\cdots)+\mu\det(\cdots,\boldsymbol{\beta}_i,\cdots)$$

其中 $\lambda,\mu\in\mathbb{F}$, $\boldsymbol{\alpha}_i,\boldsymbol{\beta}_i\in\mathbb{F}^n$.

(2) (**反对称性**) 若存在两个变量相等, 则行列式为 0. 从而, 交换两个变量的位置, 行列式反号.

$$\begin{aligned}&\det(\cdots,\boldsymbol{\alpha}_i,\cdots,\boldsymbol{\alpha}_i,\cdots)=0\\&\det(\cdots,\boldsymbol{\alpha}_j,\cdots,\boldsymbol{\alpha}_i,\cdots)=-\det(\cdots,\boldsymbol{\alpha}_i,\cdots,\boldsymbol{\alpha}_j,\cdots)\end{aligned}$$

---

① Seki Takakazu, 约 1642～1708, 日本数学家.

② Gottfried Wilhelm Leibniz, 1646～1716, 德国数学家、哲学家.

③ Gabriel Cramer, 1704～1752, 瑞士数学家.

④ Augustin-Louis Cauchy, 1789～1857, 法国数学家.

⑤ Hermann Günther Grassmann, 1809～1877, 德国数学家.

(3) (**规范性**) 标准单位向量组的行列式等于 1.

$$\det(\boldsymbol{e}_1, \boldsymbol{e}_2, \cdots, \boldsymbol{e}_n) = 1$$

简而言之, 行列式 $\det(\boldsymbol{\alpha}_1, \boldsymbol{\alpha}_2, \cdots, \boldsymbol{\alpha}_n)$ 是关于 n 个向量 $\boldsymbol{\alpha}_1, \boldsymbol{\alpha}_2, \cdots, \boldsymbol{\alpha}_n \in \mathbb{F}^n$ 的多元函数. 行列式 $\det(\boldsymbol{\alpha}_1, \boldsymbol{\alpha}_2, \cdots, \boldsymbol{\alpha}_n)$ 也可以看作是关于方阵 $\boldsymbol{A} \in \mathbb{F}^{n\times n}$ 的函数, 记作 $\det(\boldsymbol{A})$ 或 $|\boldsymbol{A}|$, 其中 $\boldsymbol{\alpha}_1, \boldsymbol{\alpha}_2, \cdots, \boldsymbol{\alpha}_n$ 是 $\boldsymbol{A}$ 的行向量. 设 $\boldsymbol{A} = (a_{ij})_{n\times n}$, 则 $\det(\boldsymbol{A})$ 还可以看作是关于 n^2 个变元 $a_{ij} \in \mathbb{F}$ 的多元多项式.

定理 3.1 由定义 3.1 可知, 行列式具有下列性质, 其中 $\lambda, \lambda_1, \lambda_2, \cdots, \lambda_n \in \mathbb{F}$:

(1) 若存在 $\boldsymbol{\alpha}_i = \boldsymbol{0}$, 则 $\det(\boldsymbol{\alpha}_1, \boldsymbol{\alpha}_2, \cdots, \boldsymbol{\alpha}_n) = 0$;

(2) 若存在 $\boldsymbol{\alpha}_i = \lambda\boldsymbol{\alpha}_j\ (i \neq j)$, 则 $\det(\boldsymbol{\alpha}_1, \boldsymbol{\alpha}_2, \cdots, \boldsymbol{\alpha}_n) = 0$;

(3) $\det(\lambda_1\boldsymbol{\alpha}_1, \lambda_2\boldsymbol{\alpha}_2, \cdots, \lambda_n\boldsymbol{\alpha}_n) = \lambda_1\lambda_2\cdots\lambda_n \det(\boldsymbol{\alpha}_1, \boldsymbol{\alpha}_2, \cdots, \boldsymbol{\alpha}_n)$;

(4) $\det(\cdots, \boldsymbol{\alpha}_i, \cdots, \boldsymbol{\alpha}_j, \cdots) = \det(\cdots, \boldsymbol{\alpha}_i + \lambda\boldsymbol{\alpha}_j, \cdots, \boldsymbol{\alpha}_j, \cdots)(\forall i \neq j)$.

定义 3.1 的合理性尚存在疑问. 如定义 3.1 所述的行列式函数是否存在? 是否唯一?

定义 3.2 设 $\sigma = (\sigma_1, \sigma_2, \cdots, \sigma_n)$ 是 n 个两两不同的实数的一个排列. 满足 $i < j$ 且 $\sigma_i > \sigma_j$ 的有序实数对 (σ_i, σ_j) 称为 σ 中的一个**逆序**. σ 中逆序的个数称为 σ 的**逆序数**, 记作 $\tau(\sigma)$.

$1, 2, \cdots, n$ 的所有排列的集合记作 S_n. 每个排列 σ 都可以看作是集合 $\{1, 2, \cdots, n\}$ 上的一一映射. 在映射的复合运算下, S_n 构成群, 称为 n 次**对称群**.

例 3.1 降序排列 $\sigma = (n, n-1, \cdots, 2, 1)$ 的逆序数 $\tau(\sigma) = 1+2+\cdots+(n-1) = \dfrac{n(n-1)}{2}$.

定理 3.2 交换排列 σ 中任意两项的位置, 所得排列记作 $\widetilde{\sigma}$, 则 $\tau(\sigma)$ 与 $\tau(\widetilde{\sigma})$ 具有不同的奇偶性.

证明 设 $\widetilde{\sigma}$ 由交换 σ 的第 $i, j(i < j)$ 项得到. 考虑 σ 和 $\widetilde{\sigma}$ 中包含 σ_i 或 σ_j 的数对.

(1) 当 $k < i$ 或 $k > j$ 时, (σ_i, σ_k) 是 σ 中的逆序 $\Leftrightarrow (\sigma_i, \sigma_k)$ 是 $\widetilde{\sigma}$ 中的逆序, (σ_k, σ_j) 是 σ 中的逆序 $\Leftrightarrow (\sigma_k, \sigma_j)$ 是 $\widetilde{\sigma}$ 中的逆序.

(2) 当 $i < k < j$ 时, (σ_i, σ_k) 是 σ 中的逆序 $\Leftrightarrow (\sigma_k, \sigma_i)$ 不是 $\widetilde{\sigma}$ 中的逆序, (σ_k, σ_j) 是 σ 中的逆序 $\Leftrightarrow (\sigma_j, \sigma_k)$ 不是 $\widetilde{\sigma}$ 中的逆序.

(3) (σ_i, σ_j) 是 σ 中的逆序 $\Leftrightarrow (\sigma_j, \sigma_i)$ 不是 $\widetilde{\sigma}$ 中的逆序.

综上, 共有 $2(j-i)-1$ 个数对的逆序性发生改变. 因此, $\tau(\widetilde{\sigma}) - \tau(\sigma)$ 是奇数.

对于任意排列 $\sigma, \widetilde{\sigma} \in S_n$, 如果可以经过 x 次交换把 σ 变成 $\widetilde{\sigma}$, 则可以经过 x 次交换把 $\widetilde{\sigma}$ 变成 σ. 如果还可以经过 y 次交换把 σ 变成 $\widetilde{\sigma}$, 则可以经过 $x+y$ 次交换把 σ 变成 σ. 根据定理 3.2得, $x+y$ 一定是偶数, 即 $(-1)^x = (-1)^y$.

例 3.2 设 $\sigma = (\sigma_1, \sigma_2, \cdots, \sigma_n) \in S_n$, 则 $\det(\boldsymbol{e}_{\sigma_1}, \boldsymbol{e}_{\sigma_2}, \cdots, \boldsymbol{e}_{\sigma_n}) = (-1)^{\tau(\sigma)}$.

解 对 $k = 1, 2, \cdots, n-1$, 设 σ 中形如 $(*, k)$ 的逆序共有 m_k 个, 则可经过 m_k 次相邻元素的交换, 把 k 换到位置 k, 同时保持其他数的相对顺序不变. 合计经过 $\tau(\sigma) = m_1 + m_2 + \cdots + m_{n-1}$ 次交换把 σ 变成排列 $(1, 2, \cdots, n)$. 因此, $\det(\boldsymbol{e}_{\sigma_1}, \boldsymbol{e}_{\sigma_2}, \cdots, \boldsymbol{e}_{\sigma_n}) = (-1)^{\tau(\sigma)} \det(\boldsymbol{e}_1, \boldsymbol{e}_2, \cdots, \boldsymbol{e}_n) = (-1)^{\tau(\sigma)}$.

下面, 我们推导行列式函数的代数表达式.

设 $\boldsymbol{\alpha}_i=(a_{i1},a_{i2},\cdots,a_{in})(i=1,2,\cdots,n)$. 根据定义 3.1, 有

$$\begin{aligned}\det(\boldsymbol{\alpha}_1,\boldsymbol{\alpha}_2,\cdots,\boldsymbol{\alpha}_n)&=\det\left(\sum_{j=1}^n a_{1j}\boldsymbol{e}_j,\sum_{j=1}^n a_{2j}\boldsymbol{e}_j,\cdots,\sum_{j=1}^n a_{nj}\boldsymbol{e}_j\right)\\&=\sum_{1\leqslant j_1,j_2,\cdots,j_n\leqslant n}a_{1j_1}a_{2j_2}\cdots a_{nj_n}\det(\boldsymbol{e}_{j_1},\boldsymbol{e}_{j_2},\cdots,\boldsymbol{e}_{j_n})\\&=\sum_{(j_1,j_2,\cdots,j_n)\in S_n}a_{1j_1}a_{2j_2}\cdots a_{nj_n}\det(\boldsymbol{e}_{j_1},\boldsymbol{e}_{j_2},\cdots,\boldsymbol{e}_{j_n})\\&=\sum_{(j_1,j_2,\cdots,j_n)\in S_n}(-1)^{\tau(j_1,j_2,\cdots,j_n)}a_{1j_1}a_{2j_2}\cdots a_{nj_n}\end{aligned}\tag{3.1}$$

(3.1) 式称为 $\det(\boldsymbol{\alpha}_1,\boldsymbol{\alpha}_2,\cdots,\boldsymbol{\alpha}_n)$ 或 $\det(a_{ij})$ 的**完全展开式**. 许多教材直接把它作为行列式的定义. 记 (3.1) 式定义的多元函数为 $\Delta(\boldsymbol{\alpha}_1,\boldsymbol{\alpha}_2,\cdots,\boldsymbol{\alpha}_n)$. 容易验证 $\Delta(\boldsymbol{\alpha}_1,\boldsymbol{\alpha}_2,\cdots,\boldsymbol{\alpha}_n)$ 满足定义 3.1 所述的多重线性和规范性. 定理 3.2 说明 $\Delta(\boldsymbol{\alpha}_1,\boldsymbol{\alpha}_2,\cdots,\boldsymbol{\alpha}_n)$ 满足反对称性. 因此, 定义 3.1 中的行列式函数 $\det(\boldsymbol{\alpha}_1,\boldsymbol{\alpha}_2,\cdots,\boldsymbol{\alpha}_n)$ 是存在且唯一的, 就是 $\Delta(\boldsymbol{\alpha}_1,\boldsymbol{\alpha}_2,\cdots,\boldsymbol{\alpha}_n)$.

例 3.3 1 阶行列式 $\det(a)=a$, 2 阶行列式 $\begin{vmatrix}a_{11}&a_{12}\\a_{21}&a_{22}\end{vmatrix}=a_{11}a_{22}-a_{12}a_{21}$, 3 阶行列式

$$\begin{vmatrix}a_{11}&a_{12}&a_{13}\\a_{21}&a_{22}&a_{23}\\a_{31}&a_{32}&a_{33}\end{vmatrix}=a_{11}a_{22}a_{33}-a_{11}a_{23}a_{32}+a_{12}a_{23}a_{31}-a_{12}a_{21}a_{33}+a_{13}a_{21}a_{32}-a_{13}a_{22}a_{31}$$

例 3.4 设 $\boldsymbol{A}=(a_{ij})_{n\times n}$ 是上三角方阵, 则 $\det(\boldsymbol{A})=a_{11}a_{22}\cdots a_{nn}$.

证明 在 $\det(\boldsymbol{A})$ 的完全展开式中, 当 $(j_1,j_2,\cdots,j_n)\neq(1,2,\cdots,n)$ 时, $a_{1j_1}a_{2j_2}\cdots a_{nj_n}=0$.

例 3.5 设分块矩阵 $\boldsymbol{A}=(\boldsymbol{A}_{ij})_{p\times p}$ 是准上三角方阵, 并且每个 $\boldsymbol{A}_{ii}$ 是方阵, 则

$$\det(\boldsymbol{A})=\prod_{i=1}^p\det(\boldsymbol{A}_{ii})$$

证明 设 $\boldsymbol{A}=(a_{ij})_{n\times n}$. 当 $p=2$ 时, 设 $\boldsymbol{A}_{11}$ 是 r 阶方阵, $\boldsymbol{A}_{22}$ 是 $n-r$ 阶方阵, 则

$$\begin{aligned}\det(\boldsymbol{A})&=\sum_{(j_1,j_2,\cdots,j_n)\in S_n}(-1)^{\tau(j_1,j_2,\cdots,j_n)}a_{1j_1}a_{2j_2}\cdots a_{nj_n}\\&=\sum_{\substack{(j_1,\cdots,j_r)\text{是}(1,\cdots,r)\text{的排列}\\(j_{r+1},\cdots,j_n)\text{是}(r+1,\cdots,n)\text{的排列}}}(-1)^{\tau(j_1,\cdots,j_r)+\tau(j_{r+1},\cdots,j_n)}a_{1j_1}a_{2j_2}\cdots a_{nj_n}\\&=\det(\boldsymbol{A}_{11})\det(\boldsymbol{A}_{22})\end{aligned}$$

当 $p\geqslant 3$ 时, 可先把 $\boldsymbol{A}$ 分块成 $\begin{pmatrix}\boldsymbol{A}_{11}&*\\\boldsymbol{O}&\boldsymbol{B}\end{pmatrix}$, 得 $\det(\boldsymbol{A})=\det(\boldsymbol{A}_{11})\det(\boldsymbol{B})$. 再对 $\boldsymbol{B}$ 继续分块. 由此可得 $\det(\boldsymbol{A})=\det(\boldsymbol{A}_{11})\det(\boldsymbol{A}_{22})\cdots\det(\boldsymbol{A}_{pp})$.

行列式的完全展开式含有 $n!$ 个单项式. 当 n 较大时, 利用完全展开式求一般 n 阶行列式的计算量非常巨大, 不容易实现. 通常利用行列式的定义及性质, 通过初等变换把方阵变成三角方阵, 从而求得原方阵的行列式.

例 3.6 计算行列式

$$\begin{vmatrix} 0 & 2 & 1 & -1 \\ 2 & -2 & 1 & -1 \\ 1 & -1 & -2 & 2 \\ 1 & 1 & -1 & -2 \end{vmatrix}$$

解

$$\begin{vmatrix} 0 & 2 & 1 & -1 \\ 2 & -2 & 1 & -1 \\ 1 & -1 & -2 & 2 \\ 1 & 1 & -1 & -2 \end{vmatrix} \xrightarrow{\text{交换①,③行}} -\begin{vmatrix} 1 & -1 & -2 & 2 \\ 2 & -2 & 1 & -1 \\ 0 & 2 & 1 & -1 \\ 1 & 1 & -1 & -2 \end{vmatrix} \xrightarrow[\text{行④}-①]{\text{行②}-2①} -\begin{vmatrix} 1 & -1 & -2 & 2 \\ 0 & 0 & 5 & -5 \\ 0 & 2 & 1 & -1 \\ 0 & 2 & 1 & -4 \end{vmatrix}$$

$$\xrightarrow{\text{交换②,③行}} \begin{vmatrix} 1 & -1 & -2 & 2 \\ 0 & 2 & 1 & -1 \\ 0 & 0 & 5 & -5 \\ 0 & 2 & 1 & -4 \end{vmatrix} \xrightarrow{\text{行④}-②} \begin{vmatrix} 1 & -1 & -2 & 2 \\ 0 & 2 & 1 & -1 \\ 0 & 0 & 5 & -5 \\ 0 & 0 & 0 & -3 \end{vmatrix} = 1\cdot 2\cdot 5\cdot(-3) = -30.$$

定理 3.3 对于任意 n 阶方阵 $\boldsymbol{A}=(a_{ij})$, $\det(\boldsymbol{A}^{\mathrm{T}})=\det(\boldsymbol{A})$.

证明 根据行列式的完全展开式 (3.1), 有

$$\det(\boldsymbol{A}^{\mathrm{T}}) = \sum_{(i_1,i_2,\cdots,i_n)\in S_n} (-1)^{\tau(i_1,i_2,\cdots,i_n)} a_{i_1 1}a_{i_2 2}\cdots a_{i_n n}$$

其中每个 $a_{i_1 1}a_{i_2 2}\cdots a_{i_n n}$ 可以重新排列成 $a_{1j_1}a_{2j_2}\cdots a_{nj_n}$ 的形式. 即可经过 $\tau(i_1,i_2,\cdots,i_n)$ 次交换, 把 $\begin{pmatrix} i_1 & i_2 & \cdots & i_n \\ 1 & 2 & \cdots & n \end{pmatrix}$ 变成 $\begin{pmatrix} 1 & 2 & \cdots & n \\ j_1 & j_2 & \cdots & j_n \end{pmatrix}$. 同理, 可以经过 $\tau(j_1,j_2,\cdots,j_n)$ 次交换, 把$\begin{pmatrix} 1 & 2 & \cdots & n \\ j_1 & j_2 & \cdots & j_n \end{pmatrix}$变成$\begin{pmatrix} i_1 & i_2 & \cdots & i_n \\ 1 & 2 & \cdots & n \end{pmatrix}$. 因此, $(-1)^{\tau(i_1,i_2,\cdots,i_n)}=(-1)^{\tau(j_1,j_2,\cdots,j_n)}$, 故 $\det(\boldsymbol{A}^{\mathrm{T}})=\det(\boldsymbol{A})$.

定理 3.3 表明, $\det(\boldsymbol{A})$ 既可以看作是 $\boldsymbol{A}$ 的行向量的函数, 也可以看作是 $\boldsymbol{A}$ 的列向量的函数, 行与列的地位是平等的, 关于行向量的性质可以自然适用于列向量, 反之亦然. 在求行列式时, 既可以对行向量施行初等变换, 也可以同时对列向量施行初等变换.

例 3.7 计算行列式

$$\begin{vmatrix} 2 & 1 & 1 & -1 \\ -1 & 0 & -1 & 0 \\ -2 & -2 & 2 & 1 \\ 1 & 0 & 2 & 0 \end{vmatrix}$$

解

$$\begin{vmatrix} 2 & 1 & 1 & -1 \\ -1 & 0 & -1 & 0 \\ -2 & -2 & 2 & 1 \\ 1 & 0 & 2 & 0 \end{vmatrix} \xrightarrow[\text{交换②,③列}]{\text{交换①,④行}} \begin{vmatrix} 1 & 2 & 0 & 0 \\ -1 & -1 & 0 & 0 \\ -2 & 2 & -2 & 1 \\ 2 & 1 & 1 & -1 \end{vmatrix} = \begin{vmatrix} 1 & 2 \\ -1 & -1 \end{vmatrix}\cdot\begin{vmatrix} -2 & 1 \\ 1 & -1 \end{vmatrix} = 1.$$

习 题 3.1

1. 证明定理 3.1.

2. 证明由(3.1) 式定义的多元函数 $\Delta(\boldsymbol{\alpha}_1,\boldsymbol{\alpha}_2,\cdots,\boldsymbol{\alpha}_n)$ 满足定义 3.1 所述的三个性质.

3. 求下列排列的逆序数:

(1) $(1,7,6,10,2,5,8,4,9,3)$; (2) $(2,10,7,9,4,6,5,3,1,8)$;

(3) $(3,5,4,9,10,1,2,8,7,6)$; (4) $(4,2,1,3,6,9,7,10,8,5)$;

(5) $(1,3,5,\cdots,2k-1,2,4,6,\cdots,2k)$; (6) $(2,4,6,\cdots,2k,1,3,5,\cdots,2k-1)$;

(7) $(1,3,5,\cdots,2k-1,2k,\cdots,6,4,2)$; (8) $(2k,\cdots,6,4,2,1,3,5,\cdots,2k-1)$.

4. 分别计算初等方阵 $\boldsymbol{S}_{ij}$, $\boldsymbol{D}_i(\lambda)$, $\boldsymbol{T}_{ij}(\lambda)$ 的行列式.

5. 设 $\boldsymbol{A}=(a_{ij})_{n\times n}$ 是三角方阵, $f(x)$ 是多项式. 证明: $\det(f(\boldsymbol{A}))=f(a_{11})f(a_{22})\cdots f(a_{nn})$.

6. 计算下列方阵的行列式:

(1) $\begin{pmatrix}1&1&0&1\\1&-1&1&-1\\1&1&-1&1\\-1&0&0&1\end{pmatrix}$; (2) $\begin{pmatrix}1&1&0&0\\0&1&1&0\\0&0&1&1\\-1&0&0&1\end{pmatrix}$; (3) $\begin{pmatrix}0&1&0&0\\1&0&1&0\\0&1&0&1\\0&0&1&0\end{pmatrix}$;

(4) $\begin{pmatrix}0&a&b&c\\-a&0&d&e\\-b&-d&0&f\\-c&-e&-f&0\end{pmatrix}$; (5) $\begin{pmatrix}0&a&b&c\\a&0&d&e\\b&d&0&f\\c&e&f&0\end{pmatrix}$; (6) $\begin{pmatrix}a&a&a&a\\a&b&b&b\\a&b&c&c\\a&b&c&d\end{pmatrix}$;

(7) $\begin{pmatrix}a&b&c&d\\-b&a&-d&c\\-c&d&a&-b\\-d&-c&b&a\end{pmatrix}$; (8) $\begin{pmatrix}a&b&c&d\\d&a&b&c\\c&d&a&b\\b&c&d&a\end{pmatrix}$; (9) $\begin{pmatrix}1&a&a^2&a^3\\1&b&b^2&b^3\\1&c&c^2&c^3\\1&d&d^2&d^3\end{pmatrix}$;

(10) $\begin{pmatrix}1+a&1+a^2&1+a^3&1+a^4\\1+b&1+b^2&1+b^3&1+b^4\\1+c&1+c^2&1+c^3&1+c^4\\1+d&1+d^2&1+d^3&1+d^4\end{pmatrix}$; (11) $\begin{pmatrix}a&a+1&a+2&a+3\\b&b+1&b+2&b+3\\c&c+1&c+2&c+3\\d&d+1&d+2&d+3\end{pmatrix}$;

(12) $\begin{pmatrix}a^2&(a+1)^2&(a+2)^2&(a+3)^2\\b^2&(b+1)^2&(b+2)^2&(b+3)^2\\c^2&(c+1)^2&(c+2)^2&(c+3)^2\\d^2&(d+1)^2&(d+2)^2&(d+3)^2\end{pmatrix}$; (13) $\begin{pmatrix}a^3&(a+1)^3&(a+2)^3&(a+3)^3\\b^3&(b+1)^3&(b+2)^3&(b+3)^3\\c^3&(c+1)^3&(c+2)^3&(c+3)^3\\d^3&(d+1)^3&(d+2)^3&(d+3)^3\end{pmatrix}$;

(14) $\begin{pmatrix}0&1&2&\cdots&n-1\\1&0&1&\ddots&\vdots\\2&1&0&\ddots&2\\\vdots&\ddots&\ddots&\ddots&1\\n-1&\cdots&2&1&0\end{pmatrix}$; (15) $\begin{pmatrix}x&1&2&\cdots&n-1\\-1&x&1&\ddots&\vdots\\-2&-1&x&\ddots&2\\\vdots&\ddots&\ddots&\ddots&1\\1-n&\cdots&-2&-1&x\end{pmatrix}$;

(16) $\begin{pmatrix} \boldsymbol{O} & \cdots & \boldsymbol{O} & \boldsymbol{A}_1 \\ \vdots & \iddots & \boldsymbol{A}_2 & \boldsymbol{O} \\ \boldsymbol{O} & \iddots & \iddots & \vdots \\ \boldsymbol{A}_p & \boldsymbol{O} & \cdots & \boldsymbol{O} \end{pmatrix}$, 其中 $\boldsymbol{A}_i = a_i\boldsymbol{I}$ 是 $r_i(\forall i)$ 阶纯量方阵.

3.2 Binet-Cauchy 公式

上节中给出了行列式的定义以及一些最基本的性质. 本节及下节将给出更多关于行列式和矩阵的重要性质, 以及运用这些性质求行列式和逆矩阵的方法. 基本思想方法是:

(1) 化繁为简, 把复杂矩阵分解为简单矩阵的乘积形式;

(2) 分而治之, 把高阶行列式展开成低阶行列式.

定理 3.4 对于任意 n 阶方阵 $\boldsymbol{A}, \boldsymbol{B}$, $\det(\boldsymbol{AB}) = \det(\boldsymbol{A})\det(\boldsymbol{B})$.

证明 设 $\boldsymbol{A} = (a_{ij})$, $\boldsymbol{B}$ 的行向量分别为 $\boldsymbol{\beta}_1, \boldsymbol{\beta}_2, \cdots, \boldsymbol{\beta}_n$, 则 $\boldsymbol{AB}$ 的第 i 个行向量 $\boldsymbol{\gamma}_i = \sum\limits_{j=1}^{n} a_{ij}\boldsymbol{\beta}_j$.

$$\begin{aligned}
\det(\boldsymbol{AB}) &= \det\left(\sum_{j=1}^{n} a_{1j}\boldsymbol{\beta}_j, \sum_{j=1}^{n} a_{2j}\boldsymbol{\beta}_j, \cdots, \sum_{j=1}^{n} a_{nj}\boldsymbol{\beta}_j\right) \\
&= \sum_{1 \leqslant j_1, j_2, \cdots, j_n \leqslant n} a_{1j_1}a_{2j_2}\cdots a_{nj_n} \det(\boldsymbol{\beta}_{j_1}, \boldsymbol{\beta}_{j_2}, \cdots, \boldsymbol{\beta}_{j_n}) \\
&= \sum_{(j_1, j_2, \cdots, j_n) \in S_n} a_{1j_1}a_{2j_2}\cdots a_{nj_n} \det(\boldsymbol{\beta}_{j_1}, \boldsymbol{\beta}_{j_2}, \cdots, \boldsymbol{\beta}_{j_n}) \\
&= \sum_{(j_1, j_2, \cdots, j_n) \in S_n} a_{1j_1}a_{2j_2}\cdots a_{nj_n} (-1)^{\tau(j_1, j_2, \cdots, j_n)} \det(\boldsymbol{\beta}_1, \boldsymbol{\beta}_2, \cdots, \boldsymbol{\beta}_n) \\
&= \det(\boldsymbol{A})\det(\boldsymbol{B})
\end{aligned}$$

数域 $\mathbb{F}$ 上行列式等于 1 的 n 阶方阵的全体, 在矩阵乘法运算下构成群, 称为**特殊线性群**, 记作 $SL(n, \mathbb{F})$.

定理 3.5 方阵 $\boldsymbol{A}$ 是可逆方阵当且仅当 $\det(\boldsymbol{A}) \neq 0$, 并且 $\det(\boldsymbol{A}^{-1}) = \dfrac{1}{\det(\boldsymbol{A})}$.

证明 根据定理 2.5, 存在一系列初等方阵 $\boldsymbol{P}_1, \cdots, \boldsymbol{P}_s, \boldsymbol{Q}_1, \cdots, \boldsymbol{Q}_t$, 使得

$$\boldsymbol{B} = \boldsymbol{P}_s \cdots \boldsymbol{P}_1\boldsymbol{A}\boldsymbol{Q}_1 \cdots \boldsymbol{Q}_t = \begin{pmatrix} \boldsymbol{I}_r & \boldsymbol{O} \\ \boldsymbol{O} & \boldsymbol{O} \end{pmatrix}$$

根据定理 2.7 和定理 2.14 知, $\boldsymbol{A}$ 可逆 $\Leftrightarrow$ $\boldsymbol{B}$ 可逆 $\Leftrightarrow r = n$. 根据定理 3.4 知, $\det(\boldsymbol{A}) \neq 0 \Leftrightarrow \det(\boldsymbol{B}) = \det(\boldsymbol{P}_1)\cdots\det(\boldsymbol{P}_s)\det(\boldsymbol{Q}_1)\cdots\det(\boldsymbol{Q}_t)\det(\boldsymbol{A}) \neq 0 \Leftrightarrow r = n$. 因此, $\boldsymbol{A}$ 可逆 $\Leftrightarrow \det(\boldsymbol{A}) \neq 0$.

由 $\det(\boldsymbol{A})\det(\boldsymbol{A}^{-1}) = \det(\boldsymbol{AA}^{-1}) = 1$, 可知 $\det(\boldsymbol{A}^{-1}) = 1/\det(\boldsymbol{A})$.

定理 3.4 可以推广到 $\boldsymbol{A}, \boldsymbol{B}$ 不是方阵的情形.

定理 3.6 (Binet[1]-Cauchy 公式) 设 $\boldsymbol{A}$ 是 $m\times n$ 矩阵, $\boldsymbol{B}$ 是 $n\times m$ 矩阵, 则

$$\det(\boldsymbol{AB}) = \begin{cases} \displaystyle\sum_{1\leqslant i_1<i_2<\cdots<i_m\leqslant n} \det\left(\boldsymbol{A}\begin{bmatrix}1 & 2 & \cdots & m\\ i_1 & i_2 & \cdots & i_m\end{bmatrix}\right)\det\left(\boldsymbol{B}\begin{bmatrix}i_1 & i_2 & \cdots & i_m\\ 1 & 2 & \cdots & m\end{bmatrix}\right), & m\leqslant n\\ 0, & m>n\end{cases}$$

证明 当 $m>n$ 时, 设方阵 $\widetilde{\boldsymbol{A}}=(\boldsymbol{A}\quad \boldsymbol{O})$, $\widetilde{\boldsymbol{B}}=\begin{pmatrix}\boldsymbol{B}\\ \boldsymbol{O}\end{pmatrix}$, 则

$$\det(\boldsymbol{AB})=\det(\widetilde{\boldsymbol{A}}\widetilde{\boldsymbol{B}})=\det(\widetilde{\boldsymbol{A}})\det(\widetilde{\boldsymbol{B}})=0$$

当 $m\leqslant n$ 时, 设 $\boldsymbol{A}=(a_{ij})$, $\boldsymbol{B}$ 的行向量分别为 $\boldsymbol{\beta}_1,\boldsymbol{\beta}_2,\cdots,\boldsymbol{\beta}_n$, 则

$$\begin{aligned}\det(\boldsymbol{AB}) &= \det\left(\sum_{j=1}^{n}a_{1j}\boldsymbol{\beta}_j,\sum_{j=1}^{n}a_{2j}\boldsymbol{\beta}_j,\cdots,\sum_{j=1}^{n}a_{mj}\boldsymbol{\beta}_j\right)\\ &= \sum_{1\leqslant j_1,j_2,\cdots,j_m\leqslant n} a_{1j_1}a_{2j_2}\cdots a_{mj_m}\det(\boldsymbol{\beta}_{j_1},\boldsymbol{\beta}_{j_2},\cdots,\boldsymbol{\beta}_{j_m})\\ &= \sum_{\substack{1\leqslant i_1<i_2<\cdots<i_m\leqslant n\\ (j_1,\cdots,j_m)\text{ 是 }(i_1,\cdots,i_m)\text{ 的排列}}} a_{1j_1}a_{2j_2}\cdots a_{mj_m}(-1)^{\tau(j_1,\cdots,j_m)}\det(\boldsymbol{\beta}_{i_1},\boldsymbol{\beta}_{i_2},\cdots,\boldsymbol{\beta}_{i_m})\\ &= \sum_{1\leqslant i_1<i_2<\cdots<i_m\leqslant n}\det\left(\boldsymbol{A}\begin{bmatrix}1 & 2 & \cdots & m\\ i_1 & i_2 & \cdots & i_m\end{bmatrix}\right)\det\left(\boldsymbol{B}\begin{bmatrix}i_1 & i_2 & \cdots & i_m\\ 1 & 2 & \cdots & m\end{bmatrix}\right)\end{aligned}$$

例 3.8 方阵

$$\boldsymbol{V}=\begin{pmatrix}1 & x_1 & x_1^2 & \cdots & x_1^{n-1}\\ 1 & x_2 & x_2^2 & \cdots & x_2^{n-1}\\ \vdots & \vdots & \vdots & & \vdots\\ 1 & x_n & x_n^2 & \cdots & x_n^{n-1}\end{pmatrix}$$

称为 **Vandermonde[2]方阵**. 计算 $\det(\boldsymbol{V})$ 和 $\boldsymbol{V}^{-1}$.

解 首先计算 $\det(\boldsymbol{V})$.

解法 1 对 $\boldsymbol{V}$ 作初等列变换, 从第 n 列开始, 每一列减去前一列的 x_1 倍, 得

$$\begin{aligned}\det(\boldsymbol{V}) &= \begin{vmatrix}1 & 0 & 0 & \cdots & 0\\ 1 & x_2-x_1 & x_2(x_2-x_1) & \cdots & x_2^{n-2}(x_2-x_1)\\ \vdots & \vdots & \vdots & & \vdots\\ 1 & x_n-x_n & x_n(x_n-x_1) & \cdots & x_n^{n-2}(x_n-x_1)\end{vmatrix}\\ &= (x_2-x_1)\cdots(x_n-x_1)\begin{vmatrix}1 & x_2 & \cdots & x_2^{n-2}\\ \vdots & \vdots & & \vdots\\ 1 & x_n & \cdots & x_n^{n-2}\end{vmatrix}\end{aligned}$$

---

① Jacques Philippe Marie Binet, 1786～1856, 法国数学家、物理学家.

② Alexandre-Théophile Vandermonde, 1735～1796, 法国音乐家、数学家、化学家.

利用数学归纳法, $\det(\boldsymbol{V})=\prod\limits_{1\leqslant i<j\leqslant n}(x_j-x_i)$.

解法 2 视 $\det(\boldsymbol{V})$ 为 x_n 的多项式 $f(x_n)$. 由 $f(x_1)=\cdots=f(x_{n-1})=0$, 可得

$$f(x)=c(x-x_1)\cdots(x-x_{n-1})$$

再由行列式的完全展开式, 可得 $f(x)$ 的最高次项系数 c 是 $n-1$ 阶 Vandermonde 方阵 $\left(x_i^{j-1}\right)$ 的行列式. 同上, $\det(\boldsymbol{V})=\prod\limits_{1\leqslant i<j\leqslant n}(x_j-x_i)$.

解法 3 设 $f_1(t)=1, f_j(t)=\prod\limits_{i=1}^{j-1}(t-x_i)=\sum\limits_{i=1}^{j}a_{ij}t^{i-1}(2\leqslant j\leqslant n)$. 对等式

$$\begin{pmatrix}1 & x_1 & \cdots & x_1^{n-1}\\ 1 & x_2 & \cdots & x_2^{n-1}\\ \vdots & \vdots & & \vdots\\ 1 & x_n & \cdots & x_n^{n-1}\end{pmatrix}\begin{pmatrix}1 & a_{12} & \cdots & a_{1n}\\ 0 & 1 & \cdots & a_{2n}\\ \vdots & \ddots & \ddots & \vdots\\ 0 & \cdots & 0 & 1\end{pmatrix}=\begin{pmatrix}f_1(x_1) & 0 & \cdots & 0\\ f_1(x_2) & f_2(x_2) & \ddots & \vdots\\ \vdots & \vdots & \ddots & 0\\ f_1(x_n) & f_2(x_n) & \cdots & f_n(x_n)\end{pmatrix}$$

两边分别取行列式, 得 $\det(\boldsymbol{V})=f_1(x_1)f_2(x_2)\cdots f_n(x_n)=\prod\limits_{1\leqslant i<j\leqslant n}(x_j-x_i)$.

下面计算 $\boldsymbol{W}=(w_{ij})=\boldsymbol{V}^{-1}$. 根据定理 3.5 知, $\boldsymbol{V}$ 是可逆方阵当且仅当 $\det(\boldsymbol{V})\neq 0$, 即 $x_1,\cdots,x_n$ 两两不同. 设 $g_j(t)=\sum\limits_{i=1}^{n}w_{ij}t^{i-1}$. 由 $\boldsymbol{VW}=\boldsymbol{I}$ 可得 $g_j(x_i)=\delta_{ij}=\begin{cases}1, & i=j\\ 0, & i\neq j\end{cases}$.

因此,

$$g_j(t)=\prod_{k\neq j}\frac{t-x_k}{x_j-x_k},\quad w_{ij}=\frac{(-1)^{n-i}\sigma_{n-i}(x_1,\cdots,x_{j-1},x_{j+1},\cdots,x_n)}{\prod\limits_{k\neq j}(x_j-x_k)}$$

其中 $\sigma_{n-i}(x_1,\cdots,x_{j-1},x_{j+1},\cdots,x_n)$ 是 $n-1$ 个变元的 $n-i$ 次基本对称多项式.

在例 3.8 中,Vandermonde 方阵 $\boldsymbol{V}$ 被分解为 $\boldsymbol{V}=\boldsymbol{LU}^{-1}$ 的形式, 其中 $\boldsymbol{L}$ 是下三角方阵,$\boldsymbol{U}$ 是上三角方阵. 记号 δ_{ij} 可以看作是关于 i,j 的二元函数, 通常称为 **Kronecker**[①] δ **函数**.

例 3.9 方阵

$$\boldsymbol{C}=\begin{pmatrix}\dfrac{1}{s_1-t_1} & \dfrac{1}{s_1-t_2} & \cdots & \dfrac{1}{s_1-t_n}\\ \dfrac{1}{s_2-t_1} & \dfrac{1}{s_2-t_2} & \cdots & \dfrac{1}{s_2-t_n}\\ \vdots & \vdots & & \vdots\\ \dfrac{1}{s_n-t_1} & \dfrac{1}{s_n-t_2} & \cdots & \dfrac{1}{s_n-t_n}\end{pmatrix}$$

称为 **Cauchy 方阵**. 计算 $\det(\boldsymbol{C})$.

---

① Leopold Kronecker, 1823～1891, 德国数学家.

解 设 $p(x)=\prod_{i=1}^{n}(x-t_i)$,$q_j(x)=\dfrac{p(x)}{x-t_j}=\sum_{i=1}^{n}a_{ij}x^{i-1}$. 由

$$C=\left(\frac{q_j(s_i)}{p(s_i)}\right)=\begin{pmatrix}\frac{1}{p(s_1)} & & & \\ & \frac{1}{p(s_2)} & & \\ & & \ddots & \\ & & & \frac{1}{p(s_n)}\end{pmatrix}\begin{pmatrix}1 & s_1 & \cdots & s_1^{n-1}\\ 1 & s_2 & \cdots & s_2^{n-1}\\ \vdots & \vdots & & \vdots\\ 1 & s_n & \cdots & s_n^{n-1}\end{pmatrix}\begin{pmatrix}a_{11} & a_{12} & \cdots & a_{1n}\\ a_{21} & a_{22} & \cdots & a_{2n}\\ \vdots & \vdots & & \vdots\\ a_{n1} & a_{n2} & \cdots & a_{nn}\end{pmatrix}$$

$$\begin{pmatrix}q_1(t_1) & & & \\ & q_2(t_2) & & \\ & & \ddots & \\ & & & q_n(t_n)\end{pmatrix}=\begin{pmatrix}1 & t_1 & \cdots & t_1^{n-1}\\ 1 & t_2 & \cdots & t_2^{n-1}\\ \vdots & \vdots & & \vdots\\ 1 & t_n & \cdots & t_n^{n-1}\end{pmatrix}\begin{pmatrix}a_{11} & a_{12} & \cdots & a_{1n}\\ a_{21} & a_{22} & \cdots & a_{2n}\\ \vdots & \vdots & & \vdots\\ a_{n1} & a_{n2} & \cdots & a_{nn}\end{pmatrix}$$

得

$$C=\begin{pmatrix}\frac{1}{p(s_1)} & & \\ & \ddots & \\ & & \frac{1}{p(s_n)}\end{pmatrix}\begin{pmatrix}1 & s_1 & \cdots & s_1^{n-1}\\ 1 & s_2 & \cdots & s_2^{n-1}\\ \vdots & \vdots & & \vdots\\ 1 & s_n & \cdots & s_n^{n-1}\end{pmatrix}\begin{pmatrix}1 & t_1 & \cdots & t_1^{n-1}\\ 1 & t_2 & \cdots & t_2^{n-1}\\ \vdots & \vdots & & \vdots\\ 1 & t_n & \cdots & t_n^{n-1}\end{pmatrix}^{-1}\begin{pmatrix}q_1(t_1) & & \\ & \ddots & \\ & & q_n(t_n)\end{pmatrix}$$

$$C^{-1}=\begin{pmatrix}\frac{1}{q_1(t_1)} & & \\ & \ddots & \\ & & \frac{1}{q_n(t_n)}\end{pmatrix}\begin{pmatrix}1 & t_1 & \cdots & t_1^{n-1}\\ 1 & t_2 & \cdots & t_2^{n-1}\\ \vdots & \vdots & & \vdots\\ 1 & t_n & \cdots & t_n^{n-1}\end{pmatrix}\begin{pmatrix}1 & s_1 & \cdots & s_1^{n-1}\\ 1 & s_2 & \cdots & s_2^{n-1}\\ \vdots & \vdots & & \vdots\\ 1 & s_n & \cdots & s_n^{n-1}\end{pmatrix}^{-1}\begin{pmatrix}p(s_1) & & \\ & \ddots & \\ & & p(s_n)\end{pmatrix}$$

从而

$$\det(C)=\prod_{i=1}^{n}\frac{q_i(t_i)}{p(s_i)}\prod_{1\leqslant i<j\leqslant n}\frac{s_j-s_i}{t_j-t_i}=\prod_{1\leqslant i<j\leqslant n}(s_j-s_i)(t_i-t_j)\prod_{i,j=1}^{n}(s_i-t_j)^{-1}$$

例 3.9 表明, 尽管形式不同, 但 Cauchy 方阵与 Vandermonde 方阵之间存在着紧密的联系, 而多项式恰是这种联系的桥梁.

例 3.10 复数方阵

$$C=\begin{pmatrix}c_0 & c_1 & \cdots & c_{n-1}\\ c_{n-1} & c_0 & \ddots & \vdots\\ \vdots & \ddots & \ddots & c_1\\ c_1 & \cdots & c_{n-1} & c_0\end{pmatrix}$$

称为**循环方阵**. 计算 $\det(C)$ 和 C^{-1}.

解 注意到 $C=f(Z)$, 其中 $f(t)=\sum_{i=0}^{n-1}c_it^i$, $Z=\begin{pmatrix} & I_{n-1}\\ 1 & \end{pmatrix}$ 满足 $Z^n=I$. 设 n 阶复数方阵 $\Omega=\left(\omega^{(i-1)(j-1)}\right)$, 其中 $\omega=\cos\dfrac{2\pi}{n}+\mathrm{i}\sin\dfrac{2\pi}{n}$ 是 n 次单位根. 容易验证 $\Omega\overline{\Omega}=nI$.

故 $\boldsymbol{\Omega}$ 是可逆方阵, $\boldsymbol{\Omega}^{-1} = \dfrac{1}{n}\overline{\boldsymbol{\Omega}}$. 再由 $\boldsymbol{Z\Omega} = \boldsymbol{\Omega}\,\mathrm{diag}(1,\omega,\cdots,\omega^{n-1})$, 得

$$\boldsymbol{Z} = \boldsymbol{\Omega}\,\mathrm{diag}(1,\omega,\cdots,\omega^{n-1})\boldsymbol{\Omega}^{-1}, \quad \boldsymbol{C} = f(\boldsymbol{Z}) = \boldsymbol{\Omega}\,\mathrm{diag}\Big(f(1),f(\omega),\cdots,f(\omega^{n-1})\Big)\boldsymbol{\Omega}^{-1}$$

因此,

$$\det(\boldsymbol{C}) = \prod_{i=0}^{n-1} f(\omega^i)$$

$$\boldsymbol{C}^{-1} = \boldsymbol{\Omega}\,\mathrm{diag}\Big(\frac{1}{f(1)},\frac{1}{f(\omega)},\cdots,\frac{1}{f(\omega^{n-1})}\Big)\boldsymbol{\Omega}^{-1} = \left(\frac{1}{n}\sum_{k=0}^{n-1}\frac{\omega^{(i-j)k}}{f(\omega^k)}\right)$$

在例 3.10 中, 循环方阵 $\boldsymbol{C}$ 被分解为 $\boldsymbol{\Omega D \Omega}^{-1}$ 的形式 (称为**相似对角化**, 详见第 5 章), 其中 $\boldsymbol{D}$ 是对角方阵, $\boldsymbol{\Omega}$ 是 Vandermonde 方阵, $1/\sqrt{n}\boldsymbol{\Omega}$ 是**酉方阵** (详见第 6 章).

在利用矩阵乘积分解 $\boldsymbol{A} = \boldsymbol{P}_1\boldsymbol{P}_2\cdots\boldsymbol{P}_k$ 计算某个方阵 $\boldsymbol{A}$ 的行列式 (或逆矩阵) 时, 通常这些 $\boldsymbol{P}_i$ 的行列式 (或逆矩阵) 容易求得. 初等方阵和"分块"初等方阵是常见的选择.

例 3.11 当 $\boldsymbol{A}_1\boldsymbol{A}_3 = \boldsymbol{A}_3\boldsymbol{A}_1$ 时, $\det\begin{pmatrix}\boldsymbol{A}_1 & \boldsymbol{A}_2\\ \boldsymbol{A}_3 & \boldsymbol{A}_4\end{pmatrix} = \det(\boldsymbol{A}_1\boldsymbol{A}_4 - \boldsymbol{A}_3\boldsymbol{A}_2)$.

证明 当 $\det(\boldsymbol{A}_1) \neq 0$ 时, 由 Schur 公式可得

$$\begin{aligned}\det\begin{pmatrix}\boldsymbol{A}_1 & \boldsymbol{A}_2\\ \boldsymbol{A}_3 & \boldsymbol{A}_4\end{pmatrix} &= \det(\boldsymbol{A}_1)\det(\boldsymbol{A}_4 - \boldsymbol{A}_3\boldsymbol{A}_1^{-1}\boldsymbol{A}_2)\\ &= \det\Big(\boldsymbol{A}_1(\boldsymbol{A}_4 - \boldsymbol{A}_3\boldsymbol{A}_1^{-1}\boldsymbol{A}_2)\Big) = \det(\boldsymbol{A}_1\boldsymbol{A}_4 - \boldsymbol{A}_3\boldsymbol{A}_2)\end{aligned}$$

当 $\det(\boldsymbol{A}_1) = 0$ 时, 设 x 是变元, 则有 $(x\boldsymbol{I} + \boldsymbol{A}_1)\boldsymbol{A}_3 = \boldsymbol{A}_3(x\boldsymbol{I} + \boldsymbol{A}_1)$, 并且多项式 $\det(x\boldsymbol{I} + \boldsymbol{A}_1) \neq 0$. 根据前述结论, $\det\begin{pmatrix}x\boldsymbol{I} + \boldsymbol{A}_1 & \boldsymbol{A}_2\\ \boldsymbol{A}_3 & \boldsymbol{A}_4\end{pmatrix} = \det\Big((x\boldsymbol{I} + \boldsymbol{A}_1)\boldsymbol{A}_4 - \boldsymbol{A}_3\boldsymbol{A}_2\Big)$. 等式两边都是多项式, 令 $x = 0$, 得 $\det\begin{pmatrix}\boldsymbol{A}_1 & \boldsymbol{A}_2\\ \boldsymbol{A}_3 & \boldsymbol{A}_4\end{pmatrix} = \det(\boldsymbol{A}_1\boldsymbol{A}_4 - \boldsymbol{A}_3\boldsymbol{A}_2)$.

例 3.12 设 $\boldsymbol{A}$ 是 $m\times n$ 矩阵, $\boldsymbol{B}$ 是 $n\times m$ 矩阵, x 是变元, 则有

$$\det(x\boldsymbol{I} - \boldsymbol{AB}) = x^{m-n}\det(x\boldsymbol{I} - \boldsymbol{BA})$$

证明 由

$$\begin{pmatrix}\boldsymbol{I} & \boldsymbol{A}\\ \boldsymbol{O} & \boldsymbol{I}\end{pmatrix}\begin{pmatrix}x\boldsymbol{I} - \boldsymbol{AB} & \boldsymbol{O}\\ \boldsymbol{B} & \boldsymbol{I}\end{pmatrix} = \begin{pmatrix}x\boldsymbol{I} & \boldsymbol{A}\\ \boldsymbol{B} & \boldsymbol{I}\end{pmatrix} = \begin{pmatrix}\boldsymbol{I} & \boldsymbol{O}\\ x^{-1}\boldsymbol{B} & \boldsymbol{I}\end{pmatrix}\begin{pmatrix}x\boldsymbol{I} & A\\ \boldsymbol{O} & \boldsymbol{I} - x^{-1}\boldsymbol{BA}\end{pmatrix}$$

可得

$$\det(x\boldsymbol{I} - \boldsymbol{AB}) = \boldsymbol{x}^m\det(\boldsymbol{I} - x^{-1}\boldsymbol{BA}) = x^{m-n}\det(x\boldsymbol{I} - \boldsymbol{BA})$$

习 题 3.2

1. 设 $\boldsymbol{A} \in \mathbb{C}^{m\times n}$. 利用 Binet-Cauchy 公式, 证明: $\det(\boldsymbol{A}\boldsymbol{A}^{\mathrm{H}}) \geqslant 0$.

2. 设 $\boldsymbol{A},\boldsymbol{B},\boldsymbol{C}$ 分别是 $k\times m,\ m\times n,\ n\times k$ 矩阵, $k\leqslant\min\{m,n\}$. 证明:

$$\det(\boldsymbol{ABC})=\sum_{\substack{1\leqslant i_1<i_2<\cdots<i_k\leqslant m\\ 1\leqslant j_1<j_2<\cdots<j_k\leqslant n}}\det\left(\boldsymbol{A}\begin{bmatrix}1&2&\cdots&k\\ i_1&i_2&\cdots&i_k\end{bmatrix}\right)\det\left(\boldsymbol{B}\begin{bmatrix}i_1&i_2&\cdots&i_k\\ j_1&j_2&\cdots&j_k\end{bmatrix}\right)\cdot\det\left(\boldsymbol{C}\begin{bmatrix}j_1&j_2&\cdots&j_k\\ 1&2&\cdots&k\end{bmatrix}\right)$$

3. 计算下列行列式:

(1) $\begin{vmatrix}1&\cos\theta_1&\cdots&\cos(n-1)\theta_1\\ 1&\cos\theta_2&\cdots&\cos(n-1)\theta_2\\ \vdots&\vdots&&\vdots\\ 1&\cos\theta_n&\cdots&\cos(n-1)\theta_n\end{vmatrix}$;

(2) $\begin{vmatrix}\cos\dfrac{1}{2}\theta_1&\cos\dfrac{3}{2}\theta_1&\cdots&\cos\dfrac{2n-1}{2}\theta_1\\ \cos\dfrac{1}{2}\theta_2&\cos\dfrac{3}{2}\theta_2&\cdots&\cos\dfrac{2n-1}{2}\theta_2\\ \vdots&\vdots&&\vdots\\ \cos\dfrac{1}{2}\theta_n&\cos\dfrac{3}{2}\theta_n&\cdots&\cos\dfrac{2n-1}{2}\theta_n\end{vmatrix}$;

(3) $\begin{vmatrix}\sin\theta_1&\sin2\theta_1&\cdots&\sin n\theta_1\\ \sin\theta_2&\sin2\theta_2&\cdots&\sin n\theta_2\\ \vdots&\vdots&&\vdots\\ \sin\theta_n&\sin2\theta_n&\cdots&\sin n\theta_n\end{vmatrix}$;

(4) $\begin{vmatrix}\sin\dfrac{1}{2}\theta_1&\sin\dfrac{3}{2}\theta_1&\cdots&\sin\dfrac{2n-1}{2}\theta_1\\ \sin\dfrac{1}{2}\theta_2&\sin\dfrac{3}{2}\theta_2&\cdots&\sin\dfrac{2n-1}{2}\theta_2\\ \vdots&\vdots&&\vdots\\ \sin\dfrac{1}{2}\theta_n&\sin\dfrac{3}{2}\theta_n&\cdots&\sin\dfrac{2n-1}{2}\theta_n\end{vmatrix}$;

(5) $\begin{vmatrix}1^2&2^2&3^2&\cdots&n^2\\ 2^2&3^2&4^2&\cdots&1^2\\ \vdots&\vdots&\vdots&&\vdots\\ n^2&1^2&2^2&\cdots&(n-1)^2\end{vmatrix}$;

(6) $\begin{vmatrix}s_0&s_1&\cdots&s_{n-1}\\ s_1&s_2&\cdots&s_n\\ \vdots&\vdots&&\vdots\\ s_{n-1}&s_n&\cdots&s_{2n-1}\end{vmatrix}$, $s_k=\sum\limits_{i=1}^{n}x_i^k$;

(7) $\begin{vmatrix}c_0&c_1&\cdots&c_{n-1}\\ -c_{n-1}&c_0&\ddots&\vdots\\ \vdots&\ddots&\ddots&c_1\\ -c_1&\cdots&-c_{n-1}&c_0\end{vmatrix}$;

(8) $\begin{vmatrix}\mathrm{C}_{p+1}^{q+1}&\mathrm{C}_{p+1}^{q+2}&\cdots&\mathrm{C}_{p+1}^{q+n}\\ \mathrm{C}_{p+2}^{q+1}&\mathrm{C}_{p+2}^{q+2}&\cdots&\mathrm{C}_{p+2}^{q+n}\\ \vdots&\vdots&&\vdots\\ \mathrm{C}_{p+n}^{q+1}&\mathrm{C}_{p+n}^{q+2}&\cdots&\mathrm{C}_{p+n}^{q+n}\end{vmatrix}$, C_{p+i}^{q+j} 是组合数.

4. (1941 年 Putnam 数学竞赛 A-7 第 (i) 问) 证明:

$$\begin{vmatrix}1+a^2-b^2-c^2&2(ab+c)&2(ca-b)\\ 2(ab-c)&1+b^2-c^2-a^2&2(bc+a)\\ 2(ca+b)&2(bc-a)&1+c^2-a^2-b^2\end{vmatrix}=(1+a^2+b^2+c^2)^3$$

5. 设 n 阶复数方阵 $\boldsymbol{\Omega}$ 如例 3.10 所述. 证明: $\det(\boldsymbol{\Omega})=n^{\frac{n}{2}}\mathrm{e}^{\mathrm{i}\theta}$, 其中 $\theta=\dfrac{(n-1)(3n-2)}{4}\pi$.

6. 计算下列方阵的行列式和逆矩阵:

(1) $\begin{pmatrix}1+a_1b_1&a_1b_2&\cdots&a_1b_n\\ a_2b_1&1+a_2b_2&\cdots&a_2b_n\\ \vdots&\vdots&&\vdots\\ a_nb_1&a_nb_2&\cdots&1+a_nb_n\end{pmatrix}$;

(2) $\begin{pmatrix}1+a_1+b_1&a_1+b_2&\cdots&a_1+b_n\\ a_2+b_1&1+a_2+b_2&\cdots&a_2+b_n\\ \vdots&\vdots&&\vdots\\ a_n+b_1&a_n+b_2&\cdots&1+a_n+b_n\end{pmatrix}$.

7. 分别给出满足下列条件的方阵 $\boldsymbol{A},\boldsymbol{B}$ 的例子:

(1) $\det(\boldsymbol{A}-\boldsymbol{B})=0$ 且 $\det(\boldsymbol{A}^2-\boldsymbol{B}^2)=1$;

(2) $\det(\boldsymbol{A}-\boldsymbol{B})=1$ 且 $\det(\boldsymbol{A}^2-\boldsymbol{B}^2)=0$.

8. 设 $\boldsymbol{A},\boldsymbol{B}$ 是 n 阶复数方阵. 证明:

(1) $\det\begin{pmatrix}\boldsymbol{A} & \boldsymbol{B}\\ \boldsymbol{B} & \boldsymbol{A}\end{pmatrix}=\det(\boldsymbol{A}+\boldsymbol{B})\det(\boldsymbol{A}-\boldsymbol{B})$;

(2) $\det\begin{pmatrix}\boldsymbol{A} & \boldsymbol{B}\\ -\boldsymbol{B} & \boldsymbol{A}\end{pmatrix}=\det(\boldsymbol{A}+\mathrm{i}\,\boldsymbol{B})\det(\boldsymbol{A}-\mathrm{i}\,\boldsymbol{B})$.

9. 证明: 存在以 $\{a_{ij}\mid 1\leqslant i<j\leqslant n\}$ 为变元的整数系数多项式 P, 使得

$$\det\begin{pmatrix}0 & a_{12} & \cdots & a_{1n}\\ -a_{12} & 0 & \ddots & \vdots\\ \vdots & \ddots & \ddots & a_{n-1,n}\\ -a_{1n} & \cdots & -a_{n-1,n} & 0\end{pmatrix}=P^2$$

关于 P 的表达式可参阅文献 [3] 第七章第 2 节中的定理 2.

10. 设 $\boldsymbol{U}=(i^{j-1})$ 和 $\boldsymbol{V}=(a_i^{j-1})$ 都是 n 阶整数方阵. 证明: $\det(\boldsymbol{U})$ 整除 $\det(\boldsymbol{V})$.

11. 设 $f(x)=\sum\limits_{i=0}^{m}f_ix^i$ 和 $g(x)=\sum\limits_{i=0}^{n}g_ix^i$ 都是复系数多项式, $f_mg_n\neq 0$. 构造 $m+n$ 阶方阵

$$\boldsymbol{S}=\begin{pmatrix}f_0 & f_1 & \cdots & f_m & & \\ & \ddots & \ddots & \ddots & \ddots & \\ & & f_0 & f_1 & \cdots & f_m\\ g_0 & g_1 & \cdots & g_n & & \\ & \ddots & \ddots & \ddots & \ddots & \\ & & g_0 & g_1 & \cdots & g_n\end{pmatrix}\begin{matrix}\left.\vphantom{\begin{matrix}a\\a\\a\end{matrix}}\right\}n\text{行}\\ \left.\vphantom{\begin{matrix}a\\a\\a\end{matrix}}\right\}m\text{行}\end{matrix}$$

$\boldsymbol{S}$ 称为 f 和 g 的 **Sylvester 方阵**, $\det(\boldsymbol{S})$ 称为 **Sylvester 结式**. 证明:

(1) $\det(\boldsymbol{S})=f_m^ng_n^m\prod\limits_{i=1}^{m}\prod\limits_{j=1}^{n}(u_i-v_j)$, 其中 $u_1,\cdots,u_m$ 和 $v_1,\cdots,v_n$ 分别是 f 和 g 的所有根.

(2) $\det(\boldsymbol{S})\neq 0$ 当且仅当 $\gcd(f,g)=1$. ①

12. 设 $f(x)=\sum\limits_{i=0}^{n}f_ix^i$ 和 $g(x)=\sum\limits_{i=0}^{n}g_ix^i$ 都是复系数多项式, $f_n\neq 0$ 或 $g_n\neq 0$. 设

$$\frac{f(x)g(y)-f(y)g(x)}{x-y}=\sum_{i,j=1}^{n}b_{ij}x^{i-1}y^{j-1}$$

n 阶方阵 $\boldsymbol{B}=(b_{ij})$ 称为 **Bézout② 方阵**, $\det(\boldsymbol{B})$ 称为 **Bézout 结式**. 证明:

(1) $\boldsymbol{B}=\begin{pmatrix}f_1 & \cdots & f_n\\ \vdots & ⋰ & \\ f_n & & \end{pmatrix}\begin{pmatrix}g_0 & \cdots & g_{n-1}\\ & \ddots & \vdots\\ & & g_0\end{pmatrix}-\begin{pmatrix}g_1 & \cdots & g_n\\ \vdots & ⋰ & \\ g_n & & \end{pmatrix}\begin{pmatrix}f_0 & \cdots & f_{n-1}\\ & \ddots & \vdots\\ & & f_0\end{pmatrix}$;

① $\gcd(\cdots)$ 表示一些多项式的**最大公因式**或一些整数的**最大公约数**.

② Étienne Bézout, 1730～1783, 法国数学家.

$$(2)\ \det(\boldsymbol{B})=(-1)^{\frac{n(n+1)}{2}}\det\begin{pmatrix} f_0 & \cdots & f_{n-1} & f_n & & \\ & \ddots & \vdots & \vdots & \ddots & \\ & & f_0 & f_1 & \cdots & f_n \\ g_0 & \cdots & g_{n-1} & g_n & & \\ & \ddots & \vdots & \vdots & \ddots & \\ & & g_0 & g_1 & \cdots & g_n \end{pmatrix};$$

(3) $\det(\boldsymbol{B})\neq 0$ 当且仅当 $\gcd(f,g)=1$.

3.3 Laplace 展开

定理 3.7 设 $\boldsymbol{A}=(a_{ij})$ 是 n 阶方阵, $\boldsymbol{B}_j$ 是删除 $\boldsymbol{A}$ 的第 1 行和第 j 列后所得的 $n-1$ 阶方阵, 则有

$$\det(\boldsymbol{A})=\sum_{j=1}^{n}(-1)^{j-1}a_{1j}\det(\boldsymbol{B}_j) \tag{3.2}$$

证明 注意到 $\tau(j,j_2,\cdots,j_n)=j-1+\tau(j_2,\cdots,j_n)$. 因此,

$$\det(\boldsymbol{A})=\sum_{(j_1,j_2,\cdots,j_n)\in S_n}(-1)^{\tau(j,j_2,\cdots,j_n)}a_{1j}a_{2j_2}\cdots a_{nj_n}=\sum_{j=1}^{n}(-1)^{j-1}a_{1j}\det(\boldsymbol{B}_j)$$

(3.2) 式称为 $\det(\boldsymbol{A})$ 的 Laplace① 展开. 许多教科书首先定义一阶行列式 $\det(a)=a$, 然后通过 (3.2) 式归纳定义 $n\geqslant 2$ 阶行列式. 为了说明如此归纳定义的行列式与定义 3.1 是相同的, 我们只需证明它的完全展开式就是 (3.1) 式. 可使用数学归纳法证明, 与定理 3.7 的证明类似.

通过 Laplace 展开, 一个高阶行列式的计算被转化为多个低阶行列式的计算. 这有利于通过并行算法来计算大规模的行列式. 这种方法对于含有很多零元素的稀疏矩阵尤其有效.

例 3.13 利用 Laplace 展开计算行列式

$$\varDelta=\begin{vmatrix}1&2&0&0\\3&1&2&0\\0&3&1&2\\0&0&3&1\end{vmatrix}$$

解 $\varDelta=\begin{vmatrix}1&2&0\\3&1&2\\0&3&1\end{vmatrix}-2\begin{vmatrix}3&2&0\\0&1&2\\0&3&1\end{vmatrix}=\begin{vmatrix}1&2\\3&1\end{vmatrix}-2\begin{vmatrix}3&2\\0&1\end{vmatrix}-6\begin{vmatrix}1&2\\3&1\end{vmatrix}+4\begin{vmatrix}0&2\\0&1\end{vmatrix}=-5-6+30=19.$

例 3.14 计算 n 阶行列式

$$\varDelta_n=\begin{vmatrix}x&1&&\\1&x&\ddots&\\&\ddots&\ddots&1\\&&1&x\end{vmatrix}$$

① Pierre-Simon Laplace, 1749～1827, 法国数学家、物理学家.

其中空白处的元素都是 0.

解 易得 $\Delta_1 = x, \Delta_2 = x^2 - 1$. 当 $n \geqslant 3$ 时, 由 Laplace 展开, 可得递推关系式 $\Delta_n = x\Delta_{n-1} - \Delta_{n-2}$. 由例 2.7, 得 $\Delta_n = (1\ \ 0)\begin{pmatrix} x & -1 \\ 1 & 0 \end{pmatrix}^n \begin{pmatrix} 1 \\ 0 \end{pmatrix}$.

与定理 3.7 类似, 我们有以下常用结论.

定理 3.8 设 $\boldsymbol{A}$ 是 n 阶方阵, $\boldsymbol{B}_{ij}$ 是删除 $\boldsymbol{A}$ 的第 i 行和第 j 列后所得的 $n-1$ 阶方阵.

(1) $\det(\boldsymbol{A}) = \sum\limits_{j=1}^{n}(-1)^{i+j}a_{ij}\det(\boldsymbol{B}_{ij})(\forall i = 1,2,\cdots,n)$;

(2) $\det(\boldsymbol{A}) = \sum\limits_{i=1}^{n}(-1)^{i+j}a_{ij}\det(\boldsymbol{B}_{ij})(\forall j = 1,2,\cdots,n)$.

证明 当 $i = 1$ 时, 结论 (1) 即为定理 3.7. 当 $i \geqslant 2$ 时, 可经 $i-1$ 次相邻两行的交换, 把 $\boldsymbol{A}$ 的第 i 行换到第 1 行, 其他行的顺序不变, 所得矩阵记为 $\widetilde{\boldsymbol{A}}$. 由 $\det(\widetilde{\boldsymbol{A}}) = \sum\limits_{j=1}^{n}(-1)^{j-1}a_{ij}\det(\boldsymbol{B}_{ij})$ 可得 $\det(\boldsymbol{A}) = (-1)^{i-1}\det(\widetilde{\boldsymbol{A}}) = \sum\limits_{j=1}^{n}(-1)^{i+j}a_{ij}\det(\boldsymbol{B}_{ij})$. 对 $\boldsymbol{A}^{\mathrm{T}}$ 应用结论 (1) 即得结论 (2).

例 3.15 计算 n 阶行列式

$$\Delta = \begin{vmatrix} x & & & c_0 \\ -1 & \ddots & & \vdots \\ & \ddots & x & c_{n-2} \\ & & -1 & x + c_{n-1} \end{vmatrix}$$

其中空白处的元素都是 0.

解 对行列式的第 n 列作 Laplace 展开, 得

$$\Delta = x^{n-1}(x + c_{n-1}) + \sum_{i=1}^{n-1}(-1)^{n+i}c_{i-1}x^{i-1}(-1)^{n-i} = x^n + \sum_{i=0}^{n-1}c_i x^i$$

定义 3.3 子矩阵的行列式简称**子式**. 主子矩阵的行列式简称**主子式**. 顺序主子矩阵的行列式简称**顺序主子式**. 设 $\boldsymbol{A} = (a_{ij})_{n\times n}, (i_1, i_2, \cdots, i_n)$ 和 $(j_1, j_2, \cdots, j_n)$ 都是 $(1, 2, \cdots, n)$ 的排列, $1 \leqslant k < n$. $\boldsymbol{A}\begin{bmatrix} i_{k+1} & i_{k+2} & \cdots & i_n \\ j_{k+1} & j_{k+2} & \cdots & j_n \end{bmatrix}$ 称为 $\boldsymbol{A}\begin{bmatrix} i_1 & i_2 & \cdots & i_k \\ j_1 & j_2 & \cdots & j_k \end{bmatrix}$ 的**余子矩阵**. $\det\left(\boldsymbol{A}\begin{bmatrix} i_{k+1} & i_{k+2} & \cdots & i_n \\ j_{k+1} & j_{k+2} & \cdots & j_n \end{bmatrix}\right)$ 称为 $\boldsymbol{A}\begin{bmatrix} i_1 & i_2 & \cdots & i_k \\ j_1 & j_2 & \cdots & j_k \end{bmatrix}$ 的**余子式**.

$$(-1)^{\tau(i_1,i_2,\cdots,i_n)+\tau(j_1,j_2,\cdots,j_n)}\det\left(\boldsymbol{A}\begin{bmatrix} i_{k+1} & i_{k+2} & \cdots & i_n \\ j_{k+1} & j_{k+2} & \cdots & j_n \end{bmatrix}\right) \tag{3.3}$$

称为 $\boldsymbol{A}\begin{bmatrix} i_1 & i_2 & \cdots & i_k \\ j_1 & j_2 & \cdots & j_k \end{bmatrix}$ 的**代数余子式**. 特别地, 由 a_{ij} 的代数余子式 A_{ij} 按照如下方式排

列成的 n 阶方阵

$$\boldsymbol{A}^* = \left(A_{ij}\right)^{\mathrm{T}} = \begin{pmatrix} A_{11} & A_{21} & \cdots & A_{n1} \\ A_{12} & A_{22} & \cdots & A_{n2} \\ \vdots & \vdots & & \vdots \\ A_{1n} & A_{2n} & \cdots & A_{nn} \end{pmatrix}$$

称为 $\boldsymbol{A}$ 的**伴随方阵** (adjugate matrix) 或**附属方阵** (adjunct matrix).

代数余子式 (3.3) 仅依赖于排列 $(i_1, i_2, \cdots, i_k)$ 和 $(j_1, j_2, \cdots, j_k)$, 与排列 $(i_{k+1}, i_{k+2}, \cdots, i_n)$ 和 $(j_{k+1}, j_{k+2}, \cdots, j_n)$ 无关. 特别地, 当这四个排列都是升序排列时, 有

$$(-1)^{\tau(i_1, i_2, \cdots, i_n)+\tau(j_1, j_2, \cdots, j_n)} = (-1)^{i_1+\cdots+i_k+j_1+\cdots+j_k}$$

使用记号 $\boldsymbol{A}_{ij}$, 定理 3.8 可表述为

$$\det(\boldsymbol{A}) = \sum_{j=1}^{n} a_{ij}A_{ij}\ (\forall i), \quad \det(\boldsymbol{A}) = \sum_{i=1}^{n} a_{ij}A_{ij}\ (\forall j)$$

一般地, 对于任意 $i \neq j$, 把 $\boldsymbol{A}$ 的第 j 行换成 $(a_{i1}, a_{i2}, \cdots, a_{in})$ 后, 所得到的方阵记为 $\widetilde{\boldsymbol{A}}$, 则有

$$\sum_{k=1}^{n} a_{ik}A_{jk} = \det(\widetilde{\boldsymbol{A}}) = 0$$

同理, $\sum\limits_{k=1}^{n} a_{ki}A_{kj} = 0$. 由此可得:

定理 3.9 设 $\boldsymbol{A}$ 是方阵, 则 $\boldsymbol{A}\boldsymbol{A}^* = \boldsymbol{A}^*\boldsymbol{A} = \det(\boldsymbol{A})\boldsymbol{I}$.

结合定理 3.5 和定理 3.9 可得, $\boldsymbol{A}$ 是可逆方阵当且仅当 $\det(\boldsymbol{A}) \neq 0$, 并且

$$\boldsymbol{A}^{-1} = \frac{1}{\det(\boldsymbol{A})}\boldsymbol{A}^* \tag{3.4}$$

例 3.16 计算 n 阶方阵

$$\boldsymbol{A} = \begin{pmatrix} x & 1 & & \\ 1 & x & \ddots & \\ & \ddots & \ddots & 1 \\ & & 1 & x \end{pmatrix}$$

的逆矩阵, 其中空白处的元素都是 0.

解 $\boldsymbol{A}^{-1} = \left(\boldsymbol{A}_{ji}/\Delta_n\right)$, 其中 $\Delta_n = \det(\boldsymbol{A})$ 同例 3.14, $\boldsymbol{A}_{ji} = \begin{cases} \Delta_{i-1}\Delta_{n-j}, & i \leqslant j \\ \Delta_{j-1}\Delta_{n-i}, & i \geqslant j \end{cases}$.

定理 3.7 还可以推广为如下更一般的形式.

定理 3.10 (Laplace 展开定理) 设 $\boldsymbol{A} = (a_{ij})$ 是 n 阶方阵, 正整数 $k < n$, $(i_1, i_2, \cdots, i_n) \in S_n$ 满足 $i_1 < \cdots < i_k$,$i_{k+1} < \cdots < i_n$.

$$\det(\boldsymbol{A}) = \sum_{1\leqslant j_1<\cdots<j_k\leqslant n} (-1)^{i_1+\cdots+i_k+j_1+\cdots+j_k} \det\left(\boldsymbol{A}\begin{bmatrix} i_1 & \cdots & i_k \\ j_1 & \cdots & j_k \end{bmatrix}\right)$$

$$\cdot \det\left(\boldsymbol{A}\begin{bmatrix} i_{k+1} & \cdots & i_n \\ j_{k+1} & \cdots & j_n \end{bmatrix}\right)$$

其中 $(j_{k+1},\cdots,j_n)$ 是 $\{1,2,\cdots,n\}\setminus\{j_1,\cdots,j_k\}$ 的升序排列.

证明 首先考虑 $(i_1,i_2,\cdots,i_k)=(1,2,\cdots,k)$ 的情形. 此时, 有

$$\det(\boldsymbol{A})=\sum_{\substack{1\leqslant j_1<j_2<\cdots<j_k\leqslant n\\ (p_1,\cdots,p_k)\text{是}(j_1,\cdots,j_k)\text{的排列}\\ (p_{k+1},\cdots,p_n)\text{是}(j_{k+1},\cdots,j_n)\text{的排列}}}(-1)^{\tau(p_1,p_2,\cdots,p_n)}a_{1p_1}a_{2p_2}\cdots a_{np_n}$$

其中

$$\tau(p_1,p_2,\cdots,p_n)=\tau(p_1,p_2,\cdots,p_k)+\tau(p_{k+1},p_{k+2},\cdots,p_n)+\tau(j_1,j_2,\cdots,j_n)$$
$$\tau(j_1,j_2,\cdots,j_n)=(j_1-1)+(j_2-2)+\cdots+(j_k-k)$$

由此可得

$$\begin{aligned}\det(\boldsymbol{A})&=\sum_{1\leqslant j_1<\cdots<j_k\leqslant n}(-1)^{\tau(j_1,j_2,\cdots,j_n)}\det\left(\boldsymbol{A}\begin{bmatrix}1&2&\cdots&k\\ j_1&j_2&\cdots&j_k\end{bmatrix}\right)\\ &\quad\cdot\det\left(\boldsymbol{A}\begin{bmatrix}k+1&k+2&\cdots&n\\ j_{k+1}&j_{k+2}&\cdots&j_n\end{bmatrix}\right)\\ &=\sum_{1\leqslant j_1<\cdots<j_k\leqslant n}(-1)^{1+\cdots+r+j_1+\cdots+j_k}\det\left(\boldsymbol{A}\begin{bmatrix}1&2&\cdots&k\\ j_1&j_2&\cdots&j_k\end{bmatrix}\right)\\ &\quad\cdot\det\left(\boldsymbol{A}\begin{bmatrix}k+1&k+2&\cdots&n\\ j_{k+1}&j_{k+2}&\cdots&j_n\end{bmatrix}\right)\end{aligned}$$

对于一般情形, 可经 $\tau(i_1,i_2,\cdots,i_n)=(i_1-1)+(i_2-2)+\cdots+(i_k-k)$ 次相邻两行的交换, 化为 $(i_1,i_2,\cdots,i_k)=(1,2,\cdots,k)$ 的情形. 结论仍然成立.

下面介绍 n 个方程和 n 个未知数的线性方程组的求解公式, 称为 **Cramer 法则**. Cramer 在 1750 年给出了这个公式. 实际上, Leibniz, Maclaurin 等人在此几十年以前就已经发现了类似结果, 只不过他们的记法不如 Cramer 的记法优越、流传广泛.

定理 3.11 (Cramer 法则) 若 n 阶方阵 $\boldsymbol{A}$ 满足 $\Delta=\det(\boldsymbol{A})\neq 0$, 则线性方程组 $\boldsymbol{Ax}=\boldsymbol{b}$ 有唯一解 $\boldsymbol{x}=(\Delta_1/\Delta,\Delta_2/\Delta,\cdots,\Delta_n/\Delta)^{\mathrm{T}}$, 其中 Δ_j 是把 $\boldsymbol{A}$ 的第 j 列换成 $\boldsymbol{b}$ 所得方阵的行列式.

证明 由 $\Delta\neq 0$ 知 $\boldsymbol{A}$ 可逆, $\boldsymbol{Ax}=\boldsymbol{b}$ 有唯一解 $\boldsymbol{x}=\boldsymbol{A}^{-1}\boldsymbol{b}$. 设 $\boldsymbol{x}=(x_i)$, $\boldsymbol{b}=(b_i)$. 下面计算 $\boldsymbol{x}$.

解法 1 由 $\boldsymbol{A}^{-1}=\dfrac{1}{\Delta}\boldsymbol{A}^*$, 得 $x_j=\dfrac{1}{\Delta}\sum\limits_{i=1}^{n}\boldsymbol{A}_{ij}b_i$. 再由 Laplace 展开, 得 $\Delta_j=\sum\limits_{i=1}^{n}b_iA_{ij}$. 故 $x_j=\Delta_j/\Delta$.

解法 2 设 $\boldsymbol{A}$ 的列向量分别是 $\boldsymbol{\beta}_1,\boldsymbol{\beta}_2,\cdots,\boldsymbol{\beta}_n$. 把 $\boldsymbol{b}=\sum\limits_{i=1}^{n}x_i\boldsymbol{\beta}_i$ 代入 $\Delta_j=\det(\cdots,\boldsymbol{\beta}_{j-1},\boldsymbol{b},\boldsymbol{\beta}_{j+1},\cdots)$, 得 $\Delta_j=x_j\Delta$. 故 $x_j=\Delta_j/\Delta$.

例 3.17 用 Cramer 法则求解例 1.1.

解 经计算, 得

$$\varDelta=\begin{vmatrix}0&1&-1&0\\1&-2&0&0\\3&-2&0&1\\3&1&1&3\end{vmatrix}=-4,\quad \varDelta_1=\begin{vmatrix}-1&1&-1&0\\-4&-2&0&0\\-7&-2&0&1\\0&1&1&3\end{vmatrix}=8,\quad \varDelta_2=\begin{vmatrix}0&-1&-1&0\\1&-4&0&0\\3&-7&0&1\\3&0&1&3\end{vmatrix}=-4,$$

$$\varDelta_3=\begin{vmatrix}0&1&-1&0\\1&-2&-4&0\\3&-2&-7&1\\3&1&0&3\end{vmatrix}=-8,\quad \varDelta_4=\begin{vmatrix}0&1&-1&-1\\1&-2&0&-4\\3&-2&0&-7\\3&1&1&0\end{vmatrix}=-4$$

故线性方程组有唯一解 $\boldsymbol{x}=(-2,1,2,1)^{\mathrm{T}}$.

利用 Cramer 法则求解 n 阶线性方程组, 需要计算 $n+1$ 个 n 阶行列式. 除非这些行列式容易计算, 否则 Cramer 法则的计算量较大, 不是实用的求解方法.

习 题 3.3

1. 利用 Laplace 展开定理以及公式 (3.4) 计算下列 n 阶方阵 $\boldsymbol{A}=(a_{ij})$ 的行列式和逆矩阵:

(1) $\begin{pmatrix}x&1&&\\-1&x&\ddots&\\&\ddots&\ddots&1\\&&-1&x\end{pmatrix}$; (2) $\begin{pmatrix}x&1&\cdots&1\\-1&x&\ddots&\vdots\\\vdots&\ddots&\ddots&1\\-1&\cdots&-1&x\end{pmatrix}$; (3) $\begin{pmatrix}2&-1&&\\-1&\ddots&\ddots&\\&\ddots&2&-1\\&&-1&x\end{pmatrix}$;

(4) $a_{ij}=\min\{i,j\}$; (5) $a_{ij}=\max\{i,j\}$; (6) $a_{ij}=\dfrac{1}{i+j-1}$.

2. 设 n 阶三对角行列式

$$\varDelta=\begin{vmatrix}a_1&b_1&&\\c_1&a_2&\ddots&\\&\ddots&\ddots&b_{n-1}\\&&c_{n-1}&a_n\end{vmatrix}\quad (n\geqslant 1,b_0,b_n,c_0,c_n\text{是任意数})$$

证明:

(1) $\varDelta=\begin{pmatrix}1&0\end{pmatrix}\begin{pmatrix}a_1&b_1\\-c_0&0\end{pmatrix}\begin{pmatrix}a_2&b_2\\-c_1&0\end{pmatrix}\cdots\begin{pmatrix}a_{n-1}&b_{n-1}\\-c_{n-2}&0\end{pmatrix}\begin{pmatrix}a_n&b_n\\-c_{n-1}&0\end{pmatrix}\begin{pmatrix}1\\0\end{pmatrix}$;

(2) $\varDelta=\begin{pmatrix}1&0\end{pmatrix}\begin{pmatrix}a_n&b_{n-1}\\-c_n&0\end{pmatrix}\begin{pmatrix}a_{n-1}&b_{n-2}\\-c_{n-1}&0\end{pmatrix}\cdots\begin{pmatrix}a_2&b_1\\-c_2&0\end{pmatrix}\begin{pmatrix}a_1&b_0\\-c_1&0\end{pmatrix}\begin{pmatrix}1\\0\end{pmatrix}$.

3. (1) 设 n 阶方阵 $\boldsymbol{A}=(a_{ij})$ 满足 $a_{i1}=1(\forall i)$. 证明: $\displaystyle\sum_{i,j=1}^{n}A_{ij}=\det(\boldsymbol{A})$;

(2) 设 n 阶方阵 $\boldsymbol{A}=(a_{ij})$ 满足 $\displaystyle\sum_{j=1}^{n}a_{ij}=1(\forall i)$. 证明: $\displaystyle\sum_{i,j=1}^{n}A_{ij}=n\det(\boldsymbol{A})$.

4. (1) 设 n 阶方阵 $\boldsymbol{A}=(a_{ij})$ 满足 $\sum_{j=1}^{n} a_{ij}=0(\forall i)$. 证明: $\boldsymbol{A}^*$ 的行向量都相等 (即每列元素相同);

(2) 设 n 阶方阵 $\boldsymbol{A}=(a_{ij})$ 满足 $\sum_{j=1}^{n} a_{ij}=\sum_{j=1}^{n} a_{ji}=0(\forall i)$. 证明: $\boldsymbol{A}^*=\lambda\boldsymbol{J}$, 其中 $\boldsymbol{J}$ 是全一矩阵 (即 $\boldsymbol{J}$ 的元素都是 1), $\lambda=\det\left(\boldsymbol{A}+\frac{1}{n^2}\boldsymbol{J}\right)$;

(3) 证明 Cayley 公式: $(n\boldsymbol{I}_n-\boldsymbol{J})^*=n^{n-2}\boldsymbol{J}$.

5. 设 n 阶方阵 $\boldsymbol{A}=\big(a_{ij}(x)\big)$ 由可微函数构成. 证明: $\frac{\mathrm{d}}{\mathrm{d}x}\det(\boldsymbol{A})=\sum_{i,j=1}^{n} A_{ij}a'_{ij}(x)$.

6. 设 $\boldsymbol{A}=(a_{ij})$ 和 $\boldsymbol{B}=(x_iy_j)$ 都是 n 阶方阵. 证明:

(1) $\det(\boldsymbol{A}+\boldsymbol{B})=\det(\boldsymbol{A})+\sum_{i,j=1}^{n} A_{ij}x_iy_j$;

(2) $\begin{vmatrix} a_{11} & \cdots & a_{1n} & x_1 \\ \vdots & & \vdots & \vdots \\ a_{n1} & \cdots & a_{nn} & x_n \\ y_1 & \cdots & y_n & z \end{vmatrix}=z\det(\boldsymbol{A})-\sum_{i,j=1}^{n} A_{ij}x_iy_j$.

7. 设 $\boldsymbol{A},\boldsymbol{B}$ 都是 n 阶方阵, λ 是数. 证明:

(1) $(\boldsymbol{AB})^*=\boldsymbol{B}^*\boldsymbol{A}^*$; (2) $(\lambda\boldsymbol{A})^*=\lambda^{n-1}\boldsymbol{A}^*$;

(3) $(\boldsymbol{A}^{\mathrm{T}})^*=(\boldsymbol{A}^*)^{\mathrm{T}}$; (4) $(\boldsymbol{A}^*)^*=(\det(\boldsymbol{A}))^{n-2}\boldsymbol{A}$.

8. 设 $\boldsymbol{A}$ 是 m 阶方阵, $\boldsymbol{B}$ 是 n 阶方阵. 证明:

(1) $\det(\boldsymbol{A}\otimes\boldsymbol{B})=(\det(\boldsymbol{A}))^n(\det(\boldsymbol{B}))^m$;

(2) $(\boldsymbol{A}\otimes\boldsymbol{B})^*=(\det(\boldsymbol{A}))^{n-1}(\det(\boldsymbol{B}))^{m-1}\boldsymbol{A}^*\otimes\boldsymbol{B}^*$.

9. 设 $\boldsymbol{A}=(a_{ij}),\boldsymbol{B}=(b_{ij}),\boldsymbol{C}=(c_{ij}),\boldsymbol{D}=(d_{ij})$ 都是 n 阶上三角方阵, 求 $\det\begin{pmatrix}\boldsymbol{A} & \boldsymbol{B}\\ \boldsymbol{C} & \boldsymbol{D}\end{pmatrix}$.

10. 设 n 阶复数方阵 $\boldsymbol{A}=\begin{pmatrix}\boldsymbol{B}\\ \boldsymbol{C}\end{pmatrix}$. 证明: $\det(\boldsymbol{AA}^{\mathrm{H}})\leqslant\det(\boldsymbol{BB}^{\mathrm{H}})\det(\boldsymbol{CC}^{\mathrm{H}})$.

11. 设 n 阶方阵 $\boldsymbol{A}=(a_{ij})$. 证明:

$$\det\left(\boldsymbol{A}^*\begin{bmatrix} i_1 & i_2 & \cdots & i_r \\ j_1 & j_2 & \cdots & j_r \end{bmatrix}\right)=(-1)^{\tau(i_1,i_2,\cdots,i_n)+\tau(j_1,j_2,\cdots,j_n)}\det\left(\boldsymbol{A}\begin{bmatrix} j_{r+1} & j_{r+2} & \cdots & j_n \\ i_{r+1} & i_{r+2} & \cdots & i_n \end{bmatrix}\right)\cdot\big(\det(\boldsymbol{A})\big)^{r-1}$$

其中 $(i_1,i_2,\cdots,i_n)$ 和 $(j_1,j_2,\cdots,j_n)$ 是 $(1,2,\cdots,n)$ 的任意排列,$1\leqslant r<n$.

3.4 行列式与几何

本章的前两节给出了行列式的定义及性质. 行列式本质上是一个具有特殊性质的多元多项式. 对于任意 $\boldsymbol{A}\in\mathbb{F}^{n\times n}$, 无论使用何种方法计算 $\det(\boldsymbol{A})$, 它都不过是函数 $\det(\boldsymbol{X})$: $\mathbb{F}^{n\times n}\to\mathbb{F}$ 在点 $\boldsymbol{X}=\boldsymbol{A}$ 处的取值. 在本节中, 我们从几何的观点看行列式, 赋予其几何解释. 不妨设 $\mathbb{F}=\mathbb{R}$.

在 $\mathbb{R}$ 中建立一维坐标系, 向量 $\overrightarrow{OA}$ 的有向长度就是点 A 的坐标 (图 3.1).

图 3.1

在 $\mathbb{R}^2$ 中建立平面直角坐标系 Oxy. 设点 A, B 的坐标分别是 $(a_1, a_2), (b_1, b_2)$, $\overrightarrow{OC} = \overrightarrow{OA} + \overrightarrow{OB}$(图 3.2), 则 $\overrightarrow{OA}, \overrightarrow{OB}$ 生成的有向平行四边形 $OACB$ 的有向面积.

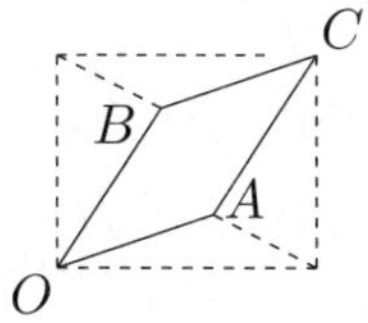

图 3.2

$$S = (a_1 + b_1)(a_2 + b_2) - (a_1 + b_1)a_2 - b_1(a_2 + b_2) = a_1b_2 - a_2b_1 = \begin{vmatrix} a_1 & a_2 \\ b_1 & b_2 \end{vmatrix}$$

在 $\mathbb{R}^3$ 中建立空间直角坐标系 $Oxyz$. 设点 A, B, C 的坐标分别是 (a_1, a_2, a_3), (b_1, b_2, b_3), (c_1, c_2, c_3), 则 $\overrightarrow{OA}$, $\overrightarrow{OB}$, $\overrightarrow{OC}$ 生成的有向平行六面体的有向体积

$$V = \overrightarrow{OA} \times \overrightarrow{OB} \times \overrightarrow{OC} = \begin{vmatrix} a_2 & a_3 \\ b_2 & b_3 \end{vmatrix} c_1 - \begin{vmatrix} a_1 & a_3 \\ b_1 & b_3 \end{vmatrix} c_2 + \begin{vmatrix} a_1 & a_2 \\ b_1 & b_2 \end{vmatrix} c_3$$

恰是 $\det(\overrightarrow{OA}, \overrightarrow{OB}, \overrightarrow{OC})$ 的 Laplace 展开, 并且 $\overrightarrow{OA} \times \overrightarrow{OB}$ 的三个坐标分量是 $\overrightarrow{OA}$, $\overrightarrow{OB}$ 生成的空间平行四边形分别在坐标平面 Oyz, Ozx, Oxy 上的投影的有向面积.

当 $n \geqslant 4$ 时, $\mathbb{R}^n$ 中的几何体的长度、面积、体积和 "高维体积" 又应当如何定义并计算呢?

以 $\boldsymbol{\alpha} \wedge \boldsymbol{\beta}$ 表示 $\mathbb{R}^n$ 中任意两个向量 $\boldsymbol{\alpha}$ 和 $\boldsymbol{\beta}$ 生成的有向平行四边形, 运算 $\boldsymbol{\alpha} \wedge \boldsymbol{\beta}$ 应满足**二重线性**和**反对称性**, 即对于任意 $\boldsymbol{\alpha}_i, \boldsymbol{\beta}_i \in \mathbb{R}^n$ 和 $\lambda_i \in \mathbb{R}$ 都有

$$\begin{aligned} &(\lambda_1\boldsymbol{\alpha}_1 + \lambda_2\boldsymbol{\alpha}_2) \wedge \boldsymbol{\beta} = \lambda_1(\boldsymbol{\alpha}_1 \wedge \boldsymbol{\beta}) + \lambda_2(\boldsymbol{\alpha}_2 \wedge \boldsymbol{\beta}) \\ &\boldsymbol{\alpha} \wedge (\lambda_1\boldsymbol{\beta}_1 + \lambda_2\boldsymbol{\beta}_2) = \lambda_1(\boldsymbol{\alpha} \wedge \boldsymbol{\beta}_1) + \lambda_2(\boldsymbol{\alpha} \wedge \boldsymbol{\beta}_2) \\ &\boldsymbol{\alpha} \wedge \boldsymbol{\beta} = -(\boldsymbol{\beta} \wedge \boldsymbol{\alpha}) \end{aligned}$$

由此可得: 设 $\boldsymbol{\alpha} = (a_1, a_2, \cdots, a_n)$, $\boldsymbol{\beta} = (b_1, b_2, \cdots, b_n)$, 则

$$\boldsymbol{\alpha} \wedge \boldsymbol{\beta} = \sum_{1 \leqslant i, j \leqslant n} a_ib_j\ \boldsymbol{e}_i \wedge \boldsymbol{e}_j = \sum_{1 \leqslant i < j \leqslant n} (a_ib_j - b_ia_j)\ \boldsymbol{e}_i \wedge \boldsymbol{e}_j$$

也就是说, 任意有向平行四边形 $\boldsymbol{\alpha} \wedge \boldsymbol{\beta}$ 可表示为 $\dfrac{n(n-1)}{2}$ 个有向单位正方形 $\{\boldsymbol{e}_i \wedge \boldsymbol{e}_j \mid 1 \leqslant i < j \leqslant n\}$ 的线性组合, 各项系数 $a_ib_j - b_ia_j$ 恰是 $\boldsymbol{\alpha} \wedge \boldsymbol{\beta}$ 在 $\boldsymbol{e}_i \wedge \boldsymbol{e}_j$ 平面上的投影的有向面积.

同理, 以 $\boldsymbol{\alpha}_1 \wedge \boldsymbol{\alpha}_2 \wedge \cdots \wedge \boldsymbol{\alpha}_m$ 表示 $\mathbb{R}^n$ 中任意 m 个向量 $\boldsymbol{\alpha}_1, \boldsymbol{\alpha}_2, \cdots, \boldsymbol{\alpha}_m$ 生成的 m 维有向平行多面体, 运算 $\boldsymbol{\alpha}_1 \wedge \boldsymbol{\alpha}_2 \wedge \cdots \wedge \boldsymbol{\alpha}_m$ 也应满足**多重线性**和**反对称性**. 由此可得

$$\begin{aligned} &\boldsymbol{\alpha}_1 \wedge \boldsymbol{\alpha}_2 \wedge \cdots \wedge \boldsymbol{\alpha}_m \\ &\quad = \sum_{1 \leqslant j_1, j_2, \cdots, j_m \leqslant n} a_{1j_1}a_{2j_2}\cdots a_{mj_m}\ \boldsymbol{e}_{j_1} \wedge \boldsymbol{e}_{j_2} \wedge \cdots \wedge \boldsymbol{e}_{j_m} \end{aligned}$$

$$= \sum_{\substack{1\leqslant i_1<i_2<\cdots<i_m\leqslant n \\ (j_1,j_2,\cdots,j_m)\text{是}(i_1,i_2,\cdots,i_m)\text{的排列}}} a_{1j_1}a_{2j_2}\cdots a_{mj_m}\ \boldsymbol{e}_{j_1}\wedge\boldsymbol{e}_{j_2}\wedge\cdots\wedge\boldsymbol{e}_{j_m}$$

$$= \sum_{\substack{1\leqslant i_1<i_2<\cdots<i_m\leqslant n \\ (j_1,j_2,\cdots,j_m)\text{是}(i_1,i_2,\cdots,i_m)\text{的排列}}} a_{1j_1}a_{2j_2}\cdots a_{mj_m}(-1)^{\tau(j_1,j_2,\cdots,j_m)}\ \boldsymbol{e}_{i_1}\wedge\boldsymbol{e}_{i_2}\wedge\cdots\wedge\boldsymbol{e}_{i_m}$$

$$= \sum_{1\leqslant i_1<i_2<\cdots<i_m\leqslant n} \det\left(\boldsymbol{A}\begin{bmatrix}1 & 2 & \cdots & m\\ i_1 & i_2 & \cdots & i_m\end{bmatrix}\right)\ \boldsymbol{e}_{i_1}\wedge\boldsymbol{e}_{i_2}\wedge\cdots\wedge\boldsymbol{e}_{i_m}$$

其中 $\boldsymbol{\alpha}_i=(a_{i1},a_{i2},\cdots,a_{in})$ 是 $\boldsymbol{A}=(a_{ij})_{m\times n}$ 的第 i 个行向量 $(1\leqslant i\leqslant m)$. 也就是说, 任意 m 维有向平行多面体 $\boldsymbol{\alpha}_1\wedge\boldsymbol{\alpha}_2\wedge\cdots\wedge\boldsymbol{\alpha}_m$ 可表示为 $\dfrac{n!}{m!(n-m)!}$ 个 m 维单位方体

$$\{\boldsymbol{e}_{i_1}\wedge\boldsymbol{e}_{i_2}\wedge\cdots\wedge\boldsymbol{e}_{i_m}\mid 1\leqslant i_1<i_2<\cdots<i_m\leqslant n\}$$

的线性组合, 各项系数 $\det\left(\boldsymbol{A}\begin{bmatrix}1 & 2 & \cdots & m\\ i_1 & i_2 & \cdots & i_m\end{bmatrix}\right)$ 恰是 $\boldsymbol{\alpha}_1\wedge\boldsymbol{\alpha}_2\wedge\cdots\wedge\boldsymbol{\alpha}_m$ 在 $\boldsymbol{e}_{i_1}\wedge\boldsymbol{e}_{i_2}\wedge\cdots\wedge\boldsymbol{e}_{i_m}$ 空间上的投影的 m 维有向体积. 特别地, 当 $m=n$ 时,

$$\boldsymbol{\alpha}_1\wedge\boldsymbol{\alpha}_2\wedge\cdots\wedge\boldsymbol{\alpha}_n=\det(\boldsymbol{A})\ \boldsymbol{e}_1\wedge\boldsymbol{e}_2\wedge\cdots\wedge\boldsymbol{e}_n$$

$\det(\boldsymbol{\alpha}_1,\boldsymbol{\alpha}_2,\cdots,\boldsymbol{\alpha}_n)$ 就是 n 维有向体积 $\boldsymbol{\alpha}_1\wedge\boldsymbol{\alpha}_2\wedge\cdots\wedge\boldsymbol{\alpha}_n$ 与 $\boldsymbol{e}_1\wedge\boldsymbol{e}_2\wedge\cdots\wedge\boldsymbol{e}_n$ 的比值.

更一般地, 我们可以在 $\mathbb{R}$ 上的线性空间

$$W=\left\{\sum_{\{i_1,\cdots,i_m\}\subset\{1,2,\cdots,n\}} c_{i_1,\cdots,i_m}\ \boldsymbol{e}_{i_1}\wedge\cdots\wedge\boldsymbol{e}_{i_m}\ \middle|\ c_{i_1,\cdots,i_m}\in\mathbb{R}\right\}$$

上定义**外积** (wedge) 运算 $\wedge$, 满足下列运算律 (其中 $X,Y,Z\in W$, $\lambda,\mu\in\mathbb{R}$):

(1) (**结合律**) $(X\wedge Y)\wedge Z=X\wedge(Y\wedge Z)$;

(2) (**分配律**) $(\lambda X+\mu Y)\wedge Z=\lambda(X\wedge Z)+\mu(Y\wedge Z)$, $X\wedge(\lambda Y+\mu Z)=\lambda(X\wedge Y)+\mu(X\wedge Z)$;

(3) (**反交换律**) 当 $j_1,j_2,\cdots,j_m$ 中有重复元素时, $\boldsymbol{e}_{j_1}\wedge\boldsymbol{e}_{j_2}\wedge\cdots\wedge\boldsymbol{e}_{j_m}=0$; 否则

$$\boldsymbol{e}_{j_1}\wedge\boldsymbol{e}_{j_2}\wedge\cdots\wedge\boldsymbol{e}_{j_m}=(-1)^{\tau(j_1,j_2,\cdots,j_m)}\boldsymbol{e}_{i_1}\wedge\boldsymbol{e}_{i_2}\wedge\cdots\wedge\boldsymbol{e}_{i_m}$$

其中 $(i_1,i_2,\cdots,i_m)$ 是 $(j_1,j_2,\cdots,j_m)$ 的升序排列.

外积运算 $\wedge$ 可看作是 $\mathbb{R}^3$ 上的向量积运算 $\times$ 的高维推广. 在外积运算下, 线性空间 W 构成**外代数** (也称为 **Grassmann 代数**). 把有向平行多面体看作线性空间 W 中的向量, Binet-Cauchy 公式和 Laplace 展开定理可作如下理解:

(1) 设 $\boldsymbol{\alpha}_1,\boldsymbol{\alpha}_2,\cdots,\boldsymbol{\alpha}_m$ 是 $\boldsymbol{A}$ 的行向量, $\boldsymbol{\beta}_1,\boldsymbol{\beta}_2,\cdots,\boldsymbol{\beta}_m$ 是 $\boldsymbol{B}$ 的列向量, "·"是向量的数量积运算, 则

$$\det\begin{pmatrix}\boldsymbol{\alpha}_1\cdot\boldsymbol{\beta}_1 & \boldsymbol{\alpha}_1\cdot\boldsymbol{\beta}_2 & \cdots & \boldsymbol{\alpha}_1\cdot\boldsymbol{\beta}_m\\ \boldsymbol{\alpha}_2\cdot\boldsymbol{\beta}_1 & \boldsymbol{\alpha}_2\cdot\boldsymbol{\beta}_2 & \cdots & \boldsymbol{\alpha}_2\cdot\boldsymbol{\beta}_m\\ \vdots & \vdots & & \vdots\\ \boldsymbol{\alpha}_m\cdot\boldsymbol{\beta}_1 & \boldsymbol{\alpha}_m\cdot\boldsymbol{\beta}_2 & \cdots & \boldsymbol{\alpha}_m\cdot\boldsymbol{\beta}_m\end{pmatrix}=(\boldsymbol{\alpha}_1\wedge\boldsymbol{\alpha}_2\wedge\cdots\wedge\boldsymbol{\alpha}_m)\cdot(\boldsymbol{\beta}_1\wedge\boldsymbol{\beta}_2\wedge\cdots\wedge\boldsymbol{\beta}_m)$$

(2) 设 $\boldsymbol{\alpha}_1,\boldsymbol{\alpha}_2,\cdots,\boldsymbol{\alpha}_n$ 是 $\boldsymbol{A}$ 的行向量, 则 $\boldsymbol{\alpha}_1\wedge\boldsymbol{\alpha}_2\wedge\cdots\wedge\boldsymbol{\alpha}_n=(\boldsymbol{\alpha}_1\wedge\cdots\wedge\boldsymbol{\alpha}_k)\wedge(\boldsymbol{\alpha}_{k+1}\wedge\cdots\wedge\boldsymbol{\alpha}_n)$.

习 题 3.4

1. 设 $\mathbb{R}^2$ 上三点 A, B, C 的坐标分别是 $(x_i, y_i)(i=1,2,3)$. 证明: $\triangle ABC$ 的有向面积

$$S_{\triangle ABC}=\frac{1}{2}\begin{vmatrix}x_1 & y_1 & 1\\ x_2 & y_2 & 1\\ x_3 & y_3 & 1\end{vmatrix}$$

2. [①]设四边形 $ABCD$ 的顶点共圆, O 是所在平面上任意点. 证明:

$$OA^2\cdot S_{\triangle BCD}-OB^2\cdot S_{\triangle ACD}+OC^2\cdot S_{\triangle ABD}-OD^2\cdot S_{\triangle ABC}=0$$

3. 设 E, F, G, H 和 E', F', G', H' 分别是空间六面体 $ABCD\text{-}A'B'C'D'$ 的两个面 $ABCD$ 和 $A'B'C'D$ 各边的中点. 证明: 六面体 $EFGH\text{-}E'F'G'H'$ 的体积是六面体 $ABCD\text{-}A'B'C'D'$ 的体积的一半.

4. 证明: $\mathbb{R}^3$ 中的 4 个平面 $a_ix+b_iy+c_iz=1\ (i=1,2,3,4)$ 围成的四面体的体积

$$V=\left|\frac{\Delta^3}{6\Delta_1\Delta_2\Delta_3\Delta_4}\right|$$

其中

$$\Delta=\begin{vmatrix}a_1 & b_1 & c_1 & 1\\ a_2 & b_2 & c_2 & 1\\ a_3 & b_3 & c_3 & 1\\ a_4 & b_4 & c_4 & 1\end{vmatrix}$$

Δ_i 是删除 Δ 的第 i 行和第 4 列所得子式.

5. 把上题结论推广至 $\mathbb{R}^2$ 中的三角形面积 (1940 年 Putnam 数学竞赛 A-8) 和 $\mathbb{R}^n$ 中的 $n(n\geqslant 4)$ 维单纯形的有向体积.

① 单墫. 解析几何的技巧[M]. 合肥: 中国科学技术大学出版社, 2015: 102.

第 4 章　矩阵的相抵

4.1　矩阵的秩与相抵

根据定理 2.5, 对于任意 $m \times n$ 矩阵 $\boldsymbol{A}$, 存在初等方阵 $\boldsymbol{P}_1, \cdots, \boldsymbol{P}_s, \boldsymbol{Q}_1, \cdots, \boldsymbol{Q}_t$ 和整数 r, 使得

$$\boldsymbol{P}_s \cdots \boldsymbol{P}_1 \boldsymbol{A} \boldsymbol{Q}_1 \cdots \boldsymbol{Q}_t = \begin{pmatrix} \boldsymbol{I}_r & \boldsymbol{O} \\ \boldsymbol{O} & \boldsymbol{O} \end{pmatrix}$$

由此可得 $\boldsymbol{A}$ 的一个矩阵乘积分解

$$\boldsymbol{A} = \boldsymbol{P} \begin{pmatrix} \boldsymbol{I}_r & \boldsymbol{O} \\ \boldsymbol{O} & \boldsymbol{O} \end{pmatrix} \boldsymbol{Q}$$

其中 $\boldsymbol{P}, \boldsymbol{Q}$ 分别是 m, n 阶可逆方阵. 由定理 2.9 的证明可知, r 与线性方程组 $\boldsymbol{Ax} = \boldsymbol{b}$ 的解的存在性、唯一性都有着密切的关系.

思考: r 是否唯一? r 还与 $\boldsymbol{A}$ 的哪些性质有关? 如何有效地求出 r?

在解答上述问题之前, 首先引入矩阵相抵的概念.

定义 4.1　设 $\boldsymbol{A}, \boldsymbol{B} \in \mathbb{F}^{m \times n}$. 若存在可逆方阵 $\boldsymbol{P} \in \mathbb{F}^{m \times m}$ 和 $\boldsymbol{Q} \in \mathbb{F}^{n \times n}$, 使得 $\boldsymbol{A} = \boldsymbol{PBQ}$, 则称 $\boldsymbol{A}$ 与 $\boldsymbol{B}$ 在 $\mathbb{F}$ 上**相抵**.

容易验证, 矩阵上的相抵关系具有下列性质, 构成一个等价关系[①]:

(1) (**自反性**) $\boldsymbol{A}$ 与 $\boldsymbol{A}$ 相抵;

(2) (**对称性**) 若 $\boldsymbol{A}$ 与 $\boldsymbol{B}$ 相抵, 则 $\boldsymbol{B}$ 与 $\boldsymbol{A}$ 相抵;

(3) (**传递性**) 若 $\boldsymbol{A}$ 与 $\boldsymbol{B}$ 相抵, $\boldsymbol{B}$ 与 $\boldsymbol{C}$ 相抵, 则 $\boldsymbol{A}$ 与 $\boldsymbol{C}$ 相抵.

对于任意 $\boldsymbol{A} \in \mathbb{F}^{m \times n}$, 与 $\boldsymbol{A}$ 相抵的 $\boldsymbol{B} \in \mathbb{F}^{m \times n}$ 的全体构成一个等价类, 称为 $\boldsymbol{A}$ 所在的**相抵等价类**, 每个相抵等价类中可选出一个矩阵作为该等价类的代表元素, 称为**相抵标准形**.

定理 4.1　当 $r \neq s$ 时, $m \times n$ 矩阵 $\begin{pmatrix} \boldsymbol{I}_r & \boldsymbol{O} \\ \boldsymbol{O} & \boldsymbol{O} \end{pmatrix}$ 与 $\begin{pmatrix} \boldsymbol{I}_s & \boldsymbol{O} \\ \boldsymbol{O} & \boldsymbol{O} \end{pmatrix}$ 不相抵.

证明　反证法. 不妨设 $r > s$, 假设存在可逆矩阵 $\boldsymbol{P}, \boldsymbol{Q}$, 使得 $\begin{pmatrix} \boldsymbol{I}_r & \boldsymbol{O} \\ \boldsymbol{O} & \boldsymbol{O} \end{pmatrix} = \boldsymbol{P} \begin{pmatrix} \boldsymbol{I}_s & \boldsymbol{O} \\ \boldsymbol{O} & \boldsymbol{O} \end{pmatrix} \boldsymbol{Q}$. 把 $\boldsymbol{P}, \boldsymbol{Q}$ 分块成 $\boldsymbol{P} = \begin{pmatrix} \boldsymbol{P}_1 & \boldsymbol{P}_2 \\ \boldsymbol{P}_3 & \boldsymbol{P}_4 \end{pmatrix}$, $\boldsymbol{Q} = \begin{pmatrix} \boldsymbol{Q}_1 & \boldsymbol{Q}_2 \\ \boldsymbol{Q}_3 & \boldsymbol{Q}_4 \end{pmatrix}$, 其中 $\boldsymbol{P}_1, \boldsymbol{Q}_1$ 分别是 $r \times s, s \times r$ 矩阵, 则有 $\boldsymbol{P}_1 \boldsymbol{Q}_1 = \boldsymbol{I}_r$. 根据定理 3.6 知, $\det(\boldsymbol{P}_1 \boldsymbol{Q}_1) = 0$, 矛盾.

① 定义在某个集合 S 上的具有自反性、对称性、传递性的二元关系称为 S 上的一个**等价关系**. 根据等价关系, S 的元素被分为若干个**等价类**, 同一个等价类中的两个元素等价, 不同等价类中的两个元素不等价.

由定理 2.5 和定理 4.1 可知, 对于任意 $\boldsymbol{A}$, 存在唯一的 $\begin{pmatrix}\boldsymbol{I}_r & \boldsymbol{O}\\ \boldsymbol{O} & \boldsymbol{O}\end{pmatrix}$ 与 $\boldsymbol{A}$ 相抵. 因此, 可以把 $\begin{pmatrix}\boldsymbol{I}_r & \boldsymbol{O}\\ \boldsymbol{O} & \boldsymbol{O}\end{pmatrix}$ 作为相抵标准形. 显然, 使得 $\boldsymbol{A}=\boldsymbol{P}\begin{pmatrix}\boldsymbol{I}_r & \boldsymbol{O}\\ \boldsymbol{O} & \boldsymbol{O}\end{pmatrix}\boldsymbol{Q}$ 的可逆矩阵 $\boldsymbol{P},\boldsymbol{Q}$ 不一定是唯一的.

定义 4.2　设 $\boldsymbol{A}$ 的相抵标准形为 $\begin{pmatrix}\boldsymbol{I}_r & \boldsymbol{O}\\ \boldsymbol{O} & \boldsymbol{O}\end{pmatrix}$. r 称为 $\boldsymbol{A}$ 的**秩**, 记作 $\operatorname{rank}(\boldsymbol{A})$. 显然,$r\leqslant\min\{m,n\}$. 若 $r=m$, 则称 $\boldsymbol{A}$ 是**行满秩**的. 若 $r=n$, 则称 $\boldsymbol{A}$ 是**列满秩**的. 行满秩与列满秩统称**满秩**.

求 $\operatorname{rank}(\boldsymbol{A})$ 的一般方法是利用初等变换把 $\boldsymbol{A}$ 化为标准形或对角形.

例 4.1　设

$$\boldsymbol{A}=\begin{pmatrix}1 & 2 & 1 & -2\\ 3 & 1 & 3 & -1\\ -3 & 0 & -5 & 4\\ 1 & 0 & 1 & 0\end{pmatrix}$$

求 $\operatorname{rank}(\boldsymbol{A})$.

解　由于

$$\begin{pmatrix}1 & 2 & 1 & -2\\ 3 & 1 & 3 & -1\\ -3 & 0 & -5 & 4\\ 1 & 0 & 1 & 0\end{pmatrix}\to\begin{pmatrix}1 & 2 & 1 & -2\\ 0 & -5 & 0 & 5\\ 0 & 6 & -2 & -2\\ 0 & -2 & 0 & 2\end{pmatrix}\to\begin{pmatrix}1 & 2 & 1 & -2\\ 0 & -5 & 0 & 5\\ 0 & 0 & -2 & 4\\ 0 & 0 & 0 & 0\end{pmatrix}$$

$$\to\begin{pmatrix}1 & 0 & 0 & 0\\ 0 & -5 & 0 & 5\\ 0 & 0 & -2 & 4\\ 0 & 0 & 0 & 0\end{pmatrix}\to\begin{pmatrix}1 & 0 & 0 & 0\\ 0 & -5 & 0 & 0\\ 0 & 0 & -2 & 4\\ 0 & 0 & 0 & 0\end{pmatrix}\to\begin{pmatrix}1 & 0 & 0 & 0\\ 0 & -5 & 0 & 0\\ 0 & 0 & -2 & 0\\ 0 & 0 & 0 & 0\end{pmatrix}\to\begin{pmatrix}1 & 0 & 0 & 0\\ 0 & 1 & 0 & 0\\ 0 & 0 & 1 & 0\\ 0 & 0 & 0 & 0\end{pmatrix}$$

故 $\operatorname{rank}(\boldsymbol{A})=3$.

例 4.2　设 n 阶方阵

$$\boldsymbol{A}=\begin{pmatrix}1 & & & 1\\ 1 & 1 & & \\ & \ddots & \ddots & \\ & & 1 & 1\end{pmatrix}$$

其中空白处的元素都是 0. 求 $\operatorname{rank}(\boldsymbol{A})$.

解　由于

$$\begin{pmatrix}1 & & & 1\\ 1 & 1 & & \\ & \ddots & \ddots & \\ & & 1 & 1\end{pmatrix}\xrightarrow[\text{每行减去前一行}]{\text{从第 2 行起}}\begin{pmatrix}1 & & & 1\\ & \ddots & & \vdots\\ & & 1 & (-1)^{n-2}\\ & & & 1+(-1)^{n-1}\end{pmatrix}\to\begin{pmatrix}1 & & & \\ & \ddots & & \\ & & 1 & \\ & & & 1-(-1)^{n}\end{pmatrix}$$

因此, 当 n 是奇数时, $\operatorname{rank}(\boldsymbol{A})=n$; 当 n 是偶数时, $\operatorname{rank}(\boldsymbol{A})=n-1$.

关于矩阵的秩, 我们有以下常用结论.

定理 4.2 设 $\boldsymbol{A}\in\mathbb{F}^{n\times n}$. $\boldsymbol{A}$ 是可逆方阵当且仅当 $\operatorname{rank}(\boldsymbol{A})=n$.

定理 4.3 $\operatorname{rank}(\boldsymbol{A})=\operatorname{rank}(\boldsymbol{A}^{\mathrm{T}})$. 当 $\boldsymbol{A}$ 是复数矩阵时, $\operatorname{rank}(\boldsymbol{A})=\operatorname{rank}(\boldsymbol{A}^{\mathrm{H}})$.

证明 设 $\boldsymbol{A}=\boldsymbol{P}\begin{pmatrix}\boldsymbol{I}_r & \boldsymbol{O}\\ \boldsymbol{O} & \boldsymbol{O}\end{pmatrix}\boldsymbol{Q}$, 其中 $\boldsymbol{P},\boldsymbol{Q}$ 是可逆方阵. 由 $\boldsymbol{A}^{\mathrm{T}}=\boldsymbol{Q}^{\mathrm{T}}\begin{pmatrix}\boldsymbol{I}_r & \boldsymbol{O}\\ \boldsymbol{O} & \boldsymbol{O}\end{pmatrix}\boldsymbol{P}^{\mathrm{T}}$ 可得 $\operatorname{rank}(\boldsymbol{A}^{\mathrm{T}})=r$. 当 $\boldsymbol{A}$ 是复数矩阵时, $\boldsymbol{A}^{\mathrm{H}}=\boldsymbol{Q}^{\mathrm{H}}\begin{pmatrix}\boldsymbol{I}_r & \boldsymbol{O}\\ \boldsymbol{O} & \boldsymbol{O}\end{pmatrix}\boldsymbol{P}^{\mathrm{H}}$, 也有 $\operatorname{rank}(\boldsymbol{A}^{\mathrm{H}})=r$.

定理 4.4 $\operatorname{rank}\begin{pmatrix}\boldsymbol{A} & \boldsymbol{O}\\ \boldsymbol{O} & \boldsymbol{B}\end{pmatrix}=\operatorname{rank}(\boldsymbol{A})+\operatorname{rank}(\boldsymbol{B})$.

证明 设 $\boldsymbol{A}=\boldsymbol{P}_1\begin{pmatrix}\boldsymbol{I}_r & \boldsymbol{O}\\ \boldsymbol{O} & \boldsymbol{O}\end{pmatrix}\boldsymbol{Q}_1$, $\boldsymbol{B}=\boldsymbol{P}_2\begin{pmatrix}\boldsymbol{I}_s & \boldsymbol{O}\\ \boldsymbol{O} & \boldsymbol{O}\end{pmatrix}\boldsymbol{Q}_2$, 其中 $\boldsymbol{P}_1,\boldsymbol{P}_2,\boldsymbol{Q}_1,\boldsymbol{Q}_2$ 是可逆方阵. 由

$$\begin{aligned}\begin{pmatrix}\boldsymbol{A} & \boldsymbol{O}\\ \boldsymbol{O} & \boldsymbol{B}\end{pmatrix}&=\begin{pmatrix}\boldsymbol{P}_1 & \boldsymbol{O}\\ \boldsymbol{O} & \boldsymbol{P}_2\end{pmatrix}\begin{pmatrix}\boldsymbol{I}_r & & & \\ & \boldsymbol{O} & & \\ & & \boldsymbol{I}_s & \\ & & & \boldsymbol{O}\end{pmatrix}\begin{pmatrix}\boldsymbol{Q}_1 & \boldsymbol{O}\\ \boldsymbol{O} & \boldsymbol{Q}_2\end{pmatrix}\\ &=\begin{pmatrix}\boldsymbol{P}_1 & \boldsymbol{O}\\ \boldsymbol{O} & \boldsymbol{P}_2\end{pmatrix}\begin{pmatrix}\boldsymbol{I} & & & \\ & \boldsymbol{O} & \boldsymbol{I} & \\ & \boldsymbol{I} & \boldsymbol{O} & \\ & & & \boldsymbol{I}\end{pmatrix}\begin{pmatrix}\boldsymbol{I}_r & & & \\ & \boldsymbol{I}_s & & \\ & & \boldsymbol{O} & \\ & & & \boldsymbol{O}\end{pmatrix}\begin{pmatrix}\boldsymbol{I} & & & \\ & \boldsymbol{O} & \boldsymbol{I} & \\ & \boldsymbol{I} & \boldsymbol{O} & \\ & & & \boldsymbol{I}\end{pmatrix}\begin{pmatrix}\boldsymbol{Q}_1 & \boldsymbol{O}\\ \boldsymbol{O} & \boldsymbol{Q}_2\end{pmatrix}\end{aligned}$$

可得 $\operatorname{rank}\begin{pmatrix}\boldsymbol{A} & \boldsymbol{O}\\ \boldsymbol{O} & \boldsymbol{B}\end{pmatrix}=r+s$.

例 4.3 设 $\boldsymbol{A}$ 是 $m\times n$ 矩阵, $\boldsymbol{A}\begin{bmatrix}i_1 & i_2 & \cdots & i_r\\ j_1 & j_2 & \cdots & j_r\end{bmatrix}$ 是 $\boldsymbol{A}$ 的阶数最大的可逆子矩阵. 不妨设

$$(i_1,i_2,\cdots,i_r)=(j_1,j_2,\cdots,j_r)=(1,2,\cdots,r)$$

作矩阵分块 $\boldsymbol{A}=\begin{pmatrix}\boldsymbol{A}_1 & \boldsymbol{A}_2\\ \boldsymbol{A}_3 & \boldsymbol{A}_4\end{pmatrix}$, 其中 $\boldsymbol{A}_1$ 是 r 阶可逆方阵, 则

$$\boldsymbol{A}=\begin{pmatrix}\boldsymbol{I} & \boldsymbol{O}\\ \boldsymbol{A}_3\boldsymbol{A}_1^{-1} & \boldsymbol{I}\end{pmatrix}\begin{pmatrix}\boldsymbol{A}_1 & \boldsymbol{O}\\ \boldsymbol{O} & \boldsymbol{S}\end{pmatrix}\begin{pmatrix}\boldsymbol{I} & \boldsymbol{A}_1^{-1}\boldsymbol{A}_2\\ \boldsymbol{O} & \boldsymbol{I}\end{pmatrix}$$

若 $\boldsymbol{S}$ 的 (p,q) 位置元素 $s_{pq}\neq 0$, 则

$$\boldsymbol{A}\begin{bmatrix}1 & 2 & \cdots & r & r+p\\ 1 & 2 & \cdots & r & r+q\end{bmatrix}=\begin{pmatrix}\boldsymbol{I} & \boldsymbol{0}\\ \boldsymbol{e}_p^{\mathrm{T}}\boldsymbol{A}_3\boldsymbol{A}_1^{-1} & 1\end{pmatrix}\begin{pmatrix}\boldsymbol{A}_1 & \boldsymbol{0}\\ \boldsymbol{0} & s_{pq}\end{pmatrix}\begin{pmatrix}\boldsymbol{I} & \boldsymbol{A}_1^{-1}\boldsymbol{A}_2\boldsymbol{e}_q\\ \boldsymbol{0} & 1\end{pmatrix}$$

是 $r+1$ 阶可逆方阵, 与 r 的最大性矛盾. 故 $\boldsymbol{S}=\boldsymbol{O}$, 从而 $\operatorname{rank}(\boldsymbol{A})=\operatorname{rank}(\boldsymbol{A}_1)=r$.

上例实际上给出了矩阵的秩的另一个常见的定义.

定义 4.3 矩阵 $\boldsymbol{A}$ 的可逆子矩阵 (或非零子式) 的最大阶数称为 $\boldsymbol{A}$ 的**秩**.

在 8.3 节中还将通过矩阵的行向量组或列向量组给出矩阵的秩的其他等价定义.

定理 4.5 $\operatorname{rank}\begin{pmatrix}\boldsymbol{A} & \boldsymbol{B}\\ \boldsymbol{C} & \boldsymbol{D}\end{pmatrix}\geqslant\operatorname{rank}(\boldsymbol{A})$.

由定义 4.3 即可得.

定理 4.6　$\operatorname{rank}(\boldsymbol{AB}) \leqslant \min\left\{\operatorname{rank}(\boldsymbol{A}), \operatorname{rank}(\boldsymbol{B})\right\}$.

证明　设 $\boldsymbol{A} = \boldsymbol{P}\begin{pmatrix} \boldsymbol{I}_r & \boldsymbol{O} \\ \boldsymbol{O} & \boldsymbol{O} \end{pmatrix}\boldsymbol{Q}$, 则 $\boldsymbol{AB} = \boldsymbol{P}\begin{pmatrix} \boldsymbol{C} \\ \boldsymbol{O} \end{pmatrix}$, 其中 $\boldsymbol{P}, \boldsymbol{Q}$ 是可逆方阵, $\boldsymbol{C}$ 是 $\boldsymbol{QB}$ 的前 r 行构成的子矩阵. 一方面, $\operatorname{rank}(\boldsymbol{C}) \leqslant \boldsymbol{C}$ 的行数 $r = \operatorname{rank}(\boldsymbol{A})$. 另一方面, $\operatorname{rank}(\boldsymbol{C}) \leqslant \operatorname{rank}(\boldsymbol{QB}) = \operatorname{rank}(\boldsymbol{B})$.

综上, $\operatorname{rank}(\boldsymbol{AB}) = \operatorname{rank}\begin{pmatrix} \boldsymbol{C} \\ \boldsymbol{O} \end{pmatrix} = \operatorname{rank}(\boldsymbol{C}) \leqslant \min\left\{\operatorname{rank}(\boldsymbol{A}), \operatorname{rank}(\boldsymbol{B})\right\}$.

定理 4.7　$\operatorname{rank}\begin{pmatrix} \boldsymbol{A} & \boldsymbol{B} \\ \boldsymbol{O} & \boldsymbol{D} \end{pmatrix} \geqslant \operatorname{rank}(\boldsymbol{A}) + \operatorname{rank}(\boldsymbol{D})$.

证明　设 $\boldsymbol{A}_1$ 是 $\boldsymbol{A}$ 的 $\operatorname{rank}(\boldsymbol{A})$ 阶可逆子矩阵, $\boldsymbol{D}_1$ 是 $\boldsymbol{D}$ 的 $\operatorname{rank}(\boldsymbol{D})$ 阶可逆子矩阵, 则 $\begin{pmatrix} \boldsymbol{A} & \boldsymbol{B} \\ \boldsymbol{O} & \boldsymbol{D} \end{pmatrix}$ 的 $\operatorname{rank}(\boldsymbol{A}) + \operatorname{rank}(\boldsymbol{D})$ 阶子矩阵 $\begin{pmatrix} \boldsymbol{A}_1 & \boldsymbol{B}_1 \\ \boldsymbol{O} & \boldsymbol{D}_1 \end{pmatrix}$ 也可逆. 故 $\operatorname{rank}\begin{pmatrix} \boldsymbol{A} & \boldsymbol{B} \\ \boldsymbol{O} & \boldsymbol{D} \end{pmatrix} \geqslant \operatorname{rank}(\boldsymbol{A}) + \operatorname{rank}(\boldsymbol{D})$.

例 4.4　设

$$\boldsymbol{A} = \begin{pmatrix} a & 1 & \cdots & 1 \\ 1 & a & \ddots & \vdots \\ \vdots & \ddots & \ddots & 1 \\ 1 & \cdots & 1 & a \end{pmatrix} \in \mathbb{F}^{n\times n}$$

求 $\operatorname{rank}(\boldsymbol{A})$.

解　把 $\boldsymbol{A}$ 改写成

$$\boldsymbol{A} = (a-1)\boldsymbol{I} + \begin{pmatrix} 1 \\ \vdots \\ 1 \end{pmatrix}\begin{pmatrix} 1 & \cdots & 1 \end{pmatrix}$$

由例 3.12 可得 $\det(\boldsymbol{A}) = (a-1)^{n-1}(a-1+n)$.

(1) 当 $a \neq 1$ 且 $a \neq 1-n$ 时, $\det(\boldsymbol{A}) \neq 0$. 故 $\operatorname{rank}(\boldsymbol{A}) = n$.

(2) 当 $a = 1$ 时, 显然有 $\operatorname{rank}(\boldsymbol{A}) = 1$.

(3) 当 $a = 1-n$ 时, $\det\left(\boldsymbol{A}\begin{bmatrix} 1 & \cdots & n-1 \\ 1 & \cdots & n-1 \end{bmatrix}\right) = (a-1)^{n-2}(a-2+n) \neq 0$. 故 $\operatorname{rank}(\boldsymbol{A}) = n-1$.

习　题　4.1

1. 计算下列矩阵的秩:

(1) $\begin{pmatrix} 2 & 5 & 3 & 2 & 0 \\ 2 & 3 & 1 & 2 & 3 \\ 2 & 4 & 4 & 7 & 7 \\ 4 & 9 & 7 & 9 & 7 \end{pmatrix}$;　(2) $\begin{pmatrix} 4 & 2 & 0 & 1 & 1 \\ 1 & 2 & 5 & 3 & 4 \\ 9 & 6 & 5 & 5 & 2 \\ 16 & 14 & 20 & 15 & 18 \end{pmatrix}$;　(3) $\begin{pmatrix} 1 & -2 & -4 & 2 & 5 \\ 1 & -2 & -2 & 2 & 3 \\ 1 & -2 & -10 & 2 & 11 \\ -1 & 2 & -3 & -2 & 2 \end{pmatrix}$;

(4) $\begin{pmatrix} 1 & 2 & 3 & 4 & 5 \\ 2 & 3 & 4 & 5 & 6 \\ 3 & 4 & 5 & 6 & 7 \\ 4 & 5 & 6 & 7 & 8 \end{pmatrix}$;　(5) $\begin{pmatrix} 1^2 & 2^2 & 3^2 & 4^2 & 5^2 \\ 2^2 & 3^2 & 4^2 & 5^2 & 6^2 \\ 3^2 & 4^2 & 5^2 & 6^2 & 7^2 \\ 4^2 & 5^2 & 6^2 & 7^2 & 8^2 \end{pmatrix}$;　(6) $\begin{pmatrix} 1^3 & 2^3 & 3^3 & 4^3 & 5^3 \\ 2^3 & 3^3 & 4^3 & 5^3 & 6^3 \\ 3^3 & 4^3 & 5^3 & 6^3 & 7^3 \\ 4^3 & 5^3 & 6^3 & 7^3 & 8^3 \end{pmatrix}$.

2. 求 x,y 使得 $\operatorname{rank}(\boldsymbol{A})$ 最小, 其中 $\boldsymbol{A}$ 分别为

(1) $\begin{pmatrix} x & -1 & -1 & -1 \\ -1 & 2 & -1 & -1 \\ -1 & -1 & 2 & -1 \\ -1 & -1 & -1 & 2 \end{pmatrix}$; (2) $\begin{pmatrix} x & -1 & -1 & -1 \\ -1 & y & -1 & -1 \\ -1 & -1 & 2 & -1 \\ -1 & -1 & -1 & 2 \end{pmatrix}$; (3) $\begin{pmatrix} x & y & -1 & -1 \\ y & x & -1 & -1 \\ -1 & -1 & 2 & -1 \\ -1 & -1 & -1 & 2 \end{pmatrix}$.

3. 证明: 任意秩为 r 的矩阵都可以表示为 r 个秩为 1 的矩阵之和的形式.

4. 证明: 任意非零矩阵 $\boldsymbol{A}$ 都可以表示为 $\boldsymbol{PQ}$ 的形式, 其中 $\boldsymbol{P}$ 是列满秩的, $\boldsymbol{Q}$ 是行满秩的.

5. 设 $\boldsymbol{A} \in \mathbb{F}^{m\times n}$. 证明:

(1) $\boldsymbol{A}$ 有右逆 $\Leftrightarrow$ $\boldsymbol{A}$ 是行满秩的 $\Leftrightarrow$ $\boldsymbol{A}^{\mathrm{T}}\boldsymbol{x} = \boldsymbol{0}$ 只有零解 $\Leftrightarrow$ 存在 $\boldsymbol{B} \in \mathbb{F}^{(n-m)\times n}$, 使得 $\begin{pmatrix} \boldsymbol{A} \\ \boldsymbol{B} \end{pmatrix}$ 可逆;

(2) $\boldsymbol{A}$ 有左逆 $\Leftrightarrow$ $\boldsymbol{A}$ 是列满秩的 $\Leftrightarrow$ $\boldsymbol{Ax} = \boldsymbol{0}$ 只有零解 $\Leftrightarrow$ 存在 $\boldsymbol{B} \in \mathbb{F}^{m\times(m-n)}$, 使得 $\begin{pmatrix} \boldsymbol{A} & \boldsymbol{B} \end{pmatrix}$ 可逆.

6. 设 $\boldsymbol{A},\boldsymbol{C} \in \mathbb{F}^{m\times n}$, $\boldsymbol{B},\boldsymbol{D} \in \mathbb{F}^{n\times p}$. 证明:

(1) 若 $\boldsymbol{A},\boldsymbol{B}$ 都是行满秩的, 则 $\boldsymbol{AB}$ 也是行满秩的;

(2) 若 $\boldsymbol{C},\boldsymbol{D}$ 都是列满秩的, 则 $\boldsymbol{CD}$ 也是列满秩的;

(3) 若 $\boldsymbol{AB}$ 是行满秩的, 则 $\boldsymbol{A}$ 也是行满秩的;

(4) 若 $\boldsymbol{CD}$ 是列满秩的, 则 $\boldsymbol{D}$ 也是列满秩的;

(5) 若 $\boldsymbol{A}$ 与 $\boldsymbol{C}$ 相抵, $\boldsymbol{B}$ 与 $\boldsymbol{D}$ 相抵, 是否一定有 $\boldsymbol{AB}$ 与 $\boldsymbol{CD}$ 相抵? 证明你的结论.

7. 设 $\boldsymbol{A} \in \mathbb{F}^{n\times n}$, $\boldsymbol{A}^*$ 是方阵 $\boldsymbol{A}$ 的伴随方阵.

(1) 证明: $\operatorname{rank}(\boldsymbol{A}^*) = \begin{cases} n, & \operatorname{rank}(\boldsymbol{A}) = n \\ 1, & \operatorname{rank}(\boldsymbol{A}) = n-1 \\ 0, & \operatorname{rank}(\boldsymbol{A}) \leqslant n-2 \end{cases}$;

(2) 求所有满足 $\boldsymbol{A}^* = \boldsymbol{A}^{\mathrm{T}}$ 的 $\boldsymbol{A}$.

8. 证明下列关于矩阵的秩的等式和不等式:

(1) $\operatorname{rank}(\boldsymbol{A}+\boldsymbol{B}) \leqslant \operatorname{rank}\begin{pmatrix} \boldsymbol{A} & \boldsymbol{B} \end{pmatrix}$;

(2) $\operatorname{rank}\begin{pmatrix} \boldsymbol{A} & \boldsymbol{B} \end{pmatrix} \leqslant \operatorname{rank}(\boldsymbol{A}) + \operatorname{rank}(\boldsymbol{B})$;

(3) $\operatorname{rank}(\boldsymbol{A}\otimes\boldsymbol{B}) = \operatorname{rank}(\boldsymbol{A})\operatorname{rank}(\boldsymbol{B})$;

(4) $\operatorname{rank}\begin{pmatrix} \boldsymbol{A} & \boldsymbol{B} \\ \boldsymbol{B} & \boldsymbol{A} \end{pmatrix} = \operatorname{rank}(\boldsymbol{A}+\boldsymbol{B}) + \operatorname{rank}(\boldsymbol{A}-\boldsymbol{B})$;

(5) $\operatorname{rank}(\boldsymbol{AC}-\boldsymbol{BD}) \leqslant \operatorname{rank}(\boldsymbol{A}-\boldsymbol{B}) + \operatorname{rank}(\boldsymbol{C}-\boldsymbol{D})$, 其中 $\boldsymbol{A},\boldsymbol{B} \in \mathbb{F}^{m\times n}$, $\boldsymbol{C},\boldsymbol{D} \in \mathbb{F}^{n\times p}$;

(6) $-\dfrac{n}{2} \leqslant \operatorname{rank}(\boldsymbol{AB}) - \operatorname{rank}(\boldsymbol{BA}) \leqslant \dfrac{m}{2}$, 其中 $\boldsymbol{A} \in \mathbb{F}^{m\times n}$, $\boldsymbol{B} \in \mathbb{F}^{n\times m}$.

9. 设复系数多项式 $f(x)=\sum\limits_{i=0}^{m} f_i x^i$, $g(x)=\sum\limits_{i=0}^{n} g_i x^i$, 构造 $m+n$ 阶复数方阵

$$\boldsymbol{S}=\begin{pmatrix} f_0 & f_1 & \cdots & f_m & & \\ & \ddots & \ddots & \ddots & \ddots & \\ & & f_0 & f_1 & \cdots & f_m \\ g_0 & g_1 & \cdots & g_n & & \\ & \ddots & \ddots & \ddots & \ddots & \\ & & g_0 & g_1 & \cdots & g_n \end{pmatrix}$$

证明: $\operatorname{rank}(\boldsymbol{S})=\max\Big\{\deg(f)+n, \deg(g)+m\Big\}-\deg(\gcd(f,g))$.

10. 设复系数多项式 $f(x)=\sum\limits_{i=0}^{n} f_i x^i$, $g(x)=\sum\limits_{i=0}^{n} g_i x^i$, n 阶复数方阵 $\boldsymbol{B}=(b_{ij})$, 其中

$$\frac{f(x)g(y)-f(y)g(x)}{x-y}=\sum_{i,j=1}^{n} b_{ij} x^{i-1} y^{j-1}$$

证明: $\operatorname{rank}(\boldsymbol{B})=\max\Big\{\deg(f), \deg(g)\Big\}-\deg(\gcd(f,g))$.

4.2　相抵标准形的应用

本节介绍矩阵的秩和相抵标准形在线性方程组和一些矩阵问题中的应用. 基本思想是通过矩阵相抵, 把关于一般矩阵的问题转化为关于标准形矩阵的问题.

4.2.1　线性方程组

考虑数域 $\mathbb{F}$ 上的线性方程组 $\boldsymbol{Ax}=\boldsymbol{b}$, 其中 $\boldsymbol{A}\in\mathbb{F}^{m\times n}$, $\boldsymbol{b}\in\mathbb{F}^{m\times 1}$, $\boldsymbol{x}\in\mathbb{F}^{n\times 1}$. 设

$$\boldsymbol{A}=\boldsymbol{P}\begin{pmatrix}\boldsymbol{I}_r & \boldsymbol{O}\\ \boldsymbol{O} & \boldsymbol{O}\end{pmatrix}\boldsymbol{Q}$$

其中 $\boldsymbol{P}\in\mathbb{F}^{m\times m}$, $\boldsymbol{Q}\in\mathbb{F}^{n\times n}$ 都是可逆方阵. 作换元 $\boldsymbol{y}=\boldsymbol{Qx}$, 线性方程组 $\boldsymbol{Ax}=\boldsymbol{b}$ 同解变形为

$$\begin{pmatrix}\boldsymbol{I}_r & \boldsymbol{O}\\ \boldsymbol{O} & \boldsymbol{O}\end{pmatrix}\boldsymbol{y}=\boldsymbol{P}^{-1}\boldsymbol{b}=\begin{pmatrix}\boldsymbol{\beta}_1\\ \boldsymbol{\beta}_2\end{pmatrix}$$

线性方程组 $\boldsymbol{Ax}=\boldsymbol{b}$ 的增广矩阵

$$\begin{pmatrix}\boldsymbol{A} & \boldsymbol{b}\end{pmatrix}=\boldsymbol{P}\begin{pmatrix}\boldsymbol{I}_r & \boldsymbol{O} & \boldsymbol{\beta}_1\\ \boldsymbol{O} & \boldsymbol{O} & \boldsymbol{\beta}_2\end{pmatrix}\begin{pmatrix}\boldsymbol{Q} & \boldsymbol{0}\\ \boldsymbol{0} & 1\end{pmatrix}$$

因此, $\boldsymbol{Ax}=\boldsymbol{b}$ 有解 $\Leftrightarrow \boldsymbol{\beta}_2=\boldsymbol{0}\Leftrightarrow \operatorname{rank}\begin{pmatrix}\boldsymbol{A} & \boldsymbol{b}\end{pmatrix}=r$, 解都形如

$$\boldsymbol{x}=\boldsymbol{Q}^{-1}\boldsymbol{y}=\boldsymbol{Q}^{-1}\begin{pmatrix}\boldsymbol{\beta}_1\\ \boldsymbol{0}\end{pmatrix}+y_{r+1}\boldsymbol{Q}^{-1}\boldsymbol{e}_{r+1}+\cdots+y_n\boldsymbol{Q}^{-1}\boldsymbol{e}_n$$

其中 $y_{r+1},\cdots,y_n\in\mathbb{F}$ 为自由参数. $\boldsymbol{\alpha}_0=\boldsymbol{Q}^{-1}\begin{pmatrix}\boldsymbol{\beta}_1\\ \boldsymbol{0}\end{pmatrix}$ 称为 $\boldsymbol{Ax}=\boldsymbol{b}$ 的一个**特解**. $\boldsymbol{\alpha}_0$ 是 $\boldsymbol{Q}^{-1}$ 的前 r 个列向量的线性组合. $\boldsymbol{Q}^{-1}$ 的后 $n-r$ 个列向量 $\boldsymbol{\alpha}_i=\boldsymbol{Q}^{-1}\boldsymbol{e}_i(i=r+1,r+2,\cdots,n)$ 都是 $\boldsymbol{Ax}=\boldsymbol{0}$ 的解. $\boldsymbol{Ax}=\boldsymbol{0}$ 的任意解 $\boldsymbol{x}$ 也都是 $\boldsymbol{\alpha}_{r+1},\boldsymbol{\alpha}_{r+2},\cdots,\boldsymbol{\alpha}_n$ 的线性组合, 解集 $V=\{\boldsymbol{x}\in\mathbb{F}^{n\times 1}\mid \boldsymbol{Ax}=\boldsymbol{0}\}$ 称为线性方程组 $\boldsymbol{Ax}=\boldsymbol{0}$ 的**解空间**, 向量组 $\boldsymbol{\alpha}_{r+1},\boldsymbol{\alpha}_{r+2},\cdots,\boldsymbol{\alpha}_n$ 称为 $\boldsymbol{Ax}=\boldsymbol{0}$ 的一个**基础解系**, 也称为解空间 V 的一组**基**. 综合以上结论, 可得:

定理 4.8 设 $\boldsymbol{A}\in\mathbb{F}^{m\times n}$, $\boldsymbol{b}\in\mathbb{F}^{m\times 1}$.

(1) $\boldsymbol{Ax}=\boldsymbol{b}$ 有解 $\boldsymbol{x}\in\mathbb{F}^{n\times 1}$ 当且仅当 $\operatorname{rank}\begin{pmatrix}\boldsymbol{A} & \boldsymbol{b}\end{pmatrix}=\operatorname{rank}(\boldsymbol{A})$.

(2) 设 $\boldsymbol{Ax}=\boldsymbol{b}$ 有特解 $\boldsymbol{\alpha}_0$. $\boldsymbol{Ax}=\boldsymbol{b}$ 的解集为

$$\{\boldsymbol{\alpha}_0+\lambda_1\boldsymbol{\alpha}_1+\lambda_2\boldsymbol{\alpha}_2+\cdots+\lambda_k\boldsymbol{\alpha}_k\mid\lambda_1,\lambda_2,\cdots,\lambda_k\in\mathbb{F}\}$$

其中 $\boldsymbol{\alpha}_1,\boldsymbol{\alpha}_2,\cdots,\boldsymbol{\alpha}_k$ 是 $\boldsymbol{Ax}=\boldsymbol{0}$ 的基础解系,$k=n-\operatorname{rank}(\boldsymbol{A})$.

(3) 特别地, 当 $\operatorname{rank}(\boldsymbol{A})=n$ 时, $\boldsymbol{Ax}=\boldsymbol{b}$ 的解是唯一的.

例 4.5 对于任意 $\boldsymbol{A}\in\mathbb{C}^{m\times n}$, $\operatorname{rank}(\boldsymbol{A}^{\mathrm{H}}\boldsymbol{A})=\operatorname{rank}(\boldsymbol{A})$.

证明 设 $\boldsymbol{x}\in\mathbb{C}^{n\times 1}$. 若 $\boldsymbol{Ax}=\boldsymbol{0}$, 显然有 $\boldsymbol{A}^{\mathrm{H}}\boldsymbol{Ax}=\boldsymbol{0}$. 若 $\boldsymbol{A}^{\mathrm{H}}\boldsymbol{Ax}=\boldsymbol{0}$, 则由 $\boldsymbol{x}^{\mathrm{H}}\boldsymbol{A}^{\mathrm{H}}\boldsymbol{Ax}=0$ 可得 $\boldsymbol{Ax}=\boldsymbol{0}$. 线性方程组 $\boldsymbol{Ax}=\boldsymbol{0}$ 与 $\boldsymbol{A}^{\mathrm{H}}\boldsymbol{Ax}=\boldsymbol{0}$ 的解集相同, 基础解系的大小也相同. 故 $\operatorname{rank}(\boldsymbol{A}^{\mathrm{H}}\boldsymbol{A})=\operatorname{rank}(\boldsymbol{A})$.

4.2.2 广义逆矩阵

定义 4.4 设 $m\times n$ 矩阵 $\boldsymbol{A}=\boldsymbol{P}\begin{pmatrix}\boldsymbol{I} & \boldsymbol{O}\\ \boldsymbol{O} & \boldsymbol{O}\end{pmatrix}\boldsymbol{Q}$, 其中 $\boldsymbol{P},\boldsymbol{Q}$ 都是可逆方阵, 则 $n\times m$ 矩阵

$$\boldsymbol{B}=\boldsymbol{Q}^{-1}\begin{pmatrix}\boldsymbol{I} & \boldsymbol{O}\\ \boldsymbol{O} & \boldsymbol{O}\end{pmatrix}\boldsymbol{P}^{-1}$$

称为 $\boldsymbol{A}$ 的一个**广义逆矩阵**.

在定义 4.4 中, $\boldsymbol{P},\boldsymbol{Q}$ 有可能是不唯一的, 故广义逆矩阵也有可能是不唯一的. 例如

$$\begin{pmatrix}\boldsymbol{I} & \boldsymbol{X}\\ \boldsymbol{O} & \boldsymbol{I}\end{pmatrix}\begin{pmatrix}\boldsymbol{I} & \boldsymbol{O}\\ \boldsymbol{O} & \boldsymbol{O}\end{pmatrix}\begin{pmatrix}\boldsymbol{I} & \boldsymbol{O}\\ \boldsymbol{Y} & \boldsymbol{I}\end{pmatrix}=\begin{pmatrix}\boldsymbol{I} & \boldsymbol{O}\\ \boldsymbol{O} & \boldsymbol{O}\end{pmatrix}$$
$$\begin{pmatrix}\boldsymbol{I} & \boldsymbol{O}\\ \boldsymbol{Y} & \boldsymbol{I}\end{pmatrix}^{-1}\begin{pmatrix}\boldsymbol{I} & \boldsymbol{O}\\ \boldsymbol{O} & \boldsymbol{O}\end{pmatrix}\begin{pmatrix}\boldsymbol{I} & \boldsymbol{X}\\ \boldsymbol{O} & \boldsymbol{I}\end{pmatrix}^{-1}=\begin{pmatrix}\boldsymbol{I} & -\boldsymbol{X}\\ -\boldsymbol{Y} & \boldsymbol{YX}\end{pmatrix}$$

由此可知, 对于任意 $\boldsymbol{X},\boldsymbol{Y}$, 矩阵 $\boldsymbol{B}=\boldsymbol{Q}^{-1}\begin{pmatrix}\boldsymbol{I} & -\boldsymbol{X}\\ -\boldsymbol{Y} & \boldsymbol{YX}\end{pmatrix}\boldsymbol{P}^{-1}$ 都是 $\boldsymbol{A}=\boldsymbol{P}\begin{pmatrix}\boldsymbol{I} & \boldsymbol{O}\\ \boldsymbol{O} & \boldsymbol{O}\end{pmatrix}\boldsymbol{Q}$ 的广义逆矩阵. $\boldsymbol{A}$ 有唯一的广义逆矩阵当且仅当 $\boldsymbol{A}$ 是可逆方阵.

定理 4.9 矩阵 $\boldsymbol{B}$ 是 $\boldsymbol{A}$ 的一个广义逆矩阵的充分必要条件是 $\boldsymbol{ABA}=\boldsymbol{A}$ 且 $\boldsymbol{BAB}=\boldsymbol{B}$.

证明 由广义逆矩阵的定义可得必要性. 下证充分性. 设

$$\boldsymbol{A}=\boldsymbol{P}\begin{pmatrix}\boldsymbol{I}_r & \boldsymbol{O}\\ \boldsymbol{O} & \boldsymbol{O}\end{pmatrix}\boldsymbol{Q},\quad \boldsymbol{B}=\boldsymbol{Q}^{-1}\begin{pmatrix}\boldsymbol{B}_1 & \boldsymbol{B}_2\\ \boldsymbol{B}_3 & \boldsymbol{B}_4\end{pmatrix}\boldsymbol{P}^{-1}$$

由 $\boldsymbol{ABA}=\boldsymbol{A}$, $\boldsymbol{BAB}=\boldsymbol{B}$, 可得

$$\begin{pmatrix}\boldsymbol{I}_r & \boldsymbol{O}\\ \boldsymbol{O} & \boldsymbol{O}\end{pmatrix}\begin{pmatrix}\boldsymbol{B}_1 & \boldsymbol{B}_2\\ \boldsymbol{B}_3 & \boldsymbol{B}_4\end{pmatrix}\begin{pmatrix}\boldsymbol{I}_r & \boldsymbol{O}\\ \boldsymbol{O} & \boldsymbol{O}\end{pmatrix}=\begin{pmatrix}\boldsymbol{I}_r & \boldsymbol{O}\\ \boldsymbol{O} & \boldsymbol{O}\end{pmatrix}$$

$$\begin{pmatrix}\boldsymbol{B}_1 & \boldsymbol{B}_2\\ \boldsymbol{B}_3 & \boldsymbol{B}_4\end{pmatrix}\begin{pmatrix}\boldsymbol{I}_r & \boldsymbol{O}\\ \boldsymbol{O} & \boldsymbol{O}\end{pmatrix}\begin{pmatrix}\boldsymbol{B}_1 & \boldsymbol{B}_2\\ \boldsymbol{B}_3 & \boldsymbol{B}_4\end{pmatrix}=\begin{pmatrix}\boldsymbol{B}_1 & \boldsymbol{B}_2\\ \boldsymbol{B}_3 & \boldsymbol{B}_4\end{pmatrix}$$

从而有 $\boldsymbol{B}_1=\boldsymbol{I}_r$, $\boldsymbol{B}_4=\boldsymbol{B}_3\boldsymbol{B}_2$. 设 $\widetilde{\boldsymbol{P}}=\boldsymbol{P}\begin{pmatrix}\boldsymbol{I}_r & -\boldsymbol{B}_2\\ \boldsymbol{O} & \boldsymbol{I}_{m-r}\end{pmatrix}$, $\widetilde{\boldsymbol{Q}}=\begin{pmatrix}\boldsymbol{I}_r & \boldsymbol{O}\\ -\boldsymbol{B}_3 & \boldsymbol{I}_{n-r}\end{pmatrix}\boldsymbol{Q}$, 则有

$$\boldsymbol{A}=\widetilde{\boldsymbol{P}}\begin{pmatrix}\boldsymbol{I}_r & \boldsymbol{O}\\ \boldsymbol{O} & \boldsymbol{O}\end{pmatrix}\widetilde{\boldsymbol{Q}},\quad \boldsymbol{B}=\widetilde{\boldsymbol{Q}}^{-1}\begin{pmatrix}\boldsymbol{I}_r & \boldsymbol{O}\\ \boldsymbol{O} & \boldsymbol{O}\end{pmatrix}\widetilde{\boldsymbol{P}}^{-1}$$

故 $\boldsymbol{B}$ 是 $\boldsymbol{A}$ 的一个广义逆矩阵.

下面给出广义逆矩阵在线性方程组问题中的一个应用.

定理 4.10 设 $\boldsymbol{A}\in\mathbb{F}^{m\times n}$, $\boldsymbol{b}\in\mathbb{F}^{m\times 1}$, $\boldsymbol{B}\in\mathbb{F}^{n\times m}$ 是 $\boldsymbol{A}$ 的一个广义逆矩阵.

(1) $\boldsymbol{Ax}=\boldsymbol{b}$ 有解 $\boldsymbol{x}\in\mathbb{F}^{n\times 1}$ 的充分必要条件是 $\boldsymbol{Bb}$ 是 $\boldsymbol{Ax}=\boldsymbol{b}$ 的特解.

(2) 当 $\boldsymbol{Ax}=\boldsymbol{b}$ 有解时, $\boldsymbol{Ax}=\boldsymbol{b}$ 的解集为 $\{\boldsymbol{Bb}+(\boldsymbol{I}-\boldsymbol{BA})\boldsymbol{y}\mid \boldsymbol{y}\in\mathbb{F}^{n\times 1}\}$. 由此可得, $\boldsymbol{Ax}=\boldsymbol{b}$ 有唯一解的充分必要条件是 $\boldsymbol{ABb}=\boldsymbol{b}$ 且 $\boldsymbol{BA}=\boldsymbol{I}$.

证明 (1) 充分性显然. 下证必要性. $\boldsymbol{Ax}=\boldsymbol{b}\Rightarrow \boldsymbol{A}(\boldsymbol{Bb})=\boldsymbol{A}(\boldsymbol{BAx})=(\boldsymbol{ABA})\boldsymbol{x}=\boldsymbol{Ax}=\boldsymbol{b}$.

(2) $\boldsymbol{A}\big(\boldsymbol{Bb}+(\boldsymbol{I}-\boldsymbol{BA})\boldsymbol{y}\big)=\boldsymbol{ABb}=\boldsymbol{b}$. 另外, $\boldsymbol{Ax}=\boldsymbol{b}\Rightarrow\boldsymbol{Bb}+(\boldsymbol{I}-\boldsymbol{BA})\boldsymbol{x}=\boldsymbol{Bb}+(\boldsymbol{x}-\boldsymbol{Bb})=\boldsymbol{x}$.

6.4 节定义 6.13 还将介绍复数矩阵的 Moore①-Penrose②广义逆矩阵. 每个复数矩阵的 Moore-Penrose 广义逆矩阵是存在且唯一的.

4.2.3 更多例子

例 4.6 $\operatorname{rank}\begin{pmatrix}\boldsymbol{A} & \boldsymbol{B}\\ \boldsymbol{C} & \boldsymbol{D}\end{pmatrix}=\operatorname{rank}(\boldsymbol{A})$ 的充分必要条件是存在矩阵 $\boldsymbol{X},\boldsymbol{Y}$, 使得

$$\boldsymbol{AX}=\boldsymbol{B},\quad \boldsymbol{YA}=\boldsymbol{C},\quad \boldsymbol{YAX}=\boldsymbol{D}$$

证明 (充分性) 设 $\boldsymbol{B}=\boldsymbol{AX}$, $\boldsymbol{C}=\boldsymbol{YA}$, $\boldsymbol{D}=\boldsymbol{YAX}$. 由

$$\begin{pmatrix}\boldsymbol{A} & \boldsymbol{B}\\ \boldsymbol{C} & \boldsymbol{D}\end{pmatrix}=\begin{pmatrix}\boldsymbol{I} & \boldsymbol{O}\\ \boldsymbol{Y} & \boldsymbol{I}\end{pmatrix}\begin{pmatrix}\boldsymbol{A} & \boldsymbol{O}\\ \boldsymbol{O} & \boldsymbol{O}\end{pmatrix}\begin{pmatrix}\boldsymbol{I} & \boldsymbol{X}\\ \boldsymbol{O} & \boldsymbol{I}\end{pmatrix}$$

得 $\operatorname{rank}\begin{pmatrix}\boldsymbol{A} & \boldsymbol{B}\\ \boldsymbol{C} & \boldsymbol{D}\end{pmatrix}=\operatorname{rank}\begin{pmatrix}\boldsymbol{A} & \boldsymbol{O}\\ \boldsymbol{O} & \boldsymbol{O}\end{pmatrix}=\operatorname{rank}(\boldsymbol{A})$.

---

① Eliakim Hastings Moore, 1862～1932, 美国数学家.

② Roger Penrose, 1931～, 英国数学家、物理学家.

(必要性) 设 $\boldsymbol{A}=\boldsymbol{P}\begin{pmatrix}\boldsymbol{I}_r & \boldsymbol{O}\\ \boldsymbol{O} & \boldsymbol{O}\end{pmatrix}\boldsymbol{Q}$, 其中 $\boldsymbol{P},\boldsymbol{Q}$ 都是可逆方阵. 设

$$\begin{pmatrix}\boldsymbol{P}^{-1} & \boldsymbol{O}\\ \boldsymbol{O} & \boldsymbol{I}\end{pmatrix}\begin{pmatrix}\boldsymbol{A} & \boldsymbol{B}\\ \boldsymbol{C} & \boldsymbol{D}\end{pmatrix}\begin{pmatrix}\boldsymbol{Q}^{-1} & \boldsymbol{O}\\ \boldsymbol{O} & \boldsymbol{I}\end{pmatrix}=\begin{pmatrix}\boldsymbol{I}_r & \boldsymbol{O} & \boldsymbol{B}_1\\ \boldsymbol{O} & \boldsymbol{O} & \boldsymbol{B}_2\\ \boldsymbol{C}_1 & \boldsymbol{C}_2 & \boldsymbol{D}\end{pmatrix}$$

则

$$\begin{pmatrix}\boldsymbol{I}_r & \boldsymbol{O} & \boldsymbol{O}\\ \boldsymbol{O} & \boldsymbol{I} & \boldsymbol{O}\\ -\boldsymbol{C}_1 & \boldsymbol{O} & \boldsymbol{I}\end{pmatrix}\begin{pmatrix}\boldsymbol{I}_r & \boldsymbol{O} & \boldsymbol{B}_1\\ \boldsymbol{O} & \boldsymbol{O} & \boldsymbol{B}_2\\ \boldsymbol{C}_1 & \boldsymbol{C}_2 & \boldsymbol{D}\end{pmatrix}\begin{pmatrix}\boldsymbol{I}_r & \boldsymbol{O} & -\boldsymbol{B}_1\\ \boldsymbol{O} & \boldsymbol{I} & \boldsymbol{O}\\ \boldsymbol{O} & \boldsymbol{O} & \boldsymbol{I}\end{pmatrix}=\begin{pmatrix}\boldsymbol{I}_r & \boldsymbol{O} & \boldsymbol{O}\\ \boldsymbol{O} & \boldsymbol{O} & \boldsymbol{B}_2\\ \boldsymbol{O} & \boldsymbol{C}_2 & \boldsymbol{D}-\boldsymbol{C}_1\boldsymbol{B}_1\end{pmatrix}$$

与 $\begin{pmatrix}\boldsymbol{A} & \boldsymbol{B}\\ \boldsymbol{C} & \boldsymbol{D}\end{pmatrix}$ 相抵. 由 $\operatorname{rank}\begin{pmatrix}\boldsymbol{A} & \boldsymbol{B}\\ \boldsymbol{C} & \boldsymbol{D}\end{pmatrix}=r$, 得 $\boldsymbol{B}_2=\boldsymbol{O},\boldsymbol{C}_2=\boldsymbol{O},\boldsymbol{D}=\boldsymbol{C}_1\boldsymbol{B}_1$. 从而

$$\boldsymbol{B}=\boldsymbol{P}\begin{pmatrix}\boldsymbol{B}_1\\ \boldsymbol{B}_2\end{pmatrix}=\boldsymbol{P}\begin{pmatrix}\boldsymbol{I}_r & \boldsymbol{O}\\ \boldsymbol{O} & \boldsymbol{O}\end{pmatrix}\begin{pmatrix}\boldsymbol{B}_1\\ \boldsymbol{O}\end{pmatrix}=\boldsymbol{A}\boldsymbol{Q}^{-1}\begin{pmatrix}\boldsymbol{B}_1\\ \boldsymbol{O}\end{pmatrix}=\boldsymbol{A}\boldsymbol{X}$$

$$\boldsymbol{C}=(\boldsymbol{C}_1\ \ \boldsymbol{C}_2)\boldsymbol{Q}=(\boldsymbol{C}_1\ \ \boldsymbol{O})\begin{pmatrix}\boldsymbol{I}_r & \boldsymbol{O}\\ \boldsymbol{O} & \boldsymbol{O}\end{pmatrix}\boldsymbol{Q}=(\boldsymbol{C}_1\ \ \boldsymbol{O})\boldsymbol{P}^{-1}\boldsymbol{A}=\boldsymbol{Y}\boldsymbol{A}$$

$$\boldsymbol{Y}\boldsymbol{A}\boldsymbol{X}=(\boldsymbol{C}_1\ \ \boldsymbol{O})\boldsymbol{P}^{-1}\boldsymbol{A}\boldsymbol{Q}^{-1}\begin{pmatrix}\boldsymbol{B}_1\\ \boldsymbol{O}\end{pmatrix}=(\boldsymbol{C}_1\ \ \boldsymbol{O})\begin{pmatrix}\boldsymbol{I}_r & \boldsymbol{O}\\ \boldsymbol{O} & \boldsymbol{O}\end{pmatrix}\begin{pmatrix}\boldsymbol{B}_1\\ \boldsymbol{O}\end{pmatrix}=\boldsymbol{C}_1\boldsymbol{B}_1=\boldsymbol{D}$$

例 4.7 $\operatorname{rank}(\boldsymbol{AB})=\operatorname{rank}(\boldsymbol{A})$ 的充分必要条件是存在矩阵 $\boldsymbol{X}$, 使得 $\boldsymbol{ABX}=\boldsymbol{A}$.

证明 (充分性) 设 $\boldsymbol{ABX}=\boldsymbol{A}$. 根据定理 4.6, 有

$$\operatorname{rank}(\boldsymbol{ABX})\leqslant\operatorname{rank}(\boldsymbol{AB})\leqslant\operatorname{rank}(\boldsymbol{A})=\operatorname{rank}(\boldsymbol{ABX})$$

故 $\operatorname{rank}(\boldsymbol{AB})=\operatorname{rank}(\boldsymbol{A})$.

(必要性) 设 $\boldsymbol{A}=\boldsymbol{P}\begin{pmatrix}\boldsymbol{I}_r & \boldsymbol{O}\\ \boldsymbol{O} & \boldsymbol{O}\end{pmatrix}\boldsymbol{Q}$, 其中 $\boldsymbol{P},\boldsymbol{Q}$ 都是可逆方阵. 由 $\operatorname{rank}(\boldsymbol{AB})=r$ 可得 $\boldsymbol{AB}=\boldsymbol{P}\begin{pmatrix}\boldsymbol{C}\\ \boldsymbol{O}\end{pmatrix}$, 其中 $\boldsymbol{C}$ 是行满秩矩阵. 设矩阵 $\boldsymbol{Y}$ 是 $\boldsymbol{C}$ 的一个右逆, 则 $\boldsymbol{X}=(\boldsymbol{Y}\ \ \boldsymbol{O})\boldsymbol{Q}$ 满足 $\boldsymbol{ABX}=\boldsymbol{A}$.

例 4.8 $\operatorname{rank}\begin{pmatrix}\boldsymbol{A} & \boldsymbol{B}\\ \boldsymbol{O} & \boldsymbol{D}\end{pmatrix}=\operatorname{rank}(\boldsymbol{A})+\operatorname{rank}(\boldsymbol{D})$ 的充分必要条件是存在矩阵 $\boldsymbol{X},\boldsymbol{Y}$, 使得 $\boldsymbol{AX}+\boldsymbol{YD}=\boldsymbol{B}$.

证明 (充分性) 设 $\boldsymbol{AX}+\boldsymbol{YD}=\boldsymbol{B}$, 则有

$$\begin{pmatrix}\boldsymbol{A} & \boldsymbol{B}\\ \boldsymbol{O} & \boldsymbol{D}\end{pmatrix}=\begin{pmatrix}\boldsymbol{I} & \boldsymbol{Y}\\ \boldsymbol{O} & \boldsymbol{I}\end{pmatrix}\begin{pmatrix}\boldsymbol{A} & \boldsymbol{O}\\ \boldsymbol{O} & \boldsymbol{D}\end{pmatrix}\begin{pmatrix}\boldsymbol{I} & \boldsymbol{X}\\ \boldsymbol{O} & \boldsymbol{I}\end{pmatrix}$$

从而,$\operatorname{rank}\begin{pmatrix}\boldsymbol{A} & \boldsymbol{B}\\ \boldsymbol{O} & \boldsymbol{D}\end{pmatrix}=\operatorname{rank}\begin{pmatrix}\boldsymbol{A} & \boldsymbol{O}\\ \boldsymbol{O} & \boldsymbol{D}\end{pmatrix}=\operatorname{rank}(\boldsymbol{A})+\operatorname{rank}(\boldsymbol{D})$.

(必要性) 设 $\boldsymbol{A}=\boldsymbol{P}_1\begin{pmatrix}\boldsymbol{I}_r & \boldsymbol{O}\\ \boldsymbol{O} & \boldsymbol{O}\end{pmatrix}\boldsymbol{Q}_1,\boldsymbol{D}=\boldsymbol{P}_2\begin{pmatrix}\boldsymbol{I}_s & \boldsymbol{O}\\ \boldsymbol{O} & \boldsymbol{O}\end{pmatrix}\boldsymbol{Q}_2$, 其中 $\boldsymbol{P}_1,\boldsymbol{Q}_1,\boldsymbol{P}_2,\boldsymbol{Q}_2$ 都是可

逆方阵. 设

$$\begin{pmatrix} P_1^{-1} & O \\ O & P_2^{-1} \end{pmatrix}\begin{pmatrix} A & B \\ O & D \end{pmatrix}\begin{pmatrix} Q_1^{-1} & O \\ O & Q_2^{-1} \end{pmatrix}=\begin{pmatrix} I_r & O & B_1 & B_2 \\ O & O & B_3 & B_4 \\ O & O & I_s & O \\ O & O & O & O \end{pmatrix}$$

则

$$\begin{pmatrix} I_r & O & -B_1 & O \\ O & I & -B_3 & O \\ O & O & I_s & O \\ O & O & O & I \end{pmatrix}\begin{pmatrix} I_r & O & B_1 & B_2 \\ O & O & B_3 & B_4 \\ O & O & I_s & O \\ O & O & O & O \end{pmatrix}\begin{pmatrix} I_r & O & O & -B_2 \\ O & I & O & O \\ O & O & I_s & O \\ O & O & O & I \end{pmatrix}=\begin{pmatrix} I_r & O & O & O \\ O & O & O & B_4 \\ O & O & I_s & O \\ O & O & O & O \end{pmatrix}$$

与 $\operatorname{rank}\begin{pmatrix} A & B \\ O & D \end{pmatrix}$ 相抵. 由 $\operatorname{rank}\begin{pmatrix} A & B \\ O & D \end{pmatrix}=r+s$, 得 $B_4=O$. 从而

$$B=P_1\begin{pmatrix} B_1 & B_2 \\ B_3 & B_4 \end{pmatrix}Q_2=AQ_1^{-1}\begin{pmatrix} B_1 & B_2 \\ O & O \end{pmatrix}Q_2+P_1\begin{pmatrix} O & O \\ B_3 & O \end{pmatrix}P_2^{-1}D$$

例 4.9 对于任意 $A\in\mathbb{F}^{m\times n}$, $B\in\mathbb{F}^{n\times p}$, $C\in\mathbb{F}^{p\times q}$, 有 **Frobenius**[①]**秩不等式**

$$\operatorname{rank}(AB)+\operatorname{rank}(BC)\leqslant\operatorname{rank}(ABC)+\operatorname{rank}(B)$$

特别地, 当 $B=I_n$ 时, 上式成为 **Sylvester 秩不等式**

$$\operatorname{rank}(A)+\operatorname{rank}(C)\leqslant\operatorname{rank}(AC)+n$$

证明 注意到

$$\begin{pmatrix} I & -A \\ O & I \end{pmatrix}\begin{pmatrix} AB & O \\ B & BC \end{pmatrix}\begin{pmatrix} I & -C \\ O & I \end{pmatrix}=\begin{pmatrix} O & -ABC \\ B & O \end{pmatrix}$$

根据定理 4.7, 有

$$\operatorname{rank}(ABC)+\operatorname{rank}(B)=\operatorname{rank}\begin{pmatrix} AB & O \\ B & BC \end{pmatrix}\geqslant\operatorname{rank}(AB)+\operatorname{rank}(BC)$$

根据例 4.8 的结论, Frobenius 秩不等式取等号 $\Leftrightarrow\operatorname{rank}\begin{pmatrix} AB & O \\ B & BC \end{pmatrix}=\operatorname{rank}(AB)+\operatorname{rank}(BC)\Leftrightarrow$ 存在矩阵 X,Y, 使得 $XAB+BCY=B$.

例 4.10 求所有满足 $A^2=A$ 的 $A\in\mathbb{F}^{n\times n}$.

解 设 $A=P\begin{pmatrix} I_r & O \\ O & O \end{pmatrix}Q$, 其中 $P,Q\in\mathbb{F}^{n\times n}$ 都是可逆方阵. 设 $QP=\begin{pmatrix} R_1 & R_2 \\ R_3 & R_4 \end{pmatrix}$, 其中 R_1 是 r 阶方阵, 则有

$$A=P\begin{pmatrix} I_r & O \\ O & O \end{pmatrix}QPP^{-1}=P\begin{pmatrix} R_1 & R_2 \\ O & O \end{pmatrix}P^{-1},\quad A^2=P\begin{pmatrix} R_1^2 & R_1R_2 \\ O & O \end{pmatrix}P^{-1}$$

① Ferdinand Georg Frobenius, 1849～1917, 德国数学家, Karl Theodor Wilhelm Weierstrass 的学生.

由 $\boldsymbol{A}^2=\boldsymbol{A}$, 得 $\boldsymbol{R}_1\begin{pmatrix}\boldsymbol{R}_1 & \boldsymbol{R}_2\end{pmatrix}=\begin{pmatrix}\boldsymbol{R}_1 & \boldsymbol{R}_2\end{pmatrix}$. 再由 $\begin{pmatrix}\boldsymbol{R}_1 & \boldsymbol{R}_2\end{pmatrix}$ 是行满秩的, 得 $\boldsymbol{R}_1=\boldsymbol{I}$. 从而有

$$\boldsymbol{A}=\boldsymbol{P}\begin{pmatrix}\boldsymbol{I}_r & \boldsymbol{R}_2\\ \boldsymbol{O} & \boldsymbol{O}\end{pmatrix}\boldsymbol{P}^{-1}=\boldsymbol{P}\begin{pmatrix}\boldsymbol{I} & -\boldsymbol{R}_2\\ \boldsymbol{O} & \boldsymbol{I}\end{pmatrix}\begin{pmatrix}\boldsymbol{I}_r & \boldsymbol{O}\\ \boldsymbol{O} & \boldsymbol{O}\end{pmatrix}\begin{pmatrix}\boldsymbol{I} & \boldsymbol{R}_2\\ \boldsymbol{O} & \boldsymbol{I}\end{pmatrix}\boldsymbol{P}^{-1}=\widetilde{\boldsymbol{P}}\begin{pmatrix}\boldsymbol{I}_r & \boldsymbol{O}\\ \boldsymbol{O} & \boldsymbol{O}\end{pmatrix}\widetilde{\boldsymbol{P}}^{-1}$$

其中 $\widetilde{\boldsymbol{P}}=\boldsymbol{P}\begin{pmatrix}\boldsymbol{I} & -\boldsymbol{R}_2\\ \boldsymbol{O} & \boldsymbol{I}\end{pmatrix}$ 是可逆方阵. 容易看出, 对于任意可逆方阵 $\boldsymbol{P}\in\mathbb{F}^{n\times n}$ 和非负整数 $r\leqslant n$, $\boldsymbol{A}=\boldsymbol{P}\begin{pmatrix}\boldsymbol{I}_r & \boldsymbol{O}\\ \boldsymbol{O} & \boldsymbol{O}\end{pmatrix}\boldsymbol{P}^{-1}$ 满足 $\boldsymbol{A}^2=\boldsymbol{A}$, 即为所求.

例 4.11 求所有满足 $\boldsymbol{A}^2=\boldsymbol{O}$ 的 $\boldsymbol{A}\in\mathbb{F}^{n\times n}$.

解 设 $\boldsymbol{A}=\boldsymbol{P}\begin{pmatrix}\boldsymbol{I}_r & \boldsymbol{O}\\ \boldsymbol{O} & \boldsymbol{O}\end{pmatrix}\boldsymbol{Q}$, 其中 $\boldsymbol{P},\boldsymbol{Q}\in\mathbb{F}^{n\times n}$ 都是可逆方阵. 又设 $\boldsymbol{Q}\boldsymbol{P}=\begin{pmatrix}\boldsymbol{R}_1 & \boldsymbol{R}_2\\ \boldsymbol{R}_3 & \boldsymbol{R}_4\end{pmatrix}$, 其中 $\boldsymbol{R}_1$ 是 r 阶方阵, 则有

$$\boldsymbol{A}=\boldsymbol{P}\begin{pmatrix}\boldsymbol{I}_r & \boldsymbol{O}\\ \boldsymbol{O} & \boldsymbol{O}\end{pmatrix}\boldsymbol{Q}\boldsymbol{P}\boldsymbol{P}^{-1}=\boldsymbol{P}\begin{pmatrix}\boldsymbol{R}_1 & \boldsymbol{R}_2\\ \boldsymbol{O} & \boldsymbol{O}\end{pmatrix}\boldsymbol{P}^{-1},\quad \boldsymbol{A}^2=\boldsymbol{P}\begin{pmatrix}\boldsymbol{R}_1^2 & \boldsymbol{R}_1\boldsymbol{R}_2\\ \boldsymbol{O} & \boldsymbol{O}\end{pmatrix}\boldsymbol{P}^{-1}$$

由 $\boldsymbol{A}^2=\boldsymbol{O}$, 得 $\boldsymbol{R}_1\begin{pmatrix}\boldsymbol{R}_1 & \boldsymbol{R}_2\end{pmatrix}=\boldsymbol{O}$. 再由 $\begin{pmatrix}\boldsymbol{R}_1 & \boldsymbol{R}_2\end{pmatrix}$ 是行满秩的, 得 $\boldsymbol{R}_1=\boldsymbol{O}$, $\boldsymbol{R}_2$ 是行满秩的, $r\leqslant n-r$. 设 $\boldsymbol{R}_2=\begin{pmatrix}\boldsymbol{O} & \boldsymbol{I}_r\end{pmatrix}\widetilde{\boldsymbol{Q}}$, 其中 $\widetilde{\boldsymbol{Q}}$ 是 $n-r$ 阶可逆方阵. 从而有

$$\boldsymbol{A}=\boldsymbol{P}\begin{pmatrix}\boldsymbol{O} & \boldsymbol{R}_2\\ \boldsymbol{O} & \boldsymbol{O}\end{pmatrix}\boldsymbol{P}^{-1}=\boldsymbol{P}\begin{pmatrix}\boldsymbol{I} & \boldsymbol{O}\\ \boldsymbol{O} & \widetilde{\boldsymbol{Q}}^{-1}\end{pmatrix}\begin{pmatrix}\boldsymbol{O} & \boldsymbol{I}_r\\ \boldsymbol{O} & \boldsymbol{O}\end{pmatrix}\begin{pmatrix}\boldsymbol{I} & \boldsymbol{O}\\ \boldsymbol{O} & \widetilde{\boldsymbol{Q}}\end{pmatrix}\boldsymbol{P}^{-1}=\widetilde{\boldsymbol{P}}\begin{pmatrix}\boldsymbol{O} & \boldsymbol{I}_r\\ \boldsymbol{O} & \boldsymbol{O}\end{pmatrix}\widetilde{\boldsymbol{P}}^{-1}$$

其中 $\widetilde{\boldsymbol{P}}=\boldsymbol{P}\begin{pmatrix}\boldsymbol{I} & -\boldsymbol{R}_2\\ \boldsymbol{O} & \boldsymbol{I}\end{pmatrix}$ 是可逆方阵. 容易看出, 对于任意可逆方阵 $\boldsymbol{P}\in\mathbb{F}^{n\times n}$ 和非负整数 $r\leqslant\dfrac{n}{2}$,$\boldsymbol{A}=\boldsymbol{P}\begin{pmatrix}\boldsymbol{O} & \boldsymbol{I}_r\\ \boldsymbol{O} & \boldsymbol{O}\end{pmatrix}\boldsymbol{P}^{-1}$ 满足 $\boldsymbol{A}^2=\boldsymbol{O}$, 即为所求.

例 4.12 若 $\boldsymbol{A}\in\mathbb{F}^{2n\times 2n}$ 满足 $\boldsymbol{A}^{\mathrm{T}}\boldsymbol{H}\boldsymbol{A}=\boldsymbol{H}$, 其中 $\boldsymbol{H}=\begin{pmatrix}\boldsymbol{O} & \boldsymbol{I}_n\\ -\boldsymbol{I}_n & \boldsymbol{O}\end{pmatrix}$, 则 $\boldsymbol{A}$ 称为**辛方阵**. 证明:

(1) 设 $\boldsymbol{P}\in\mathbb{F}^{n\times n}$ 是可逆的, $\boldsymbol{S}\in\mathbb{F}^{n\times n}$ 是对称的, 则 $\begin{pmatrix}\boldsymbol{P} & \boldsymbol{O}\\ \boldsymbol{O} & \boldsymbol{P}^{-\mathrm{T}}\end{pmatrix}$, $\begin{pmatrix}\boldsymbol{I} & \boldsymbol{S}\\ \boldsymbol{O} & \boldsymbol{I}\end{pmatrix}$, $\begin{pmatrix}\boldsymbol{I} & \boldsymbol{O}\\ \boldsymbol{S} & \boldsymbol{I}\end{pmatrix}$ 是辛方阵.

(2) 辛方阵是可逆方阵. 辛方阵的逆矩阵和转置矩阵是辛方阵. 辛方阵的乘积是辛方阵.

(3) 任意辛方阵可以表示成结论 (1) 中的三类方阵的若干乘积.

(4) 辛方阵的行列式都是 1.

证明 (1) 读者可自行验证, 过程略.

(2) 设 $\boldsymbol{A},\boldsymbol{B}$ 是 $2n$ 阶辛方阵. 由 $\boldsymbol{B}^{\mathrm{T}}\boldsymbol{A}^{\mathrm{T}}\boldsymbol{H}\boldsymbol{A}\boldsymbol{B}=\boldsymbol{B}^{\mathrm{T}}\boldsymbol{H}\boldsymbol{B}=\boldsymbol{H}$, 得 $\boldsymbol{A}\boldsymbol{B}$ 是辛方阵.

由 $\det(\boldsymbol{H})=1$ 和 $\det(\boldsymbol{A}^{\mathrm{T}}\boldsymbol{H}\boldsymbol{A})=(\det(\boldsymbol{A}))^2=1$, 得 $\det(\boldsymbol{A})=1$ 或 -1. 故 $\boldsymbol{A}$ 是可逆方阵.

由 $\boldsymbol{A}^{\mathrm{T}}\boldsymbol{H}\boldsymbol{A}=\boldsymbol{H}$, 得 $\boldsymbol{H}=\boldsymbol{A}^{-\mathrm{T}}\boldsymbol{H}\boldsymbol{A}^{-1}$. 故 $\boldsymbol{A}^{-1}$ 是辛方阵.

再由 $\boldsymbol{H}^{-1}=(\boldsymbol{A}^{-\mathrm{T}}\boldsymbol{H}\boldsymbol{A}^{-1})^{-1}=\boldsymbol{A}\boldsymbol{H}^{-1}\boldsymbol{A}^{\mathrm{T}}$ 和 $\boldsymbol{H}^{-1}=-\boldsymbol{H}$, 得 $=\boldsymbol{A}\boldsymbol{H}\boldsymbol{A}^{\mathrm{T}}$. 故 $\boldsymbol{A}^{\mathrm{T}}$ 是辛方阵.

(3) 设辛方阵 $\boldsymbol{A}=\begin{pmatrix}\boldsymbol{A}_1 & \boldsymbol{A}_2\\ \boldsymbol{A}_3 & \boldsymbol{A}_4\end{pmatrix}$, 其中每个 $\boldsymbol{A}_i$ 是 n 阶方阵. 由 $\boldsymbol{A}^{\mathrm{T}}\boldsymbol{H}\boldsymbol{A}=\boldsymbol{H}=\boldsymbol{A}\boldsymbol{H}\boldsymbol{A}^{\mathrm{T}}$ 可得

$$\begin{matrix}\boldsymbol{A}_1^{\mathrm{T}}\boldsymbol{A}_3=\boldsymbol{A}_3^{\mathrm{T}}\boldsymbol{A}_1, & \boldsymbol{A}_2^{\mathrm{T}}\boldsymbol{A}_4=\boldsymbol{A}_4^{\mathrm{T}}\boldsymbol{A}_2, & \boldsymbol{A}_1^{\mathrm{T}}\boldsymbol{A}_4-\boldsymbol{A}_3^{\mathrm{T}}\boldsymbol{A}_2=\boldsymbol{I}\\ \boldsymbol{A}_1\boldsymbol{A}_2^{\mathrm{T}}=\boldsymbol{A}_2\boldsymbol{A}_1^{\mathrm{T}}, & \boldsymbol{A}_3\boldsymbol{A}_4^{\mathrm{T}}=\boldsymbol{A}_4\boldsymbol{A}_3^{\mathrm{T}}, & \boldsymbol{A}_1\boldsymbol{A}_4^{\mathrm{T}}-\boldsymbol{A}_2\boldsymbol{A}_3^{\mathrm{T}}=\boldsymbol{I}\end{matrix} \tag{4.1}$$

▶ 当 $\det(\boldsymbol{A}_1)\neq 0$ 时,

$$\boldsymbol{A}=\begin{pmatrix}\boldsymbol{I} & \boldsymbol{O}\\ \boldsymbol{A}_3\boldsymbol{A}_1^{-1} & \boldsymbol{I}\end{pmatrix}\begin{pmatrix}\boldsymbol{A}_1 & \\ & \boldsymbol{A}_4-\boldsymbol{A}_3\boldsymbol{A}_1^{-1}\boldsymbol{A}_2\end{pmatrix}\begin{pmatrix}\boldsymbol{I} & \boldsymbol{A}_1^{-1}\boldsymbol{A}_2\\ \boldsymbol{O} & \boldsymbol{I}\end{pmatrix}$$

由 (4.1) 可知, $\boldsymbol{A}_1^{-1}\boldsymbol{A}_2$ 和 $\boldsymbol{A}_3\boldsymbol{A}_1^{-1}$ 都是对称方阵, 并且

$$\boldsymbol{A}_4-\boldsymbol{A}_3\boldsymbol{A}_1^{-1}\boldsymbol{A}_2=\boldsymbol{A}_1^{-\mathrm{T}}(\boldsymbol{I}+\boldsymbol{A}_3^{\mathrm{T}}\boldsymbol{A}_2)-\boldsymbol{A}_3\boldsymbol{A}_1^{-1}\boldsymbol{A}_2=\boldsymbol{A}_1^{-\mathrm{T}}$$

▶ 当 $\det(\boldsymbol{A}_1)=0$ 时, 首先构造对称方阵 $\boldsymbol{S}$, 使得 $\boldsymbol{A}_1+\boldsymbol{A}_2\boldsymbol{S}$ 是可逆方阵. 设

$$\boldsymbol{A}_1=\boldsymbol{P}\begin{pmatrix}\boldsymbol{I}_r & \boldsymbol{O}\\ \boldsymbol{O} & \boldsymbol{O}\end{pmatrix}\boldsymbol{Q},\quad \boldsymbol{A}_2=\boldsymbol{P}\begin{pmatrix}\boldsymbol{B}_1 & \boldsymbol{B}_2\\ \boldsymbol{B}_3 & \boldsymbol{B}_4\end{pmatrix}\boldsymbol{Q}^{-\mathrm{T}}$$

其中 $\boldsymbol{B}_1$ 是 r 阶方阵, $\boldsymbol{P}$ 和 $\boldsymbol{Q}$ 是 n 阶可逆方阵. 由 $\boldsymbol{A}_1\boldsymbol{A}_2^{\mathrm{T}}=\boldsymbol{A}_2\boldsymbol{A}_1^{\mathrm{T}}$, 得 $\boldsymbol{B}_3=\boldsymbol{O}$. 再由 $\operatorname{rank}\begin{pmatrix}\boldsymbol{A}_1 & \boldsymbol{A}_2\end{pmatrix}=n$, 得 $\boldsymbol{B}_4$ 是可逆方阵. 设 $\boldsymbol{S}=\boldsymbol{Q}^{\mathrm{T}}\begin{pmatrix}\boldsymbol{O} & \boldsymbol{O}\\ \boldsymbol{O} & \boldsymbol{I}_{n-r}\end{pmatrix}\boldsymbol{Q}$, 则 $\boldsymbol{A}_1+\boldsymbol{A}_2\boldsymbol{S}=\boldsymbol{P}\begin{pmatrix}\boldsymbol{I}_r & \boldsymbol{B}_2\\ \boldsymbol{O} & \boldsymbol{B}_4\end{pmatrix}\boldsymbol{Q}$ 是可逆方阵. 根据前述情形, 辛方阵 $\widetilde{\boldsymbol{A}}=\boldsymbol{A}\begin{pmatrix}\boldsymbol{I} & \boldsymbol{O}\\ \boldsymbol{S} & \boldsymbol{I}\end{pmatrix}=\begin{pmatrix}\boldsymbol{A}_1+\boldsymbol{A}_2\boldsymbol{S} & \boldsymbol{A}_2\\ \boldsymbol{A}_3+\boldsymbol{A}_4\boldsymbol{S} & \boldsymbol{A}_4\end{pmatrix}$ 是三类方阵的乘积. 故 $\boldsymbol{A}=\widetilde{\boldsymbol{A}}\begin{pmatrix}\boldsymbol{I} & \boldsymbol{O}\\ -\boldsymbol{S} & \boldsymbol{I}\end{pmatrix}$ 也是三类方阵的乘积.

(4) 结论 (1) 中的三类方阵的行列式都是 1. 由结论 (3) 易知结论 (4) 成立.

数域 $\mathbb{F}$ 上 $2n$ 阶辛方阵的全体, 在矩阵乘法运算下构成 $SL(2n,\mathbb{F})$ 的子群, 称为**辛群**, 记作 $Sp(2n,\mathbb{F})$. 例 4.12 中的三类方阵是 $Sp(2n,\mathbb{F})$ 的生成元.

习　题　4.2

1. 对于参数 a, 讨论求解线性方程组 $\boldsymbol{A}\boldsymbol{x}=\boldsymbol{b}$, 其中

$$\boldsymbol{A}=\begin{pmatrix}a & 1 & \cdots & 1\\ 1 & a & \ddots & \vdots\\ \vdots & \ddots & \ddots & 1\\ 1 & \cdots & 1 & a\end{pmatrix},\quad \boldsymbol{b}=\begin{pmatrix}1\\ a\\ \vdots\\ a^{n-1}\end{pmatrix}$$

2. 设 $\boldsymbol{A}_1,\boldsymbol{A}_2\in\mathbb{F}^{m\times n}$, $\boldsymbol{b}_1,\boldsymbol{b}_2\in\mathbb{F}^{m\times 1}$. 证明: 若线性方程组 $\boldsymbol{A}_1\boldsymbol{x}=\boldsymbol{b}_1$ 与 $\boldsymbol{A}_2\boldsymbol{x}=\boldsymbol{b}_2$ 在 $\mathbb{F}^{n\times 1}$ 中有相同的非空解集, 则存在可逆方阵 $\boldsymbol{P}\in\mathbb{F}^{m\times m}$, 使得 $\boldsymbol{P}\boldsymbol{A}_1=\boldsymbol{A}_2$ 且 $\boldsymbol{P}\boldsymbol{b}_1=\boldsymbol{b}_2$.

3. 设矩阵 $\boldsymbol{A}$ 是行 (列) 满秩的. 证明: $\boldsymbol{B}$ 是 $\boldsymbol{A}$ 的广义逆矩阵 $\Leftrightarrow$ $\boldsymbol{B}$ 是 $\boldsymbol{A}$ 的右 (左) 逆.

4. 设矩阵 $\boldsymbol{A}=\boldsymbol{P}\boldsymbol{Q}$, 其中 $\boldsymbol{P}$ 是列满秩, $\boldsymbol{Q}$ 是行满秩. 证明:

(1) 若 $\boldsymbol{P}^{\dagger},\boldsymbol{Q}^{\dagger}$ 分别是 $\boldsymbol{P},\boldsymbol{Q}$ 的广义逆矩阵, 则 $\boldsymbol{A}^{\dagger}=\boldsymbol{Q}^{\dagger}\boldsymbol{P}^{\dagger}$ 是 $\boldsymbol{A}$ 的广义逆矩阵;

(2) $\boldsymbol{A}$ 的每个广义逆矩阵都可以表示为 $\boldsymbol{Q}^{\dagger}\boldsymbol{P}^{\dagger}$ 的形式, 其中 $\boldsymbol{P}^{\dagger},\boldsymbol{Q}^{\dagger}$ 分别是 $\boldsymbol{P},\boldsymbol{Q}$ 的广义逆矩阵.

5. 设 $\boldsymbol{A}$ 是对称方阵. 证明: 对于任意正整数 $k \leqslant \operatorname{rank}(\boldsymbol{A})$, $\boldsymbol{A}$ 有 k 或 $k+1$ 阶可逆主子矩阵.

6. 设 $\boldsymbol{A}$ 是反对称方阵且对角元素都是 0. 证明: $r = \operatorname{rank}(\boldsymbol{A})$ 是偶数, 并且对于任意正偶数 $k \leqslant r$, $\boldsymbol{A}$ 有 k 阶可逆主子矩阵.

7. 设矩阵 $\boldsymbol{A},\boldsymbol{B}$ 满足 $\operatorname{rank}(\boldsymbol{A}+\boldsymbol{B}) = \operatorname{rank}(\boldsymbol{A}) + \operatorname{rank}(\boldsymbol{B})$. 证明: 存在可逆方阵 $\boldsymbol{P},\boldsymbol{Q}$, 使得

$$\boldsymbol{A} = \boldsymbol{P}\begin{pmatrix} \boldsymbol{I} & \boldsymbol{O} \\ \boldsymbol{O} & \boldsymbol{O} \end{pmatrix}\boldsymbol{Q}, \quad \boldsymbol{B} = \boldsymbol{P}\begin{pmatrix} \boldsymbol{O} & \boldsymbol{O} \\ \boldsymbol{O} & \boldsymbol{I} \end{pmatrix}\boldsymbol{Q}$$

8. 设矩阵 $\boldsymbol{A},\boldsymbol{B}$ 满足 $\boldsymbol{AB} = \boldsymbol{O}$, $\boldsymbol{BA} = \boldsymbol{O}$. 证明: 存在可逆方阵 $\boldsymbol{P},\boldsymbol{Q}$, 使得

$$\boldsymbol{A} = \boldsymbol{P}\begin{pmatrix} \boldsymbol{I} & \boldsymbol{O} \\ \boldsymbol{O} & \boldsymbol{O} \end{pmatrix}\boldsymbol{Q}, \quad \boldsymbol{B} = \boldsymbol{Q}^{-1}\begin{pmatrix} \boldsymbol{O} & \boldsymbol{O} \\ \boldsymbol{O} & \boldsymbol{I} \end{pmatrix}\boldsymbol{P}^{-1}$$

9. 设方阵 $\boldsymbol{A}$ 满足 $\operatorname{rank}(\boldsymbol{A}^k) = \operatorname{rank}(\boldsymbol{A})$, 其中 $k \geqslant 2$. 证明: 存在可逆方阵 $\boldsymbol{P},\boldsymbol{Q}$, 使得

$$\boldsymbol{A} = \boldsymbol{P}\begin{pmatrix} \boldsymbol{Q} & \boldsymbol{O} \\ \boldsymbol{O} & \boldsymbol{O} \end{pmatrix}\boldsymbol{P}^{-1}$$

10. 设方阵 $\boldsymbol{A}$ 满足 $\operatorname{rank}(\boldsymbol{A}^k) = \operatorname{rank}(\boldsymbol{A}^{k-1})$, 其中 $k \geqslant 2$. 证明: $\operatorname{rank}(\boldsymbol{A}^{k+1}) = \operatorname{rank}(\boldsymbol{A}^k)$.

11. 设方阵 $\boldsymbol{A}$ 满足 $\boldsymbol{A}^m = \boldsymbol{O}$, $\boldsymbol{A}^{m-1} \neq \boldsymbol{O} (m \geqslant 1)$, 则 $\boldsymbol{A}$ 称为**幂零方阵**, m 称为 $\boldsymbol{A}$ 的**幂零指数**. 证明:

(1) 存在可逆方阵 $\boldsymbol{P}$, 使得 $\boldsymbol{P}^{-1}\boldsymbol{AP} = (\boldsymbol{B}_{ij})_{m\times m}$ 是准上三角方阵, 其中对角块 $\boldsymbol{B}_{ii}$ 都是零方阵.

(2) 存在可逆方阵 $\boldsymbol{P}$, 使得

$$\boldsymbol{P}^{-1}\boldsymbol{AP} = \begin{pmatrix} \boldsymbol{O} & \boldsymbol{B}_1 & & \\ & \boldsymbol{O} & \ddots & \\ & & \ddots & \boldsymbol{B}_{m-1} \\ & & & \boldsymbol{O} \end{pmatrix}$$

其中对角块都是零方阵, 每个 $\boldsymbol{B}_i$ 形如 $\begin{pmatrix} \boldsymbol{I} & \boldsymbol{O} \end{pmatrix}$, 其余空白处元素都是 0.

(3) 存在可逆方阵 $\boldsymbol{P}$, 使得

$$\boldsymbol{P}^{-1}\boldsymbol{AP} = \begin{pmatrix} \boldsymbol{O} & \boldsymbol{B}_1 & & \\ & \boldsymbol{O} & \ddots & \\ & & \ddots & \boldsymbol{B}_{m-1} \\ & & & \boldsymbol{O} \end{pmatrix}$$

其中对角块都是零方阵, 每个 $\boldsymbol{B}_i$ 形如 $\begin{pmatrix} \boldsymbol{I} \\ \boldsymbol{O} \end{pmatrix}$, 其余空白处元素都是 0.

(4) 存在可逆方阵 $\boldsymbol{P}$, 使得 $\boldsymbol{P}^{-1}\boldsymbol{AP} = \operatorname{diag}(\boldsymbol{J}_1, \boldsymbol{J}_2, \cdots, \boldsymbol{J}_s)$, 每个 $\boldsymbol{J}_i = \begin{pmatrix} & \boldsymbol{I}_{n_i-1} \\ \boldsymbol{0} & \end{pmatrix}$ 是 n_i 阶方阵, $m = n_1 \geqslant n_2 \geqslant \cdots \geqslant n_s$. $\operatorname{diag}(\boldsymbol{J}_1, \boldsymbol{J}_2, \cdots, \boldsymbol{J}_s)$ 称为 **Jordan 方阵**, $\boldsymbol{J}_i$ 称为 **Jordan块**.

4.3　Smith 标准形

在定义 4.1 中, $\boldsymbol{A},\boldsymbol{B},\boldsymbol{P},\boldsymbol{Q}$ 都是数域 $\mathbb{F}$ 上的矩阵. 在某些问题中, 对矩阵 $\boldsymbol{A},\boldsymbol{B},\boldsymbol{P},\boldsymbol{Q}$ 有特殊的要求. 例如, 要求矩阵的元素都是整数, 矩阵的元素都是多项式, 等等. 在这样的限制条件下, 什么样的矩阵可以作为相抵标准形呢?

定义 4.5　设 $\boldsymbol{P}$ 是整数方阵. 若 $\boldsymbol{P}$ 是可逆方阵, 并且 $\boldsymbol{P}^{-1}$ 也是整数方阵, 则 $\boldsymbol{P}$ 称为 $\mathbb{Z}$ 上的**模方阵**. 设 $\boldsymbol{A},\boldsymbol{B}\in\mathbb{Z}^{m\times n}$. 若存在 $\mathbb{Z}$ 上的模方阵 $\boldsymbol{P},\boldsymbol{Q}$, 使得 $\boldsymbol{A}=\boldsymbol{PBQ}$, 则称 $\boldsymbol{A}$ 与 $\boldsymbol{B}$ 在 $\mathbb{Z}$ 上**模相抵**.

容易验证, 整数矩阵的模相抵关系构成一个等价关系,n 阶整数模方阵的全体, 在矩阵乘法运算下构成群.

定理 4.11　设 $\boldsymbol{P}$ 是整数方阵. $\boldsymbol{P}$ 是 $\mathbb{Z}$ 上的模方阵当且仅当 $\det(\boldsymbol{P})=\pm1$.

证明　若 $\boldsymbol{P}$ 是模方阵, 则 $\boldsymbol{P}^{-1}$ 是整数方阵, $\det(\boldsymbol{P})$ 和 $\det(\boldsymbol{P}^{-1})$ 是乘积为 1 的整数, 故 $\det(\boldsymbol{P})=\pm1$. 另一方面, 若 $\det(\boldsymbol{P})=\pm1$, 则 $\boldsymbol{P}^*$ 和 $\boldsymbol{P}^{-1}=\dfrac{1}{\det(\boldsymbol{P})}\boldsymbol{P}^*$ 都是整数方阵.

例 4.13　任意 2 阶整数模方阵可表示为一系列 $\boldsymbol{S}_{12}$ 和 $\boldsymbol{T}_{12}(\pm1)$ 的乘积.

证明　设 G 是一系列 $\boldsymbol{S}_{12}$ 和 $\boldsymbol{T}_{12}(\pm1)$ 的乘积构成的集合. 先证明所有 2 阶初等模方阵都在 G 中.

(1) $\boldsymbol{T}_{12}(k)=(\boldsymbol{T}_{12}(1))^k\in G$, $\boldsymbol{T}_{21}(k)=\boldsymbol{S}_{12}\boldsymbol{T}_{12}(k)\boldsymbol{S}_{12}\in G(\forall k\in\mathbb{Z})$.

(2) $\boldsymbol{P}=\begin{pmatrix}0&-1\\1&0\end{pmatrix}=\begin{pmatrix}1&0\\1&1\end{pmatrix}\begin{pmatrix}1&-1\\0&1\end{pmatrix}\begin{pmatrix}1&0\\1&1\end{pmatrix}\in G$.

(3) $\boldsymbol{D}_1(-1)=\boldsymbol{PS}_{12}\in G$, $\boldsymbol{D}_2(-1)=\boldsymbol{S}_{12}\boldsymbol{P}\in G$.

对于任意 2 阶整数模方阵 $\boldsymbol{M}=\begin{pmatrix}a&b\\c&d\end{pmatrix}$, 总可以通过如下初等变换, 把 $\boldsymbol{M}$ 变成单位方阵, 从而 $\boldsymbol{M}\in G$:

(1) 若 $c=0$, 则 $ad=\pm1$, $a=\pm1$, $d=\pm1$, $\boldsymbol{T}_{12}(-ab)\boldsymbol{D}_2(d)\boldsymbol{D}_1(a)\boldsymbol{M}=\boldsymbol{I}$.

(2) 若 $0<|a|\leqslant|c|$, 则可对 $\boldsymbol{M}$ 作初等变换 $\boldsymbol{T}_{21}(k)\boldsymbol{M}$, 化为 $|c|<|a|$ 的情形.

(3) 若 $0<|c|<|a|$ 或 $a=0$, 则对 $\boldsymbol{M}$ 作初等变换 $\boldsymbol{S}_{12}\boldsymbol{M}$, 化为前两种情形.

定理 4.12　对于任意整数矩阵 $\boldsymbol{A}\in\mathbb{Z}^{m\times n}$, 存在 $\mathbb{Z}$ 上的模方阵 $\boldsymbol{P},\boldsymbol{Q}$, 使得

$$\boldsymbol{PAQ}=\operatorname{diag}(d_1,d_2,\cdots,d_r,\boldsymbol{O})\tag{4.2}$$

其中 $d_1,d_2,\cdots,d_r$ 是正整数, 并且 $d_k/d_{k+1}(1\leqslant k\leqslant r-1)$.

证明　对矩阵的维数 (m,n) 使用数学归纳法. 不妨设 $\boldsymbol{A}\neq\boldsymbol{O}$ 且 $mn\geqslant2$. 当 $\boldsymbol{A}=\begin{pmatrix}a_1\\a_2\end{pmatrix}$ 时, 由辗转相除法, 存在模方阵 $\boldsymbol{P}$, 使得 $\boldsymbol{PA}=\begin{pmatrix}d\\0\end{pmatrix}$, 其中 $d=\gcd(a_1,a_2)$. 当 $\boldsymbol{A}=\begin{pmatrix}a_1&a_2\end{pmatrix}$ 时, 同样存在模方阵 $\boldsymbol{Q}$, 使得 $\boldsymbol{AQ}=\begin{pmatrix}d&0\end{pmatrix}$. 当 $m\geqslant2$, $n\geqslant2$ 时, 设 $\boldsymbol{B}=(b_{ij})$ 与 $\boldsymbol{A}$ 模相抵, 满足 $b_{11}>0$, 并且使得 b_{11} 尽可能小. 我们断言 b_{11} 整除所有 b_{ij}. 分三种情形来反证.

(1) 存在 b_{i1} 不能被 b_{11} 整除. 同上, 存在模方阵 $\boldsymbol{P}$, 使得 $\boldsymbol{PB}=(c_{ij})$, 其中 $c_{11}=\gcd(b_{11},b_{i1})<b_{11}$, 与 b_{11} 的最小性矛盾.

(2) 存在 b_{1j} 不能被 b_{11} 整除. 同上, 存在模方阵 $\boldsymbol{Q}$, 使得 $\boldsymbol{BQ}=(c_{ij})$, 其中 $c_{11}=\gcd(b_{11},b_{1j})<b_{11}$, 与 b_{11} 的最小性矛盾.

(3) 存在 $i\neq 1, j\neq 1$, 使得 b_{ij} 不能被 b_{11} 整除. 设 $\boldsymbol{BT}_{1j}(-b_{1j}/b_{11})\boldsymbol{T}_{j1}(1)=(c_{ij})$, 则 $c_{11}=b_{11}$, $c_{i1}=(1-b_{1j}/b_{11})b_{i1}+b_{ij}$ 不能被 c_{11} 整除. 化为情形 (1), 矛盾. 断言证毕.

由于 b_{11} 整除所有 b_{ij}, 故存在初等模方阵 $\boldsymbol{P},\boldsymbol{Q}$, 使得 $\boldsymbol{PBQ}=\begin{pmatrix} b_{11} & \\ & b_{11}\boldsymbol{C}\end{pmatrix}$. 对整数方阵 $\boldsymbol{C}$ 应用归纳假设, 即可完成证明.

思考: 定理 4.12 中的 $d_1,d_2,\cdots,d_r$ 是否唯一?

显然 $r=\operatorname{rank}(\boldsymbol{A})$. 设 g 是 $\boldsymbol{A}$ 的所有元素的最大公约数. 由 $d_1=\boldsymbol{e}_1^{\mathrm{T}}\boldsymbol{PAQe}_1$ 知, g 整除 d_1. 再由 $\boldsymbol{A}=\boldsymbol{P}^{-1}\operatorname{diag}(d_1,\cdots,d_r,\boldsymbol{O})\boldsymbol{Q}^{-1}$ 知, d_1 整除 $\boldsymbol{A}$ 的所有元素. 故 $d_1=g$. 受此启发, 我们引入如下定义:

定义 4.6 设 $\boldsymbol{A}$ 是整数矩阵. $\boldsymbol{A}$ 的所有 k 阶子式的最大公约数 D_k 称为 $\boldsymbol{A}$ 的第 k 个**行列式因子**. 特别规定: $D_0=1$; 当 $k>\operatorname{rank}(\boldsymbol{A})$ 时, $D_k=0$.

定理 4.13 $D_k=d_1d_2\cdots d_k(1\leqslant k\leqslant r)$, 其中 $d_1,d_2,\cdots,d_r$ 如定理 4.12 所述.

证明 设 $\boldsymbol{P},\boldsymbol{Q}$ 如定理 4.12 所述, 则

$$\operatorname{diag}(d_1,d_2,\cdots,d_k)=\boldsymbol{P}\begin{bmatrix}1 & 2 & \cdots & k\\ 1 & 2 & \cdots & m\end{bmatrix}\boldsymbol{AQ}\begin{bmatrix}1 & 2 & \cdots & n\\ 1 & 2 & \cdots & k\end{bmatrix}$$

根据 Binet-Cauchy 公式, 有

$$d_1d_2\cdots d_k=\sum_{\substack{1\leqslant i_1<i_2<\cdots<i_k\leqslant m\\ 1\leqslant j_1<j_2<\cdots<j_k\leqslant n}}\det\left(\boldsymbol{P}\begin{bmatrix}1 & 2 & \cdots & k\\ i_1 & i_2 & \cdots & i_k\end{bmatrix}\right)\det\left(\boldsymbol{A}\begin{bmatrix}i_1 & i_2 & \cdots & i_k\\ j_1 & j_2 & \cdots & j_k\end{bmatrix}\right)$$
$$\cdot\det\left(\boldsymbol{Q}\begin{bmatrix}j_1 & j_2 & \cdots & j_k\\ 1 & 2 & \cdots & k\end{bmatrix}\right)$$

可被 D_k 整除. 另一方面, 对于任意 $1\leqslant i_1<i_2<\cdots<i_k\leqslant m, 1\leqslant j_1<j_2<\cdots<j_k\leqslant n$,

$$\boldsymbol{A}\begin{bmatrix}i_1 & i_2 & \cdots & i_k\\ j_1 & j_2 & \cdots & j_k\end{bmatrix}=\boldsymbol{P}^{-1}\begin{bmatrix}i_1 & i_2 & \cdots & i_k\\ 1 & 2 & \cdots & r\end{bmatrix}\operatorname{diag}(d_1,d_2,\cdots,d_r)\,\boldsymbol{Q}^{-1}\begin{bmatrix}1 & 2 & \cdots & r\\ j_1 & j_2 & \cdots & j_k\end{bmatrix}$$

再根据 Binet-Cauchy 公式, 有

$$\det\left(\boldsymbol{A}\begin{bmatrix}i_1 & i_2 & \cdots & i_k\\ j_1 & j_2 & \cdots & j_k\end{bmatrix}\right)=\sum_{1\leqslant t_1<t_2<\cdots<t_k\leqslant r}d_{t_1}d_{t_2}\cdots d_{t_k}\det\left(\boldsymbol{P}^{-1}\begin{bmatrix}i_1 & i_2 & \cdots & i_k\\ t_1 & t_2 & \cdots & t_k\end{bmatrix}\right)$$
$$\cdot\det\left(\boldsymbol{Q}^{-1}\begin{bmatrix}t_1 & t_2 & \cdots & t_k\\ j_1 & j_2 & \cdots & j_k\end{bmatrix}\right)$$

可被 $d_1d_2\cdots d_k$ 整除.

综上, $D_k=d_1d_2\cdots d_k$.

定义 4.7 根据定理 4.13, $d_k=D_k/D_{k-1}$ 由 $\boldsymbol{A}$ 唯一确定, 称为 $\boldsymbol{A}$ 的第 $k(1\leqslant k\leqslant r)$ 个**不变因子**. (4.2)式中的 $m\times n$ 矩阵 $\operatorname{diag}(d_1,d_2,\cdots,d_r,\boldsymbol{O})$ 称为 $\boldsymbol{A}$ 的**模相抵标准形**或 **Smith**[①]**标准形**.

① Henry John Stephen Smith, 1826～1883, 爱尔兰数学家.

利用整数方阵的模相抵, 我们可以像求解通常的线性方程组一样求解线性同余方程组.

例 4.14 今有物不知其数, 三三数之剩二, 五五数之剩三, 七七数之剩二. 问物几何? ①

解 问题可以转化为求如下线性方程组 $\boldsymbol{Ax}=\boldsymbol{b}$ 的整数解:

$$\begin{pmatrix}1&-3&0&0\\1&0&-5&0\\1&0&0&-7\end{pmatrix}\begin{pmatrix}x_1\\x_2\\x_3\\x_4\end{pmatrix}=\begin{pmatrix}2\\3\\2\end{pmatrix}$$

对线性方程组的增广矩阵作初等模变换, 得

$$\begin{pmatrix}1&-3&0&0&2\\1&0&-5&0&3\\1&0&0&-7&2\end{pmatrix}\xrightarrow{\text{行变换}}\begin{pmatrix}1&-3&0&0&2\\0&3&-5&0&1\\0&3&0&-7&0\end{pmatrix}\xrightarrow{\text{列变换}}\begin{pmatrix}1&0&0&0&2\\0&3&-5&0&1\\0&3&0&-7&0\end{pmatrix}$$

$$\xrightarrow{\text{列变换}}\begin{pmatrix}1&0&0&0&2\\0&3&1&0&1\\0&3&6&-7&0\end{pmatrix}\xrightarrow{\text{行变换}}\begin{pmatrix}1&0&0&0&2\\0&3&1&0&1\\0&-15&0&-7&-6\end{pmatrix}\xrightarrow{\text{列变换}}\begin{pmatrix}1&0&0&0&2\\0&0&1&0&1\\0&-1&0&-7&-6\end{pmatrix}$$

$$\xrightarrow{\text{列变换}}\begin{pmatrix}1&0&0&0&2\\0&0&1&0&1\\0&-1&0&0&-6\end{pmatrix}\xrightarrow{\text{行变换}}\begin{pmatrix}1&0&0&0&2\\0&1&0&0&6\\0&0&1&0&1\end{pmatrix}$$

其中所有列变换的乘积对应模方阵

$$\begin{aligned}\boldsymbol{Q}&=\begin{pmatrix}1&3&0&0\\0&1&0&0\\0&0&1&0\\0&0&0&1\end{pmatrix}\begin{pmatrix}1&0&0&0\\0&1&2&0\\0&0&1&0\\0&0&0&1\end{pmatrix}\begin{pmatrix}1&0&0&0\\0&1&0&0\\0&-3&1&0\\0&-2&0&1\end{pmatrix}\begin{pmatrix}1&0&0&0\\0&1&0&-7\\0&0&1&0\\0&0&0&1\end{pmatrix}\\&=\begin{pmatrix}1&-15&6&105\\0&-5&2&35\\0&-3&1&21\\0&-2&0&15\end{pmatrix}\end{aligned}$$

也就是说, 经过一系列初等模变换, 线性方程组 $\boldsymbol{Ax}=\boldsymbol{b}$ 同解变形为 $\boldsymbol{PAQy}=\boldsymbol{Pb}$,

$$\begin{pmatrix}1&0&0&0\\0&1&0&0\\0&0&1&0\end{pmatrix}\begin{pmatrix}y_1\\y_2\\y_3\\y_4\end{pmatrix}=\begin{pmatrix}2\\6\\1\end{pmatrix}$$

因此

$$\begin{pmatrix}x_1\\x_2\\x_3\\x_4\end{pmatrix}=\begin{pmatrix}1&-15&6&105\\0&-5&2&35\\0&-3&1&21\\0&-2&0&15\end{pmatrix}\begin{pmatrix}2\\6\\1\\y_4\end{pmatrix}=y_4\begin{pmatrix}105\\35\\21\\15\end{pmatrix}-\begin{pmatrix}82\\28\\17\\12\end{pmatrix},\quad y_4\in\mathbb{Z}$$

有兴趣的读者可参阅华罗庚《数论导引》第 13～14 章, 了解关于整数矩阵及其应用的更多内容.

①《孙子算经》卷下第二十六题.《孙子算经》是中国古代数学名著"算经十书"之一, 成书于约公元 4 世纪.

以上关于整数矩阵的模相抵的结果，可以略做修改，推广到一元多项式环 $\mathbb{F}[x]$ 和任意主理想整环 $\mathbb{R}$ 上的矩阵.

定义 4.8 设 $\boldsymbol{P} \in \mathbb{F}[x]^{n\times n}$. 当且仅当 $0 \neq \det(\boldsymbol{P}) \in \mathbb{F}$ 时，$\boldsymbol{P}^{-1} \in \mathbb{F}[x]^{n\times n}$，$\boldsymbol{P}$ 称为 $\mathbb{F}[x]$ 上的**模方阵**. 设 $\boldsymbol{A}, \boldsymbol{B} \in \mathbb{F}[x]^{m\times n}$. 若存在 $\mathbb{F}[x]$ 上的模方阵 $\boldsymbol{P}, \boldsymbol{Q}$，使得 $\boldsymbol{A} = \boldsymbol{PBQ}$，则称 $\boldsymbol{A}$ 与 $\boldsymbol{B}$ 在 $\mathbb{F}[x]$ 上**模相抵**.

容易验证，$\mathbb{F}[x]$ 上多项式矩阵的模相抵关系构成一个等价关系，$\mathbb{F}[x]^{n\times n}$ 上模方阵的全体在矩阵乘法运算下构成群.

定义 4.9 设 $\boldsymbol{A} \in \mathbb{F}[x]^{m\times n}$. $\boldsymbol{A}$ 的所有 k 阶子式的最大公因式 D_k (规定是**首一多项式**[①]) 称为 $\boldsymbol{A}$ 的第 k 个**行列式因子**. 特别规定: $D_0 = 1$; 当 $k > \operatorname{rank}(\boldsymbol{A})$ 时，$D_k = 0$.

定理 4.14 对于任意多项式矩阵 $\boldsymbol{A} \in \mathbb{F}[x]^{m\times n}$，存在 $\mathbb{F}[x]$ 上的模方阵 $\boldsymbol{P}, \boldsymbol{Q}$，使得

$$\boldsymbol{PAQ} = \operatorname{diag}(d_1, d_2, \cdots, d_r, \boldsymbol{O})$$

其中 $d_1, d_2, \cdots, d_r \in \mathbb{F}[x]$ 是首一多项式，并且每个 $d_k | d_{k+1} (1 \leqslant k \leqslant r-1)$. 特别地，$d_k = D_k / D_{k-1} (1 \leqslant k \leqslant r)$ 由 $\boldsymbol{A}$ 唯一确定.

定义 4.10 设 $\boldsymbol{A} \in \mathbb{F}[x]^{m\times n}$. 定理 4.14 中的 $m \times n$ 矩阵 $\operatorname{diag}(d_1, d_2, \cdots, d_r, \boldsymbol{O})$ 称为 $\boldsymbol{A}$ 的**模相抵标准形**或 **Smith 标准形**，d_k 称为 $\boldsymbol{A}$ 的第 k 个**不变因子**，$1 \leqslant k \leqslant r = \operatorname{rank}(\boldsymbol{A})$.

例 4.15 首一多项式 $f(x) = a_0 + a_1 x + \cdots + a_{n-1} x^{n-1} + x^n \in \mathbb{F}[x]$ 的**友方阵**定义为

$$\boldsymbol{A} = \begin{pmatrix} & & & -a_0 \\ 1 & & & -a_1 \\ & \ddots & & \vdots \\ & & 1 & -a_{n-1} \end{pmatrix} \in \mathbb{F}^{n\times n}$$

其中空白处的元素都是 0. $\boldsymbol{A}$ 的**特征方阵**定义为

$$x\boldsymbol{I} - \boldsymbol{A} = \begin{pmatrix} x & & & a_0 \\ -1 & \ddots & & \vdots \\ & \ddots & x & a_{n-2} \\ & & -1 & x + a_{n-1} \end{pmatrix} \in \mathbb{F}[x]^{n\times n}$$

由 $D_{n-1}(x\boldsymbol{I} - \boldsymbol{A}) = 1$, $\det(x\boldsymbol{I} - \boldsymbol{A}) = f(x)$，得 $x\boldsymbol{I} - \boldsymbol{A}$ 的 Smith 标准形为 $\operatorname{diag}(1, \cdots, 1, f(x))$.

习 题 4.3

1. 计算下列整数或多项式矩阵的 Smith 标准形:

(1) $\begin{pmatrix} 12 & 0 & 0 \\ 0 & 15 & 0 \\ 0 & 0 & 20 \end{pmatrix}$;　　(2) $\begin{pmatrix} 15 & 22 & 19 \\ 18 & 25 & 27 \\ 21 & 32 & 23 \end{pmatrix}$;

① 最高项系数是 1 的非零多项式称为首一多项式.

(3) $\begin{pmatrix}1&2&3&4\\2&3&4&5\\3&4&5&6\end{pmatrix}$; (4) $\begin{pmatrix}1&2&3&5\\2&4&6&8\\3&6&9&10\end{pmatrix}$;

(5) $\begin{pmatrix}x^2+x&0&0\\0&x^2-1&0\\0&0&x^2+x\end{pmatrix}$; (6) $\begin{pmatrix}2x&x+x^2&x+x^3\\x+x^2&2x^2&x^2+x^3\\x+x^3&x^2+x^3&2x^3\end{pmatrix}$;

(7) $\begin{pmatrix}x&x^2&x^3&x^4\\2x&4x^2&8x^3&16x^4\\3x&9x^2&27x^3&81x^4\end{pmatrix}$; (8) $\begin{pmatrix}x&x-1&x-2&x-3\\x^2&x^2-1&x^2-2&x^2-3\\x^3&x^3-1&x^3-2&x^3-3\end{pmatrix}$.

2. 设 $a_1,a_2,\cdots,a_n\in\mathbb{N}^*$, $\mathrm{diag}(d_1,d_2,\cdots,d_n)$ 是 $\mathrm{diag}(a_1,a_2,\cdots,a_n)$ 的 Smith 标准形. 证明:

(1) 若 $a_1,a_2,\cdots,a_n$ 两两互素, 则 $d_1=\cdots=d_{n-1}=1$, $d_n=\prod\limits_{i=1}^n a_i$;

(2) 设 $a_i=\prod\limits_{j=1}^k p_j^{\alpha_{ij}}$, 其中 $p_1,p_2,\cdots,p_k$ 是两两不同的素数, $\alpha_{ij}\in\mathbb{N}$, 则 $d_i=\prod\limits_{j=1}^k p_j^{\beta_{ij}}$, 其中 $\beta_{1j}\leqslant\beta_{2j}\leqslant\cdots\leqslant\beta_{nj}$ 是 $\alpha_{1j},\alpha_{2j},\cdots,\alpha_{nj}(\forall j)$ 的升序排列.

3. 设 $\boldsymbol{A}\in\mathbb{Z}^{m\times n}$, $\boldsymbol{b}\in\mathbb{Z}^{m\times 1}$. 证明: 线性方程组 $\boldsymbol{Ax}=\boldsymbol{b}$ 有解 $\boldsymbol{x}\in\mathbb{Z}^{n\times 1}$ 的充分必要条件是 $(\boldsymbol{A}\quad\boldsymbol{b})$ 与 $(\boldsymbol{A}\quad\boldsymbol{0})$ 在 $\mathbb{Z}$ 上模相抵.

4. 设 $\boldsymbol{S}_{ij},\boldsymbol{T}_{ij}(\pm1)$ 都是 n 阶初等方阵, $i\neq j$, $\boldsymbol{P}=\begin{pmatrix}&\boldsymbol{I}_{n-1}\\1&\end{pmatrix}$. 证明:

(1) 任意 n 阶整数模方阵可以表示为 $\{\boldsymbol{S}_{ij},\boldsymbol{T}_{ij}(\pm1)\mid i\neq j\}$ 中一系列元素的乘积;

(2) 任意 $\boldsymbol{S}_{ij}$ 可以表示为一系列 $\boldsymbol{P},\boldsymbol{S}_{12}$ 的乘积;

(3) 任意 $\boldsymbol{T}_{ij}(1)$ 可以表示为一系列 $\boldsymbol{P},\boldsymbol{T}_{12}(\pm1)$ 的乘积;

(4) 任意 $\boldsymbol{S}_{ij}$ 可以表示为 $\{\boldsymbol{S}_{12},\boldsymbol{T}_{kl}(\pm1)\mid k\neq l\}$ 中一系列元素的乘积;

(5) 任意 $\boldsymbol{T}_{ij}(1)$ 可以表示为 $\{\boldsymbol{S}_{kl},\boldsymbol{T}_{12}(1)\mid k\neq l\}$ 中一系列元素的乘积.

5. 设 $\boldsymbol{T}_{12}(\pm1)$ 都是 n 阶初等方阵, $\boldsymbol{P}=\begin{pmatrix}&\boldsymbol{I}_{n-1}\\(-1)^{n-1}&\end{pmatrix}$. 证明:

(1) 任意 n 阶整数**幺模方阵**①都可以表示为 $\{\boldsymbol{T}_{ij}(\pm1)\mid i\neq j\}$ 中一系列元素的乘积;

(2) 任意 $\boldsymbol{T}_{ij}(1)$ 可以表示为一系列 $\boldsymbol{P},\boldsymbol{T}_{12}(\pm1)$ 的乘积.

6. 仿照定理 4.12 和定理 4.13 的证明过程, 证明定理 4.14.

7. (1) 证明: 任意整数方阵 $\boldsymbol{A}\in\mathbb{Z}^{n\times n}$ 与 $\boldsymbol{A}^{\mathrm{T}}$ 模相抵;

(2) 证明: 任意多项式方阵 $\boldsymbol{A}\in\mathbb{F}[x]^{n\times n}$ 与 $\boldsymbol{A}^{\mathrm{T}}$ 模相抵.

8. (1) 证明: $(a_1,a_2,\cdots,a_n)\in\mathbb{Z}^n$是某个整数模方阵的行向量 $\Leftrightarrow\gcd(a_1,a_2,\cdots,a_n)=1$;

(2) 证明: $(p_1,p_2,\cdots,p_n)\in\mathbb{F}[x]^n$ 是某个多项式模方阵的行向量 $\Leftrightarrow\gcd(p_1,p_2,\cdots,p_n)=1$.

9. 设 $\boldsymbol{A},\boldsymbol{B}\in\mathbb{C}^{n\times n}$ 是 Hermite 方阵. 证明: 多项式方阵 $x\boldsymbol{A}+\boldsymbol{B}$ 的任意不变因子 $d_k\in\mathbb{R}[x]$.

10. 设 $\boldsymbol{A},\boldsymbol{B}\in\mathbb{C}[x]^{n\times n}$ 满足 $\boldsymbol{A}(z)$ 与 $\boldsymbol{B}(z)(\forall z\in\mathbb{C})$ 在 $\mathbb{C}$ 上相抵. $\boldsymbol{A}$ 与 $\boldsymbol{B}$ 是否一定在 $\mathbb{C}[x]$ 上模相抵? 证明你的结论.

① 行列式等于 1 的模方阵.

第 5 章　矩阵的相似

5.1　相似的概念

定义 5.1　设 $\boldsymbol{A},\boldsymbol{B}\in\mathbb{F}^{n\times n}$. 若存在可逆方阵 $\boldsymbol{P}\in\mathbb{F}^{n\times n}$，使得 $\boldsymbol{A}=\boldsymbol{PBP}^{-1}$, 则称 $\boldsymbol{A}$ 与 $\boldsymbol{B}$ 在 $\mathbb{F}$ 上**相似** (similar).

容易验证, 矩阵的相似关系构成一个等价关系.

例 5.1　设 $\boldsymbol{A}=\begin{pmatrix}a&b\\c&d\end{pmatrix}\in\mathbb{C}^{2\times2}$, $\lambda\in\mathbb{C}$. $\boldsymbol{A}$ 与下列方阵相似:

$$\boldsymbol{S}_{12}\boldsymbol{A}\boldsymbol{S}_{12}=\begin{pmatrix}d&c\\b&a\end{pmatrix},\qquad \boldsymbol{T}_{12}(\lambda)\boldsymbol{A}\boldsymbol{T}_{12}(-\lambda)=\begin{pmatrix}a+c\lambda&b+(d-a)\lambda-c\lambda^2\\c&d-c\lambda\end{pmatrix}$$

$$\boldsymbol{D}_{12}(\lambda)\boldsymbol{A}\boldsymbol{D}_{12}(\lambda^{-1})=\begin{pmatrix}a&\lambda b\\\lambda^{-1}c&d\end{pmatrix},\quad \boldsymbol{T}_{21}(\lambda)\boldsymbol{A}\boldsymbol{T}_{21}(-\lambda)=\begin{pmatrix}a-b\lambda&b\\c+(a-d)\lambda-b\lambda^2&d+b\lambda\end{pmatrix}$$

特别地,

(1) 当 $\boldsymbol{A}$ 是上 (下) 三角方阵时, $\boldsymbol{S}_{12}\boldsymbol{A}\boldsymbol{S}_{12}$ 是下 (上) 三角方阵;

(2) 当 $b\neq0$ 时, 存在 λ, 使得 $\boldsymbol{T}_{21}(\lambda)\boldsymbol{A}\boldsymbol{T}_{21}(-\lambda)$ 是上三角方阵;

(3) 当 $c\neq0$ 时, 存在 λ, 使得 $\boldsymbol{T}_{12}(\lambda)\boldsymbol{A}\boldsymbol{T}_{12}(-\lambda)$ 是下三角方阵.

因此, 任意 2 阶复数方阵可以相似于上三角方阵, 也可以相似于下三角方阵.

定理 5.1　设 $\boldsymbol{A},\boldsymbol{A}_i,\boldsymbol{B},\boldsymbol{B}_i$ 都是 $\mathbb{F}$ 上的方阵. 有如下结论:

(1) 若 $\boldsymbol{A}$ 与 $\boldsymbol{B}$ 相似, 则 $\operatorname{tr}(\boldsymbol{A})=\operatorname{tr}(\boldsymbol{B})$, $\det(\boldsymbol{A})=\det(\boldsymbol{B})$, $\operatorname{rank}(\boldsymbol{A})=\operatorname{rank}(\boldsymbol{B})$;

(2) 若 $\boldsymbol{A}$ 与 $\boldsymbol{B}$ 相似, 则 $\boldsymbol{A}^{\mathrm{T}}$ 与 $\boldsymbol{B}^{\mathrm{T}}$ 相似;

(3) 若 $\boldsymbol{A}$ 与 $\boldsymbol{B}$ 相似, 则 $f(\boldsymbol{A})$ 与 $f(\boldsymbol{B})$ 相似 $(\forall f\in\mathbb{F}[x])$;

(4) 若 $\boldsymbol{A}_i$ 与 $\boldsymbol{B}_i$ $(i=1,2,\cdots,k)$ 相似, 则 $\operatorname{diag}(\boldsymbol{A}_1,\boldsymbol{A}_2,\cdots,\boldsymbol{A}_k)$ 与 $\operatorname{diag}(\boldsymbol{B}_1,\boldsymbol{B}_2,\cdots,\boldsymbol{B}_k)$ 相似;

(5) 对于任意排列 $(i_1,i_2,\cdots,i_k)\in S_k$, $\operatorname{diag}(\boldsymbol{A}_1,\boldsymbol{A}_2,\cdots,\boldsymbol{A}_k)$ 与 $\operatorname{diag}(\boldsymbol{A}_{i_1},\boldsymbol{A}_{i_2},\cdots,\boldsymbol{A}_{i_k})$ 相似.

由定理 5.1 可知, 方阵的迹、行列式、秩在相似关系下保持不变, 它们都称为**相似不变量**. 还有哪些矩阵性质是相似不变量?

我们希望在每个相似等价类中, 都能找到一个形式简单的矩阵作为相似标准形. 首先想到的是对角方阵. 是否每个方阵都能与某个对角方阵相似呢?

$$\boldsymbol{A}=\boldsymbol{P}\operatorname{diag}(\lambda_1,\lambda_2,\cdots,\lambda_n)\boldsymbol{P}^{-1}\quad\Leftrightarrow\quad \boldsymbol{A}\boldsymbol{\alpha}_i=\lambda_i\boldsymbol{\alpha}_i\ \text{即}\ (\boldsymbol{A}-\lambda_i\boldsymbol{I})\boldsymbol{\alpha}_i=\boldsymbol{0}$$

其中 $\boldsymbol{P}=(\boldsymbol{\alpha}_1\ \boldsymbol{\alpha}_2\ \cdots\ \boldsymbol{\alpha}_n)$. 为了更方便地研究矩阵的相似问题, 我们引入如下定义:

定义 5.2　设 $\boldsymbol{A}\in\mathbb{F}^{n\times n}$.

(1) n 次首一多项式 $\varphi_{\boldsymbol{A}}(x)=\det(x\boldsymbol{I}-\boldsymbol{A})\in\mathbb{F}[x]$ 称为 $\boldsymbol{A}$ 的**特征多项式**;

(2) 设 $\varphi_{\mathbf{A}}(x)$ 在 $\mathbb{F}$ 的某个扩域[①] $\mathbb{K}$ 上可分解为 $\varphi_{\boldsymbol{A}}(x)=\prod\limits_{i=1}^{k}(x-\lambda_i)^{n_i}$, 其中 $\lambda_1,\lambda_2,\cdots,\lambda_k$ 两两不同, 每个 λ_i 称为 $\boldsymbol{A}$ 的一个**特征值**, n_i 称为 λ_i 的**代数重数**;

(3) 满足 $\boldsymbol{A\alpha}=\lambda_i\boldsymbol{\alpha}$ 的非零向量 $\boldsymbol{\alpha}\in\mathbb{K}^{n\times 1}$ 称为 λ_i 对应的一个**特征向量**;

(4) 线性方程组 $(\lambda_i\boldsymbol{I}-\boldsymbol{A})\boldsymbol{x}=\boldsymbol{0}$ 的解集 $V_i=\{\boldsymbol{\alpha}\in\mathbb{K}^{n\times 1}\mid \boldsymbol{A\alpha}=\lambda_i\boldsymbol{\alpha}\}$ 称为 λ_i 对应的**特征子空间**;

(5) 线性方程组 $(\lambda_i\boldsymbol{I}-\boldsymbol{A})\boldsymbol{x}=\boldsymbol{0}$ 的每个基础解系恰有 $m_i=n-\operatorname{rank}(\lambda_i\boldsymbol{I}-\boldsymbol{A})$ 个向量. m_i 称为 V_i 的**维数**和 λ_i 的**几何重数**.

显然, 特征多项式、特征值、代数重数、几何重数都是相似不变量.

例 5.2　(1) 对于任意 2 阶对称实数方阵 $\boldsymbol{A}=\begin{pmatrix}a & b\\ b & c\end{pmatrix}$, $\varphi_{\mathbf{A}}(x)=x^2-(a+c)x+ac-b^2$, 两个特征值 $\lambda_{1,2}=\dfrac{a+c\pm\sqrt{(a-c)^2+4b^2}}{2}$ 都是实数;

(2) 对于任意 2 阶反对称实数方阵 $\boldsymbol{A}=\begin{pmatrix}0 & b\\ -b & 0\end{pmatrix}$, $\varphi_{\boldsymbol{A}}(x)=x^2+b^2$, 两个特征值 $\lambda_{1,2}=\pm b\mathrm{i}$ 都是纯虚数或 0;

(3) 对于任意 n 阶三角方阵 $\boldsymbol{A}=(a_{ij})$, $\varphi_{\boldsymbol{A}}(x)=\prod\limits_{i=1}^{n}(x-a_{ii})$, $\boldsymbol{A}$ 的对角元素即为所有特征值.

定理 5.2　设 $\lambda_1,\lambda_2,\cdots,\lambda_n$ 是 n 阶方阵 $\boldsymbol{A}$ 的所有特征值, 则有

$$\varphi_{\boldsymbol{A}}(x)=x^n-\sigma_1x^{n-1}+\cdots+(-1)^{n-1}\sigma_{n-1}x+(-1)^n\sigma_n$$

其中

$$\sigma_k=\sum_{1\leqslant i_1<i_2<\cdots<i_k\leqslant n}\lambda_{i_1}\lambda_{i_2}\cdots\lambda_{i_k}=\sum_{1\leqslant i_1<i_2<\cdots<i_k\leqslant n}\det\left(\boldsymbol{A}\begin{bmatrix}i_1 & i_2 & \cdots & i_k\\ i_1 & i_2 & \cdots & i_k\end{bmatrix}\right)$$

既是关于 $\lambda_1,\lambda_2,\cdots,\lambda_n$ 的 k 次基本对称多项式, 也是 $\boldsymbol{A}$ 的所有 k 阶主子式之和. 特别地,

$$\begin{aligned}\sigma_1&=\lambda_1+\lambda_2+\cdots+\lambda_n=\operatorname{tr}(\boldsymbol{A})\\ \sigma_n&=\lambda_1\lambda_2\cdots\lambda_n=\det(\boldsymbol{A})\end{aligned}$$

证明　一方面, 由 Vieta 定理可得

$$\sigma_k=\sum_{1\leqslant i_1<i_2<\cdots<i_k\leqslant n}\lambda_{i_1}\lambda_{i_2}\cdots\lambda_{i_k}$$

另一方面, 设 $\boldsymbol{\alpha}_1,\cdots,\boldsymbol{\alpha}_n$ 是 $\boldsymbol{A}$ 的所有行向量, 则

$$\varphi_A(x)=\det(x\boldsymbol{e}_1-\boldsymbol{\alpha}_1,x\boldsymbol{e}_2-\boldsymbol{\alpha}_2,\cdots,x\boldsymbol{e}_n-\boldsymbol{\alpha}_n)$$

---

① 若数域 $\mathbb{K}$ 的子集 $\mathbb{F}$ 在 $\mathbb{K}$ 的加、减、乘、除运算下构成数域, 则 $\mathbb{F}$ 称为 $\mathbb{K}$ 的**子域**, $\mathbb{K}$ 称为 $\mathbb{F}$ 的**扩域**.

$$= \sum_{k=0}^{n} \sum_{1\leqslant i_1<i_2<\cdots<i_k\leqslant n} (-1)^{\tau(i_1,i_2,\cdots,i_n)} \det(-\alpha_{i_1},\cdots,-\alpha_{i_k}, x\boldsymbol{e}_{i_{k+1}},\cdots,x\boldsymbol{e}_{i_n})$$

$$= \sum_{k=0}^{n} \sum_{1\leqslant i_1<i_2<\cdots<i_k\leqslant n} (-1)^k x^{n-k} \det\left(\boldsymbol{A}\begin{bmatrix} i_1 & i_2 & \cdots & i_k \\ i_1 & i_2 & \cdots & i_k\end{bmatrix}\right)$$

其中 $\{i_{k+1},\cdots,i_n\}$ 是 $\{i_1,\cdots,i_k\}$ 在 $\{1,2,\cdots,n\}$ 中的补集. 故

$$\sigma_k = \sum_{1\leqslant i_1<i_2<\cdots<i_k\leqslant n} \det\left(\boldsymbol{A}\begin{bmatrix} i_1 & i_2 & \cdots & i_k \\ i_1 & i_2 & \cdots & i_k\end{bmatrix}\right)$$

定理 5.3 设 $\boldsymbol{A}\in\mathbb{F}^{n\times n}$ 有 n 个两两不同的特征值 $\lambda_1,\lambda_2,\cdots,\lambda_n\in\mathbb{F}$, 则 $\boldsymbol{A}$ 与 $\operatorname{diag}(\lambda_1,\lambda_2,\cdots,\lambda_n)$ 在 $\mathbb{F}$ 上相似.

证明 设 $\boldsymbol{P}=\begin{pmatrix}\boldsymbol{\alpha}_1 & \boldsymbol{\alpha}_2 & \cdots & \boldsymbol{\alpha}_n\end{pmatrix}$, 其中 $\boldsymbol{\alpha}_i\in\mathbb{F}^{n\times 1}$ 是 λ_i $(i=1,2,\cdots,n)$ 对应的特征向量. 下面证明 $\boldsymbol{P}$ 是可逆方阵. 设 $\boldsymbol{x}=(x_i)\in\mathbb{F}^{n\times 1}$ 是线性方程组 $\boldsymbol{Px}=\boldsymbol{0}$ 的解, 即满足 $\sum\limits_{i=1}^{n} x_i\boldsymbol{\alpha}_i=\boldsymbol{0}$. 由

$$\boldsymbol{A}^k\sum_{i=1}^{n} x_i\boldsymbol{\alpha}_i = \sum_{i=1}^{n}\lambda_i^k x_i\boldsymbol{\alpha}_i=\boldsymbol{0} \quad (\forall k)$$

可得

$$\begin{pmatrix}x_1\boldsymbol{\alpha}_1 & x_2\boldsymbol{\alpha}_2 & \cdots & x_n\boldsymbol{\alpha}_n\end{pmatrix}\begin{pmatrix}1 & \lambda_1 & \cdots & \lambda_1^{n-1}\\ 1 & \lambda_2 & \cdots & \lambda_2^{n-1}\\ \vdots & \vdots & & \vdots\\ 1 & \lambda_n & \cdots & \lambda_n^{n-1}\end{pmatrix}=\boldsymbol{O}$$

由于 $\lambda_1,\lambda_2,\cdots,\lambda_n$ 两两不同, n 阶 Vandermonde 方阵 $\left(\lambda_i^{j-1}\right)$ 是可逆方阵. 从而有

$$\begin{pmatrix}x_1\boldsymbol{\alpha}_1 & x_2\boldsymbol{\alpha}_2 & \cdots & x_n\boldsymbol{\alpha}_n\end{pmatrix}=\boldsymbol{O} \quad\Rightarrow\quad \boldsymbol{x}=\boldsymbol{0}$$

由线性方程组 $\boldsymbol{Px}=\boldsymbol{0}$ 的解集结构, 知 $\boldsymbol{P}$ 是可逆方阵. 因此, $\boldsymbol{A}=\boldsymbol{P}\operatorname{diag}(\lambda_1,\lambda_2,\cdots,\lambda_n)\boldsymbol{P}^{-1}$ 与 $\operatorname{diag}(\lambda_1,\lambda_2,\cdots,\lambda_n)$ 在 $\mathbb{F}$ 上相似.

例 5.3 计算实数方阵 $\boldsymbol{A}=\begin{pmatrix}0 & 0 & 1\\ -1 & 1 & 1\\ 1 & 0 & 0\end{pmatrix}$ 的所有特征值和特征向量, 并求可逆方阵 $\boldsymbol{P}$, 使得 $\boldsymbol{P}^{-1}\boldsymbol{AP}$ 是对角方阵.

解 由于

$$\varphi_{\boldsymbol{A}}(x)=\begin{vmatrix}x & 0 & -1\\ 1 & x-1 & -1\\ -1 & 0 & x\end{vmatrix}=x^3-x^2-x+1=(x-1)^2(x+1)$$

$\boldsymbol{A}$ 的所有特征值为 $1,1,-1$.

求解 $(\boldsymbol{A}-\boldsymbol{I})\boldsymbol{\alpha}=\boldsymbol{0}$, 得 $\lambda_1=1$ 对应的特征向量 $\boldsymbol{\alpha}_1=(s,t,s)^{\mathrm{T}}$, 其中 $(s,t)\neq(0,0)$.

求解 $(\boldsymbol{A}+\boldsymbol{I})\boldsymbol{\alpha}=\boldsymbol{0}$, 得 $\lambda_2=-1$ 对应的特征向量 $\boldsymbol{\alpha}_2=(s,s,-s)^{\mathrm{T}}$, 其中 $s\neq 0$.

故 $\boldsymbol{P}=\begin{pmatrix}1 & 0 & 1\\ 0 & 1 & 1\\ 1 & 0 & -1\end{pmatrix}$ 满足 $\boldsymbol{AP}=\boldsymbol{P}\operatorname{diag}(1,1,-1)$. 由 $\det(\boldsymbol{P})=-2$ 得, P 为所求.

定理 5.4　设 $\boldsymbol{A}\in\mathbb{F}^{n\times n}$ 的所有特征值都属于 $\mathbb{F}$. $\boldsymbol{A}$ 可以在 $\mathbb{F}$ 上相似于对角方阵的充分必要条件是每个特征值的几何重数等于代数重数.

证明　(充分性) 设 $\varphi_{\boldsymbol{A}}(x)=\prod\limits_{i=1}^{k}(x-\lambda_i)^{n_i}$, 其中 $\lambda_1,\lambda_2,\cdots,\lambda_k$ 两两不同. $\{\alpha_j\mid s_{i-1}+1\leqslant j\leqslant s_i\}$ 是线性方程组 $(\lambda_i\boldsymbol{I}-\boldsymbol{A})\boldsymbol{x}=\boldsymbol{0}$ 的一个基础解系, $s_0=0,s_i=n_1+\cdots+n_i(1\leqslant i\leqslant k)$. $\boldsymbol{P}=\begin{pmatrix}\boldsymbol{\alpha}_1 & \boldsymbol{\alpha}_2 & \cdots & \boldsymbol{\alpha}_n\end{pmatrix}$ 满足 $\boldsymbol{AP}=\boldsymbol{P}\operatorname{diag}(\lambda_1\boldsymbol{I}_{n_1},\lambda_2\boldsymbol{I}_{n_2},\cdots,\lambda_k\boldsymbol{I}_{n_k})$. 假设 $\boldsymbol{Px}=\boldsymbol{0}$, 同定理 5.3 的证明, 可得 $\sum\limits_{j=s_{i-1}+1}^{s_i}x_j\boldsymbol{\alpha}_j=\boldsymbol{0}(\forall i)$, 故 $\boldsymbol{x}=\boldsymbol{0}$. 因此, $\boldsymbol{P}$ 是可逆方阵, $\boldsymbol{A}$ 与 $\operatorname{diag}(\lambda_1\boldsymbol{I}_{n_1},\lambda_2\boldsymbol{I}_{n_2},\cdots,\lambda_k\boldsymbol{I}_{n_k})$ 相似.

(必要性) 设 $\boldsymbol{A}$ 与 $\boldsymbol{B}=\operatorname{diag}(b_1,b_2,\cdots,b_n)$ 在 $\mathbb{F}$ 上相似. 几何重数和代数重数都是相似不变量. 容易验证, $\boldsymbol{B}$ 的每个特征值 b_i 的几何重数等于代数重数.

定理 5.3 说明, 当 $\boldsymbol{A}$ 的特征值不重复时, $\boldsymbol{A}$ 可以相似于对角方阵. 定理 5.4 说明, 即使 $\boldsymbol{A}$ 的特征值有重复, 只要特征向量“足够多”, $\boldsymbol{A}$ 也可以相似于对角方阵.

例 5.4　计算实数方阵 $\boldsymbol{A}=\begin{pmatrix}1&1&1\\2&0&1\\-2&1&0\end{pmatrix}$ 的特征值和所有特征向量, 并判断 $\boldsymbol{A}$ 能否相似于对角方阵.

解　由于

$$\varphi_{\boldsymbol{A}}(x)=\begin{vmatrix}x-1&-1&-1\\-2&x&-1\\2&-1&x\end{vmatrix}=x^3-x^2-x+1=(x-1)^2(x+1)$$

$\boldsymbol{A}$ 的所有特征值为 $1,1,-1$.

求解 $(\boldsymbol{A}-\boldsymbol{I})\boldsymbol{\alpha}=\boldsymbol{0}$, 得 $\lambda_1=1$ 对应的特征向量 $\boldsymbol{\alpha}_1=(s,s,-s)^{\mathrm{T}}$, 其中 $s\neq0$.

求解 $(\boldsymbol{A}+\boldsymbol{I})\boldsymbol{\alpha}=\boldsymbol{0}$, 得 $\lambda_2=-1$ 对应的特征向量 $\boldsymbol{\alpha}_2=(0,s,-s)^{\mathrm{T}}$, 其中 $s\neq0$.

λ_1 的代数重数 $n_1=2$, 几何重数 $m_1=1$. 根据定理 5.4 知, $\boldsymbol{A}$ 不能相似于对角方阵.

例 5.5　(例 2.7 续) 设 $\boldsymbol{A}=\begin{pmatrix}a&b\\1&0\end{pmatrix}$, 计算 $\boldsymbol{A}^n$.

解　$\varphi_{\boldsymbol{A}}(x)=x^2-ax-b$, 特征值 $\lambda_1=\dfrac{a+\sqrt{a^2+4b}}{2}$, $\lambda_2=\dfrac{a-\sqrt{a^2+4b}}{2}$.

(1) 当 $a^2+4b\neq0$ 时, $\lambda_1\neq\lambda_2$. 设 $\boldsymbol{\alpha}_i=\begin{pmatrix}\lambda_i\\1\end{pmatrix}$ 是 λ_i 对应的特征向量.

由于 $\boldsymbol{P}=\begin{pmatrix}\alpha_1 & \alpha_2\end{pmatrix}=\begin{pmatrix}\lambda_1&\lambda_2\\1&1\end{pmatrix}$ 是可逆方阵, $\boldsymbol{AP}=\boldsymbol{P}\begin{pmatrix}\lambda_1&0\\0&\lambda_2\end{pmatrix}$, 所以

$$\begin{aligned}\boldsymbol{A}^n=\boldsymbol{P}\begin{pmatrix}\lambda_1&0\\0&\lambda_2\end{pmatrix}^n\boldsymbol{P}^{-1}&=\frac{1}{\lambda_1-\lambda_2}\begin{pmatrix}\lambda_1&\lambda_2\\1&1\end{pmatrix}\begin{pmatrix}\lambda_1^n&0\\0&\lambda_2^n\end{pmatrix}\begin{pmatrix}1&-\lambda_2\\-1&\lambda_1\end{pmatrix}\\&=\frac{1}{\lambda_1-\lambda_2}\begin{pmatrix}\lambda_1^{n+1}-\lambda_2^{n+1}&(\lambda_1^n-\lambda_2^n)b\\\lambda_1^n-\lambda_2^n&(\lambda_1^{n-1}-\lambda_2^{n-1})b\end{pmatrix}\end{aligned}$$

(2) 当 $a^2+4b=0$ 时, $\lambda_1=\lambda_2=\dfrac{a}{2}$. 设 $\boldsymbol{\alpha}_1=\begin{pmatrix}1\\0\end{pmatrix}$, $\boldsymbol{\alpha}_2=(\boldsymbol{A}-\lambda_1\boldsymbol{I})\boldsymbol{\alpha}_1=\begin{pmatrix}\lambda_1\\1\end{pmatrix}$, 则

$(\boldsymbol{A}-\lambda_1\boldsymbol{I})\boldsymbol{\alpha}_2=\mathbf{0}$. 由于 $\boldsymbol{P}=\begin{pmatrix}\boldsymbol{\alpha}_2 & \boldsymbol{\alpha}_1\end{pmatrix}=\begin{pmatrix}\lambda_1 & 1\\ 1 & 0\end{pmatrix}$ 是可逆方阵, $\boldsymbol{AP}=\boldsymbol{P}\begin{pmatrix}\lambda_1 & 1\\ 0 & \lambda_1\end{pmatrix}$, 所以

$$\begin{aligned}\boldsymbol{A}^n=\boldsymbol{P}\begin{pmatrix}\lambda_1 & 1\\ 0 & \lambda_1\end{pmatrix}^n\boldsymbol{P}^{-1}&=\begin{pmatrix}\lambda_1 & 1\\ 1 & 0\end{pmatrix}\begin{pmatrix}\lambda_1^n & n\lambda_1^{n-1}\\ 0 & \lambda_1^n\end{pmatrix}\begin{pmatrix}0 & 1\\ 1 & -\lambda_1\end{pmatrix}\\ &=\begin{pmatrix}(n+1)\lambda_1^n & -n\lambda_1^{n+1}\\ n\lambda_1^{n-1} & (1-n)\lambda_1^n\end{pmatrix}\end{aligned}$$

习 题 5.1

1. 证明定理 5.1 .

2. 证明: 对于任意上三角方阵 $\boldsymbol{A}$, 存在可逆方阵 $\boldsymbol{P}$, 使得 $\boldsymbol{P}^{-1}\boldsymbol{AP}$ 是下三角方阵.

3. 对下列复数方阵 $\boldsymbol{A}$, 试求可逆复数方阵 $\boldsymbol{P}$, 使得 $\boldsymbol{P}^{-1}\boldsymbol{AP}$ 为对角方阵. 若 $\boldsymbol{P}$ 不存在, 请说明理由.

(1) $\begin{pmatrix}0 & 1 & -2\\ 1 & 1 & 1\\ 1 & 0 & 2\end{pmatrix}$; (2) $\begin{pmatrix}2 & -1 & 2\\ 2 & -1 & 4\\ 1 & -1 & 3\end{pmatrix}$; (3) $\begin{pmatrix}3 & -2 & -2\\ 1 & 0 & -1\\ 1 & -1 & 0\end{pmatrix}$;

(4) $\begin{pmatrix}0 & 2 & -1\\ -1 & 3 & -1\\ 2 & -2 & 3\end{pmatrix}$; (5) $\begin{pmatrix}0 & 1 & & \\ & 0 & \ddots & \\ & & \ddots & 1\\ a & & & 0\end{pmatrix}_{n\times n}$;

(6) $\begin{pmatrix}1 & 2 & \cdots & n\\ 2 & 4 & \cdots & 2n\\ \vdots & \vdots & & \vdots\\ n & 2n & \cdots & n^2\end{pmatrix}$; (7) $\begin{pmatrix}1 & 2 & \cdots & n\\ 2 & 3 & \cdots & n+1\\ \vdots & \vdots & & \vdots\\ n & n+1 & \cdots & 2n-1\end{pmatrix}$.

4. 设 $\boldsymbol{A}$ 是 n 阶实数方阵. 证明:

(1) 若 n 是奇数, 则 $\boldsymbol{A}$ 有实特征值;

(2) 若 $\boldsymbol{A}$ 无实特征值, 则 $\det(\boldsymbol{A})>0$;

(3) 若 $\boldsymbol{A}$ 是对称方阵, 则 $\boldsymbol{A}$ 的特征值都是实数;

(4) 若 $\boldsymbol{A}$ 是反对称方阵, 则 $\boldsymbol{A}$ 的特征值都是纯虚数或 0.

5. 设 $\boldsymbol{A}$ 是 n 阶方阵, $\lambda_1,\lambda_2,\cdots,\lambda_k$ 是 $\boldsymbol{A}$ 的一些两两不同的特征值, $\boldsymbol{\alpha}_i$ 是 λ_i 对应的特征向量. 证明: $n\times k$ 矩阵 $\begin{pmatrix}\boldsymbol{\alpha}_1 & \boldsymbol{\alpha}_2 & \cdots & \boldsymbol{\alpha}_k\end{pmatrix}$ 一定是列满秩的.

6. 设 n 阶方阵 $\boldsymbol{A}$ 的特征多项式 $\varphi_{\boldsymbol{A}}(x)=\sum\limits_{k=0}^{n}a_kx^k$. 证明:

(1) 当 $a_0\neq 0$ 时, $\boldsymbol{B}=\boldsymbol{A}^{-1}$ 的特征多项式 $\varphi_{\boldsymbol{B}}(x)=\sum\limits_{k=0}^{n}\dfrac{a_{n-k}}{a_0}x^k$;

(2) 当 $a_0=0$ 时, $\boldsymbol{C}=\boldsymbol{A}^*$ 的特征多项式 $\varphi_{\boldsymbol{C}}(x)=x^n+(-1)^na_1x^{n-1}$.

7. 设 $\boldsymbol{A},\boldsymbol{B}$ 分别是首一多项式 $f(x),g(x)$ 的友方阵. 证明: $\boldsymbol{A}$ 与 $\boldsymbol{B}$ 相似 $\Leftrightarrow f=g$.

8. 设 n 阶方阵 $\boldsymbol{A},\boldsymbol{B}$ 满足 $\boldsymbol{AB}=\boldsymbol{O}$. 证明: $\varphi_{\boldsymbol{A}}(x)\varphi_{\boldsymbol{B}}(x)=x^n\varphi_{\boldsymbol{A}+\boldsymbol{B}}(x)$.

9. 设 $\boldsymbol{A},\boldsymbol{B}$ 都是 n 阶方阵, 并且 $\operatorname{rank}(\boldsymbol{A})=\operatorname{rank}(\boldsymbol{B})=1$. 证明:

(1) $\varphi_{\boldsymbol{A}}(x)=x^n-\operatorname{tr}(\boldsymbol{A})x^{n-1}$;

(2) $\operatorname{tr}(\boldsymbol{A})\neq 0$ 是 $\boldsymbol{A}$ 可以相似于对角方阵的充分必要条件;

(3) $\operatorname{tr}(\boldsymbol{A})=\operatorname{tr}(\boldsymbol{B})$ 是 $\boldsymbol{A}$ 与 $\boldsymbol{B}$ 相似的充分必要条件.

10. 设 $\boldsymbol{A},\boldsymbol{B}$ 都是 n 阶方阵. 证明:

(1) $\boldsymbol{AB}$ 与 $\boldsymbol{BA}$ 有相同的特征多项式;

(2) 若 $\operatorname{rank}(\boldsymbol{ABA})=\operatorname{rank}(\boldsymbol{A})$, 则 $\boldsymbol{AB}$ 与 $\boldsymbol{BA}$ 相似;

(3) 若 $\operatorname{rank}(\boldsymbol{ABA})=\operatorname{rank}(\boldsymbol{B})$, 则 $\boldsymbol{AB}$ 与 $\boldsymbol{BA}$ 相似;

(4) 举例:$\operatorname{rank}(\boldsymbol{AB})=\operatorname{rank}(\boldsymbol{BA})$, $\boldsymbol{AB}$ 与 $\boldsymbol{BA}$ 不相似.

11. 设 $\boldsymbol{A}=(a_{ij})\in\mathbb{C}^{n\times n}$, $\varphi_{\boldsymbol{A}}(x)=\sum\limits_{k=0}^{n}c_kx^k$, λ 是 $\boldsymbol{A}$ 的任意特征值. 证明:

(1) $|\lambda|\leqslant 1+\max\limits_{0\leqslant k\leqslant n-1}|c_k|$;

(2) $|\lambda|\leqslant 2\max\limits_{0\leqslant k\leqslant n-1}|c_k|^{\frac{1}{n-k}}$;

(3) (Gershgorin[①]圆盘定理) 存在 k 使得 $|\lambda-a_{kk}|\leqslant\sum\limits_{j\neq k}|a_{kj}|$.

12. 设整数方阵 $\boldsymbol{H}_0=(0)_{1\times 1}$, $\boldsymbol{H}_n=\begin{pmatrix}\boldsymbol{H}_{n-1} & \boldsymbol{I}\\ \boldsymbol{I} & \boldsymbol{H}_{n-1}\end{pmatrix}(n\geqslant 1)$. 求 $\boldsymbol{H}_n$ 的所有特征值及其代数重数、几何重数.

13. 设 n 阶实数方阵 $\boldsymbol{A}=(a_{ij})$, $\boldsymbol{B}=(b_{ij})$, 其中 $1\leqslant i,j\leqslant n$,

$$a_{ij}=\begin{cases}1, & |i-j|=1\\ 0, & \text{其他}\end{cases},\qquad b_{ij}=\begin{cases}1, & |i-j|=1 \text{ 或 } i=j=1 \text{ 或 } i=j=n\\ 2, & i=j \text{ 且 } 1<i<n\\ 0, & \text{其他}\end{cases}$$

证明: (1) $\varphi_{\boldsymbol{A}}(x)=\prod\limits_{k=1}^{n}\left(x-2\cos\dfrac{k\pi}{n+1}\right)$; (2) $\varphi_{\boldsymbol{B}}(x)=\prod\limits_{k=1}^{n}\left(x-2-2\cos\dfrac{k\pi}{n}\right)$.

5.2 相似三角化

定理 5.5 设 $\boldsymbol{A}\in\mathbb{F}^{n\times n}$ 的所有特征值 $\lambda_1,\lambda_2,\cdots,\lambda_n\in\mathbb{F}$, 则存在可逆方阵 $\boldsymbol{P}\in\mathbb{F}^{n\times n}$, 使得 $\boldsymbol{P}^{-1}\boldsymbol{AP}$ 是上三角方阵, 并且 $\boldsymbol{P}^{-1}\boldsymbol{AP}$ 的对角元素依次是 $\lambda_1,\lambda_2,\cdots,\lambda_n$.

证明 对 n 使用数学归纳法. 当 $n=1$ 时, 结论显然成立. 当 $n\geqslant 2$ 时, 设 $\boldsymbol{\alpha}_1\in\mathbb{F}^{n\times 1}$ 是 λ_1 对应的一个特征向量, 则存在可逆方阵 $\boldsymbol{P}_1\in\mathbb{F}^{n\times n}$ 以 $\boldsymbol{\alpha}_1$ 为第 1 列, 使得 $\boldsymbol{AP}_1=\boldsymbol{P}_1\begin{pmatrix}\lambda_1 & *\\ \boldsymbol{0} & \boldsymbol{B}\end{pmatrix}$. 注意到 $\varphi_{\boldsymbol{A}}(x)=(x-\lambda_1)\varphi_{\boldsymbol{B}}(x)$, 根据归纳假设, 存在可逆方阵 $\boldsymbol{P}_2$, 使得 $\boldsymbol{P}_2^{-1}\boldsymbol{BP}_2$ 是上三角方阵, 并且 $\boldsymbol{P}_2^{-1}\boldsymbol{BP}_2$ 的对角元素依次是 $\lambda_2,\cdots,\lambda_n$. 从而, $\boldsymbol{P}=\boldsymbol{P}_1\begin{pmatrix}1 & \boldsymbol{0}\\ \boldsymbol{0} & \boldsymbol{P}_2\end{pmatrix}$ 满足题设.

根据定理 5.5, 可以得到下列推论:

定理 5.6 设 $\boldsymbol{A}\in\mathbb{F}^{n\times n}$ 的所有特征值 $\lambda_1,\lambda_2,\cdots,\lambda_n\in\mathbb{F}$, $f(x)\in\mathbb{F}[x]$.

① Semyon Aranovich Gershgorin, 1901～1933, 苏联数学家.

(1) $f(\lambda_1), f(\lambda_2), \cdots, f(\lambda_n)$ 是 $f(\boldsymbol{A})$ 的所有特征值;

(2) $f(\boldsymbol{A})$ 是可逆方阵 $\Leftrightarrow f(x)$ 与 $\varphi_{\boldsymbol{A}}(x)$ 互素;

(3) 当 $\boldsymbol{A}$ 是可逆方阵时, $1/\lambda_1, 1/\lambda_2, \cdots, 1/\lambda_n$ 是 $\boldsymbol{A}^{-1}$ 的所有特征值;

(4) $\operatorname{rank}(\boldsymbol{A}-\lambda_i \boldsymbol{I})^k = n - n_i (\forall k \geqslant n_i)$, 其中 n_i 是 $\boldsymbol{A}$ 的特征值 λ_i 的代数重数;

(5) $\boldsymbol{A}$ 的特征值 λ_i 的几何重数不超过 λ_i 的代数重数.

定理 5.7 (Cayley-Hamilton[①]定理) 对于任意方阵 $\boldsymbol{A}$, 都有 $\varphi_{\boldsymbol{A}}(\boldsymbol{A}) = \boldsymbol{O}$.

证明 不妨设 $\boldsymbol{A} \in \mathbb{F}^{n\times n}$, $\varphi_{\boldsymbol{A}}(x) = (x-\lambda_1)(x-\lambda_2)\cdots(x-\lambda_n)(\lambda_1, \lambda_2, \cdots, \lambda_n \in \mathbb{F})$. 根据定理 5.5, 存在可逆方阵 $\boldsymbol{P} \in \mathbb{F}^{n\times n}$, 使得

$$\boldsymbol{B} = \boldsymbol{P}^{-1}\boldsymbol{A}\boldsymbol{P} = \begin{pmatrix} \lambda_1 & * & \cdots & * \\ & \lambda_2 & \ddots & \vdots \\ & & \ddots & * \\ & & & \lambda_n \end{pmatrix}$$

利用数学归纳法可以证明知: $(\boldsymbol{B}-\lambda_1\boldsymbol{I})(\boldsymbol{B}-\lambda_2\boldsymbol{I})\cdots(\boldsymbol{B}-\lambda_k\boldsymbol{I})$ 的前 $k(k=1,2,\cdots,n)$ 列元素都是 0. 从而, $\varphi_{\boldsymbol{A}}(\boldsymbol{A}) = \boldsymbol{P}\varphi_{\boldsymbol{A}}(\boldsymbol{B})\boldsymbol{P}^{-1} = \boldsymbol{O}$.

定理 5.8 设 $\boldsymbol{A} \in \mathbb{F}^{m\times m}$, $\boldsymbol{B} \in \mathbb{F}^{n\times n}$ 满足 $\varphi_{\boldsymbol{A}}(x)$ 与 $\varphi_{\boldsymbol{B}}(x)$ 互素. 证明: 对于任意 $\boldsymbol{C} \in \mathbb{F}^{m\times n}$, 存在唯一的 $\boldsymbol{X} \in \mathbb{F}^{m\times n}$, 使得 $\boldsymbol{AX}-\boldsymbol{XB}=\boldsymbol{C}$. 从而, $\begin{pmatrix} \boldsymbol{A} & \boldsymbol{C} \\ \boldsymbol{O} & \boldsymbol{B} \end{pmatrix}$ 与 $\begin{pmatrix} \boldsymbol{A} & \boldsymbol{O} \\ \boldsymbol{O} & \boldsymbol{B} \end{pmatrix}$ 相似.

证法 1 设 $\boldsymbol{B} = (b_{ij})$, $\boldsymbol{C} = \begin{pmatrix} \boldsymbol{c}_1 & \boldsymbol{c}_2 & \cdots & \boldsymbol{c}_n \end{pmatrix}$, $\boldsymbol{X} = \begin{pmatrix} \boldsymbol{x}_1 & \boldsymbol{x}_2 & \cdots & \boldsymbol{x}_n \end{pmatrix}$. 矩阵方程 $\boldsymbol{AX}-\boldsymbol{XB}=\boldsymbol{C}$ 可以表示为线性方程组的形式.

$$\begin{pmatrix} \boldsymbol{A}-b_{11}\boldsymbol{I} & -b_{21}\boldsymbol{I} & \cdots & -b_{n1}\boldsymbol{I} \\ -b_{12}\boldsymbol{I} & \boldsymbol{A}-b_{22}\boldsymbol{I} & \cdots & -b_{n2}\boldsymbol{I} \\ \vdots & \vdots & & \vdots \\ -b_{1n}\boldsymbol{I} & -b_{2n}\boldsymbol{I} & \cdots & \boldsymbol{A}-b_{nn}\boldsymbol{I} \end{pmatrix} \begin{pmatrix} \boldsymbol{x}_1 \\ \boldsymbol{x}_2 \\ \vdots \\ \boldsymbol{x}_n \end{pmatrix} = \begin{pmatrix} \boldsymbol{c}_1 \\ \boldsymbol{c}_2 \\ \vdots \\ \boldsymbol{c}_n \end{pmatrix} \tag{5.1}$$

线性方程组 (5.1) 的系数矩阵 $\boldsymbol{M} = \boldsymbol{I}_n \otimes \boldsymbol{A} - \boldsymbol{B}^{\mathrm{T}} \otimes \boldsymbol{I}_m$. 设 $\lambda_1, \cdots, \lambda_m \in \mathbb{K}$ 是 $\boldsymbol{A}$ 的所有特征值, $\mu_1, \cdots, \mu_n \in \mathbb{K}$ 是 $\boldsymbol{B}$ 的所有特征值, $\mathbb{K}$ 是 $\mathbb{F}$ 的某个扩域. 根据定理 5.5 知, 存在可逆方阵 $\boldsymbol{P} \in \mathbb{K}^{m\times m}$ 和 $\boldsymbol{Q} \in \mathbb{K}^{n\times n}$, 使得 $\widetilde{\boldsymbol{A}} = \boldsymbol{P}^{-1}\boldsymbol{AP}$ 和 $\widetilde{\boldsymbol{B}} = \boldsymbol{Q}^{-1}\boldsymbol{B}^{\mathrm{T}}\boldsymbol{Q}$ 都是上三角方阵. 注意到

$$(\boldsymbol{Q}\otimes\boldsymbol{P})^{-1}\boldsymbol{M}(\boldsymbol{Q}\otimes\boldsymbol{P}) = \boldsymbol{I}_n \otimes \widetilde{\boldsymbol{A}} - \widetilde{\boldsymbol{B}} \otimes \boldsymbol{I}_m$$

也是上三角方阵, 故

$$\det(\boldsymbol{M}) = \det(\boldsymbol{I}_n \otimes \widetilde{\boldsymbol{A}} - \widetilde{\boldsymbol{B}} \otimes \boldsymbol{I}_m) = \prod_{i=1}^{m}\prod_{j=1}^{n}(\lambda_i - \mu_j) \neq 0$$

因此, 线性方程组 (5.1) 有唯一解, 即矩阵方程 $\boldsymbol{AX}-\boldsymbol{XB}=\boldsymbol{C}$ 有唯一解.

从而, $\begin{pmatrix} \boldsymbol{A} & \boldsymbol{C} \\ \boldsymbol{O} & \boldsymbol{B} \end{pmatrix} = \begin{pmatrix} \boldsymbol{I} & -\boldsymbol{X} \\ \boldsymbol{O} & \boldsymbol{I} \end{pmatrix}\begin{pmatrix} \boldsymbol{A} & \boldsymbol{O} \\ \boldsymbol{O} & \boldsymbol{B} \end{pmatrix}\begin{pmatrix} \boldsymbol{I} & \boldsymbol{X} \\ \boldsymbol{O} & \boldsymbol{I} \end{pmatrix}$ 与 $\begin{pmatrix} \boldsymbol{A} & \boldsymbol{O} \\ \boldsymbol{O} & \boldsymbol{B} \end{pmatrix}$ 相似.

证法 2 由 (5.1) 式得 $\boldsymbol{AX}-\boldsymbol{XB}=\boldsymbol{C}$ 有唯一解 $\Leftrightarrow \det(\boldsymbol{M}) \neq 0 \Leftrightarrow \boldsymbol{AX}-\boldsymbol{XB}=\boldsymbol{O}$ 有

① William Rowan Hamilton, 1805～1865, 爱尔兰物理学家、数学家.

唯一解 $\boldsymbol{X}=\boldsymbol{O}$. 根据定理 5.6 结论 (2) 知, $\varphi_{\boldsymbol{B}}(\boldsymbol{A})$ 是可逆方阵. 再根据 Cayley-Hamilton 定理, 有

$$\boldsymbol{AX}=\boldsymbol{XB} \quad\Rightarrow\quad \varphi_{\boldsymbol{B}}(\boldsymbol{A})\boldsymbol{X}=\boldsymbol{X}\varphi_{\boldsymbol{B}}(\boldsymbol{B})=\boldsymbol{O} \quad\Rightarrow\quad \boldsymbol{X}=\boldsymbol{O}$$

从而 $\boldsymbol{AX}-\boldsymbol{XB}=\boldsymbol{C}$ 有唯一解. 同证法 1, $\begin{pmatrix}\boldsymbol{A} & \boldsymbol{C}\\ \boldsymbol{O} & \boldsymbol{B}\end{pmatrix}$ 与 $\begin{pmatrix}\boldsymbol{A} & \boldsymbol{O}\\ \boldsymbol{O} & \boldsymbol{B}\end{pmatrix}$ 相似.

定理 5.9 设 $\boldsymbol{A}\in\mathbb{F}^{n\times n}$, $\varphi_{\boldsymbol{A}}(x)=\prod\limits_{i=1}^{k}(x-\lambda_i)^{n_i}$, 其中 $\lambda_1,\lambda_2,\cdots,\lambda_k\in\mathbb{F}$ 并且两两不同, 则存在可逆方阵 $\boldsymbol{P}\in\mathbb{F}^{n\times n}$, 使得 $\boldsymbol{P}^{-1}\boldsymbol{AP}=\operatorname{diag}(\boldsymbol{A}_1,\boldsymbol{A}_2,\cdots,\boldsymbol{A}_k)$, 其中每个 $\boldsymbol{A}_i$ 都是 n_i 阶上三角方阵, 并且 $\boldsymbol{A}_i$ 的对角元素都是 λ_i.

证明 根据定理 5.5, 存在可逆方阵 $\boldsymbol{P}_1\in\mathbb{F}^{n\times n}$, 使得

$$\boldsymbol{B}=\boldsymbol{P}_1^{-1}\boldsymbol{AP}_1=\begin{pmatrix}\boldsymbol{A}_1 & * & \cdots & *\\ & \boldsymbol{A}_2 & \ddots & \vdots\\ & & \ddots & *\\ & & & \boldsymbol{A}_k\end{pmatrix},\quad 其中\boldsymbol{A}_i=\begin{pmatrix}\lambda_i & * & \cdots & *\\ & \lambda_i & \ddots & \vdots\\ & & \ddots & *\\ & & & \lambda_i\end{pmatrix}\in\mathbb{F}^{n_i\times n_i}$$

根据定理 5.8 知, $\boldsymbol{B}=\begin{pmatrix}\boldsymbol{A}_1 & *\\ \boldsymbol{O} & \widetilde{\boldsymbol{A}}\end{pmatrix}$ 与 $\begin{pmatrix}\boldsymbol{A}_1 & \boldsymbol{O}\\ \boldsymbol{O} & \widetilde{\boldsymbol{A}}\end{pmatrix}$ 相似. 再对 $\widetilde{\boldsymbol{A}}$ 分块, 反复运用定理 5.8, 可得 $\boldsymbol{A}$ 与 $\operatorname{diag}(\boldsymbol{A}_1,\boldsymbol{A}_2,\cdots,\boldsymbol{A}_k)$ 相似.

例 5.6 设

$$\boldsymbol{A}=\begin{pmatrix}0 & -5 & -6 & 2 & 2\\ 1 & 4 & 4 & -2 & -2\\ -1 & -5 & -5 & 2 & 2\\ -2 & -5 & -5 & 3 & 2\\ 3 & 1 & 0 & -2 & -1\end{pmatrix}$$

求可逆方阵 $\boldsymbol{P}$, 使得 $\boldsymbol{P}^{-1}\boldsymbol{AP}$ 如定理 5.9 所述.

解 计算特征多项式 $\varphi_{\boldsymbol{A}}(x)=(x-1)^3(x+1)^2$, 得 $\boldsymbol{A}$ 的特征值 $\lambda_1=1$ (3 重), $\lambda_2=-1$ (2 重).

$$(\boldsymbol{A}-\lambda_1\boldsymbol{I})^3=\begin{pmatrix}-8 & -28 & -28 & 8 & 8\\ 8 & 20 & 20 & -8 & -8\\ -8 & -28 & -28 & 8 & 8\\ -8 & -28 & -28 & 8 & 8\\ 8 & 12 & 12 & -8 & -8\end{pmatrix},\quad (\boldsymbol{A}-\lambda_2\boldsymbol{I})^2=\begin{pmatrix}4 & -8 & -12 & 4 & 4\\ 0 & 8 & 8 & -4 & -4\\ 0 & -8 & -8 & 4 & 4\\ -4 & -8 & -8 & 8 & 4\\ 8 & 0 & -4 & -4 & 0\end{pmatrix}$$

$(\boldsymbol{A}-\lambda_1\boldsymbol{I})^3\boldsymbol{x}=\boldsymbol{0}$ 的基础解系 $\boldsymbol{\alpha}_1=(0,-1,1,0,0)^{\mathrm{T}}$, $\boldsymbol{\alpha}_2=(1,0,0,1,0)^{\mathrm{T}}$, $\boldsymbol{\alpha}_3=(1,0,0,0,1)^{\mathrm{T}}$.

$(\boldsymbol{A}-\lambda_2\boldsymbol{I})^2\boldsymbol{x}=\boldsymbol{0}$ 的基础解系 $\boldsymbol{\alpha}_4=(2,-1,2,2,0)^{\mathrm{T}}$, $\boldsymbol{\alpha}_5=(0,1,0,0,2)^{\mathrm{T}}$.

设 $\boldsymbol{P}_1 = (\boldsymbol{\alpha}_1 \quad \cdots \quad \boldsymbol{\alpha}_5)$, 则

$$\boldsymbol{P}_1^{-1} = \begin{pmatrix} -1 & -2 & -1 & 1 & 1 \\ -1 & -2 & -2 & 2 & 1 \\ 1 & 0 & 0 & -1 & 0 \\ \frac{1}{2} & 1 & 1 & -\frac{1}{2} & -\frac{1}{2} \\ -\frac{1}{2} & 0 & 0 & \frac{1}{2} & \frac{1}{2} \end{pmatrix}$$

$$\boldsymbol{P}_1^{-1}\boldsymbol{A}\boldsymbol{P}_1 = \begin{pmatrix} 0 & 1 & 1 & 0 & 0 \\ 0 & 1 & 0 & 0 & 0 \\ -1 & 1 & 2 & 0 & 0 \\ 0 & 0 & 0 & -\frac{3}{2} & -\frac{1}{2} \\ 0 & 0 & 0 & \frac{1}{2} & -\frac{1}{2} \end{pmatrix} = \begin{pmatrix} \boldsymbol{A}_1 & \\ & \boldsymbol{A}_2 \end{pmatrix}$$

其中 $\boldsymbol{A}_1 = \begin{pmatrix} 0 & 1 & 1 \\ 0 & 1 & 0 \\ -1 & 1 & 2 \end{pmatrix}$, $\boldsymbol{A}_2 = \begin{pmatrix} -\frac{3}{2} & -\frac{1}{2} \\ \frac{1}{2} & -\frac{1}{2} \end{pmatrix}$, 满足 $(\boldsymbol{A}_1 - \boldsymbol{I})^2 = \boldsymbol{O}$, $(\boldsymbol{A}_2 + \boldsymbol{I})^2 = \boldsymbol{O}$.

$(\boldsymbol{A}_1 - \boldsymbol{I})\boldsymbol{x} = \boldsymbol{0}$ 的通解 $\boldsymbol{x} = (s+t, s, t)^{\mathrm{T}}$. 取 $\boldsymbol{\beta}_1$, 使得 $\boldsymbol{\beta}_2 = (\boldsymbol{A}_1 - \boldsymbol{I})\boldsymbol{\beta}_1 \neq \boldsymbol{0}$, 取 $\boldsymbol{\beta}_3$, 使得 $(\boldsymbol{A}_1 - \boldsymbol{I})\boldsymbol{\beta}_3 = \boldsymbol{0}$ 且 $\boldsymbol{\beta}_3$ 与 $\boldsymbol{\beta}_2$ 不平行, 则 $\boldsymbol{Q}_1 = (\boldsymbol{\beta}_2 \quad \boldsymbol{\beta}_1 \quad \boldsymbol{\beta}_3)$ 满足

$$\boldsymbol{A}_1\boldsymbol{Q}_1 = \boldsymbol{Q}_1 \begin{pmatrix} 1 & 1 & 0 \\ 0 & 1 & 0 \\ 0 & 0 & 1 \end{pmatrix} = \boldsymbol{Q}_1\boldsymbol{B}_1$$

$(\boldsymbol{A}_2 + \boldsymbol{I})x = \boldsymbol{0}$ 的通解 $\boldsymbol{x} = (t, -t)^{\mathrm{T}}$. 取 γ_1, 使得 $\gamma_2 = (\boldsymbol{A} + \boldsymbol{I})\gamma_1 \neq \boldsymbol{0}$, 则 $\boldsymbol{Q}_2 = (\gamma_2 \quad \gamma_1)$ 满足

$$\boldsymbol{A}_2\boldsymbol{Q}_2 = \boldsymbol{Q}_2 \begin{pmatrix} -1 & 1 \\ 0 & -1 \end{pmatrix} = \boldsymbol{Q}_2\boldsymbol{B}_2$$

例如, 可取

$$\boldsymbol{\beta}_1 = \begin{pmatrix} 1 \\ 0 \\ 0 \end{pmatrix}, \quad \boldsymbol{\beta}_2 = \begin{pmatrix} -1 \\ 0 \\ -1 \end{pmatrix}, \quad \boldsymbol{\beta}_3 = \begin{pmatrix} 1 \\ 1 \\ 0 \end{pmatrix}, \quad \gamma_1 = \begin{pmatrix} 1 \\ 0 \end{pmatrix}, \quad \gamma_2 = \begin{pmatrix} -\frac{1}{2} \\ \frac{1}{2} \end{pmatrix}$$

则 $\boldsymbol{P} = \boldsymbol{P}_1 \begin{pmatrix} \boldsymbol{Q}_1 & \\ & \boldsymbol{Q}_2 \end{pmatrix} = \begin{pmatrix} -1 & 0 & 1 & -1 & 2 \\ 1 & -1 & -1 & 1 & -1 \\ -1 & 1 & 1 & -1 & 2 \\ 0 & 0 & 1 & -1 & 2 \\ -1 & 0 & 0 & 1 & 0 \end{pmatrix}$ 满足 $\boldsymbol{P}^{-1}\boldsymbol{A}\boldsymbol{P} = \begin{pmatrix} \boldsymbol{B}_1 & \\ & \boldsymbol{B}_2 \end{pmatrix}$.

习 题 5.2

1. 证明定理 5.6.
2. 设 $\lambda_1, \lambda_2, \cdots, \lambda_n$ 是 n 阶方阵 $\boldsymbol{A} = (a_{ij})$ 的所有特征值. 证明: $\sum\limits_{i=1}^{n} \lambda_i^2 = \sum\limits_{i,j=1}^{n} a_{ij}a_{ji}$.

3. 设正整数 $m \geqslant 2$, $\omega = \cos\dfrac{2\pi}{m} + \mathrm{i}\sin\dfrac{2\pi}{m}$. 证明:

(1) 对于任意 $f \in \mathbb{C}[x]$, 存在 $g \in \mathbb{C}[x]$ 使得 $\prod\limits_{k=1}^{m} f(\omega^k x) = g(x^m)$;

(2) 对于任意 $\boldsymbol{A} \in \mathbb{C}^{n\times n}$, $\boldsymbol{B} = \boldsymbol{A}^m$ 的特征多项式 $\varphi_{\boldsymbol{B}}(x) = (-1)^{(m-1)n}\prod\limits_{k=1}^{m}\varphi_{\boldsymbol{A}}(\omega^k x^{\frac{1}{m}})$.

4. 设 $\boldsymbol{A} \in \mathbb{F}^{m\times m}$, $\boldsymbol{B} \in \mathbb{F}^{n\times n}$. 证明: 当 $\gcd(\varphi_{\boldsymbol{A}}, \varphi_{\boldsymbol{B}}) \neq 1$ 时, 方程 $\boldsymbol{AX} = \boldsymbol{XB}$ 有非零解 $\boldsymbol{X} \in \mathbb{F}^{m\times n}$.

5. 设 $\lambda_1, \cdots, \lambda_m$ 是 $\boldsymbol{A} \in \mathbb{F}^{m\times m}$ 的所有特征值, $\mu_1, \cdots, \mu_n$ 是 $\boldsymbol{B} \in \mathbb{F}^{n\times n}$ 的所有特征值, $\boldsymbol{C} \in \mathbb{F}^{m\times n}$. 证明: 方程 $\boldsymbol{X} - \boldsymbol{AXB} = \boldsymbol{C}$ 有唯一解 $\boldsymbol{X} \in \mathbb{F}^{m\times n}$ 的充分必要条件是 $\lambda_i\mu_j \neq 1(\forall i, j)$.

6. 设 $\boldsymbol{A} \in \mathbb{F}^{n\times n}$ 满足 $\boldsymbol{A}^k = \boldsymbol{O}$, 其中 k 是某个正整数. 证明: $\varphi_{\boldsymbol{A}}(x) = x^n$.

7. 设 $\boldsymbol{A} \in \mathbb{F}^{n\times n}$ 满足 $\boldsymbol{A}^k = \boldsymbol{A}$, 其中 k 是某个正整数. 证明:

(1) 若 $k = 2$, 则 $\boldsymbol{A}$ 与 $\mathrm{diag}(\boldsymbol{I}_r, \boldsymbol{O})$ 相似, $r = \mathrm{rank}(\boldsymbol{A})$;

(2) 若 $k = 3$, 则 $\boldsymbol{A}$ 与 $\mathrm{diag}(\boldsymbol{I}_p, -\boldsymbol{I}_q, \boldsymbol{O})$ 相似, $p = n - \mathrm{rank}(\boldsymbol{A} - \boldsymbol{I})$, $q = n - \mathrm{rank}(\boldsymbol{A} + \boldsymbol{I})$;

(3) 若 $\mathbb{F} = \mathbb{C}$, 则 $\boldsymbol{A}$ 一定可以相似于对角方阵.

8. 设方阵 $\boldsymbol{H} = (a_{ij})$ 满足 $a_{ij} = 0(\forall i \geqslant j + 2)$, 则 $\boldsymbol{H}$ 称为 **Hessenberg**[①]**方阵**. 证明:

(1) 对于任意正整数 k, $\boldsymbol{H}^k = (b_{ij})$ 满足 $b_{ij} = \begin{cases} \prod\limits_{t=j}^{j+k-1} a_{t+1,t}, & i = j + k \\ 0, & i > j + k \end{cases}$;

(2) 任意 $\boldsymbol{A} \in \mathbb{F}^{n\times n}$ 可以在 $\mathbb{F}$ 上相似于 Hessenberg 方阵.

9. 设 $\boldsymbol{A} \in \mathbb{F}^{n\times n}$ 不是纯量方阵. 证明: 若 $a_1, a_2, \cdots, a_n \in \mathbb{F}$ 满足 $a_1 + a_2 + \cdots + a_n = \mathrm{tr}(\boldsymbol{A})$, 则存在可逆方阵 $\boldsymbol{P} \in \mathbb{F}^{n\times n}$, 使得 $\boldsymbol{P}^{-1}\boldsymbol{AP}$ 的对角元素依次是 $a_1, a_2, \cdots, a_n$.

10. 设 I 是指标集合, $\{\boldsymbol{A}_i \mid i \in I\}$ 是一组两两乘积可交换的复数方阵.

(1) 证明: 存在复数向量 $\boldsymbol{\alpha}$ 是所有 $\boldsymbol{A}_i$ 的公共特征向量;

(2) 证明: 存在可逆复数方阵 $\boldsymbol{P}$, 使得 $\boldsymbol{P}^{-1}\boldsymbol{A}_i\boldsymbol{P}$ 都是上三角方阵;

(3) 对实数域 $\mathbb{R}$ 和任意数域 $\mathbb{F}$ 上的方阵, 推广上述结论.

5.3　最小多项式

定义 5.3　设 $\boldsymbol{A} \in \mathbb{F}^{n\times n}$. 若 $f \in \mathbb{F}[x]$ 满足 $f(\boldsymbol{A}) = \boldsymbol{O}$, 则 f 称为 $\boldsymbol{A}$ 在 $\mathbb{F}$ 上的一个**化零多项式**. 若 $f, g \in \mathbb{F}[x]$ 都是 $\boldsymbol{A}$ 的化零多项式, 则根据 Bézout 定理知, 存在 $u, v \in \mathbb{F}[x]$, 使得 $\gcd(f, g) = uf + vg$ 也是 $\boldsymbol{A}$ 的化零多项式. $\boldsymbol{A}$ 在 $\mathbb{F}$ 上的所有化零多项式的最大公因式, 是次数最小的首一化零多项式, 称为 $\boldsymbol{A}$ 在 $\mathbb{F}$ 上的**最小多项式**, 记作 $d_{\boldsymbol{A}}$.

设 $\mathbb{K}$ 是 $\mathbb{F}$ 的任意扩域, $\boldsymbol{A} \in \mathbb{F}^{n\times n}$ 也可以看作是 $\boldsymbol{A} \in \mathbb{K}^{n\times n}$. $d_{\boldsymbol{A}}$ 由 $\boldsymbol{A}$ 唯一确定, 与 $\mathbb{K}$ 无关.

定理 5.10　关于 $\mathbb{F}$ 上方阵的最小多项式, 有如下结论:

① Karl Adolf Hessenberg, 1904～1959, 德国数学家、工程师.

(1) 若方阵 $\boldsymbol{A}$ 与 $\boldsymbol{B}$ 相似, 则 $d_{\boldsymbol{A}}=d_{\boldsymbol{B}}$;

(2) 对于任意方阵 $\boldsymbol{A}$, $d_{\boldsymbol{A}}$ 整除 $\varphi_{\boldsymbol{A}}$, 并且 $\varphi_{\boldsymbol{A}}$ 整除 $d_{\boldsymbol{A}}^n$;

(3) 设 $\boldsymbol{A}=\operatorname{diag}(\boldsymbol{A}_1,\boldsymbol{A}_2,\cdots,\boldsymbol{A}_k)$, 每个 $\boldsymbol{A}_i$ 是方阵, 则 $d_{\boldsymbol{A}}=\operatorname{lcm}(d_{\boldsymbol{A}_1},d_{\boldsymbol{A}_2},\cdots,d_{\boldsymbol{A}_k})$①.

证明 (1) 设 $\boldsymbol{A}=\boldsymbol{PBP}^{-1}$, 则 $f(\boldsymbol{A})=\boldsymbol{P}f(\boldsymbol{B})\boldsymbol{P}^{-1}$, $\forall f\in\mathbb{F}[x]$. $f(\boldsymbol{A})=\boldsymbol{O}\Leftrightarrow f(\boldsymbol{B})=\boldsymbol{O}$. 故 $d_{\boldsymbol{A}}=d_{\boldsymbol{B}}$.

(2) 根据 Cayley-Hamilton 定理知, $d_{\boldsymbol{A}}$ 整除 $\varphi_{\boldsymbol{A}}$. 对于 $\boldsymbol{A}$ 的任意特征值 $\lambda_i\in\mathbb{K}$, 设 $\boldsymbol{\alpha}\in\mathbb{K}^{n\times 1}$ 是 λ_i 对应的一个特征向量. 由 $\boldsymbol{A\alpha}=\lambda_i\boldsymbol{\alpha}$ 可得 $d_{\boldsymbol{A}}(\boldsymbol{A})\boldsymbol{\alpha}=d_{\boldsymbol{A}}(\lambda_i)\boldsymbol{\alpha}=\mathbf{0}$. 因此, $d_{\boldsymbol{A}}(\lambda_i)=0$,$x-\lambda_i$ 整除 $d_{\boldsymbol{A}}(x)$. 从而 $\varphi_{\boldsymbol{A}}(x)=\prod\limits_{i=1}^{n}(x-\lambda_i)$ 整除 $(d_{\boldsymbol{A}}(x))^n$.

(3) 设 $f\in\mathbb{F}[x]$. $f(\boldsymbol{A})=\boldsymbol{O}\Leftrightarrow f(\boldsymbol{A}_i)=\boldsymbol{O}\Leftrightarrow d_{\boldsymbol{A}_i}|f\Leftrightarrow\operatorname{lcm}(d_{\boldsymbol{A}_1},d_{\boldsymbol{A}_2},\cdots,d_{\boldsymbol{A}_k})|f$. 因此, $d_{\boldsymbol{A}}=\operatorname{lcm}(d_{\boldsymbol{A}_1},d_{\boldsymbol{A}_2},\cdots,d_{\boldsymbol{A}_k})$.

例 5.7 求友方阵

$$\boldsymbol{A}=\begin{pmatrix} & & & -a_0\\ 1 & & & -a_1\\ & \ddots & & \vdots\\ & & 1 & -a_{n-1}\end{pmatrix}$$

的最小多项式.

解 对于任意多项式 $f(x)=\sum\limits_{i=0}^{n-1}c_ix^i$, 有

$$f(\boldsymbol{A})\boldsymbol{e}_1=\sum_{i=0}^{n-1}c_i\boldsymbol{A}^i\boldsymbol{e}_1=\sum_{i=0}^{n-1}c_i\boldsymbol{e}_{i+1}=(c_0\quad c_1\quad\cdots\quad c_{n-1})^{\mathrm{T}}$$

故 $\deg(d_{\boldsymbol{A}})\geqslant n$. 因此, $d_{\boldsymbol{A}}(x)=\varphi_{\boldsymbol{A}}(x)=x^n+\sum\limits_{i=0}^{n-1}a_ix^i$.

例 5.8 求实数方阵

$$\boldsymbol{A}=\begin{pmatrix}1 & 2 & \cdots & n\\ 2 & 3 & \cdots & n+1\\ \vdots & \vdots & & \vdots\\ n & n+1 & \cdots & 2n-1\end{pmatrix}\ (n\geqslant 2)$$

的最小多项式.

解 由乘积分解

$$\boldsymbol{A}=\begin{pmatrix}1 & 1\\ 2 & 1\\ \vdots & \vdots\\ n & 1\end{pmatrix}\begin{pmatrix}1 & 1 & \cdots & 1\\ 0 & 1 & \cdots & n-1\end{pmatrix}=\boldsymbol{BC}$$

可得

$$\varphi_{\boldsymbol{A}}(x)=x^{n-2}\det(x\boldsymbol{I}-\boldsymbol{CB})=x^{n-1}\left(x^2-n^2x-\frac{n^4-n^2}{12}\right)$$

① lcm 表示若干个多项式的最小公倍式, 或若干个整数的最小公倍数.

$\boldsymbol{A}$ 的所有特征值为 $\lambda_1,\lambda_2,0,\cdots,0$, 其中 $\lambda_1\neq\lambda_2$ 且 $\lambda_1\lambda_2\neq 0$. 根据定理 5.9 及 $\operatorname{rank}(\boldsymbol{A})=2$, 得 $\boldsymbol{A}$ 与 $\operatorname{diag}(\lambda_1,\lambda_2,\boldsymbol{O})$ 相似. 因此,

$$d_{\boldsymbol{A}}(x)=x(x-\lambda_1)(x-\lambda_2)=x^3-n^2x^2-\frac{n^4-n^2}{12}x$$

定理 5.11　设 $\boldsymbol{A}\in\mathbb{F}^{n\times n}$ 的所有特征值都属于 $\mathbb{F}$, 则 $\boldsymbol{A}$ 可以在 $\mathbb{F}$ 上相似于对角方阵的充分必要条件是 $d_{\boldsymbol{A}}(x)$ 无重根.

证明　设 $\varphi_{\boldsymbol{A}}(x)=\prod\limits_{i=1}^{k}(x-\lambda_i)^{n_i}$, $\lambda_1,\lambda_2,\cdots,\lambda_k$ 两两不同. 根据定理 5.9 知, 存在可逆方阵 $\boldsymbol{P}\in\mathbb{F}^{n\times n}$, 使得 $\boldsymbol{A}=\boldsymbol{P}\operatorname{diag}(\boldsymbol{A}_1,\boldsymbol{A}_2,\cdots,\boldsymbol{A}_k)\boldsymbol{P}^{-1}$, 其中 $\varphi_{\boldsymbol{A}_i}(x)=(x-\lambda_i)^{n_i}$.

(充分性) 设 $d_{\boldsymbol{A}}(x)$ 无重根. 根据定理 5.10 知, $d_{\boldsymbol{A}}(x)=\prod\limits_{i=1}^{k}(x-\lambda_i)$. 当 $i\neq j$ 时, $\boldsymbol{A}_i-\lambda_j\boldsymbol{I}$ 是可逆方阵. $d_{\boldsymbol{A}}(\boldsymbol{A})=\boldsymbol{O}\Rightarrow d_{\boldsymbol{A}}(\boldsymbol{A}_i)=\boldsymbol{O}\Rightarrow \boldsymbol{A}_i-\lambda_i\boldsymbol{I}=\boldsymbol{O}$. 因此, $\boldsymbol{P}^{-1}\boldsymbol{A}\boldsymbol{P}$ 是对角方阵.

(必要性) 若 $\boldsymbol{A}$ 可以相似于对角方阵, 则 $\boldsymbol{A}$ 与 $\boldsymbol{B}=\operatorname{diag}(\lambda_1\boldsymbol{I}_{n_1},\lambda_2\boldsymbol{I}_{n_2},\cdots,\lambda_k\boldsymbol{I}_{n_k})$ 相似. 因此, $d_{\boldsymbol{A}}(x)=d_{\boldsymbol{B}}(x)=\prod\limits_{i=1}^{k}(x-\lambda_i)$ 无重根.

例 5.9　任意置换方阵可以在复数域上相似成对角方阵.

证明　设 $\boldsymbol{A}$ 是 n 阶置换方阵. $\boldsymbol{A}^k$ $(k\in\mathbb{N})$ 都是置换方阵. n 阶置换方阵只有 $n!$ 个, 故存在正整数 m, 使得 $\boldsymbol{A}^m=\boldsymbol{I}$. $\boldsymbol{A}$ 的化零多项式 x^m-1 无重根, 故 $d_{\boldsymbol{A}}(x)$ 也无重根. 根据定理 5.11 知, $\boldsymbol{A}$ 可以在复数域上相似于对角方阵.

例 5.10　设

$$\boldsymbol{A}=\begin{pmatrix}1&1&&&&&\\&1&1&&&&\\&&1&0&&&\\&&&1&1&&\\&&&&1&0&\\&&&&&1&1\\&&&&&&1\end{pmatrix},\quad \boldsymbol{B}=\begin{pmatrix}1&1&&&&&\\&1&1&&&&\\&&1&0&&&\\&&&1&0&&\\&&&&1&1&\\&&&&&1&1\\&&&&&&1\end{pmatrix}$$

其中空白处的元素都是 0. 计算 $\boldsymbol{A},\boldsymbol{B}$ 的最小多项式, 并判断 $\boldsymbol{A}$ 与 $\boldsymbol{B}$ 是否相似.

解　$\boldsymbol{A}=\operatorname{diag}(\boldsymbol{J}_3,\boldsymbol{J}_2,\boldsymbol{J}_2)$, $\boldsymbol{B}=\operatorname{diag}(\boldsymbol{J}_3,1,\boldsymbol{J}_3)$, 其中 $\boldsymbol{J}_k=\boldsymbol{I}_k+\begin{pmatrix}&\boldsymbol{I}_{k-1}\\0&\end{pmatrix}$ 满足 $d_{\boldsymbol{J}_k}(x)=(x-1)^k$. 根据定理 5.10 结论 (3) 知, $d_{\boldsymbol{A}}(x)=d_{\boldsymbol{B}}(x)=(x-1)^3$. 由 $\operatorname{rank}(\boldsymbol{A}-\boldsymbol{I})^2=1$, $\operatorname{rank}(\boldsymbol{B}-\boldsymbol{I})^2=2$ 可得, $\boldsymbol{A}$ 与 $\boldsymbol{B}$ 不相似.

上例说明, “特征多项式和最小多项式都相等”是“两个方阵相似”的必要但不充分条件.

定义 5.4　设 $\boldsymbol{A}\in\mathbb{F}^{n\times n}$, $\boldsymbol{\alpha}\in\mathbb{F}^{n\times 1}$ 是非零向量. 若 $f\in\mathbb{F}[x]$ 满足 $f(\boldsymbol{A})\boldsymbol{\alpha}=\boldsymbol{0}$, 则 f 称为 $\boldsymbol{A}$ 在 $\mathbb{F}$ 上关于 $\boldsymbol{\alpha}$ 的一个**化零多项式**. 若 f 和 g 都是 $\boldsymbol{A}$ 关于 $\boldsymbol{\alpha}$ 的化零多项式, 则 $\gcd(f,g)$ 也是 $\boldsymbol{A}$ 关于 $\boldsymbol{\alpha}$ 的化零多项式. $\boldsymbol{A}$ 在 $\mathbb{F}$ 上关于 $\boldsymbol{\alpha}$ 的所有化零多项式的最大公因式, 是次数最小的关于 $\boldsymbol{\alpha}$ 的首一化零多项式, 称为 $\boldsymbol{A}$ 在 $\mathbb{F}$ 上关于 $\boldsymbol{\alpha}$ 的**最小多项式**, 记作 $d_{\boldsymbol{A},\boldsymbol{\alpha}}$.

显然, $d_{\boldsymbol{A},\boldsymbol{\alpha}}$ 整除 $d_{\boldsymbol{A}}$. 此外, $d_{\boldsymbol{A},\boldsymbol{\alpha}}$ 由 $\boldsymbol{A}$ 和 $\boldsymbol{\alpha}$ 唯一确定, 与它们所在的数域无关.

定理 5.12　对于任意 $\boldsymbol{A}\in\mathbb{F}^{n\times n}$, 存在 $\boldsymbol{\alpha}\in\mathbb{F}^{n\times 1}$, 使得 $d_{\boldsymbol{A},\boldsymbol{\alpha}}=d_{\boldsymbol{A}}$.

证明 设 $d_{\boldsymbol{A}} = p_1^{n_1} \cdots p_k^{n_k}$, 其中 $p_1, \cdots, p_k \in \mathbb{F}[x]$ 是两两互素的首一不可约多项式, $\deg(p_i)$ 和 $n_i(\forall i)$ 都是正整数. 对于每个 $f_i = d_{\boldsymbol{A}}/p_i$, 存在 $\boldsymbol{\alpha}_i \in \mathbb{F}^{n\times 1}$, 使得 $f_i(\boldsymbol{A})\boldsymbol{\alpha}_i \neq \boldsymbol{0}$. 设 $g_i = d_{\boldsymbol{A}}/p_i^{n_i}$, $\boldsymbol{\beta}_i = g_i(\boldsymbol{A})\boldsymbol{\alpha}_i$. 由 $p_i^{n_i}(\boldsymbol{A})\boldsymbol{\beta}_i = \boldsymbol{0}$ 和 $p_i^{n_i-1}(\boldsymbol{A})\boldsymbol{\beta}_i \neq \boldsymbol{0}$, 得 $d_{\boldsymbol{A},\boldsymbol{\beta}_i} = p_i^{n_i}$. 设 $\boldsymbol{\alpha} = \boldsymbol{\beta}_1 + \cdots + \boldsymbol{\beta}_k$, $d_{\boldsymbol{A},\boldsymbol{\alpha}} = p_1^{m_1} \cdots p_k^{m_k}$, 其中 $m_i \leqslant n_i(\forall i)$. 若存在 $m_i \neq n_i$, 则 $d_{\boldsymbol{A},\boldsymbol{\alpha}} \mid f_i$, 得 $\boldsymbol{0} = f_i(\boldsymbol{A})\boldsymbol{\alpha} = f_i(\boldsymbol{A})\boldsymbol{\beta}_i$, 与 $d_{\boldsymbol{A},\boldsymbol{\beta}_i} = p_i^{n_i} \nmid f_i$ 矛盾. 因此, $d_{\boldsymbol{A},\boldsymbol{\alpha}} = d_{\boldsymbol{A}}$.

定理 5.13 若 $\boldsymbol{A} \in \mathbb{F}^{n\times n}$ 满足 $d_{\boldsymbol{A}} = \varphi_{\boldsymbol{A}}$, 则 $\boldsymbol{A}$ 与 $\varphi_{\boldsymbol{A}}$ 的友方阵相似.

证明 根据定理 5.12 知, 存在 $\boldsymbol{\alpha}_1 \in \mathbb{F}^{n\times 1}$, 使得 $d_{\boldsymbol{A},\boldsymbol{\alpha}_1} = d_{\boldsymbol{A}} = \varphi_{\boldsymbol{A}} = x^n + \sum\limits_{i=0}^{n-1} c_i x^i$. 记 $\alpha_k = \boldsymbol{A}^{k-1}\boldsymbol{\alpha}_1 (k \geqslant 2)$. 由 $\varphi_{\boldsymbol{A}}(\boldsymbol{A}) = \boldsymbol{O}$ 可得 $\boldsymbol{A}\boldsymbol{\alpha}_n = \boldsymbol{A}^n\boldsymbol{\alpha}_1 = -\sum\limits_{i=0}^{n-1} c_i \boldsymbol{A}^i\boldsymbol{\alpha}_1 = -\sum\limits_{i=1}^{n} c_{i-1}\boldsymbol{\alpha}_i$. 设 $\boldsymbol{P} = (\boldsymbol{\alpha}_1\ \boldsymbol{\alpha}_2\ \cdots\ \boldsymbol{\alpha}_n)$, 则 $\boldsymbol{AP} = \boldsymbol{PB}$, 其中

$$\boldsymbol{B} = \begin{pmatrix} & & & -c_0 \\ 1 & & & -c_1 \\ & \ddots & & \vdots \\ & & 1 & -c_{n-1} \end{pmatrix}$$

是 $\varphi_{\boldsymbol{A}}(x)$ 的友方阵. 下证 $\boldsymbol{P}$ 是可逆方阵. 若 $\sum\limits_{i=1}^{n} t_i\boldsymbol{\alpha}_i = \boldsymbol{0}$, 则 $f(x) = \sum\limits_{i=1}^{n} t_i x^{i-1}$ 是 $\boldsymbol{A}$ 关于 $\boldsymbol{\alpha}_1$ 的化零多项式. 由于 $d_{\boldsymbol{A},\boldsymbol{\alpha}_1}$ 整除 f 且 $\deg(f) < n$, 故 $f = 0$, 即 $\boldsymbol{Px} = \boldsymbol{0}$ 只有零解. 故 $\boldsymbol{P}$ 是可逆方阵, 从而 $\boldsymbol{A}$ 与 $\boldsymbol{B}$ 相似.

由定理 5.13 的证明, 我们可以得到如下结论: 若 $\boldsymbol{A} \in \mathbb{F}^{n\times n}$ 和 $\boldsymbol{\alpha} \in \mathbb{F}^{n\times 1}$ 满足 $d_{\boldsymbol{A},\boldsymbol{\alpha}} = \varphi_{\boldsymbol{A}}$, 则 $\mathbb{F}^{n\times 1}$ 中的所有向量都可以唯一地表示成 $p(\boldsymbol{A})\boldsymbol{\alpha}$ 的形式, 其中 $p \in \mathbb{F}[x]$ 且 $\deg(p) \leqslant n-1$.

例 5.11 设 $\boldsymbol{A} \in \mathbb{F}^{n\times n}$ 满足 $d_{\boldsymbol{A}} = \varphi_{\boldsymbol{A}}$. 对于任意 $f \in \mathbb{F}[x]$, 设 $g = \gcd(d_{\boldsymbol{A}}, f)$, 则有

$$\operatorname{rank}(f(\boldsymbol{A})) = \operatorname{rank}(g(\boldsymbol{A})) = n - \deg(g)$$

证明 根据定理 5.12 知, 存在 $\boldsymbol{\alpha} \in \mathbb{F}^{n\times 1}$, 满足 $d_{\boldsymbol{A},\boldsymbol{\alpha}} = d_{\boldsymbol{A}} = \varphi_{\boldsymbol{A}}$. 考虑方程组 $f(\boldsymbol{A})\boldsymbol{x} = 0$ 的解空间 V.

$$p(\boldsymbol{A})\boldsymbol{\alpha} \in V \quad \Leftrightarrow \quad f(\boldsymbol{A})p(\boldsymbol{A})\boldsymbol{\alpha} = \boldsymbol{0} \quad \Leftrightarrow \quad d_{\boldsymbol{A}} \text{ 整除 } f\cdot p \quad \Leftrightarrow \quad h = \frac{d_{\boldsymbol{A}}}{g} \text{ 整除 } p$$

即

$$V = \{p(\boldsymbol{A})\boldsymbol{\alpha} \mid p \in \mathbb{F}[x] \text{ 可被 } h \text{ 整除},\ \deg(p) \leqslant n-1\}$$

设 $\boldsymbol{\beta} = h(\boldsymbol{A})\boldsymbol{\alpha}$, 则 $\boldsymbol{\beta}, \boldsymbol{A\beta}, \cdots, \boldsymbol{A}^{k-1}\boldsymbol{\beta}$ 构成 V 的基, 其中 $k = n - \deg(h) = \deg(g)$. 因此, $\operatorname{rank}(f(\boldsymbol{A})) = n - k = n - \deg(g)$. 特别地, 对于 $\hat{f} = g$, 亦有 $\operatorname{rank}(\hat{f}(\boldsymbol{A})) = n - \deg(g)$.

习 题 5.3

1. 求下列方阵的特征多项式和最小多项式:

(1) $\begin{pmatrix}3&-2&-1\\2&-1&1\\1&-1&1\end{pmatrix}$; (2) $\begin{pmatrix}-1&2&2\\1&0&-1\\-1&1&2\end{pmatrix}$;

(3) $\begin{pmatrix}1&-1&1\\2&-2&1\\2&-2&1\end{pmatrix}$; (4) $\begin{pmatrix}-4&3&-5\\-1&0&-1\\2&-2&3\end{pmatrix}$;

(5) $\begin{pmatrix}&\boldsymbol{I}_{n-k}\\\boldsymbol{I}_k&\end{pmatrix}$; (6) $\begin{pmatrix}&\boldsymbol{I}_{n-k}\\-\boldsymbol{I}_k&\end{pmatrix}$;

(7) $\begin{pmatrix}&\boldsymbol{I}_{n-k}\\\boldsymbol{O}_k&\end{pmatrix}$; (8) $\begin{pmatrix}0&1&&\\-1&0&\ddots&\\&\ddots&\ddots&1\\&&-1&0\end{pmatrix}$;

(9) $\begin{pmatrix}a_1+b_1&a_1+b_2&\cdots&a_1+b_n\\a_2+b_1&a_2+b_2&\cdots&a_2+b_n\\\vdots&\vdots&&\vdots\\a_n+b_1&a_n+b_2&\cdots&a_n+b_n\end{pmatrix}$; (10) $\begin{pmatrix}1+a_1b_1&a_1b_2&\cdots&a_1b_n\\a_2b_1&2+a_2b_2&\cdots&a_2b_n\\\vdots&\vdots&&\vdots\\a_nb_1&a_nb_2&\cdots&n+a_nb_n\end{pmatrix}$.

2. 设 $\operatorname{char}\mathbb{F}=0$, $f\in\mathbb{F}[x]$ 在 $\mathbb{F}$ 的扩域 $\mathbb{K}$ 上可以分解为 $f(x)=\prod\limits_{i=1}^{n}(x-\lambda_i)$. 下列 4 个叙述:

① $\gcd(f,f')=1$; ② f 在 $\mathbb{F}[x]$ 中不可约; ③ $\lambda_1,\cdots,\lambda_n\notin\mathbb{F}$; ④ $\lambda_1,\cdots,\lambda_n$ 两两不同.

证明: ①是④的充分必要条件; ②是④的充分不必要条件; ③是④的既不充分也不必要条件.

3. 证明: 对于任意 n 阶置换方阵 $\boldsymbol{A}$, 存在置换方阵 $\boldsymbol{P}$, 使得 $\boldsymbol{P}^{-1}\boldsymbol{A}\boldsymbol{P}=\operatorname{diag}(\boldsymbol{C}_1,\boldsymbol{C}_2,\cdots,\boldsymbol{C}_k)$, 其中每个 $\boldsymbol{C}_i$ 形如 $\begin{pmatrix}&\boldsymbol{I}_{n_i}\\1&\end{pmatrix}$. 由此可得, $\boldsymbol{A}$ 的复数特征值都是次数不超过 n 的单位根.

4. 设首一多项式 $f_1,f_2,\cdots,f_k\in\mathbb{F}[x]$ 两两互素, $\boldsymbol{A}_i$ 是 f_i 的友方阵. 证明: $f_1f_2\cdots f_k$ 的友方阵与 $\operatorname{diag}(\boldsymbol{A}_1,\boldsymbol{A}_2,\cdots,\boldsymbol{A}_k)$ 相似.

5. 设 $\boldsymbol{A}\in\mathbb{F}^{n\times n}$, $\boldsymbol{\alpha}\in\mathbb{F}^{n\times 1}$ 是非零向量. 证明: $\operatorname{rank}\left(\boldsymbol{\alpha}\ \boldsymbol{A}\boldsymbol{\alpha}\ \cdots\ \boldsymbol{A}^{k-1}\boldsymbol{\alpha}\right)=\min\{k,\deg(d_{\boldsymbol{A},\boldsymbol{\alpha}})\}$.

6. (1) 设 $\boldsymbol{A}\in\mathbb{F}^{n\times n}$, $\boldsymbol{\alpha},\boldsymbol{\beta}\in\mathbb{F}^{n\times 1}$ 满足 $\gcd(d_{\boldsymbol{A},\boldsymbol{\alpha}},d_{\boldsymbol{A},\boldsymbol{\beta}})=1$. 证明: $d_{\boldsymbol{A},\boldsymbol{\alpha}+\boldsymbol{\beta}}=d_{\boldsymbol{A},\boldsymbol{\alpha}}d_{\boldsymbol{A},\boldsymbol{\beta}}$.

(2) 试把上述结论推广到多个向量 $\boldsymbol{\alpha}_1,\boldsymbol{\alpha}_2,\cdots,\boldsymbol{\alpha}_k$.

7. 设 n 阶 Hessenberg 方阵 $\boldsymbol{A}=(a_{ij})$ 满足 $\prod\limits_{i=2}^{n}a_{i,i-1}\neq 0$. 证明: $d_{\boldsymbol{A}}=\varphi_{\boldsymbol{A}}$.

8. 设 $\mathbb{F}$ 上方阵

$$\boldsymbol{A}=\begin{pmatrix}\boldsymbol{B}&\boldsymbol{I}&&\\&\boldsymbol{B}&\ddots&\\&&\ddots&\boldsymbol{I}\\&&&\boldsymbol{B}\end{pmatrix},$$

其中 $\boldsymbol{B}$ 满足 $d_{\boldsymbol{B}}=\varphi_{\boldsymbol{B}}$ 在 $\mathbb{F}[x]$ 中不可约. 证明: $d_{\boldsymbol{A}}=\varphi_{\boldsymbol{A}}$.

9. 设 $\boldsymbol{A},\boldsymbol{B}\in\mathbb{F}^{n\times n}$ 满足 $\boldsymbol{A}\boldsymbol{B}=\boldsymbol{B}\boldsymbol{A}$ 且 $d_{\boldsymbol{A}}=\varphi_{\boldsymbol{A}}$. 证明: 存在 $f\in\mathbb{F}[x]$, 使得 $\boldsymbol{B}=f(\boldsymbol{A})$.

10. 证明: 对于任意 $\boldsymbol{A}\in\mathbb{F}^{n\times n}$, 存在 $f\in\mathbb{F}[x]$, 使得 $\boldsymbol{A}$ 的伴随方阵 $\boldsymbol{A}^*=f(\boldsymbol{A})$.

5.4 Jordan 标准形

定义 5.5 n 阶方阵

$$\boldsymbol{J}_n(a)=\begin{pmatrix} a & 1 & & \\ & a & \ddots & \\ & & \ddots & 1 \\ & & & a \end{pmatrix}$$

称为 **Jordan[①]块**, 其中空白处元素都是 0. 形如 $\operatorname{diag}\big(\boldsymbol{J}_{n_1}(a_1),\boldsymbol{J}_{n_2}(a_2),\cdots,\boldsymbol{J}_{n_k}(a_k)\big)$ 的准对角方阵称为 **Jordan 方阵**.

定理 5.14 设 $\boldsymbol{A}\in\mathbb{F}^{n\times n}$ 的所有特征值 $\lambda_1,\lambda_2,\cdots,\lambda_n\in\mathbb{F}$, 则 $\boldsymbol{A}$ 可以在 $\mathbb{F}$ 上相似于 Jordan 方阵.

证明 根据定理 5.9 知, 只需证明 $\varphi_{\boldsymbol{A}}(x)=(x-\lambda)^n$ 的情形. 此时, 也只需证明 $\lambda=0$ 的情形.

对 n 使用数学归纳法. 当 $n=1$ 时, 结论显然成立. 当 $n\geqslant 2$ 时, 根据归纳假设知, $\boldsymbol{A}\begin{bmatrix}2 & \cdots & n\\ 2 & \cdots & n\end{bmatrix}$ 可以相似于 Jordan 方阵 $\operatorname{diag}\big(\boldsymbol{J}_{n_1}(0),\cdots,\boldsymbol{J}_{n_k}(0)\big)$. 故 $\boldsymbol{A}$ 可以相似于

$$\boldsymbol{B}=\begin{pmatrix} 0 & b_2 \ \cdots & \cdots & \cdots \ b_n \\ & \boldsymbol{J}_{n_1}(0) & & \\ & & \ddots & \\ & & & \boldsymbol{J}_{n_k}(0) \end{pmatrix}$$

其中 $n_1\geqslant n_2\geqslant\cdots\geqslant n_k$. $\boldsymbol{B}$ 可以相似于

$$\boldsymbol{C}=\prod_{j=3}^{n}\boldsymbol{T}_{1,j-1}(-b_j)\cdot\boldsymbol{B}\cdot\prod_{j=3}^{n}\boldsymbol{T}_{1,j-1}(b_j)=\begin{pmatrix} 0 & c_1\ 0\cdots 0 & c_2\ 0\cdots 0 & \cdots & c_k\ 0\cdots 0 \\ & \boldsymbol{J}_{n_1}(0) & & & \\ & & \boldsymbol{J}_{n_2}(0) & & \\ & & & \ddots & \\ & & & & \boldsymbol{J}_{n_k}(0) \end{pmatrix}$$

(1) 若 $c_1=0$, 则 $\boldsymbol{C}$ 可以置换相似于

$$\begin{pmatrix} \boldsymbol{J}_{n_1}(0) & & & & \\ & 0 & c_2\ 0\cdots 0 & \cdots & c_k\ 0\cdots 0 \\ & & \boldsymbol{J}_{n_2}(0) & & \\ & & & \ddots & \\ & & & & \boldsymbol{J}_{n_k}(0) \end{pmatrix}=\begin{pmatrix} \boldsymbol{J}_{n_1}(0) & \boldsymbol{O} \\ \boldsymbol{O} & \boldsymbol{C}_1 \end{pmatrix}$$

根据归纳假设, $\boldsymbol{C}_1$ 可以相似于 Jordan 方阵, 故 $\boldsymbol{C}$ 也可以相似于 Jordan 方阵.

① Marie Ennemond Camille Jordan, 1838～1922, 法国数学家.

(2) 若 $c_1 \neq 0$, 则 $\boldsymbol{C}$ 可以相似于

$$\begin{pmatrix} 0 & 1\,0\cdots 0 & \frac{c_2}{c_1}\,0\cdots 0 & \cdots & \frac{c_k}{c_1}\,0\cdots 0 \\ & \boldsymbol{J}_{n_1}(0) & & & \\ & & \boldsymbol{J}_{n_2}(0) & & \\ & & & \ddots & \\ & & & & \boldsymbol{J}_{n_k}(0) \end{pmatrix} = \begin{pmatrix} \boldsymbol{J}_{n_1+1}(0) & \boldsymbol{E} \\ \boldsymbol{O} & \boldsymbol{D} \end{pmatrix}$$

故可设 $c_1 = 1$. 由于 $\boldsymbol{X} = \begin{pmatrix} 0\cdots 0 & \cdots & 0\cdots 0 \\ c_2\boldsymbol{I}_{n_2} & \cdots & c_k\boldsymbol{I}_{n_k} \\ \boldsymbol{O} & \cdots & \boldsymbol{O} \end{pmatrix} \in \mathbb{F}^{(n_1+1)\times(n-n_1)}$ 满足 $\boldsymbol{J}_{n_1+1}(0)\boldsymbol{X} - \boldsymbol{X}\boldsymbol{D} = \boldsymbol{E}$, 故 $\boldsymbol{C}$ 与 $\operatorname{diag}\big(\boldsymbol{J}_{n_1+1}(0), \boldsymbol{J}_{n_2}(0), \cdots, \boldsymbol{J}_{n_k}(0)\big)$ 相似.

习题 4.2 第 11 题是定理 5.14 的另一条证明途径.

定理 5.15　两个 Jordan 方阵相似的充分必要条件是它们有相同的 Jordan 块 (不考虑块的顺序).

证明　充分性显然. 下证必要性. 设 $\boldsymbol{A} = \operatorname{diag}(\boldsymbol{J}_{m_1}(a_1), \cdots, \boldsymbol{J}_{m_p}(a_p))$ 与 $\boldsymbol{B} = \operatorname{diag}(\boldsymbol{J}_{n_1}(b_1), \cdots, \boldsymbol{J}_{n_q}(b_q))$ 相似, 则对任意 $\lambda \in \mathbb{F}$ 和正整数 k, 有 $\operatorname{rank}(\boldsymbol{A} - \lambda\boldsymbol{I})^k = \operatorname{rank}(\boldsymbol{B} - \lambda\boldsymbol{I})^k$. 注意到

$$\operatorname{rank}(\boldsymbol{A} - \lambda\boldsymbol{I})^k = \sum_{i=1}^{p} \operatorname{rank}(\boldsymbol{J}_{m_i}(a_i) - \lambda\boldsymbol{I})^k = n - \sum_{a_i = \lambda} \min\{m_i, k\}$$

$$\begin{aligned} \operatorname{rank}(\boldsymbol{A} - \lambda\boldsymbol{I})^{k-1} - \operatorname{rank}(\boldsymbol{A} - \lambda\boldsymbol{I})^k &= \sum_{a_i = \lambda} \min\{m_i, k\} - \min\{m_i, k-1\} \\ &= \#\{i \mid a_i = \lambda,\ m_i \geqslant k\} \end{aligned}$$

故

$$\operatorname{rank}(\boldsymbol{A} - \lambda\boldsymbol{I})^{k-1} - 2\operatorname{rank}(\boldsymbol{A} - \lambda\boldsymbol{I})^k + \operatorname{rank}(\boldsymbol{A} - \lambda\boldsymbol{I})^{k+1} = \#\{i \mid a_i = \lambda,\ m_i = k\}$$

是 $\boldsymbol{A}$ 的 Jordan 块中 $\boldsymbol{J}_k(\lambda)$ 的个数, 也是 $\boldsymbol{B}$ 的 Jordan 块中 $\boldsymbol{J}_k(\lambda)$ 的个数. 因此, $\boldsymbol{A}, \boldsymbol{B}$ 有相同的 Jordan 块.

设 $\boldsymbol{A} \in \mathbb{F}^{n\times n}$ 的特征值都属于 $\mathbb{F}$. 由定理 5.14 和定理 5.15 可知, 存在唯一的 Jordan 方阵 $\boldsymbol{J}$ (不考虑 Jordan 块的顺序) 与 $\boldsymbol{A}$ 相似. $\boldsymbol{J}$ 称为 $\boldsymbol{A}$ 的 **Jordan 标准形**.

定理 5.15 的证明实际上给出了计算 $\boldsymbol{A}$ 的 Jordan 标准形 $\boldsymbol{J}$ 的一种方法, 算法流程如下:

(1) 计算 $\boldsymbol{A}$ 的特征多项式, 完全分解成 $\varphi_{\boldsymbol{A}}(x) = \prod_{i=1}^{k}(x - \lambda_i)^{n_i}$ 的形式, 其中 $\lambda_1, \lambda_2, \cdots, \lambda_k$ 两两不同;

(2) 计算 $r_{i,j} = \operatorname{rank}(\lambda_i\boldsymbol{I} - \boldsymbol{A})^j (1 \leqslant i \leqslant k, 1 \leqslant j \leqslant s_i)$, 直至 $r_{i,s_i} = n - n_i$;

(3) 计算 $t_{i,j} = r_{i,j-1} - 2r_{i,j} + r_{i,j+1} (1 \leqslant i \leqslant k,\ 1 \leqslant j \leqslant s_i)$, 其中 $r_{i,0} = n, r_{i,s_i+1} = n - n_i$;

(4) $\boldsymbol{A}$ 的 Jordan 标准形 $\boldsymbol{J}$ 由 $t_{i,j}$ 个 $\boldsymbol{J}_j(\lambda_i) (1 \leqslant i \leqslant k, 1 \leqslant j \leqslant s_i)$ 构成;

(5) 求解线性方程组 $\boldsymbol{AP} = \boldsymbol{PJ}$, 得可逆方阵 $\boldsymbol{P}$, 使得 $\boldsymbol{P}^{-1}\boldsymbol{AP} = \boldsymbol{J}$.

例 5.12 计算如下复数方阵 $\boldsymbol{A}$ 的 Jordan 标准形:

$$\boldsymbol{A}=\begin{pmatrix}0&1&0&0&1&0&0\\-2&2&1&1&0&-1&0\\-1&1&1&0&0&0&0\\-1&0&2&1&1&0&1\\-1&0&1&1&0&-1&0\\0&0&1&-1&1&2&1\\1&-1&0&0&1&0&1\end{pmatrix}$$

解 首先计算 $\boldsymbol{A}$ 的特征多项式, 得 $\varphi_{\boldsymbol{A}}(x)=(x-1)^7$. 然后计算 $r_k=\operatorname{rank}(\boldsymbol{I}-\boldsymbol{A})^k$, 得 $r_1=4$, $r_2=1$, $r_3=0$. 对序列 $(7,4,1,0)$ 作两次 "前项减后项" 的运算, 得 $(3,3,1,0)$ 和 $(0,2,1,0)$. 故 $\boldsymbol{A}$ 的 Jordan 标准形 $\boldsymbol{J}=\operatorname{diag}(\boldsymbol{J}_2(1),\boldsymbol{J}_2(1),\boldsymbol{J}_3(1))$.

定义 5.6 设 $\boldsymbol{A}\in\mathbb{F}^{n\times n}$ 的所有特征值都属于 $\mathbb{F}$, $\boldsymbol{J}=\operatorname{diag}(\cdots,\boldsymbol{J}_{m_{ij}}(\lambda_i),\cdots)$ 是 $\boldsymbol{A}$ 的 Jordan 标准形, 则每个多项式 $(x-\lambda_i)^{m_{ij}}\in\mathbb{F}[x]$ 称为 $\boldsymbol{A}$ 的一个**初等因子** (elementary divisor), $\boldsymbol{A}$ 的所有初等因子构成 $\boldsymbol{A}$ 的**初等因子组**.

易见, 初等因子组是相似不变量. 两个方阵相似当且仅当它们的初等因子组相同.

定理 5.16 设 $\{(x-\lambda_i)^{m_{ij}}\mid 1\leqslant i\leqslant k,\ 1\leqslant j\leqslant s_i\}$ 是方阵 $\boldsymbol{A}$ 的初等因子组. 有如下结论:

(1) $\boldsymbol{A}$ 的特征值 λ_i 的代数重数 $=\sum\limits_{j=1}^{s_i}m_{ij}$, 几何重数 $=s_i$;

(2) $\boldsymbol{A}$ 可以相似于对角方阵的充分必要条件是 $m_{ij}=1(\forall i,j)$;

(3) $\varphi_{\boldsymbol{A}}(x)=d_{\boldsymbol{A}}(x)$ 的充分必要条件是 $s_i=1(\forall i)$.

例 5.13 设方阵 $\boldsymbol{A}$ 的初等因子组为 $x^2,x^2,x+1,(x+1)^2,x-1,(x-1)^3$, 求 $\varphi_{\boldsymbol{A}}(x)$ 和 $d_{\boldsymbol{A}}(x)$.

解 $\varphi_{\boldsymbol{A}}(x)$ 是所有初等因子的乘积, $d_{\boldsymbol{A}}(x)$ 是所有初等因子的最小公倍式. 因此,

$$\varphi_{\boldsymbol{A}}(x)=x^4(x+1)^3(x-1)^4,\quad d_{\boldsymbol{A}}(x)=x^2(x+1)^2(x-1)^3$$

下面是 Jordan 标准形的一些应用例子.

例 5.14 任意复数方阵 $\boldsymbol{A}$ 与 $\boldsymbol{A}^{\mathrm{T}}$ 相似.

证明 设 $\boldsymbol{A}$ 与 $\operatorname{diag}(\boldsymbol{A}_1,\cdots,\boldsymbol{A}_k)$ 相似, 其中 $\boldsymbol{A}_i$ 是 Jordan 块, 则 $\boldsymbol{A}^{\mathrm{T}}$ 与 $\operatorname{diag}(\boldsymbol{A}_1^{\mathrm{T}},\cdots,\boldsymbol{A}_k^{\mathrm{T}})$ 相似. 由于每个 $\boldsymbol{A}_i^{\mathrm{T}}=\boldsymbol{S}\boldsymbol{A}_i\boldsymbol{S}$ 与 $\boldsymbol{A}_i$ 相似, 其中

$$\boldsymbol{S}=\begin{pmatrix}&&1\\&\iddots&\\1&&\end{pmatrix}$$

故 $\boldsymbol{A}$ 与 $\boldsymbol{A}^{\mathrm{T}}$ 相似.

我们可以很容易地计算一个 Jordan 块的方幂和多项式. 设 $a\in\mathbb{F}$, $f\in\mathbb{F}[x]$, $\operatorname{char}\mathbb{F}=0$,

则

$$f(J_n(a))=\sum_{k=0}^{n-1}\frac{f^{(k)}(a)}{k!}(\boldsymbol{J}_n(0))^k=\begin{pmatrix} f(a) & f'(a) & \cdots & \dfrac{f^{(n-1)}(a)}{(n-1)!} \\ & f(a) & \ddots & \vdots \\ & & \ddots & f'(a) \\ & & & f(a) \end{pmatrix}$$

从而, 我们可以利用 Jordan 标准形分解 $\boldsymbol{A}=\boldsymbol{P}\,\mathrm{diag}\Big(\boldsymbol{J}_{n_1}(a_1)\cdots,\boldsymbol{J}_{n_k}(a_k)\Big)\boldsymbol{P}^{-1}$, 算出任意方阵 $\boldsymbol{A}$ 的矩阵方幂和多项式 $f(\boldsymbol{A})=\boldsymbol{P}\,\mathrm{diag}\Big(f(\boldsymbol{J}_{n_1}(a_1)),\cdots,f(\boldsymbol{J}_{n_k}(a_k))\Big)\boldsymbol{P}^{-1}$. 我们自然地会问 $\boldsymbol{A}$ 是否可以“开方”?

例 5.15　对于任意可逆复数方阵 $\boldsymbol{A}$ 和正整数 m, 存在复数方阵 $\boldsymbol{B}$, 使得 $\boldsymbol{B}^m=\boldsymbol{A}$.

解　根据复数方阵的 Jordan 标准形, 只需考虑 $\boldsymbol{A}=\boldsymbol{J}_n(\lambda)(\lambda\neq 0)$ 的情形. 设 $\mu\in\mathbb{C}$ 满足 $\mu^k=\lambda$, 则 λ 是 $\boldsymbol{M}=(\boldsymbol{J}_n(\mu))^m$ 的 n 重特征值. 由 $\mathrm{rank}(\boldsymbol{M}-\lambda\boldsymbol{I})=n-1$ 得 $\boldsymbol{J}_n(\lambda)$ 是 $\boldsymbol{M}$ 的 Jordan 标准形. 故存在可逆复数方阵 $\boldsymbol{P}$, 使得 $\boldsymbol{P}^{-1}\boldsymbol{M}\boldsymbol{P}=\boldsymbol{A}$,$\boldsymbol{B}=\boldsymbol{P}^{-1}\boldsymbol{J}_n(\mu)\boldsymbol{P}$ 满足 $\boldsymbol{B}^m=\boldsymbol{A}$.

例 5.16　对于任意复数方阵 $\boldsymbol{A}$, $\lim\limits_{n\to+\infty}\sum\limits_{k=0}^{n}\dfrac{1}{k!}\boldsymbol{A}^k$ 存在, 记作 $\mathrm{e}^{\boldsymbol{A}}=\sum\limits_{k=0}^{\infty}\dfrac{1}{k!}\boldsymbol{A}^k$. 映射 $\exp:\boldsymbol{A}\mapsto\mathrm{e}^{\boldsymbol{A}}$ 称为矩阵的**指数函数**. 矩阵的指数函数具有下列常用性质:

(1) 当 $\boldsymbol{AB}=\boldsymbol{BA}$ 时, $\mathrm{e}^{\boldsymbol{A}+\boldsymbol{B}}=\mathrm{e}^{\boldsymbol{A}}\,\mathrm{e}^{\boldsymbol{B}}$;

(2) $(\mathrm{e}^{\boldsymbol{A}})^{-1}=\mathrm{e}^{-\boldsymbol{A}}$, $(\mathrm{e}^{\boldsymbol{A}})^{\mathrm{T}}=\mathrm{e}^{(\boldsymbol{A}^{\mathrm{T}})}$;

(3) $\det(\mathrm{e}^{\boldsymbol{A}})=\mathrm{e}^{\mathrm{tr}(\boldsymbol{A})}$.

证明　对于任意 $\boldsymbol{X}=(x_{ij})\in\mathbb{C}^{n\times n}$, 记 $\|\boldsymbol{X}\|=\max\limits_{1\leqslant i,j\leqslant n}|x_{ij}|$. 容易验证, $\|\boldsymbol{X}^k\|\leqslant(n\|\boldsymbol{X}\|)^k$. 从而, 当 $m\to+\infty$ 时,

$$\left\|\sum_{k=m}^{M}\frac{1}{k!}\boldsymbol{A}^k\right\|\leqslant\sum_{k=m}^{M}\frac{(n\|\boldsymbol{A}\|)^k}{k!}\leqslant\frac{(n\|\boldsymbol{A}\|)^m}{m!(1-n\|\boldsymbol{A}\|/m)}\to 0$$

根据 Cauchy 收敛准则, $\sum\limits_{k=0}^{\infty}\dfrac{1}{k!}\boldsymbol{A}^k$ 收敛. 下面证明矩阵的指数函数的性质.

(1) 当 $\boldsymbol{AB}=\boldsymbol{BA}$ 时,

$$\mathrm{e}^{\boldsymbol{A}+\boldsymbol{B}}=\sum_{k=0}^{\infty}\frac{1}{k!}(\boldsymbol{A}+\boldsymbol{B})^k=\sum_{k=0}^{\infty}\sum_{i=0}^{k}\frac{\mathrm{C}_k^i}{k!}\boldsymbol{A}^i\boldsymbol{B}^{k-i}=\sum_{i,j=0}^{\infty}\frac{1}{i!j!}\boldsymbol{A}^i\boldsymbol{B}^j=\mathrm{e}^{\boldsymbol{A}}\,\mathrm{e}^{\boldsymbol{B}}$$

(2) 由性质 (1) 可得 $\mathrm{e}^{\boldsymbol{A}}\,\mathrm{e}^{-\boldsymbol{A}}=\boldsymbol{I}$, 故 $(\mathrm{e}^{\boldsymbol{A}})^{-1}=\mathrm{e}^{-\boldsymbol{A}}$. 由定义可得 $(\mathrm{e}^{\boldsymbol{A}})^{\mathrm{T}}=\mathrm{e}^{(\boldsymbol{A}^{\mathrm{T}})}$.

(3) 设 $\boldsymbol{A}=\boldsymbol{P}\,\mathrm{diag}(\cdots,\boldsymbol{J}_{m_{ij}}(\lambda_i),\cdots)\boldsymbol{P}^{-1}$, 则 $\mathrm{e}^{\boldsymbol{A}}=\boldsymbol{P}\,\mathrm{diag}(\cdots,\mathrm{e}^{\boldsymbol{J}_{m_{ij}}(\lambda_i)},\cdots)\boldsymbol{P}^{-1}$, 其中 $\mathrm{e}^{\boldsymbol{J}_{m_{ij}}(\lambda_i)}$ 是对角元素为 e^{λ_i} 的上三角方阵. 故 $\det(\mathrm{e}^{\boldsymbol{A}})=\prod\limits_{i,j}\mathrm{e}^{m_{ij}\lambda_i}=\mathrm{e}^{\mathrm{tr}(\boldsymbol{A})}$.

例 5.17　求解常系数微分方程 $y''(x)=ay'(x)+by(x)$.

解　二阶微分方程 $y''(x)=ay'(x)+by(x)$ 可以表示为如下一阶微分方程组的形式:

$$\boldsymbol{Z}'(x)=\boldsymbol{A}\cdot\boldsymbol{Z}(x)\tag{5.2}$$

其中 $\boldsymbol{Z}(x)=\begin{pmatrix}y'(x)\\y(x)\end{pmatrix}$, $\boldsymbol{A}=\begin{pmatrix}a&b\\1&0\end{pmatrix}$. 容易验证, $\boldsymbol{Z}(x)=\mathrm{e}^{x\boldsymbol{A}}\boldsymbol{Z}(0)$ 是式 (5.2) 的解. 根据例 5.5, 有

(1) 当 $a^2+4b\neq 0$ 时, $\lambda_{1,2}=\dfrac{a}{2}\pm\sqrt{\dfrac{a^2}{4}+b}$,

$$\boldsymbol{A}=\boldsymbol{P}\begin{pmatrix}\lambda_1&0\\0&\lambda_2\end{pmatrix}\boldsymbol{P}^{-1},\quad \mathrm{e}^{x\boldsymbol{A}}=\boldsymbol{P}\begin{pmatrix}\mathrm{e}^{\lambda_1 x}&0\\0&\mathrm{e}^{\lambda_2 x}\end{pmatrix}\boldsymbol{P}^{-1}$$

$y(x)$ 形如 $c_1\,\mathrm{e}^{\lambda_1 x}+c_2\,\mathrm{e}^{\lambda_2 x}$.

(2) 当 $a^2+4b=0$ 时, $\lambda=\dfrac{a}{2}$,

$$\boldsymbol{A}=\boldsymbol{P}\begin{pmatrix}\lambda&1\\0&\lambda\end{pmatrix}\boldsymbol{P}^{-1},\quad \mathrm{e}^{x\boldsymbol{A}}=\boldsymbol{P}\begin{pmatrix}\mathrm{e}^{\lambda x}&x\,\mathrm{e}^{\lambda x}\\0&\mathrm{e}^{\lambda x}\end{pmatrix}\boldsymbol{P}^{-1}$$

$y(x)$ 形如 $(c_1+c_2x)\,\mathrm{e}^{\lambda x}$.

由以上几个例子可以看出, 通过 Jordan 标准形, 微积分中的许多结果可以推广到矩阵, 从而建立矩阵的微积分运算.

习 题 5.4

1. 求下列复数方阵的 Jordan 标准形:

(1) $\begin{pmatrix}1&2&-2&2&-4\\0&-1&2&-2&4\\0&0&1&-2&2\\0&0&0&-1&2\\0&0&0&0&1\end{pmatrix}$; (2) $\begin{pmatrix}1&-2&1&0&-2\\0&-1&0&0&1\\0&0&1&1&-2\\0&0&0&1&0\\0&0&0&0&-1\end{pmatrix}$;

(3) $\begin{pmatrix}-1&2&-1&3&3\\0&1&-2&2&3\\0&0&-1&2&4\\0&0&0&1&0\\0&0&0&0&1\end{pmatrix}$; (4) $\begin{pmatrix}0&-1&1&3&-4\\1&2&-3&-5&4\\0&0&-1&0&-2\\0&0&1&-1&2\\0&0&0&0&1\end{pmatrix}$;

(5) $\begin{pmatrix}-1&2&3&-5&3\\0&1&-1&-1&3\\0&0&2&-3&2\\0&0&1&-2&2\\0&0&1&-1&1\end{pmatrix}$; (6) $\begin{pmatrix}1&-2&2&0&4\\0&-1&2&0&2\\0&0&1&0&2\\0&-2&2&1&2\\0&0&0&0&-1\end{pmatrix}$.

2. 证明定理 5.16.

3. 设复数方阵 $\boldsymbol{A}$ 的特征值都是 1. 证明: 对于任意正整数 k, $\boldsymbol{A}$ 与 $\boldsymbol{A}^k$ 相似.

4. 设复数 $\boldsymbol{A}$ 是可逆方阵, 并且存在正整数 $i\neq j$, 使得 $\boldsymbol{A}^i$ 与 $\boldsymbol{A}^j$ 相似. 证明: 存在正整数 k, 使得 $\boldsymbol{A}^k$ 的特征值都是 1.

5. 求所有与 $\boldsymbol{A}^2$ 相似的复数方阵 $\boldsymbol{A}$.

6. 设复数方阵 $\boldsymbol{A}=\operatorname{diag}\big(\boldsymbol{J}_{n_1}(0),\boldsymbol{J}_{n_2}(0),\cdots,\boldsymbol{J}_{n_k}(0)\big)$, 其中 $n_1\geqslant n_2\geqslant\cdots\geqslant n_k$. 求所有与 $\boldsymbol{A}$ 乘积可交换的复数方阵 $\boldsymbol{B}$.

7. 设 n 阶复数方阵 $\boldsymbol{A},\boldsymbol{B}$ 满足: 所有与 $\boldsymbol{A}$ 乘积可交换的复数方阵都与 $\boldsymbol{B}$ 乘积可交换. 证明: 存在 $f\in\mathbb{C}[x]$, 使得 $\boldsymbol{B}=f(\boldsymbol{A})$.

8. 证明: 任意复数方阵 $\boldsymbol{A}$ 可唯一地表示为 $\boldsymbol{A}=\boldsymbol{B}+\boldsymbol{C}$ 的形式, 其中 $\boldsymbol{B}$ 可以相似于对角方阵, $\boldsymbol{C}$ 是幂零方阵, 并且 $\boldsymbol{BC}=\boldsymbol{CB}$. 这种表示形式称为 $\boldsymbol{A}$ 的 **Jordan 分解**.

9. (1) 设 $\boldsymbol{J}_{n_1}(0),\cdots,\boldsymbol{J}_{n_k}(0)$ 是复数方阵 $\boldsymbol{A}$ 的所有幂零的 Jordan 块, m 是正整数. 证明: 下列两个叙述等价:

① 存在复数方阵 $\boldsymbol{B}$, 使得 $\boldsymbol{B}^m=\boldsymbol{A}$;

② 可以把 $n_1,\cdots,n_k$ 排成 m 行 $\lceil k/m\rceil$ 列的矩阵 (补充一些 0), 使得每列任意两数之差不超过 1.

(2) 哪些实数方阵 $\boldsymbol{A}$, 存在实数方阵 $\boldsymbol{B}$, 使得 $\boldsymbol{B}^m=\boldsymbol{A}$? 证明你的结论.

10. 设 $\boldsymbol{A}$ 是 n 阶复数方阵. 证明: $\mathrm{e}^{\boldsymbol{A}}=\lim\limits_{k\to+\infty}(\boldsymbol{I}+\dfrac{1}{k}\boldsymbol{A})^k$.

11. 设 $\lambda_1,\lambda_2,\cdots,\lambda_n$ 是 n 阶复数方阵 $\boldsymbol{A}$ 的所有特征值. $\rho(\boldsymbol{A})=\max\limits_{1\leqslant i\leqslant n}|\lambda_i|$ 称为 $\boldsymbol{A}$ 的**谱半径**.

(1) 证明: $\lim\limits_{k\to+\infty}\boldsymbol{A}^k=\boldsymbol{O}$ 的充分必要条件是 $\rho(\boldsymbol{A})<1$;

(2) 设 r 是幂级数 $\sum\limits_{k=0}^{\infty}c_kz^k$ 的收敛半径. 证明: 当 $\rho(\boldsymbol{A})<r$ 时, 矩阵幂级数 $\sum\limits_{k=0}^{\infty}c_k\boldsymbol{A}^k$ 收敛.

12. (1) 求使得 $\mathrm{e}^{\boldsymbol{X}}=\boldsymbol{I}$ 的所有 $\boldsymbol{X}\in\mathbb{R}^{n\times n}$;

(2) 哪些实数方阵 $\boldsymbol{A}\in\mathbb{R}^{n\times n}$, 存在 $\boldsymbol{X}\in\mathbb{R}^{n\times n}$, 使得 $\mathrm{e}^{\boldsymbol{X}}=\boldsymbol{A}$? 证明你的结论;

(3) 哪些实数方阵 $\boldsymbol{A}\in\mathbb{R}^{n\times n}$, 存在 $\boldsymbol{X}\in\mathbb{C}^{n\times n}$, 使得 $\mathrm{e}^{\boldsymbol{X}}=\boldsymbol{A}$? 证明你的结论.

5.5 特征方阵

定义 5.7　设 $\boldsymbol{A}\in\mathbb{F}^{n\times n}$. 多项式方阵 $x\boldsymbol{I}-\boldsymbol{A}\in\mathbb{F}[x]^{n\times n}$ 称为 $\boldsymbol{A}$ 的**特征方阵**.

定理 5.17　设 $\boldsymbol{A},\boldsymbol{B}\in\mathbb{F}^{n\times n}$. $\boldsymbol{A}$ 与 $\boldsymbol{B}$ 在 $\mathbb{F}$ 上相似的充分必要条件是 $x\boldsymbol{I}-\boldsymbol{A}$ 与 $x\boldsymbol{I}-\boldsymbol{B}$ 在 $\mathbb{F}[x]$ 上模相抵.

证明　(必要性) 设可逆方阵 $\boldsymbol{P}\in\mathbb{F}^{n\times n}$, 使得 $\boldsymbol{A}=\boldsymbol{PBP}^{-1}$, 则 $\boldsymbol{P}$ 是 $\mathbb{F}[x]$ 上的模方阵, 使得 $x\boldsymbol{I}-\boldsymbol{A}=\boldsymbol{P}(x\boldsymbol{I}-\boldsymbol{B})\boldsymbol{P}^{-1}$. 故 $x\boldsymbol{I}-\boldsymbol{A}$ 与 $x\boldsymbol{I}-\boldsymbol{B}$ 在 $\mathbb{F}[x]$ 上模相抵.

(充分性) 设 $x\boldsymbol{I}-\boldsymbol{A}=\boldsymbol{P}(x\boldsymbol{I}-\boldsymbol{B})\boldsymbol{Q}$, 其中 $\boldsymbol{P},\boldsymbol{Q}$ 是 $\mathbb{F}[x]$ 上的模方阵. 设

$$\boldsymbol{P}=\sum_{i=0}^{m}\boldsymbol{P}_ix^i,\quad \boldsymbol{Q}=\sum_{i=0}^{m}\boldsymbol{Q}_ix^i,\quad \boldsymbol{R}=\boldsymbol{Q}^{-1}=\sum_{i=0}^{m}\boldsymbol{R}_ix^i$$

其中 $\boldsymbol{P}_i,\boldsymbol{Q}_i,\boldsymbol{R}_i\in\mathbb{F}^{n\times n}$, m 是某个充分大的正整数. 由 $(x\boldsymbol{I}-\boldsymbol{A})\boldsymbol{R}=\boldsymbol{P}(x\boldsymbol{I}-\boldsymbol{B})$, 可得

$$\boldsymbol{R}_{j-1}-\boldsymbol{AR}_j=\boldsymbol{P}_{j-1}-\boldsymbol{P}_j\boldsymbol{B}\quad(\forall j)$$

从而有

$$\sum_{j=0}^{m+1}(\boldsymbol{R}_{j-1}-\boldsymbol{A}\boldsymbol{R}_j)\boldsymbol{B}^j=\sum_{j=0}^{m+1}(\boldsymbol{P}_{j-1}-\boldsymbol{P}_j\boldsymbol{B})\boldsymbol{B}^j=\boldsymbol{O}$$

故 $\boldsymbol{X}=\sum\limits_{j=0}^{m}\boldsymbol{R}_j\boldsymbol{B}^j$ 满足 $\boldsymbol{AX}=\boldsymbol{XB}$, 进而 $\boldsymbol{A}^i\boldsymbol{X}=\boldsymbol{X}\boldsymbol{B}^i(\forall i)$. 另由 $\sum\limits_{i,j=0}^{m}\boldsymbol{Q}_i\boldsymbol{R}_jx^{i+j}=\boldsymbol{I}$, 可得

$$\boldsymbol{Q}_0\boldsymbol{R}_0=\boldsymbol{I},\quad \sum_{i=0}^{k}\boldsymbol{Q}_i\boldsymbol{R}_{k-i}=\boldsymbol{O}\quad(\forall k\geqslant 1)$$

从而有

$$\sum_{i=0}^{m}\boldsymbol{Q}_i\boldsymbol{A}^i\boldsymbol{X}=\sum_{i=0}^{m}\boldsymbol{Q}_i\boldsymbol{X}\boldsymbol{B}^i=\sum_{i,j=0}^{m}\boldsymbol{Q}_i\boldsymbol{R}_j\boldsymbol{B}^{i+j}=\boldsymbol{I}$$

即 $\boldsymbol{X}$ 是可逆方阵, $\boldsymbol{X}^{-1}=\sum\limits_{i=0}^{m}\boldsymbol{Q}_i\boldsymbol{A}^i$. 因此,$\boldsymbol{A}=\boldsymbol{X}\boldsymbol{B}\boldsymbol{X}^{-1}$, $\boldsymbol{A}$ 与 $\boldsymbol{B}$ 相似.

与定理 5.17 的证明类似, 我们有 Cayley-Hamilton 定理的如下证明:

例 5.18 设 $\boldsymbol{A}\in\mathbb{F}^{n\times n}$, $\varphi_{\boldsymbol{A}}(x)=\sum\limits_{i=0}^{n}c_ix^i$,$(x\boldsymbol{I}-\boldsymbol{A})^*=\sum\limits_{i=0}^{n-1}\boldsymbol{P}_ix^i$. 由 $(x\boldsymbol{I}-\boldsymbol{A})^*(x\boldsymbol{I}-\boldsymbol{A})=\varphi_{\boldsymbol{A}}(x)\boldsymbol{I}$, 可得 $\boldsymbol{P}_{i-1}-\boldsymbol{P}_i\boldsymbol{A}=c_i\boldsymbol{I}(\forall i)$. 从而, $\varphi_{\boldsymbol{A}}(\boldsymbol{A})=\sum\limits_{i=0}^{n}c_i\boldsymbol{A}^i=\sum\limits_{i=0}^{n}(\boldsymbol{P}_{i-1}-\boldsymbol{P}_i\boldsymbol{A})\boldsymbol{A}^i=\boldsymbol{O}$.

根据定理 5.17, 我们还可以证明如下结论:

例 5.19 (例 5.14 的推广) 对于任意 $\boldsymbol{A}\in\mathbb{F}^{n\times n}$, $x\boldsymbol{I}-\boldsymbol{A}$ 与 $x\boldsymbol{I}-\boldsymbol{A}^{\mathrm{T}}$ 有相同的 Smith 标准形. 因此, $\boldsymbol{A}$ 与 $\boldsymbol{A}^{\mathrm{T}}$ 在 $\mathbb{F}$ 上相似.

定理 5.18 设 $\boldsymbol{A}\in\mathbb{F}^{n\times n}$, $\varphi_{\boldsymbol{A}}=\prod\limits_{i=1}^{k}p_i^{n_i}$, 其中 $p_1,p_2,\cdots,p_k\in\mathbb{F}[x]$ 是两两互素的首一不可约多项式.

(1) 设 $d_s,\cdots,d_n$ 是 $x\boldsymbol{I}-\boldsymbol{A}$ 的所有不等于 1 的不变因子, 则 $\boldsymbol{A}$ 与 $\boldsymbol{B}=\mathrm{diag}(\boldsymbol{A}_s,\cdots,\boldsymbol{A}_n)$ 在 $\mathbb{F}$ 上相似, 其中 $\boldsymbol{A}_j$ 是 d_j 的友方阵;

(2) d_n 是 $\boldsymbol{A}$ 的最小多项式;

(3) 设 $d_j=\prod\limits_{i=1}^{k}p_i^{m_{ij}}$, 则 $\boldsymbol{A}_j$ 与 $\boldsymbol{B}_j=\mathrm{diag}(\boldsymbol{B}_{1j},\cdots,\boldsymbol{B}_{kj})$ 在 $\mathbb{F}$ 上相似, 其中 $\boldsymbol{B}_{ij}$ 是 $p_i^{m_{ij}}$ 的友方阵.

(4) $\boldsymbol{B}_{ij}$ 与 $m_{ij}\times m_{ij}$ 分块矩阵

$$\boldsymbol{M}_{ij}=\begin{pmatrix}\boldsymbol{C}_i & & & \\ \boldsymbol{E} & \boldsymbol{C}_i & & \\ & \ddots & \ddots & \\ & & \boldsymbol{E} & \boldsymbol{C}_i\end{pmatrix}$$

在 $\mathbb{F}$ 上相似, 其中 $\boldsymbol{C}_i$ 是 p_i 的友方阵, $\boldsymbol{E}$ 是右上角元素为 1、其他元素为 0 的基础方阵.

证明　(1) 注意到 $\varphi_{\boldsymbol{A}}=\prod\limits_{s\leqslant j\leqslant n} d_j$, $\boldsymbol{B}$ 也是 n 阶方阵. 由例 4.15可得 $x\boldsymbol{I}-\boldsymbol{A}_j$ 的不变因子为 $1,\cdots,1,d_j$. 故 $x\boldsymbol{I}-\boldsymbol{A}$ 与 $x\boldsymbol{I}-\boldsymbol{B}$ 的不变因子相同, $x\boldsymbol{I}-\boldsymbol{A}$ 与 $x\boldsymbol{I}-\boldsymbol{B}$ 模相抵. 由定理 5.17 得, $\boldsymbol{A}$ 与 $\boldsymbol{B}$ 相似.

(2) 根据定理 5.10、例 5.7 和结论 (1) 得, $d_{\boldsymbol{A}}(x)=\mathrm{lcm}(d_{\boldsymbol{A}_s},\cdots,d_{\boldsymbol{A}_n})=\mathrm{lcm}(d_s,\cdots,d_n)=d_n$.

(3) $x\boldsymbol{I}-\boldsymbol{B}_{ij}$ 的不变因子为 $1,\cdots,1,p_i^{m_{ij}}$, 故 $x\boldsymbol{I}-\boldsymbol{B}_j$ 与 $\mathrm{diag}(1,\cdots,1,p_1^{m_{1j}},\cdots,p_k^{m_{kj}})$ 模相抵, 与 $\mathrm{diag}(1,\cdots,1,d_j)$ 模相抵, 与 $x\boldsymbol{I}-\boldsymbol{A}_j$ 模相抵. 由定理 5.17得, $\boldsymbol{A}_j$ 与 $\boldsymbol{B}_j$ 相似.

(4) 设 $\boldsymbol{M}_{ij}$ 是 r 阶方阵. 注意到 $x\boldsymbol{I}-\boldsymbol{M}_{ij}$ 的左下角 $r-1$ 阶子式为 $(-1)^{r-1}$, 故 $x\boldsymbol{I}-\boldsymbol{M}_{ij}$ 与 $\mathrm{diag}(1,\cdots,1,p_i^{m_{ij}})$ 模相抵, 与 $x\boldsymbol{I}-\boldsymbol{C}_{ij}$ 模相抵. 由定理 5.17得, $\boldsymbol{C}_{ij}$ 与 $\boldsymbol{M}_{ij}$ 相似.

定义 5.8　定理 5.18 中的方阵 $\boldsymbol{B}$ 称为 $\boldsymbol{A}$ 的**有理标准形**或 **Frobenius 标准形**, 对应于 $\mathbb{F}^n$ 的循环子空间分解, 详见 9.7 节. 每个 $p_i^{m_{ij}}\neq 1$ 称为 $x\boldsymbol{I}-\boldsymbol{A}$ 的一个**初等因子**, $x\boldsymbol{I}-\boldsymbol{A}$ 的所有初等因子构成 $x\boldsymbol{I}-\boldsymbol{A}$ 的**初等因子组**.

把 $x\boldsymbol{I}-\boldsymbol{A}$ 的初等因子组重新编号排列如下(每行每列都是一个因式分解):

$\varphi_{\boldsymbol{A}}$	d_n	d_{n-1}	$\cdots$	d_1
$p_1^{n_1}$	$p_1^{m_{11}}$	$p_1^{m_{12}}$	$\cdots$	$p_1^{m_{1n}}$
$p_2^{n_2}$	$p_2^{m_{21}}$	$p_2^{m_{22}}$	$\cdots$	$p_2^{m_{2n}}$
$\vdots$	$\vdots$	$\vdots$		$\vdots$
$p_k^{n_k}$	$p_k^{m_{k1}}$	$p_k^{m_{k2}}$	$\cdots$	$p_k^{m_{kn}}$

设 $m_{i1}\geqslant\cdots\geqslant m_{i,s_i}>m_{i,s_i+1}=\cdots=m_{in}=0$, 则 $\boldsymbol{A}$ 可相似于

$$\boldsymbol{M}=\mathrm{diag}(\boldsymbol{M}_{11},\cdots,\boldsymbol{M}_{1,s_1},\cdots,\boldsymbol{M}_{k1},\cdots,\boldsymbol{M}_{k,s_k})$$

当 $\boldsymbol{A}$ 的所有特征值 $\lambda_j\in\mathbb{F}$ 时, $p_j=x-\lambda_j$, $\boldsymbol{M}_{ij}^{\mathrm{T}}=\boldsymbol{J}_{m_{ij}}(\lambda_j)$ 是 Jordan 块, $\boldsymbol{M}$ 是 $\boldsymbol{A}$ 的 Jordan 标准形, $x\boldsymbol{I}-\boldsymbol{A}$ 的初等因子组与 $\boldsymbol{A}$ 的初等因子组也完全相同, 两个概念是一致的. 因此, $\boldsymbol{M}_{ij}$ 和 $\boldsymbol{M}$ 可以看作是 Jordan 块和 Jordan 方阵概念的推广. 定理 5.18 完全解决了任意数域 $\mathbb{F}$ 上相似等价类的标准形问题.

例 5.20　已知实数方阵 $\boldsymbol{A}$ 的特征方阵 $x\boldsymbol{I}-\boldsymbol{A}$ 与 $\mathrm{diag}(\boldsymbol{I},(x^2-x)^2,(x^2+x)^3,(x^2-1)^4)$ 相抵, 求 $\boldsymbol{A}$ 的 Jordan 标准形.

解　$x\boldsymbol{I}-\boldsymbol{A}$ 的初等因子组为 $x^2,(x-1)^2,x^3,(x+1)^3,(x+1)^4,(x-1)^4$. 故 $\boldsymbol{A}$ 的 Jordan 标准形为 $\mathrm{diag}(\boldsymbol{J}_2(0),\boldsymbol{J}_3(0),\boldsymbol{J}_3(-1),\boldsymbol{J}_4(-1),\boldsymbol{J}_2(1),\boldsymbol{J}_4(1))$.

$x\boldsymbol{I}-\boldsymbol{A}$ 的每个初等因子 $p_j^{m_{ij}}$ 所对应的方阵 $\boldsymbol{M}_{ij}$ 可以有多种选取方式, 并不局限于定理 5.18 中的形式.

例 5.21 任意 n 阶实数方阵 $\boldsymbol{A}$ 在 $\mathbb{R}$ 中可以相似于 $\mathrm{diag}(\boldsymbol{A}_1,\boldsymbol{A}_2,\cdots,\boldsymbol{A}_k)$ 的形式, 其中

$$\boldsymbol{A}_i=\begin{pmatrix}a_i & 1 & & \\ & a_i & \ddots & \\ & & \ddots & 1\\ & & & a_i\end{pmatrix} \quad 或 \quad \boldsymbol{A}_i=\begin{pmatrix}a_i & -b_i & \boldsymbol{E}_{21} & & & \\ b_i & a_i & & & & \\ & & a_i & -b_i & \ddots & \\ & & b_i & a_i & & \\ & & & \ddots & \boldsymbol{E}_{21} & \\ & & & & a_i & -b_i\\ & & & & b_i & a_i\end{pmatrix} \quad (b_i\neq 0)$$

证明 $x\boldsymbol{I}-\boldsymbol{A}$ 在 $\mathbb{R}[x]$ 中可模相抵于 $\mathrm{diag}(1,\cdots,1,p_1^{m_1},p_2^{m_2},\cdots,p_k^{m_k})$ 的形式, 其中 p_i 不可约. 由于 $p_i(x)$ 的非实数根共轭成对出现, 故 $\deg(p_i)\leqslant 2$. 只需验证上述 $\boldsymbol{A}_i$ 的特征方阵与 $\mathrm{diag}(1,\cdots,1,p_i^{m_i})$ 模相抵.

(1) 对于前一个方阵 $\boldsymbol{A}_i=\boldsymbol{J}_{m_i}(a_i)$, $\varphi_{\boldsymbol{A}_i}(x)=p_i^{m_i}$, $p_i=x-a_i$. 由于 $x\boldsymbol{I}-\boldsymbol{A}_i$ 的右上角 m_i-1 阶子式为 $(-1)^{m_{ij}-1}$, 故 $x\boldsymbol{I}-\boldsymbol{A}_i$ 与 $\mathrm{diag}(1,\cdots,1,p_i^{m_i})$ 模相抵.

(2) 对于后一个 $2m_i$ 阶方阵 $\boldsymbol{A}_i$, $\varphi_{\boldsymbol{A}_i}=p_i^{m_i}$, $p_i(x)=(x-a_i)^2+b_i^2$. 由于 $x\boldsymbol{I}-\boldsymbol{A}_i$ 的右上角 $2m_i-1$ 阶子式为 $(-1)^{m_i-1}b_i^{m_i}\neq 0$, 故 $x\boldsymbol{I}-\boldsymbol{A}_i$ 与 $\mathrm{diag}(1,\cdots,1,p_i^{m_i})$ 模相抵.

例 5.22 求 n 阶循环方阵 $\boldsymbol{A}=\begin{pmatrix} & \boldsymbol{I}_{n-1}\\ 1 & \end{pmatrix}$ 在 $\mathbb{R}$ 上的相似标准形.

解 $\boldsymbol{A}$ 的所有特征值为 $\lambda_k=\cos\dfrac{2k\pi}{n}+\mathrm{i}\sin\dfrac{2k\pi}{n}(k=1,2,\cdots,n)$. 根据例 3.10 或者定理 5.11 得, $\boldsymbol{A}$ 与 $\mathrm{diag}(\lambda_1,\lambda_2,\cdots,\lambda_n)$ 相似. 由于

$$\boldsymbol{B}_k=\begin{pmatrix}\cos\dfrac{2k\pi}{n} & -\sin\dfrac{2k\pi}{n}\\ \sin\dfrac{2k\pi}{n} & \cos\dfrac{2k\pi}{n}\end{pmatrix}$$

与 $\mathrm{diag}(\lambda_k,\lambda_{n-k})$ 相似, 故

(1) 当 $n=2m$ 为偶数时, $\boldsymbol{A}$ 与 $\boldsymbol{B}=\mathrm{diag}(1,-1,\boldsymbol{B}_1,\boldsymbol{B}_2,\cdots,\boldsymbol{B}_{m-1})$ 在 $\mathbb{C}$ 上相似;

(2) 当 $n=2m+1$ 为奇数时, $\boldsymbol{A}$ 与 $\boldsymbol{B}=\mathrm{diag}(1,\boldsymbol{B}_1,\boldsymbol{B}_2,\cdots,\boldsymbol{B}_m)$ 在 $\mathbb{C}$ 上相似.

$x\boldsymbol{I}-\boldsymbol{A}$ 与 $x\boldsymbol{I}-\boldsymbol{B}$ 在 $\mathbb{C}[x]$ 上模相抵, 从而在 $\mathbb{R}[x]$ 上也模相抵. 因此, $\boldsymbol{A}$ 与 $\boldsymbol{B}$ 在 $\mathbb{R}$ 上相似.

习 题 5.5

1. 举例说明: "$\forall x\in\mathbb{F}$, $x\boldsymbol{I}-\boldsymbol{A}$ 与 $x\boldsymbol{I}-\boldsymbol{B}$ 相抵" 不是 "$\boldsymbol{A}$ 与 $\boldsymbol{B}$ 相似" 的充分条件.

2. 设 $\boldsymbol{A}\in\mathbb{F}^{n\times n}$, $x\boldsymbol{I}-\boldsymbol{A}$ 与 $\mathrm{diag}(f_1,f_2,\cdots,f_n)$ 在 $\mathbb{F}[x]$ 上模相抵, f_i 是首一多项式. 证明:

(1) 存在 $\boldsymbol{P}\in\mathbb{F}[x]^{n\times n}$, 使得 $(x\boldsymbol{I}-\boldsymbol{A})\boldsymbol{P}=\lambda\boldsymbol{I}$, 其中 $\lambda=\mathrm{lcm}(f_1,f_2,\cdots,f_n)$;

(2) 仿照例 5.18, 证明: $\lambda(\boldsymbol{A})=\boldsymbol{O}$;

(3) $\boldsymbol{A}$ 与 $\mathrm{diag}(\boldsymbol{A}_1,\boldsymbol{A}_2,\cdots,\boldsymbol{A}_n)$ 相似, 其中 $\boldsymbol{A}_i$ 是 f_i 的友方阵.

3. 设 $\boldsymbol{A},\boldsymbol{B}\in\mathbb{F}^{n\times n}$, $\mathbb{K}$ 是 $\mathbb{F}$ 的扩域. 证明: 若 $\boldsymbol{A}$ 与 $\boldsymbol{B}$ 在 $\mathbb{K}$ 上相似, 则 $\boldsymbol{A}$ 与 $\boldsymbol{B}$ 在 $\mathbb{F}$ 上相似.

4. 证明: 定理 5.18 中的 $\boldsymbol{M}_{ij}$ 与以下两个 $m_{ij}\times m_{ij}$ 分块矩阵都相似.

$$\begin{pmatrix}\boldsymbol{C}_i & & & \\ \boldsymbol{I} & \boldsymbol{C}_i & & \\ & \ddots & \ddots & \\ & & \boldsymbol{I} & \boldsymbol{C}_i\end{pmatrix},\quad \begin{pmatrix}\boldsymbol{C}_i & \boldsymbol{I} & & \\ & \boldsymbol{C}_i & \ddots & \\ & & \ddots & \boldsymbol{I} \\ & & & \boldsymbol{C}_i\end{pmatrix}$$

5. 求 n 阶实数方阵 $\boldsymbol{A}=\begin{pmatrix} & \boldsymbol{I}_{n-1}\\ -1 & \end{pmatrix}$ 在 $\mathbb{R}$ 上的相似标准形.

6. 设实数方阵 $\boldsymbol{A}$ 满足 $d_{\boldsymbol{A}}(x)=\varphi_{\boldsymbol{A}}(x)=(x^2-x^4)^6$. 分别求 $\boldsymbol{A}^k(k=1,2,\cdots,6)$ 的特征多项式、最小多项式和 Jordan 标准形.

7. 参考例 5.15, 判断下列叙述是否正确, 并证明你的结论:

(1) 对于任意实数方阵 $\boldsymbol{A}$ 和正整数 m, 都存在实数方阵 $\boldsymbol{B}$, 使得 $\boldsymbol{B}^m=\boldsymbol{A}$;

(2) 对于任意可逆实数方阵 $\boldsymbol{A}$ 和正整数 m, 都存在实数方阵 $\boldsymbol{B}$, 使得 $\boldsymbol{B}^m=\boldsymbol{A}$;

(3) 对于任意可逆实数方阵 $\boldsymbol{A}$ 和正奇数 m, 都存在实数方阵 $\boldsymbol{B}$, 使得 $\boldsymbol{B}^m=\boldsymbol{A}$.

8. 设 $\boldsymbol{A},\boldsymbol{B}\in\mathbb{F}^{n\times n}$. 证明: 若 $\operatorname{diag}(\boldsymbol{A},\cdots,\boldsymbol{A})$ 与 $\operatorname{diag}(\boldsymbol{B},\cdots,\boldsymbol{B})$ 相似, 则 $\boldsymbol{A}$ 与 $\boldsymbol{B}$ 相似.

9. 设 $\boldsymbol{A}\in\mathbb{F}^{m\times m}$, $\boldsymbol{B}\in\mathbb{F}^{n\times n}$, $x\boldsymbol{I}-\boldsymbol{B}$ 与 $\operatorname{diag}(f_1,f_2,\cdots,f_n)$ 在 $\mathbb{F}[x]$ 上模相抵. 证明: $\boldsymbol{I}\otimes\boldsymbol{A}-\boldsymbol{B}\otimes\boldsymbol{I}$ 与 $\operatorname{diag}(f_1(\boldsymbol{A}),f_2(\boldsymbol{A}),\cdots,f_n(\boldsymbol{A}))$ 在 $\mathbb{F}[x]$ 上模相抵.

10. 设 $\boldsymbol{A}\in\mathbb{F}^{n\times n}$, $\boldsymbol{xI}-\boldsymbol{A}$ 的不变因子和初等因子组如定义 5.8 所述. 证明:

(1) $\operatorname{rank}(\boldsymbol{I}\otimes\boldsymbol{A}-\boldsymbol{A}^{\mathrm{T}}\otimes\boldsymbol{I})=n^2-\dim\{\boldsymbol{X}\in\mathbb{F}^{n\times n}\mid \boldsymbol{AX}=\boldsymbol{XA}\}$;

(2) $\operatorname{rank}(\boldsymbol{I}\otimes\boldsymbol{A}-\boldsymbol{A}^{\mathrm{T}}\otimes\boldsymbol{I})=\displaystyle\sum_{i=1}^{n}(2i-n-1)\deg(d_i)$;

(3) $\operatorname{rank}(\boldsymbol{I}\otimes\boldsymbol{A}-\boldsymbol{A}^{\mathrm{T}}\otimes\boldsymbol{I})=n^2-\displaystyle\sum_{i=1}^{k}\left(\sum_{j,l=1}^{t_i}\min\{m_{ij},m_{il}\}\right)\deg(p_i)$.

11. 设 $\boldsymbol{A},\boldsymbol{B}$ 是可逆方阵, 并且对充分大的正整数 k, $\boldsymbol{A}^k$ 与 $\boldsymbol{B}^k$ 相似. 证明: $\boldsymbol{A}$ 与 $\boldsymbol{B}$ 相似.

12. (1) 设二元域 $\mathbb{F}_2$ 上的 n^2 阶方阵

$$\boldsymbol{A}=\begin{pmatrix}\boldsymbol{B} & \boldsymbol{I} & \cdots & \boldsymbol{I}\\ \boldsymbol{I} & \boldsymbol{B} & \ddots & \vdots\\ \vdots & \ddots & \ddots & \boldsymbol{I}\\ \boldsymbol{I} & \cdots & \boldsymbol{I} & \boldsymbol{B}\end{pmatrix},\quad \boldsymbol{B}=\begin{pmatrix}1 & \cdots & 1\\ \vdots & \ldots & \vdots\\ 1 & \cdots & 1\end{pmatrix}$$

是 n 阶全一方阵. 求 $\boldsymbol{A}$ 的行列式、秩、特征多项式和相似标准形.

(2) 设二元域 $\mathbb{F}_2$ 上的 n^2 阶方阵

$$\boldsymbol{A}=\begin{pmatrix}\boldsymbol{B} & \boldsymbol{I} & & \\ \boldsymbol{I} & \boldsymbol{B} & \ddots & \\ & \ddots & \ddots & \boldsymbol{I}\\ & & \boldsymbol{I} & \boldsymbol{B}\end{pmatrix},\quad \boldsymbol{B}=\begin{pmatrix}0 & 1 & & \\ 1 & 0 & \ddots & \\ & \ddots & \ddots & 1\\ & & 1 & 0\end{pmatrix}$$

是 n 阶方阵. 研究 $\boldsymbol{A}$ 的行列式、秩、特征多项式和相似标准形.

第 6 章　正 交 方 阵

正交方阵是一类具有良好性质的实数方阵, 在数学、物理、电子、信息等科学技术和生产、生活各方面都有广泛应用. 本章介绍与正交方阵相关的一些知识, 为接下来学习内积空间理论打下基础, 并提供具体实例和研究工具.

6.1　正 交 方 阵

定义 6.1　设 $\boldsymbol{\alpha},\boldsymbol{\beta}\in\mathbb{R}^{n\times 1}$. 实数 $\boldsymbol{\alpha}^{\mathrm{T}}\boldsymbol{\beta}$ 称为 $\boldsymbol{\alpha}$ 与 $\boldsymbol{\beta}$ 的**数量积**. $\sqrt{\boldsymbol{\alpha}^{\mathrm{T}}\boldsymbol{\alpha}}$ 称为 $\boldsymbol{\alpha}$ 的**长度**, 记作 $\|\boldsymbol{\alpha}\|$. 若 $\boldsymbol{\alpha}^{\mathrm{T}}\boldsymbol{\beta}=0$, 则称 $\boldsymbol{\alpha}$ 与 $\boldsymbol{\beta}$ **正交**, 记作 $\boldsymbol{\alpha}\perp\boldsymbol{\beta}$.

满足 $\boldsymbol{P}\boldsymbol{P}^{\mathrm{T}}=\boldsymbol{P}^{\mathrm{T}}\boldsymbol{P}=\boldsymbol{I}$ 的实数方阵 $\boldsymbol{P}$ 称为**正交方阵**. 正交方阵可以看作是 $\mathbb{R}^n$ 中一组两两正交、长度为 1 的 (行或列) 向量.

例 6.1　任意置换方阵都是正交方阵.

例 6.2　任意 2 阶正交方阵形如 $\begin{pmatrix}\cos\theta & -\sin\theta\\ \sin\theta & \cos\theta\end{pmatrix}$ 或 $\begin{pmatrix}\cos\theta & \sin\theta\\ \sin\theta & -\cos\theta\end{pmatrix}$.

定理 6.1　设 $\boldsymbol{P}$ 是 n 阶正交方阵. 有如下结论:

(1) $\det(\boldsymbol{P})=\pm1$;

(2) $\boldsymbol{P}^{-1}=\boldsymbol{P}^{\mathrm{T}}$ 也是正交方阵;

(3) 若 $\boldsymbol{Q}$ 是 n 阶正交方阵, 则 $\boldsymbol{P}\boldsymbol{Q}$ 也是正交方阵;

(4) 对于任意 $\boldsymbol{\alpha},\boldsymbol{\beta}\in\mathbb{R}^{n\times1}$, 都有 $(\boldsymbol{P}\boldsymbol{\alpha})^{\mathrm{T}}(\boldsymbol{P}\boldsymbol{\beta})=\boldsymbol{\alpha}^{\mathrm{T}}\boldsymbol{\beta}$;

(5) 若 $\boldsymbol{P}$ 是三角方阵, 则 $\boldsymbol{P}=\operatorname{diag}(\pm1,\pm1,\cdots,\pm1)$;

(6) 若 $\boldsymbol{A}$ 是 n 阶 (反) 对称方阵, 则 $\boldsymbol{P}^{-1}\boldsymbol{A}\boldsymbol{P}$ 也是 (反) 对称方阵.

n 阶正交方阵的全体, 在矩阵乘法运算下构成 $GL(n,\mathbb{R})$ 的子群, 称为**正交群**, 记作 $O(n,\mathbb{R})$. 行列式等于 1 的 n 阶正交方阵的全体, 在矩阵乘法运算下构成 $SL(n,\mathbb{R})$ 的子群, 称为**特殊正交群**, 记作 $SO(n,\mathbb{R})$.

定理 6.2　设 $\boldsymbol{P}$ 是 n 阶正交方阵, 则 $\boldsymbol{P}$ 的任意特征值 $\lambda\in\mathbb{C}$ 满足 $|\lambda|=1$. 特别地, 当 $\lambda\in\mathbb{R}$ 时, $\lambda=\pm1$. 当 $\lambda\notin\mathbb{R}$ 时, 设 $\boldsymbol{\alpha}=\boldsymbol{u}+\mathrm{i}\boldsymbol{v}$ 是 λ 对应的特征向量, 其中 $\boldsymbol{u},\boldsymbol{v}\in\mathbb{R}^{n\times1}$, 则有

$$\boldsymbol{u}\perp\boldsymbol{v},\quad \|\boldsymbol{u}\|=\|\boldsymbol{v}\|,\quad \boldsymbol{P}\begin{pmatrix}\boldsymbol{u} & \boldsymbol{v}\end{pmatrix}=\begin{pmatrix}\boldsymbol{u} & \boldsymbol{v}\end{pmatrix}\begin{pmatrix}\cos\theta & \sin\theta\\ -\sin\theta & \cos\theta\end{pmatrix}$$

证明　由 $\boldsymbol{P}\boldsymbol{\alpha}=\lambda\boldsymbol{\alpha}$ 可得 $|\lambda|^2\boldsymbol{\alpha}^{\mathrm{H}}\boldsymbol{\alpha}=\boldsymbol{\alpha}^{\mathrm{H}}\boldsymbol{P}^{\mathrm{H}}\boldsymbol{P}\boldsymbol{\alpha}=\boldsymbol{\alpha}^{\mathrm{H}}\boldsymbol{\alpha}$, 故 $|\lambda|=1$. 当 $\lambda\neq\pm1$ 时, 由

$\boldsymbol{P\alpha} = \lambda\boldsymbol{\alpha}$ 还可得 $\boldsymbol{Pu} = \boldsymbol{u}\cos\theta - \boldsymbol{v}\sin\theta$, $\boldsymbol{Pv} = \boldsymbol{u}\sin\theta + \boldsymbol{v}\cos\theta$, 以及 $\lambda^2\boldsymbol{\alpha}^{\mathrm{T}}\boldsymbol{\alpha} = \boldsymbol{\alpha}^{\mathrm{T}}\boldsymbol{P}^{\mathrm{T}}\boldsymbol{P}\boldsymbol{\alpha} = \boldsymbol{\alpha}^{\mathrm{T}}\boldsymbol{\alpha}$, 故 $\boldsymbol{\alpha}^{\mathrm{T}}\boldsymbol{\alpha} = (\boldsymbol{u}^{\mathrm{T}}\boldsymbol{u} - \boldsymbol{v}^{\mathrm{T}}\boldsymbol{v}) + (2\boldsymbol{u}^{\mathrm{T}}\boldsymbol{v})\,\mathrm{i} = \boldsymbol{0}$. 因此, $\|\boldsymbol{u}\| = \|\boldsymbol{v}\|$,$\boldsymbol{u}^{\mathrm{T}}\boldsymbol{v} = 0$.

例 6.3 设 $1 \leqslant i < j \leqslant n$, 实数方阵

$$\begin{aligned}\boldsymbol{G}_{ij}(\theta) &= \boldsymbol{I} - (1-\cos\theta)(\boldsymbol{E}_{ii} + \boldsymbol{E}_{jj}) - \sin\theta(\boldsymbol{E}_{ij} - \boldsymbol{E}_{ji}) \\ &= \begin{pmatrix} \boldsymbol{I}_{i-1} & & & & \\ & \cos\theta & & -\sin\theta & \\ & & \boldsymbol{I}_{j-i-1} & & \\ & \sin\theta & & \cos\theta & \\ & & & & \boldsymbol{I}_{n-j} \end{pmatrix}\end{aligned}$$

称为 **Givens**[1]**方阵**. 设 $\boldsymbol{v} \in \mathbb{R}^{n\times 1}$ 是非零向量, 对称方阵

$$\boldsymbol{H}_{\boldsymbol{v}} = \boldsymbol{I} - \frac{2}{\boldsymbol{v}^{\mathrm{T}}\boldsymbol{v}}\boldsymbol{v}\boldsymbol{v}^{\mathrm{T}}$$

称为 **Householder**[2]**方阵**.

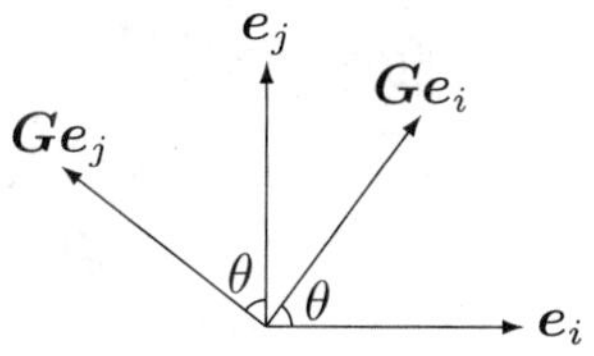

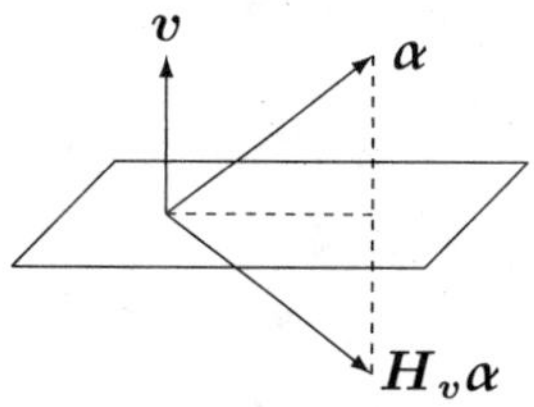

Givens 方阵 $\boldsymbol{G}_{ij}(\theta)$ 可以看作是 $(\boldsymbol{e}_i, \boldsymbol{e}_j)$ 平面上的旋转变换的矩阵表示. Householder 方阵 $\boldsymbol{H}_{\boldsymbol{v}}$ 则可以看作是关于法向量 $\boldsymbol{v}$ 的反射变换的矩阵表示. 容易验证, $\boldsymbol{G}_{ij}(\theta)$ 和 $\boldsymbol{H}_{\boldsymbol{v}}$ 都是正交方阵, 并且

$$\det\big(\boldsymbol{G}_{ij}(\theta)\big) = 1, \quad \operatorname{rank}\big(\boldsymbol{G}_{ij}(\theta) - \boldsymbol{I}\big) \in \{0, 2\}, \quad \det(\boldsymbol{H}_{\boldsymbol{v}}) = -1, \quad \operatorname{rank}(\boldsymbol{H}_{\boldsymbol{v}} - \boldsymbol{I}) = 1$$

定理 6.3 对于任意实数矩阵 $\boldsymbol{A}$, 有如下结论:

(1) 存在一系列 Givens 方阵 $\boldsymbol{P}_1, \boldsymbol{P}_2, \cdots, \boldsymbol{P}_s$, 使得 $\boldsymbol{R} = \boldsymbol{P}_s \cdots \boldsymbol{P}_2\boldsymbol{P}_1\boldsymbol{A}$ 是上三角矩阵. 特别地, 当 $\boldsymbol{A}$ 是正交方阵时, 可以使得 $\boldsymbol{R} = \operatorname{diag}(1, \cdots, 1, \det(\boldsymbol{A}))$;

(2) 存在一系列 Householder 方阵 $\boldsymbol{P}_1, \boldsymbol{P}_2, \cdots, \boldsymbol{P}_s$, 使得 $\boldsymbol{R} = \boldsymbol{P}_s \cdots \boldsymbol{P}_2\boldsymbol{P}_1\boldsymbol{A}$ 是上三角矩阵, 并且 $\boldsymbol{R}$ 的对角元素都非负. 特别地, 当 $\boldsymbol{A}$ 是正交方阵时, 可以使得 $\boldsymbol{R} = \boldsymbol{I}$;

(3) 当 $\boldsymbol{A}$ 是可逆方阵时, 存在唯一的正交方阵 $\boldsymbol{Q}$, 使得 $\boldsymbol{R} = \boldsymbol{Q}^{\mathrm{T}}\boldsymbol{A}$ 是上三角方阵, 并且 $\boldsymbol{R}$ 的对角元素都是正数. 矩阵乘积分解 $\boldsymbol{A} = \boldsymbol{QR}$ 称为 $\boldsymbol{A}$ 的 **QR 分解**.

证明 (1) 对于任意 a, b, 存在 θ, 使得 $\begin{pmatrix}\cos\theta & -\sin\theta \\ \sin\theta & \cos\theta\end{pmatrix}\begin{pmatrix}a \\ b\end{pmatrix} = \begin{pmatrix}\sqrt{a^2+b^2} \\ 0\end{pmatrix}$.

(2) 对于任意非零向量 $\boldsymbol{\alpha} \in \mathbb{R}^{n\times 1}$, 当 $\boldsymbol{\beta} = \|\boldsymbol{\alpha}\|\boldsymbol{e}_1 \neq \boldsymbol{\alpha}$ 时, $\boldsymbol{v} = \boldsymbol{\alpha} - \boldsymbol{\beta}$ 满足 $\boldsymbol{H}_{\boldsymbol{v}}\boldsymbol{\alpha} = \boldsymbol{\beta}$.

(3) 由前述结论可得 QR 分解的存在性. 若 $\boldsymbol{A} = \boldsymbol{Q}_1\boldsymbol{R}_1 = \boldsymbol{Q}_2\boldsymbol{R}_2$, 则 $\boldsymbol{M} = \boldsymbol{Q}_1^{-1}\boldsymbol{Q}_2 = \boldsymbol{R}_1\boldsymbol{R}_2^{-1}$ 既是正交方阵, 又是上三角方阵, 并且对角元素都是正数. 因此, $\boldsymbol{M} = \boldsymbol{I}$, $\boldsymbol{Q}_1 = \boldsymbol{Q}_2$, $\boldsymbol{R}_1 = \boldsymbol{R}_2$.

① James Wallace Givens, 1910～1993, 美国数学家.

② Alston Scott Householder, 1904～1993, 美国数学家.

对于任意可逆方阵 $\boldsymbol{A}$, 一般有两种方式产生 $\boldsymbol{A}$ 的 QR 分解: 一种是通过左乘正交方阵, 把 $\boldsymbol{A}$ 变成上三角方阵; 另一种是通过右乘可逆上三角方阵, 把 $\boldsymbol{A}$ 变成正交方阵. 定理 6.3 采用的是第一种方式. 而 Gram①-Schmidt②标准正交化过程则采用了第二种方式.

定义 6.2 设 $\boldsymbol{A}=(\boldsymbol{\alpha}_1\quad\boldsymbol{\alpha}_2\quad\cdots\quad\boldsymbol{\alpha}_n)$ 是 n 阶可逆实数方阵. 定义

$$\boldsymbol{\beta}_k=\boldsymbol{\alpha}_k-\sum_{i=1}^{k-1}(\boldsymbol{\gamma}_i^{\mathrm{T}}\boldsymbol{\alpha}_k)\boldsymbol{\gamma}_i=\boldsymbol{\alpha}_k-\sum_{i=1}^{k-1}\frac{\boldsymbol{\beta}_i^{\mathrm{T}}\boldsymbol{\alpha}_k}{\boldsymbol{\beta}_i^{\mathrm{T}}\boldsymbol{\beta}_i}\boldsymbol{\beta}_i,\quad \boldsymbol{\gamma}_k=\frac{1}{\|\boldsymbol{\beta}_k\|}\boldsymbol{\beta}_k\quad(k=1,2,\cdots,n)\tag{6.1}$$

$\boldsymbol{A}$ 的可逆性保证了 $\boldsymbol{\beta}_k\neq\boldsymbol{0}$. 容易验证, $\boldsymbol{\beta}_1,\boldsymbol{\beta}_2,\cdots,\boldsymbol{\beta}_n$ 两两正交, $\boldsymbol{Q}=(\boldsymbol{\gamma}_1\quad\boldsymbol{\gamma}_2\quad\cdots\quad\boldsymbol{\gamma}_n)$ 是正交方阵. 由 $\boldsymbol{\alpha}_1,\boldsymbol{\alpha}_2,\cdots,\boldsymbol{\alpha}_n$ 生成 $\boldsymbol{\beta}_1,\boldsymbol{\beta}_2,\cdots,\boldsymbol{\beta}_n$ 的过程称为 Gram-Schmidt **正交化**过程. 由 $\boldsymbol{\alpha}_1,\boldsymbol{\alpha}_2,\cdots,\boldsymbol{\alpha}_n$ 生成 $\boldsymbol{\gamma}_1,\boldsymbol{\gamma}_2,\cdots,\boldsymbol{\gamma}_n$ 的过程称为 Gram-Schmidt **标准正交化**过程.

由 (6.1) 式, 可得 QR 分解

$$(\boldsymbol{\alpha}_1\quad\boldsymbol{\alpha}_2\quad\cdots\quad\boldsymbol{\alpha}_n)=(\boldsymbol{\gamma}_1\quad\boldsymbol{\gamma}_2\quad\cdots\quad\boldsymbol{\gamma}_n)\begin{pmatrix}\|\boldsymbol{\beta}_1\| & \boldsymbol{\gamma}_1^{\mathrm{T}}\boldsymbol{\alpha}_2 & \cdots & \boldsymbol{\gamma}_1^{\mathrm{T}}\boldsymbol{\alpha}_n\\ & \|\boldsymbol{\beta}_2\| & \ddots & \vdots\\ & & \ddots & \boldsymbol{\gamma}_{n-1}^{\mathrm{T}}\boldsymbol{\alpha}_n\\ & & & \|\boldsymbol{\beta}_n\|\end{pmatrix}$$

Gram-Schmidt 标准正交化过程的几何意义如下: 设 V_k 是 $\boldsymbol{\alpha}_1,\boldsymbol{\alpha}_2,\cdots,\boldsymbol{\alpha}_k\in\mathbb{R}^{n\times1}$ 生成的 k 维线性空间, 则 V_k 可以由一组两两正交、长度为 1 的向量 $\boldsymbol{\gamma}_1,\boldsymbol{\gamma}_2,\cdots,\boldsymbol{\gamma}_k$ 生成. $\boldsymbol{\gamma}_1,\boldsymbol{\gamma}_2,\cdots,\boldsymbol{\gamma}_k$ 称为**标准正交向量组**. $\boldsymbol{\alpha}_k$ 可以分解为两个向量 $\boldsymbol{\alpha}_k-\boldsymbol{\beta}_k\in V_{k-1}$ 与 $\boldsymbol{\beta}_k\perp V_{k-1}$ 之和. $\boldsymbol{\gamma}_k$ 是 $\boldsymbol{\beta}_k$ 的单位化.

例 6.4 求方阵 $\boldsymbol{A}=\begin{pmatrix}2&1&1\\2&3&2\\1&1&3\end{pmatrix}$ 的 QR 分解.

解法 1 左乘 Givens 方阵

$$\begin{pmatrix}\frac{1}{\sqrt{2}}&\frac{1}{\sqrt{2}}&0\\-\frac{1}{\sqrt{2}}&\frac{1}{\sqrt{2}}&0\\0&0&1\end{pmatrix}\begin{pmatrix}2&1&1\\2&3&2\\1&1&3\end{pmatrix}=\begin{pmatrix}2\sqrt{2}&2\sqrt{2}&\frac{3}{\sqrt{2}}\\0&\sqrt{2}&\frac{1}{\sqrt{2}}\\1&1&3\end{pmatrix}$$

$$\begin{pmatrix}\frac{2\sqrt{2}}{3}&0&\frac{1}{3}\\0&1&0\\-\frac{1}{3}&0&\frac{2\sqrt{2}}{3}\end{pmatrix}\begin{pmatrix}2\sqrt{2}&2\sqrt{2}&\frac{3}{\sqrt{2}}\\0&\sqrt{2}&\frac{1}{\sqrt{2}}\\1&1&3\end{pmatrix}=\begin{pmatrix}3&3&3\\0&\sqrt{2}&\frac{1}{\sqrt{2}}\\0&0&\frac{3}{\sqrt{2}}\end{pmatrix}=\boldsymbol{R}$$

① Jørgen Pedersen Gram, 1850～1916, 丹麦数学家.

② Erhard Schmidt, 1876～1959, 德国数学家.

由此可得 $\boldsymbol{A}=\boldsymbol{QR}$, 其中

$$\boldsymbol{Q}=\begin{pmatrix}\frac{1}{\sqrt{2}} & -\frac{1}{\sqrt{2}} & 0\\ \frac{1}{\sqrt{2}} & \frac{1}{\sqrt{2}} & 0\\ 0 & 0 & 1\end{pmatrix}\begin{pmatrix}\frac{2\sqrt{2}}{3} & 0 & -\frac{1}{3}\\ 0 & 1 & 0\\ \frac{1}{3} & 0 & \frac{2\sqrt{2}}{3}\end{pmatrix}=\begin{pmatrix}\frac{2}{3} & -\frac{1}{\sqrt{2}} & -\frac{1}{3\sqrt{2}}\\ \frac{2}{3} & \frac{1}{\sqrt{2}} & -\frac{1}{3\sqrt{2}}\\ \frac{1}{3} & 0 & \frac{2\sqrt{2}}{3}\end{pmatrix}$$

解法 2 左乘 Householder 方阵

$$\boldsymbol{u}=\begin{pmatrix}-1\\2\\1\end{pmatrix},\qquad \boldsymbol{H_u}=\begin{pmatrix}\frac{2}{3} & \frac{2}{3} & \frac{1}{3}\\ \frac{2}{3} & -\frac{1}{3} & -\frac{2}{3}\\ \frac{1}{3} & -\frac{2}{3} & \frac{2}{3}\end{pmatrix},\quad \boldsymbol{H_u}\begin{pmatrix}2 & 1 & 1\\ 2 & 3 & 2\\ 1 & 1 & 3\end{pmatrix}=\begin{pmatrix}3 & 3 & 3\\ 0 & -1 & -2\\ 0 & -1 & 1\end{pmatrix}$$

$$\boldsymbol{v}=\begin{pmatrix}-1-\sqrt{2}\\ -1\end{pmatrix},\quad \boldsymbol{H_v}=\begin{pmatrix}-\frac{1}{\sqrt{2}} & -\frac{1}{\sqrt{2}}\\ -\frac{1}{\sqrt{2}} & \frac{1}{\sqrt{2}}\end{pmatrix},\qquad \boldsymbol{H_v}\begin{pmatrix}-1 & -2\\ -1 & 1\end{pmatrix}=\begin{pmatrix}\sqrt{2} & \frac{1}{\sqrt{2}}\\ 0 & \frac{3}{\sqrt{2}}\end{pmatrix}$$

由此可得 $\boldsymbol{A}=\boldsymbol{QR}$, 其中

$$\boldsymbol{Q}=\boldsymbol{H_u}\begin{pmatrix}1 & \\ & \boldsymbol{H_v}\end{pmatrix}=\begin{pmatrix}\frac{2}{3} & -\frac{1}{\sqrt{2}} & -\frac{1}{3\sqrt{2}}\\ \frac{2}{3} & \frac{1}{\sqrt{2}} & -\frac{1}{3\sqrt{2}}\\ \frac{1}{3} & 0 & \frac{2\sqrt{2}}{3}\end{pmatrix},\quad \boldsymbol{R}=\begin{pmatrix}3 & 3 & 3\\ 0 & \sqrt{2} & \frac{1}{\sqrt{2}}\\ 0 & 0 & \frac{3}{\sqrt{2}}\end{pmatrix}$$

解法 3 Gram-Schmidt 标准正交化

$$\begin{aligned}&\boldsymbol{\alpha}_1=(2,2,1),\ \boldsymbol{\beta}_1=\boldsymbol{\alpha}_1,\ \boldsymbol{\gamma}_1=\frac{1}{3}\boldsymbol{\beta}_1=\left(\frac{2}{3},\frac{2}{3},\frac{1}{3}\right)\\ &\boldsymbol{\alpha}_2=(1,3,1),\ \boldsymbol{\beta}_2=\boldsymbol{\alpha}_2-3\boldsymbol{\gamma}_1=(-1,1,0),\ \boldsymbol{\gamma}_2=\frac{1}{\sqrt{2}}\boldsymbol{\beta}_2=\left(-\frac{1}{\sqrt{2}},\frac{1}{\sqrt{2}},0\right)\\ &\boldsymbol{\alpha}_3=(1,2,3),\ \boldsymbol{\beta}_3=\boldsymbol{\alpha}_3-3\boldsymbol{\gamma}_1-\frac{1}{\sqrt{2}}\boldsymbol{\gamma}_2=\left(-\frac{1}{2},-\frac{1}{2},2\right)\\ &\boldsymbol{\gamma}_3=\frac{\sqrt{2}}{3}\boldsymbol{\beta}_3=\left(-\frac{1}{3\sqrt{2}},-\frac{1}{3\sqrt{2}},\frac{2\sqrt{2}}{3}\right)\end{aligned}$$

由此可得 $\boldsymbol{A}=\boldsymbol{QR}$, 其中

$$\boldsymbol{Q}=(\boldsymbol{\gamma}_1\ \boldsymbol{\gamma}_2\ \boldsymbol{\gamma}_3)=\begin{pmatrix}\frac{2}{3} & -\frac{1}{\sqrt{2}} & -\frac{1}{3\sqrt{2}}\\ \frac{2}{3} & \frac{1}{\sqrt{2}} & -\frac{1}{3\sqrt{2}}\\ \frac{1}{3} & 0 & \frac{2\sqrt{2}}{3}\end{pmatrix}$$

$$\boldsymbol{R}=\begin{pmatrix}1 & 0 & 3\\ 0 & 1 & \frac{1}{\sqrt{2}}\\ 0 & 0 & \frac{3}{\sqrt{2}}\end{pmatrix}\begin{pmatrix}1 & 3 & 0\\ 0 & \sqrt{2} & 0\\ 0 & 0 & 1\end{pmatrix}\begin{pmatrix}3 & 0 & 0\\ 0 & 1 & 0\\ 0 & 0 & 1\end{pmatrix}=\begin{pmatrix}3 & 3 & 3\\ 0 & \sqrt{2} & \frac{1}{\sqrt{2}}\\ 0 & 0 & \frac{3}{\sqrt{2}}\end{pmatrix}$$

上例中的三种方法均可求得可逆实方阵的 QR 分解. 一般说来,"左乘正交方阵"方法适合于计算机编程求解, 具有良好的数值稳定性; "Gram-Schmidt 标准正交化"方法适合于小规模的手算. 针对具体问题时, 我们需要选择恰当的方法.

定理 6.4 (Hadamard[1]不等式) 设 $\boldsymbol{\alpha}_1,\boldsymbol{\alpha}_2,\cdots,\boldsymbol{\alpha}_n\in\mathbb{R}^{n\times 1}$ 都是非零向量, 则

$$|\det(\boldsymbol{\alpha}_1,\boldsymbol{\alpha}_2,\cdots,\boldsymbol{\alpha}_n)|\leqslant\prod_{k=1}^{n}\|\boldsymbol{\alpha}_k\|$$

不等式取等号当且仅当 $\boldsymbol{\alpha}_1,\boldsymbol{\alpha}_2,\cdots,\boldsymbol{\alpha}_n$ 两两正交.

证明 设 $\boldsymbol{A}=\begin{pmatrix}\boldsymbol{\alpha}_1 & \boldsymbol{\alpha}_2 & \cdots & \boldsymbol{\alpha}_n\end{pmatrix}$. 当 $\det(\boldsymbol{A})=0$ 时, 不等式显然成立, 并且取不到等号. 当 $\det(\boldsymbol{A})\neq 0$ 时, 设 $\boldsymbol{A}=\boldsymbol{Q}\boldsymbol{R}$, 其中 $\boldsymbol{Q}$ 是正交方阵, $\boldsymbol{R}=(r_{ij})=\begin{pmatrix}\boldsymbol{\beta}_1 & \boldsymbol{\beta}_2 & \cdots & \boldsymbol{\beta}_n\end{pmatrix}$ 是上三角方阵, 则

$$|\det(\boldsymbol{A})|=\prod_{k=1}^{n}|r_{kk}|\leqslant\prod_{k=1}^{n}\|\boldsymbol{\beta}_k\|=\prod_{k=1}^{n}\|\boldsymbol{Q}\boldsymbol{\beta}_k\|=\prod_{k=1}^{n}\|\boldsymbol{\alpha}_k\|$$

不等式取等号当且仅当 $\boldsymbol{R}$ 是对角方阵, 即 $\boldsymbol{\beta}_1,\boldsymbol{\beta}_2,\cdots,\boldsymbol{\beta}_n$ 两两正交. 根据定理 6.1 (4), $\boldsymbol{\beta}_1,\boldsymbol{\beta}_2,\cdots,\boldsymbol{\beta}_n$ 两两正交当且仅当 $\boldsymbol{\alpha}_1,\boldsymbol{\alpha}_2,\cdots,\boldsymbol{\alpha}_n$ 两两正交.

习 题 6.1

1. 证明定理 6.1.

2. 设 $\boldsymbol{P}\in\mathbb{R}^{n\times n}$ 满足 $\|\boldsymbol{P}\boldsymbol{\alpha}\|=\|\boldsymbol{\alpha}\|(\forall\boldsymbol{\alpha}\in\mathbb{R}^{n\times 1})$. 证明: $\boldsymbol{P}$ 是正交方阵.

3. 设 $\boldsymbol{\alpha}=(2,1,1)^{\mathrm{T}}$, $\boldsymbol{\beta}=(1,1,2)^{\mathrm{T}}$. 求使得 $\boldsymbol{P}\boldsymbol{\alpha}=\boldsymbol{\beta}$ 的所有正交方阵 $\boldsymbol{P}$.

4. 设 $\boldsymbol{\alpha}\times\boldsymbol{\beta}$ 是 $\mathbb{R}^{3\times 1}$ 上的向量积运算, $\boldsymbol{P}$ 是 3 阶可逆实数方阵.

(1) 证明: 若 $\boldsymbol{P}\in SO(3,\mathbb{R})$, 则 $(\boldsymbol{P}\boldsymbol{\alpha})\times(\boldsymbol{P}\boldsymbol{\beta})=\boldsymbol{P}(\boldsymbol{\alpha}\times\boldsymbol{\beta})$, $\forall\boldsymbol{\alpha},\boldsymbol{\beta}\in\mathbb{R}^{3\times 1}$.

(2) 设 $(\boldsymbol{P}\boldsymbol{\alpha})\times(\boldsymbol{P}\boldsymbol{\beta})=\boldsymbol{P}(\boldsymbol{\alpha}\times\boldsymbol{\beta})$, $\forall\boldsymbol{\alpha},\boldsymbol{\beta}\in\mathbb{R}^{3\times 1}$. $\boldsymbol{P}$ 是否必为正交方阵? 证明你的结论.

5. (1) 证明: 任意 $\boldsymbol{P}\in SO(3,\mathbb{R})$ 既可以表示为三个 Givens 方阵的乘积, 也可以表示为两个 Householder 方阵的乘积.

(2) 对 $\boldsymbol{P}\in SO(n,\mathbb{R})$, 推广上述结论并证明.

6. 求 n 阶 Givens 方阵 $\boldsymbol{G}_{ij}(\theta)$ 和 Householder 方阵 $\boldsymbol{H}_{\boldsymbol{v}}$ 在 $\mathbb{C}$ 上的 Jordan 标准形.

7. (1) 设 $\boldsymbol{H}$ 是 Householder 方阵. 证明: $\begin{pmatrix}\boldsymbol{H} & \\ & \boldsymbol{I}\end{pmatrix}$ 和 $\begin{pmatrix}\boldsymbol{I} & \\ & \boldsymbol{H}\end{pmatrix}$ 也都是 Householder 方阵.

(2) 设 n 阶对称实方阵 $\boldsymbol{H}$ 满足 $\det(\boldsymbol{H})=-1$ 且 $\operatorname{rank}(\boldsymbol{H}-\boldsymbol{I})=1$. 证明: $\boldsymbol{H}$ 是 Householder 方阵.

8. 对下列方阵 $\boldsymbol{A}$ 的列向量施行 Gram-Schmidt 标准正交化, 并给出 $\boldsymbol{A}$ 的 QR 分解:

(1) $\begin{pmatrix}1 & 2 & 6 & -11\\ 2 & -1 & 2 & 3\\ 4 & -2 & 9 & 6\\ 2 & 4 & 2 & 3\end{pmatrix}$; (2) $\begin{pmatrix}-1 & 4 & 2 & 2\\ -2 & 3 & 2 & -4\\ 0 & 2 & -1 & 5\\ -2 & 4 & 6 & 3\end{pmatrix}$; (3) $\begin{pmatrix}1 & 6 & -3 & -1\\ 4 & 9 & -7 & -1\\ 2 & 2 & -1 & -1\\ 2 & 2 & 4 & 1\end{pmatrix}$.

[1] Jacques Salomon Hadamard, 1865～1963, 法国数学家.

9. (1) 设 $\boldsymbol{A}$ 是反对称实数方阵. 证明: $\boldsymbol{I}+\boldsymbol{A}$ 可逆, 并且 $\boldsymbol{B}=(\boldsymbol{I}+\boldsymbol{A})^{-1}(\boldsymbol{I}-\boldsymbol{A})$ 是正交方阵.

(2) 设 $\boldsymbol{B}$ 是正交方阵, 并且 $\boldsymbol{I}+\boldsymbol{B}$ 可逆. 证明: 存在反对称实数方阵 $\boldsymbol{A}$, 使得

$$\boldsymbol{B}=(\boldsymbol{I}+\boldsymbol{A})^{-1}(\boldsymbol{I}-\boldsymbol{A})$$

10. 证明: 正交方阵的任意子矩阵的特征值 λ 满足 $|\lambda|\leqslant 1$.

11. 设 $\boldsymbol{P}$ 是 n 阶可逆实数方阵, 并且对于任意 n 阶对称实数方阵 $\boldsymbol{A}$, $\boldsymbol{P}^{-1}\boldsymbol{A}\boldsymbol{P}$ 都是对称方阵. 证明: 存在实数 λ, 使得 $\lambda\boldsymbol{P}$ 是正交方阵.

12. 设 n 阶实数方阵 $\boldsymbol{A}=(a_{ij})$ 的行向量两两正交, 列行向量也两两正交. 证明: 存在置换方阵 $\boldsymbol{P}_1,\boldsymbol{P}_2$, 正交方阵 $\boldsymbol{Q}_1,\cdots,\boldsymbol{Q}_k$ 和实数 $\lambda_1,\cdots,\lambda_k$, 使得

$$\boldsymbol{A}=\boldsymbol{P}_1\begin{pmatrix}\lambda_1\boldsymbol{Q}_1 & & \\ & \ddots & \\ & & \lambda_k\boldsymbol{Q}_k\end{pmatrix}\boldsymbol{P}_2$$

6.2 正 交 相 似

定义 6.3 设 $\boldsymbol{A},\boldsymbol{B}\in\mathbb{R}^{n\times n}$. 若存在正交方阵 $\boldsymbol{P}$, 使得 $\boldsymbol{A}=\boldsymbol{P}\boldsymbol{B}\boldsymbol{P}^{-1}$, 则称 $\boldsymbol{A}$ 与 $\boldsymbol{B}$ **正交相似**.

容易验证, 实数矩阵的正交相似关系构成一个等价关系.

对定理 5.5 及其证明略作修改, 可得:

定理 6.5 设 $\boldsymbol{A}\in\mathbb{R}^{n\times n}$ 的所有特征值为 $\lambda_1,\lambda_2,\cdots,\lambda_n\in\mathbb{C}$. 当 $1\leqslant k\leqslant s$ 时, $\lambda_{2k}=\overline{\lambda_{2k-1}}\notin\mathbb{R}$. 当 $2s+1\leqslant k\leqslant n$ 时, $\lambda_k\in\mathbb{R}$. $\boldsymbol{A}$ 可以正交相似于如下形式的准上三角方阵:

$$\begin{pmatrix}\boldsymbol{A}_1 & * & * & * & * & * \\ & \ddots & * & * & * & * \\ & & \boldsymbol{A}_s & * & * & * \\ & & & \lambda_{2s+1} & * & * \\ & & & & \ddots & * \\ & & & & & \lambda_n\end{pmatrix}\tag{6.2}$$

其中 $\boldsymbol{A}_k$ 是 2 阶方阵, $\boldsymbol{A}_k$ 的特征值为 λ_{2k-1} 和 $\lambda_{2k}(1\leqslant k\leqslant s)$.

证明　对 n 使用数学归纳法. 当 $n=1$ 时, 结论显然成立. 下设 $n\geqslant 2$.

(1) 情形 1: $s=0$. 设 $\boldsymbol{\alpha}_1$ 是 λ_1 对应的一个特征向量, $\|\boldsymbol{\alpha}_1\|=1$, 正交方阵 $\boldsymbol{P}_1$ 以 $\boldsymbol{\alpha}_1$ 为第 1 列, 则有 $\boldsymbol{A}\boldsymbol{P}_1=\boldsymbol{P}_1\begin{pmatrix}\lambda_1 & * \\ \boldsymbol{0} & \boldsymbol{B}\end{pmatrix}$. $\boldsymbol{B}$ 的所有特征值为 $\lambda_2,\lambda_3,\cdots,\lambda_n$. 根据归纳假设知, 存在正交方阵 $\boldsymbol{P}_2$,使得 $\boldsymbol{P}_2^{-1}\boldsymbol{B}\boldsymbol{P}_2$ 是上三角方阵, 并且对角元素依次是 $\lambda_2,\lambda_3,\cdots,\lambda_n$. 设 $\boldsymbol{P}=\boldsymbol{P}_1\begin{pmatrix}1 & \\ & \boldsymbol{P}_2\end{pmatrix}$, 则 $\boldsymbol{P}$ 是正交方阵, $\boldsymbol{P}^{-1}\boldsymbol{A}\boldsymbol{P}$ 形如 (6.2)式.

(2) 情形 2: $s\neq 0$. 设 $\boldsymbol{u}+\mathrm{i}\,\boldsymbol{v}$ 是 $\lambda_1=a_1+b_1\mathrm{i}$ 对应的一个特征向量, 其中 $\boldsymbol{u},\boldsymbol{v}\in\mathbb{R}^{n\times 1}$,

$a_1, b_1 \in \mathbb{R}$, 则有 $\boldsymbol{A}\begin{pmatrix}\boldsymbol{u} & \boldsymbol{v}\end{pmatrix} = \begin{pmatrix}\boldsymbol{u} & \boldsymbol{v}\end{pmatrix}\begin{pmatrix} a_1 & b_1 \\ -b_1 & a_1 \end{pmatrix}$. 由 $\lambda_1 \notin \mathbb{R}$ 知 $\boldsymbol{u}$ 与 $\boldsymbol{v}$ 不平行. 把 $\boldsymbol{u}, \boldsymbol{v}$ 标准正交化为标准正交向量组 $\boldsymbol{\alpha}_1, \boldsymbol{\alpha}_2$. 设 $\boldsymbol{A}\begin{pmatrix}\boldsymbol{\alpha}_1 & \boldsymbol{\alpha}_2\end{pmatrix} = \begin{pmatrix}\boldsymbol{\alpha}_1 & \boldsymbol{\alpha}_2\end{pmatrix}\boldsymbol{A}_1$, 则 $\boldsymbol{A}_1$ 与 $\begin{pmatrix} a_1 & b_1 \\ -b_1 & a_1 \end{pmatrix}$ 相似, $\boldsymbol{A}_1$ 的特征值为 λ_1, λ_2. 把 $\begin{pmatrix}\boldsymbol{\alpha}_1 & \boldsymbol{\alpha}_2\end{pmatrix}$ 扩充为正交方阵 $\boldsymbol{P}_1 = \begin{pmatrix}\boldsymbol{\alpha}_1 & \boldsymbol{\alpha}_2 & \cdots & \boldsymbol{\alpha}_n\end{pmatrix}$, 则 $\boldsymbol{A}\boldsymbol{P}_1 = \boldsymbol{P}_1\begin{pmatrix} \boldsymbol{A}_1 & * \\ \boldsymbol{0} & \boldsymbol{B} \end{pmatrix}$. $\boldsymbol{B}$ 的所有特征值为 $\lambda_3, \lambda_4, \cdots, \lambda_n$. 根据归纳假设知, 存在正交方阵 $\boldsymbol{P}_2$, 使得 $\boldsymbol{P}_2^{-1}\boldsymbol{B}\boldsymbol{P}_2$ 是准上三角方阵. 设 $\boldsymbol{P} = \boldsymbol{P}_1\begin{pmatrix} \boldsymbol{I}_2 & \\ & \boldsymbol{P}_2 \end{pmatrix}$, 则 $\boldsymbol{P}$ 是正交方阵, $\boldsymbol{P}^{-1}\boldsymbol{A}\boldsymbol{P}$ 形如 (6.2)式.

根据定理 6.5 可得下列常用推论:

定理 6.6 任意正交方阵可以正交相似于如下形式的准对角方阵:

$$\operatorname{diag}\left(\begin{pmatrix} \cos\theta_1 & \sin\theta_1 \\ -\sin\theta_1 & \cos\theta_1 \end{pmatrix}, \cdots, \begin{pmatrix} \cos\theta_s & \sin\theta_s \\ -\sin\theta_s & \cos\theta_s \end{pmatrix}, \boldsymbol{I}, -\boldsymbol{I}\right)$$

证明 设 n 阶正交方阵 $\boldsymbol{A}$ 可以正交相似于 (6.2) 式中的方阵 $\boldsymbol{B}$, 则 $\boldsymbol{B}$ 也是正交方阵. 由于 $\boldsymbol{B}^{\mathrm{T}} = \boldsymbol{B}^{-1}$ 既是准上三角方阵,又是准下三角方阵, 故 $\boldsymbol{B} = \operatorname{diag}(\boldsymbol{A}_1, \cdots, \boldsymbol{A}_s, \lambda_{2s+1}, \cdots, \lambda_n)$. $\boldsymbol{A}_k$ 是 2 阶正交方阵, 特征值都不是实数, 故 $\boldsymbol{A}_k = \begin{pmatrix} \cos\theta_k & \sin\theta_k \\ -\sin\theta_k & \cos\theta_k \end{pmatrix}$. 根据定理 6.2, $\lambda_{2s+1}, \cdots, \lambda_n \in \{-1, 1\}$. 因此, 可设 $\boldsymbol{B} = \operatorname{diag}(\boldsymbol{A}_1, \cdots, \boldsymbol{A}_s, \boldsymbol{I}, -\boldsymbol{I})$, 即知 $\boldsymbol{A}$ 与 $\boldsymbol{B}$ 相似.

定理 6.7 任意对称实数方阵可以正交相似于对角方阵.

证明 设 n 阶对称实数方阵 $\boldsymbol{A}$ 可以正交相似于(6.2) 式中的方阵 $\boldsymbol{B}$, 则 $\boldsymbol{B}$ 也是对称方阵. 由例 5.2 可知, $\boldsymbol{B} = \operatorname{diag}(\lambda_1, \lambda_2, \cdots, \lambda_n)$.

定理 6.8 任意反对称实数方阵可以正交相似于如下形式的准对角方阵:

$$\operatorname{diag}\left(\begin{pmatrix} 0 & b_1 \\ -b_1 & 0 \end{pmatrix}, \cdots, \begin{pmatrix} 0 & b_s \\ -b_s & 0 \end{pmatrix}, \boldsymbol{O}\right)$$

证明 设 n 阶反对称实数方阵 $\boldsymbol{A}$ 可以正交相似于 (6.2) 式中的方阵 $\boldsymbol{B}$, 则 $\boldsymbol{B}$ 也是反对称方阵, 从而 $\boldsymbol{B} = \operatorname{diag}(\boldsymbol{A}_1, \cdots, \boldsymbol{A}_s, \boldsymbol{O})$. $\boldsymbol{A}_k$ 是 2 阶反对称方阵, 故 $\boldsymbol{A}_k = \begin{pmatrix} 0 & b_k \\ -b_k & 0 \end{pmatrix}$.

正交方阵、对称方阵、反对称方阵都满足 $\boldsymbol{A}\boldsymbol{A}^{\mathrm{T}} = \boldsymbol{A}^{\mathrm{T}}\boldsymbol{A}$. 由此引入规范方阵的定义.

定义 6.4 若实数方阵 $\boldsymbol{A}$ 满足 $\boldsymbol{A}\boldsymbol{A}^{\mathrm{T}} = \boldsymbol{A}^{\mathrm{T}}\boldsymbol{A}$, 则 $\boldsymbol{A}$ 称为**规范方阵**.

例 6.5 设 $\boldsymbol{A}, \boldsymbol{P} \in \mathbb{R}^{n\times n}$, $\boldsymbol{A}$ 是规范方阵, $\boldsymbol{P}$ 是正交方阵, 则 $\boldsymbol{A}^{\mathrm{T}}$ 和 $\boldsymbol{P}^{-1}\boldsymbol{A}\boldsymbol{P}$ 都是规范方阵. 当 $\boldsymbol{A}$ 可逆时, $\boldsymbol{A}^{-1}$ 也是规范方阵.

例 6.6 任意 2 阶规范实数方阵 $\boldsymbol{A}$ 形如 $\begin{pmatrix} a & b \\ b & d \end{pmatrix}$ 或 $\begin{pmatrix} a & b \\ -b & a \end{pmatrix}$. 因此, $\boldsymbol{A}$ 是对称方阵或正交方阵的数乘.

解 设 $\boldsymbol{A} = \begin{pmatrix} a & b \\ c & d \end{pmatrix}$, 则

$$\boldsymbol{A}\boldsymbol{A}^{\mathrm{T}} = \boldsymbol{A}^{\mathrm{T}}\boldsymbol{A} \Leftrightarrow \begin{cases} (b+c)(b-c) = 0 \\ (a-d)(b-c) = 0 \end{cases}$$

等价于下列两种情形之一成立:

(1) $b=c$. $\boldsymbol{A}$ 是对称方阵.

(2) $a=d,\ b=-c\neq 0$. $\boldsymbol{A}$ 形如 $\sqrt{a^2+b^2}\begin{pmatrix}\cos\theta & \sin\theta\\ -\sin\theta & \cos\theta\end{pmatrix}$.

定理 6.9 任意规范实数方阵可正交相似于如下形式的准对角方阵:

$$\operatorname{diag}\left(\begin{pmatrix}a_1 & b_1\\ -b_1 & a_1\end{pmatrix},\cdots,\begin{pmatrix}a_s & b_s\\ -b_s & a_s\end{pmatrix},\lambda_{2s+1},\cdots,\lambda_n\right)$$

证明 设 $\boldsymbol{A}$ 可以正交相似于 (6.2) 式中的方阵 $\boldsymbol{B}$. 由例 6.5 得, $\boldsymbol{B}$ 也是规范方阵. 设 $\boldsymbol{B}\boldsymbol{B}^{\mathrm{T}}=(\boldsymbol{C}_{ij}), \boldsymbol{B}^{\mathrm{T}}\boldsymbol{B}=(\boldsymbol{D}_{ij})$. 由 $\operatorname{tr}(\boldsymbol{C}_{ii})=\operatorname{tr}(\boldsymbol{D}_{ii})$, 得 $\boldsymbol{B}=\operatorname{diag}(\boldsymbol{A}_1,\cdots,\boldsymbol{A}_s,\lambda_{2s+1},\cdots,\lambda_n)$. $\boldsymbol{A}_k$ 是 2 阶规范方阵且其特征值不是实数. 由例 6.6 得, $\boldsymbol{A}_k=\begin{pmatrix}a_k & b_k\\ -b_k & a_k\end{pmatrix}(b_k\neq 0)$.

习 题 6.2

1. (1) 证明: 任意 3 阶正交方阵 $\boldsymbol{A}$ 可以正交相似于 $\begin{pmatrix}\cos\theta & \sin\theta & 0\\ -\sin\theta & \cos\theta & 0\\ 0 & 0 & \det(\boldsymbol{A})\end{pmatrix}$ 的形式.

(2) 说明上述结论的几何含义.

2. 设 $\boldsymbol{A}$ 是实数方阵, $k\in\mathbb{N}^*$. 证明: $\boldsymbol{A}$ 可以相似于正交方阵 $\Leftrightarrow$ $\boldsymbol{A}^k$ 可以相似于正交方阵.

3. 设 $\boldsymbol{A}$ 是实数方阵. 证明: $\boldsymbol{A}$ 可以在 $\mathbb{R}$ 上相似于规范方阵 $\Leftrightarrow$ $\boldsymbol{A}$ 可以在 $\mathbb{C}$ 上相似于对角方阵.

4. 证明: 上三角的规范实数方阵一定是对角方阵.

5. 设 n 阶实数方阵 $\boldsymbol{A}=(a_{ij})$ 满足 (a) $a_{ij}=0(\forall|i-j|\geqslant 2)$; (b) $a_{i,i+1}a_{i+1,i}>0(\forall i<n)$. 证明:

(1) $\boldsymbol{A}$ 可以在 $\mathbb{R}$ 上相似于对称方阵, 进而可以相似于对角方阵.

(2) $d_{\boldsymbol{A}}=\varphi_{\boldsymbol{A}}$. 从而 $\boldsymbol{A}$ 的 n 个特征值两两不同.

6. 设实数方阵 $\boldsymbol{A}$ 与 $\boldsymbol{B}$ 乘积可交换. 证明:

(1) 若 $\boldsymbol{A}$ 是规范方阵, 则 $\boldsymbol{A}$ 与 $\boldsymbol{B}^{\mathrm{T}}$ 乘积可交换.

(2) 若 $\boldsymbol{A}$ 和 $\boldsymbol{B}$ 都是规范方阵, 则 $\boldsymbol{A}+\boldsymbol{B}$ 和 $\boldsymbol{A}\boldsymbol{B}$ 也都是规范方阵.

7. 分别给出满足下列条件的 n 阶实数方阵 $\boldsymbol{A},\boldsymbol{B}$ 的例子:

(1) $\boldsymbol{A}$ 与 $\boldsymbol{B}$ 乘积可交换, $\boldsymbol{A}$ 与 $\boldsymbol{B}^{\mathrm{T}}$ 乘积不交换.

(2) $\boldsymbol{A}$ 和 $\boldsymbol{B}$ 都是规范方阵, $\boldsymbol{A}+\boldsymbol{B}$ 和 $\boldsymbol{A}\boldsymbol{B}$ 都不是规范方阵.

8. (1) 设 $\boldsymbol{A}$ 是规范实数方阵. 证明: $\boldsymbol{A}$ 与 $\boldsymbol{A}^{\mathrm{T}}$ 正交相似, 并且存在 $f\in\mathbb{R}[x]$, 使得 $\boldsymbol{A}^{\mathrm{T}}=f(\boldsymbol{A})$.

(2) 任意实数方阵 $\boldsymbol{A}$ 与 $\boldsymbol{A}^{\mathrm{T}}$ 是否一定正交相似? 证明你的结论.

9. 设 I 是指标集合, $\{\boldsymbol{A}_i\mid i\in I\}$ 是一组两两乘积可交换的规范方阵. 证明: 存在正交方阵 $\boldsymbol{P}$, 使得每个 $\boldsymbol{P}^{-1}\boldsymbol{A}_i\boldsymbol{P}$ 是定理 6.9 中的准对角方阵.

10. 设 $\boldsymbol{A},\boldsymbol{B}$ 都是 n 阶实数方阵. 证明:

(1) 若 $\boldsymbol{A}$ 是反对称方阵, 则 $\boldsymbol{B}=\mathrm{e}^{\boldsymbol{A}}$ 是正交方阵, $\det(\boldsymbol{B})=1$.

(2) 若 $\boldsymbol{B}$ 是正交方阵, $\det(\boldsymbol{B})=1$, 则存在反对称方阵 $\boldsymbol{A}$, 使得 $\boldsymbol{B}=\mathrm{e}^{\boldsymbol{A}}$.

(3) 若 $\boldsymbol{B}=\mathrm{e}^{\boldsymbol{A}}$ 是正交方阵, $\boldsymbol{A}$ 是否一定是反对称方阵? 证明你的结论.

6.3 正交相抵

定义 6.5 设 $\boldsymbol{A},\boldsymbol{B}\in\mathbb{R}^{m\times n}$. 若存在正交方阵 $\boldsymbol{P},\boldsymbol{Q}$, 使得 $\boldsymbol{A}=\boldsymbol{PBQ}$, 则称 $\boldsymbol{A}$ 与 $\boldsymbol{B}$ **正交相抵**.

容易验证, 实数矩阵的正交相抵关系构成一个等价关系.

定理 6.10 对于任意 $\boldsymbol{A}\in\mathbb{R}^{m\times n}$, 存在正交方阵 $\boldsymbol{P},\boldsymbol{Q}$, 使得

$$\boldsymbol{A}=\boldsymbol{P}\begin{pmatrix}\boldsymbol{\Sigma} & \boldsymbol{O}\\ \boldsymbol{O} & \boldsymbol{O}\end{pmatrix}\boldsymbol{Q} \tag{6.3}$$

其中 $\boldsymbol{\Sigma}=\mathrm{diag}(\sigma_1,\sigma_2,\cdots,\sigma_r)$, $\sigma_1\geqslant\sigma_2\geqslant\cdots\geqslant\sigma_r>0$, $r=\mathrm{rank}(\boldsymbol{A})$.

证明 根据定理 6.7, 由于 $\boldsymbol{A}^{\mathrm{T}}\boldsymbol{A}$ 是对称方阵, 故存在正交方阵 $\boldsymbol{Q}$, 使得

$$\boldsymbol{A}^{\mathrm{T}}\boldsymbol{A}=\boldsymbol{Q}^{\mathrm{T}}\mathrm{diag}(\lambda_1,\lambda_2,\cdots,\lambda_n)\boldsymbol{Q},\quad \lambda_1\geqslant\lambda_2\geqslant\cdots\geqslant\lambda_n$$

设 $\boldsymbol{AQ}^{\mathrm{T}}=\begin{pmatrix}\boldsymbol{\alpha}_1 & \boldsymbol{\alpha}_2 & \cdots & \boldsymbol{\alpha}_n\end{pmatrix}$, 则 $\boldsymbol{\alpha}_1,\cdots,\boldsymbol{\alpha}_r$ 两两正交, 并且 $\lambda_k=\boldsymbol{\alpha}_k^{\mathrm{T}}\boldsymbol{\alpha}_k\geqslant 0(\forall k)$. 当 $k\leqslant r$ 时, $\sigma_k=\|\boldsymbol{\alpha}_k\|=\sqrt{\lambda_k}>0$. 当 $k>r$ 时, $\boldsymbol{\alpha}_k=\boldsymbol{0}$. 把 $\begin{pmatrix}\dfrac{1}{\sigma_1}\boldsymbol{\alpha}_1 & \dfrac{1}{\sigma_2}\boldsymbol{\alpha}_2 & \cdots & \dfrac{1}{\sigma_r}\boldsymbol{\alpha}_r\end{pmatrix}$ 扩充为 m 阶正交方阵 $\boldsymbol{P}$, 即得 (6.3) 式.

定义 6.6 (6.3) 式称为 $\boldsymbol{A}$ 的一个**奇异值分解**. $\begin{pmatrix}\boldsymbol{\Sigma} & \boldsymbol{O}\\ \boldsymbol{O} & \boldsymbol{O}\end{pmatrix}$ 可以作为 $\boldsymbol{A}$ 所在的正交相抵等价类的代表元素, 称为 $\boldsymbol{A}$ 的**正交相抵标准形**. (6.3)式中的正交方阵 $\boldsymbol{P},\boldsymbol{Q}$ 一般是不唯一的, 但 $\sigma_1,\sigma_2,\cdots,\sigma_r$ 由 $\boldsymbol{A}$ 唯一确定. σ_k 称为 $\boldsymbol{A}$ 的第 k 个**奇异值**, 记作 $\sigma_k(\boldsymbol{A})$.

例 6.7 设 $\boldsymbol{A}=(a_{ij})\in\mathbb{R}^{m\times n}$, $r=\mathrm{rank}(\boldsymbol{A})$, $\boldsymbol{x}\in\mathbb{R}^{n\times 1}$. 有下列结论:

(1) $\sqrt{\sum\limits_{i,j}a_{ij}^2}=\sqrt{\sum\limits_{k=1}^{r}\sigma_k^2(\boldsymbol{A})}$. 此值称为 $\boldsymbol{A}$ 的 **Frobenius 范数**, 记作 $\|\boldsymbol{A}\|_{\mathrm{F}}$.

(2) $\max\limits_{\|\boldsymbol{x}\|=1}\|\boldsymbol{Ax}\|=\sigma_1(\boldsymbol{A})$. 此值称为 $\boldsymbol{A}$ 的**矩阵范数**, 记作 $\|\boldsymbol{A}\|$.

(3) 当 $\boldsymbol{A}$ 列满秩时, $\min\limits_{\|\boldsymbol{x}\|=1}\|\boldsymbol{Ax}\|=\sigma_n(\boldsymbol{A})$.

证明 设 $\boldsymbol{A}=\boldsymbol{P}\begin{pmatrix}\boldsymbol{\Sigma} & \boldsymbol{O}\\ \boldsymbol{O} & \boldsymbol{O}\end{pmatrix}\boldsymbol{Q}$ 是奇异值分解, $\boldsymbol{\Sigma}=\mathrm{diag}(\sigma_1,\sigma_2,\cdots,\sigma_r)$, 则有

$$\sum_{i,j}a_{ij}^2=\mathrm{tr}(\boldsymbol{A}^{\mathrm{T}}\boldsymbol{A})=\mathrm{tr}\left(\boldsymbol{Q}^{\mathrm{T}}\begin{pmatrix}\boldsymbol{\Sigma}^2 & \boldsymbol{O}\\ \boldsymbol{O} & \boldsymbol{O}\end{pmatrix}\boldsymbol{Q}\right)=\mathrm{tr}(\boldsymbol{\Sigma}^2)=\sigma_1^2+\sigma_2^2+\cdots+\sigma_r^2$$

$$\max_{\|\boldsymbol{x}\|=1}\|\boldsymbol{Ax}\|=\max_{\|\boldsymbol{x}\|=1}\sqrt{\boldsymbol{x}^{\mathrm{T}}\boldsymbol{A}^{\mathrm{T}}\boldsymbol{Ax}}=\max_{\|\boldsymbol{y}\|=1}\sqrt{\boldsymbol{y}^{\mathrm{T}}\begin{pmatrix}\boldsymbol{\Sigma}^2 & \boldsymbol{O}\\ \boldsymbol{O} & \boldsymbol{O}\end{pmatrix}\boldsymbol{y}}=\sigma_1$$

$$\min_{\|\boldsymbol{x}\|=1}\|\boldsymbol{Ax}\|=\min_{\|\boldsymbol{x}\|=1}\sqrt{\boldsymbol{x}^{\mathrm{T}}\boldsymbol{A}^{\mathrm{T}}\boldsymbol{Ax}}=\min_{\|\boldsymbol{y}\|=1}\sqrt{\boldsymbol{y}^{\mathrm{T}}\begin{pmatrix}\boldsymbol{\Sigma}^2 & \boldsymbol{O}\\ \boldsymbol{O} & \boldsymbol{O}\end{pmatrix}\boldsymbol{y}}=\sigma_n$$

例 6.8 设线性映射 $f(x,y)=(ax+by,cx+dy)$ $(ad-bc\neq 0)$. 椭圆 E 是圆 $x^2+y^2=1$ 在 f 下的像. 求 E 的标准方程和对称轴所在直线的方程.

解 设 $\boldsymbol{A}=\begin{pmatrix}a & b\\ c & d\end{pmatrix}$ 有奇异值分解 $\boldsymbol{P}\begin{pmatrix}\sigma_1 & 0\\ 0 & \sigma_2\end{pmatrix}\boldsymbol{Q}$, $\boldsymbol{P}=\begin{pmatrix}\cos\theta & -\sin\theta\\ \sin\theta & \cos\theta\end{pmatrix}$. 设点 (u,v) 在 E 上.

$$\begin{pmatrix}u\\ v\end{pmatrix}=\boldsymbol{A}\begin{pmatrix}x\\ y\end{pmatrix}\Rightarrow \boldsymbol{A}^{-1}\begin{pmatrix}u\\ v\end{pmatrix}=\begin{pmatrix}x\\ y\end{pmatrix}\Rightarrow (u\quad v)\boldsymbol{A}^{-\mathrm{T}}\boldsymbol{A}^{-1}\begin{pmatrix}u\\ v\end{pmatrix}=1$$
$$\Rightarrow (u\quad v)P\begin{pmatrix}1/\sigma_1^2 & 0\\ 0 & 1/\sigma_2^2\end{pmatrix}\boldsymbol{P}^{\mathrm{T}}\begin{pmatrix}u\\ v\end{pmatrix}=1$$

故 E 的标准方程为 $\dfrac{x^2}{\sigma_1^2}+\dfrac{y^2}{\sigma_2^2}=1$, 其中 σ_1 是半长轴长, σ_2 是半短轴长.

长轴顶点 (u,v) 满足

$$\boldsymbol{P}^{\mathrm{T}}\begin{pmatrix}u\\ v\end{pmatrix}=\begin{pmatrix}\pm\sigma_1\\ 0\end{pmatrix}\Rightarrow\begin{pmatrix}u\\ v\end{pmatrix}=\pm\sigma_1\begin{pmatrix}\cos\theta\\ \sin\theta\end{pmatrix}$$

长轴方程为 $x\sin\theta-y\cos\theta=0$.

短轴顶点 (u,v) 满足

$$\boldsymbol{P}^{\mathrm{T}}\begin{pmatrix}u\\ v\end{pmatrix}=\begin{pmatrix}0\\ \pm\sigma_2\end{pmatrix}\Rightarrow\begin{pmatrix}u\\ v\end{pmatrix}=\pm\sigma_2\begin{pmatrix}-\sin\theta\\ \cos\theta\end{pmatrix}$$

短轴方程为 $x\cos\theta+y\sin\theta=0$.

例 6.9 $m\times n$ 实系数线性方程组 $\boldsymbol{Ax}=\boldsymbol{b}$ 可能无解, 也可能有许多解. 在实际问题中, 经常把线性方程组问题转化为优化问题: 求 $\boldsymbol{x}$, 使得 $\|\boldsymbol{Ax}-\boldsymbol{b}\|$ 最小. 优化问题的解总是存在的, 称之为原线性方程组问题的**最小二乘解**. 当最小二乘解 $\boldsymbol{x}$ 不唯一时, 长度最小的最小二乘解 $\boldsymbol{x}$ 是唯一的.

解 设 $\boldsymbol{A}=\boldsymbol{P}\begin{pmatrix}\boldsymbol{\Sigma} & \boldsymbol{O}\\ \boldsymbol{O} & \boldsymbol{O}\end{pmatrix}\boldsymbol{Q}$ 是奇异值分解. 由

$$\|\boldsymbol{Ax}-\boldsymbol{b}\|=\|\boldsymbol{P}^{-1}(\boldsymbol{Ax}-\boldsymbol{b})\|=\left\|\begin{pmatrix}\boldsymbol{\Sigma} & \boldsymbol{O}\\ \boldsymbol{O} & \boldsymbol{O}\end{pmatrix}\boldsymbol{Qx}-\boldsymbol{P}^{-1}\boldsymbol{b}\right\|$$

可得 $\boldsymbol{Ax}=\boldsymbol{b}$ 的所有最小二乘解

$$\boldsymbol{x}=\boldsymbol{Q}^{-1}\begin{pmatrix}\boldsymbol{\Sigma}^{-1}\boldsymbol{c}\\ \boldsymbol{t}\end{pmatrix}$$

其中 $\boldsymbol{c}\in\mathbb{R}^{r\times 1}$ 由 $\boldsymbol{P}^{-1}\boldsymbol{b}$ 的前 r 个元素构成, $\boldsymbol{t}\in\mathbb{R}^{(n-r)\times 1}$ 是自由参数. 在这些最小二乘解中, 唯有

$$\boldsymbol{x}=\boldsymbol{Q}^{-1}\begin{pmatrix}\boldsymbol{\Sigma}^{-1}\boldsymbol{c}\\ \boldsymbol{0}\end{pmatrix}=\boldsymbol{Q}^{-1}\begin{pmatrix}\boldsymbol{\Sigma}^{-1} & \boldsymbol{O}\\ \boldsymbol{O} & \boldsymbol{O}\end{pmatrix}\boldsymbol{P}^{-1}\boldsymbol{b}$$

使得 $\|\boldsymbol{x}\|$ 最小.

例 6.10 设实数矩阵 $\boldsymbol{A}$ 有奇异值分解 $\boldsymbol{P}\begin{pmatrix}\boldsymbol{\Sigma} & \boldsymbol{O}\\ \boldsymbol{O} & \boldsymbol{O}\end{pmatrix}\boldsymbol{Q}$, 则 $\boldsymbol{X}=\boldsymbol{Q}^{-1}\begin{pmatrix}\boldsymbol{\Sigma}^{-1} & \boldsymbol{O}\\ \boldsymbol{O} & \boldsymbol{O}\end{pmatrix}\boldsymbol{P}^{-1}$ 是矩阵方程组

$$\boldsymbol{AXA}=\boldsymbol{A},\quad \boldsymbol{XAX}=\boldsymbol{X},\quad (\boldsymbol{AX})^{\mathrm{T}}=\boldsymbol{AX},\quad (\boldsymbol{XA})^{\mathrm{T}}=\boldsymbol{XA} \tag{6.4}$$

的唯一解.

证明 设 $\boldsymbol{X}=\boldsymbol{Q}^{-1}\begin{pmatrix}\boldsymbol{X}_1 & \boldsymbol{X}_2\\ \boldsymbol{X}_3 & \boldsymbol{X}_4\end{pmatrix}\boldsymbol{P}^{-1}$ 满足 (6.4)式. $\boldsymbol{AXA}=\boldsymbol{A}\Rightarrow \boldsymbol{X}_1=\boldsymbol{\Sigma}^{-1}$. $(\boldsymbol{AX})^{\mathrm{T}}=\boldsymbol{AX}\Rightarrow \boldsymbol{X}_2=\boldsymbol{O}$. $(\boldsymbol{XA})^{\mathrm{T}}=\boldsymbol{XA}\Rightarrow \boldsymbol{X}_3=\boldsymbol{O}$. $\boldsymbol{XAX}=\boldsymbol{X}\Rightarrow \boldsymbol{X}_4=\boldsymbol{X}_3\boldsymbol{\Sigma}^{-1}X_2=\boldsymbol{O}$. 因此, $\boldsymbol{X}=\boldsymbol{Q}^{-1}\begin{pmatrix}\boldsymbol{\Sigma}^{-1} & \boldsymbol{O}\\ \boldsymbol{O} & \boldsymbol{O}\end{pmatrix}\boldsymbol{P}^{-1}$. 容易验证, $\boldsymbol{X}$ 是 (6.4) 式的解.

习 题 6.3

1. 设实数矩阵 $\boldsymbol{A}$ 与 $\boldsymbol{B}$ 正交相抵. 证明: $\|\boldsymbol{A}\|_{\mathrm{F}}=\|\boldsymbol{B}\|_{\mathrm{F}}$;

2. 设实数矩阵 $\boldsymbol{A},\boldsymbol{B}\in\mathbb{R}^{m\times n}$ 满足 $\boldsymbol{A}^{\mathrm{T}}\boldsymbol{A}=\boldsymbol{B}^{\mathrm{T}}\boldsymbol{B}$.证明: 存在正交方阵 $\boldsymbol{P}$, 使得 $\boldsymbol{PA}=\boldsymbol{B}$;

3. 给定实数矩阵 $\boldsymbol{A}$, 求所有实数矩阵 $\boldsymbol{B}$, 使得 $\boldsymbol{BB}^{\mathrm{T}}=\boldsymbol{AA}^{\mathrm{T}}$ 且 $\boldsymbol{B}^{\mathrm{T}}\boldsymbol{B}=\boldsymbol{A}^{\mathrm{T}}\boldsymbol{A}$.

4. 证明:

(1) 对于任意实数方阵 $\boldsymbol{A}$, 存在规范的实数方阵 $\boldsymbol{P}_1,\boldsymbol{P}_2$, 使得 $\boldsymbol{A}=\boldsymbol{P}_1+\boldsymbol{P}_2$;

(2) 对于任意实数方阵 $\boldsymbol{A}$, 存在规范的实数方阵 $\boldsymbol{P}_1,\boldsymbol{P}_2$, 使得 $\boldsymbol{A}=\boldsymbol{P}_1\boldsymbol{P}_2$;

(3) 对于任意正交方阵 $\boldsymbol{A}$, 存在对称的正交方阵 $\boldsymbol{P}_1,\boldsymbol{P}_2$, 使得 $\boldsymbol{A}=\boldsymbol{P}_1\boldsymbol{P}_2$.

5. 证明下列关于实数矩阵的范数 $\|\cdot\|$ 的结论:

(1) $\|\boldsymbol{A}+\boldsymbol{B}\|\leqslant\|\boldsymbol{A}\|+\|\boldsymbol{B}\|$, $\|\boldsymbol{AB}\|\leqslant\|\boldsymbol{A}\|\cdot\|\boldsymbol{B}\|$;

(2) 设 $\boldsymbol{B}$ 是 $\boldsymbol{A}$ 的子矩阵, 则 $\|\boldsymbol{B}\|\leqslant\|\boldsymbol{A}\|$;

(3) $\|\boldsymbol{A}\|\leqslant\|\boldsymbol{A}\|_{\mathrm{F}}\leqslant\sqrt{r}\|\boldsymbol{A}\|$, 其中 $r=\mathrm{rank}(\boldsymbol{A})$.

(4) 设 $\boldsymbol{A}$ 是方阵, 则 $\boldsymbol{A}$ 的谱半径 (定义参见习题 5.4 第 10 题) $\rho(\boldsymbol{A})\leqslant\|\boldsymbol{A}\|$.

6. 设 $\boldsymbol{A}=(a_{ij})\in\mathbb{R}^{m\times n}$, $\boldsymbol{x}\in\mathbb{R}^{n\times 1}$, $p,q\in[1,+\infty]$ 满足 $\dfrac{1}{p}+\dfrac{1}{q}=1$. 定义 $\|\boldsymbol{x}\|_p=\left(\sum\limits_{i=1}^{n}|x_i|^p\right)^{1/p}$, $\|\boldsymbol{A}\|_p=\max\limits_{\|\boldsymbol{x}\|_p=1}\|\boldsymbol{Ax}\|_p$. 证明:

(1) $\|\boldsymbol{AB}\|_p\leqslant\|\boldsymbol{A}\|_p\cdot\|\boldsymbol{B}\|_p(\forall\boldsymbol{B}\in\mathbb{R}^{n\times k})$;

(2) $\|\boldsymbol{A}+\boldsymbol{B}\|_p\leqslant\|\boldsymbol{A}\|_p+\|\boldsymbol{B}\|_p(\forall\boldsymbol{B}\in\mathbb{R}^{m\times n})$;

(3) $\|\boldsymbol{A}\|_1=\max\limits_{1\leqslant j\leqslant n}\sum\limits_{i=1}^{m}|a_{ij}|$; (4) $\|\boldsymbol{A}\|_p=\|\boldsymbol{A}^{\mathrm{T}}\|_q$;

(5) $\dfrac{\|\boldsymbol{A}\|_1}{\sqrt{m}}\leqslant\|\boldsymbol{A}\|_2\leqslant\sqrt{n}\|\boldsymbol{A}\|_1$; (6) $\|\boldsymbol{A}\|_2=\|\boldsymbol{A}^{\mathrm{T}}\|_2\leqslant\sqrt{\|\boldsymbol{A}\|_p\cdot\|\boldsymbol{A}^{\mathrm{T}}\|_p}$.

7. 给定实数方阵 $\boldsymbol{A},\boldsymbol{B}\in\mathbb{R}^{n\times n}$.

(1) 求实数 λ, 使得 $\|\lambda\boldsymbol{A}-\boldsymbol{B}\|_{\mathrm{F}}$ 最小;

(2) 求正交方阵 $\boldsymbol{P}$, 使得 $\|\boldsymbol{PA}-\boldsymbol{B}\|_{\mathrm{F}}$ 最小;

(3) 求实数 λ 和正交方阵 $\boldsymbol{P}$, 使得 $\|\lambda\boldsymbol{PA}-\boldsymbol{B}\|_{\mathrm{F}}$ 最小.

8. 设 $\boldsymbol{A}$ 是实数矩阵, $\boldsymbol{A}=\boldsymbol{P}\begin{pmatrix}\boldsymbol{\Sigma} & \boldsymbol{O}\\ \boldsymbol{O} & \boldsymbol{O}\end{pmatrix}\boldsymbol{Q}$ 是奇异值分解, $\boldsymbol{X}=\boldsymbol{Q}^{-1}\begin{pmatrix}\boldsymbol{\Sigma}^{-1} & \boldsymbol{O}\\ \boldsymbol{O} & \boldsymbol{O}\end{pmatrix}\boldsymbol{P}^{-1}$. 证明:

(1) $\boldsymbol{X}$ 是唯一的, 与正交方阵 $\boldsymbol{P},\boldsymbol{Q}$ 的选取无关;

(2) 若$\boldsymbol{A}=\boldsymbol{BC}$, 其中$\boldsymbol{B},\boldsymbol{C}$分别是列满秩和行满秩矩阵, 则$\boldsymbol{X}=\boldsymbol{C}^{\mathrm{T}}(\boldsymbol{CC}^{\mathrm{T}})^{-1}(\boldsymbol{B}^{\mathrm{T}}\boldsymbol{B})^{-1}\boldsymbol{B}^{\mathrm{T}}$;

(3) $\boldsymbol{A}$ 的任意广义逆矩阵 (定义参见 4.4.2 节)$\boldsymbol{Y}=\boldsymbol{Q}^{-1}\begin{pmatrix}\boldsymbol{\Sigma}^{-1} & \boldsymbol{Y}_1\\ \boldsymbol{Y}_2 & \boldsymbol{Y}_2\boldsymbol{\Sigma}\boldsymbol{Y}_1\end{pmatrix}\boldsymbol{P}^{-1}$, $\|\boldsymbol{Y}\|_{\mathrm{F}}\geqslant\|\boldsymbol{X}\|_{\mathrm{F}}$ 且 $\|\boldsymbol{Y}\|\geqslant\|\boldsymbol{X}\|$.

9. 设 $\lambda_1,\lambda_2,\cdots,\lambda_n\in\mathbb{C}$ 是 $\boldsymbol{A}\in\mathbb{R}^{n\times n}$ 的所有特征值. 证明: $\boldsymbol{A}$ 与 $\mathrm{diag}(|\lambda_1|,|\lambda_2|,\cdots,|\lambda_n|)$ 正交相抵当且仅当 $\boldsymbol{A}$ 是规范方阵.

6.4 酉 方 阵

本章前面几节中关于实数向量和实数方阵的结论, 可以略作修改, 推广到复数向量和复数矩阵. 我们仅叙述结论, 证明留作习题.

定义 6.7 设 $\boldsymbol{\alpha},\boldsymbol{\beta}\in\mathbb{C}^{n\times 1}$. 复数 $\boldsymbol{\alpha}^{\mathrm{H}}\boldsymbol{\beta}$ 称为 $\boldsymbol{\alpha}$ 与 $\boldsymbol{\beta}$ 的**酉内积**. 非负实数 $\sqrt{\boldsymbol{\alpha}^{\mathrm{H}}\boldsymbol{\alpha}}$ 称为 $\boldsymbol{\alpha}$ 的**长度**, 记作 $\|\boldsymbol{\alpha}\|$. 若 $\boldsymbol{\alpha}^{\mathrm{H}}\boldsymbol{\beta}=0$, 则称 $\boldsymbol{\alpha}$ 与 $\boldsymbol{\beta}$ **正交**, 记作 $\boldsymbol{\alpha}\perp\boldsymbol{\beta}$.

满足 $\boldsymbol{PP}^{\mathrm{H}}=\boldsymbol{P}^{\mathrm{H}}\boldsymbol{P}=\boldsymbol{I}$ 的复数方阵 $\boldsymbol{P}$ 称为**酉方阵**. 酉方阵也可以看作是 $\mathbb{C}^n$ 中一组两两正交、长度为 1 的 (行或列) 向量.

定理 6.11 设 $\boldsymbol{P}$ 是 n 阶酉方阵. 有下列常用结论:

(1) $|\det(\boldsymbol{P})|=1$;

(2) $\boldsymbol{P}^{\mathrm{T}},\overline{\boldsymbol{P}}$ 和 $\boldsymbol{P}^{-1}=\boldsymbol{P}^{\mathrm{H}}$ 也都是酉方阵;

(3) 若 $\boldsymbol{Q}$ 是 n 阶酉方阵, 则 $\boldsymbol{PQ}$ 也是酉方阵;

(4) 对于任意 $\boldsymbol{\alpha},\boldsymbol{\beta}\in\mathbb{C}^{n\times 1}$, 都有 $(\boldsymbol{P\alpha})^{\mathrm{H}}(\boldsymbol{P\beta})=\boldsymbol{\alpha}^{\mathrm{H}}\boldsymbol{\beta}$;

(5) 若 $\boldsymbol{P}$ 是三角方阵, 则 $\boldsymbol{P}=\mathrm{diag}(\lambda_1,\lambda_2,\cdots,\lambda_n)$, $|\lambda_i|=1\ (i=1,2,\cdots,n)$;

(6) 若 $\boldsymbol{A}$ 是 n 阶 (反) Hermite 方阵, 则 $\boldsymbol{P}^{-1}\boldsymbol{AP}$ 也是 (反) Hermite 方阵.

n 阶酉方阵的全体, 在矩阵乘法运算下构成 $GL(n,\mathbb{C})$ 的子群, 称为**酉群**, 记作 $U(n,\mathbb{C})$. 行列式等于 1 的 n 阶酉方阵的全体, 在矩阵乘法运算下构成 $SL(n,\mathbb{C})$ 的子群, 称为**特殊酉群**, 记作 $SU(n,\mathbb{C})$. $O(n,\mathbb{R})$ 是 $U(n,\mathbb{C})$ 的子群, $SO(n,\mathbb{R})$ 是 $SU(n,\mathbb{C})$ 的子群.

6.4.1 酉方阵的构造

例 6.11 任意 2 阶酉方阵均形如 $\begin{pmatrix}z & w\\ -\overline{w}\delta & \overline{z}\delta\end{pmatrix}$, 其中 $z,w,\delta\in\mathbb{C}$ 满足 $|z|^2+|w|^2=1$, $|\delta|=1$.

例 6.12 对于任意非零向量 $\boldsymbol{v}\in\mathbb{C}^{n\times 1}$, Hermite 方阵 $\boldsymbol{H}_{\boldsymbol{v}}=\boldsymbol{I}-\dfrac{2}{\boldsymbol{v}^{\mathrm{H}}\boldsymbol{v}}\boldsymbol{vv}^{\mathrm{H}}$ 是酉方阵, $\det(\boldsymbol{H}_{\boldsymbol{v}})=-1$.

定理 6.12 (QR 分解) 对于任意复数矩阵 $\boldsymbol{A}$, 存在酉方阵 $\boldsymbol{P}$, 使得 $\boldsymbol{R}=\boldsymbol{PA}$ 是上三角矩阵, 并且 $\boldsymbol{R}$ 的对角元素都是非负实数. 特别地, 当 $\boldsymbol{A}$ 是可逆方阵时, 存在唯一的酉方阵 $\boldsymbol{Q}$ 和上三角方阵 $\boldsymbol{R}$, 使得 $\boldsymbol{A}=\boldsymbol{QR}$, 并且 $\boldsymbol{R}$ 的对角元素都是正实数. 矩阵乘积分解 $\boldsymbol{A}=\boldsymbol{QR}$ 称为 $\boldsymbol{A}$ 的 **QR 分解**.

定义 6.8 设 $\boldsymbol{A}=\begin{pmatrix}\boldsymbol{\alpha}_1 & \boldsymbol{\alpha}_2 & \cdots & \boldsymbol{\alpha}_n\end{pmatrix}\in GL(n,\mathbb{C})$. 定义

$$\boldsymbol{\beta}_k=\boldsymbol{\alpha}_k-\sum_{i=1}^{k-1}(\gamma_i^{\mathrm{H}}\alpha_k)\gamma_i=\boldsymbol{\alpha}_k-\sum_{i=1}^{k-1}\frac{\boldsymbol{\beta}_i^{\mathrm{H}}\boldsymbol{\alpha}_k}{\boldsymbol{\beta}_i^{\mathrm{H}}\boldsymbol{\beta}_i}\boldsymbol{\beta}_i,\quad \gamma_k=\frac{1}{\|\boldsymbol{\beta}_k\|}\boldsymbol{\beta}_k\quad (k=1,2,\cdots,n)$$

容易验证, $\boldsymbol{\beta}_1,\boldsymbol{\beta}_2,\cdots,\boldsymbol{\beta}_n$ 两两正交, $\boldsymbol{Q}=\begin{pmatrix}\gamma_1 & \gamma_2 & \cdots & \gamma_n\end{pmatrix}$ 是酉方阵. 上述由 $\boldsymbol{\alpha}_1,\boldsymbol{\alpha}_2,\cdots,\boldsymbol{\alpha}_n$ 生成 $\boldsymbol{\beta}_1,\boldsymbol{\beta}_2,\cdots,\boldsymbol{\beta}_n$ 的过程称为 Gram-Schmidt **正交化**过程. 由 $\boldsymbol{\alpha}_1,\boldsymbol{\alpha}_2,\cdots,\boldsymbol{\alpha}_n$ 生成 $\gamma_1,\gamma_2,\cdots,\gamma_n$ 的过程称为 Gram-Schmidt **标准正交化**过程.

例 6.13 把向量组 $\boldsymbol{\alpha}_1=(1,\mathrm{i},\mathrm{i})$, $\boldsymbol{\alpha}_2=(\mathrm{i},1,\mathrm{i})$, $\boldsymbol{\alpha}_3=(\mathrm{i},\mathrm{i},1)$ Gram-Schmidt 标准正交化.

解

$$\boldsymbol{\beta}_1=\boldsymbol{\alpha}_1=(1,\mathrm{i},\mathrm{i}),\quad \gamma_1=\frac{1}{\sqrt{3}}\boldsymbol{\beta}_1=\left(\frac{1}{\sqrt{3}},\frac{\mathrm{i}}{\sqrt{3}},\frac{\mathrm{i}}{\sqrt{3}}\right)$$

$$\boldsymbol{\beta}_2=\boldsymbol{\alpha}_2-\frac{1}{\sqrt{3}}\gamma_1=\left(\frac{-1+3\mathrm{i}}{3},\frac{3-\mathrm{i}}{3},\frac{2\mathrm{i}}{3}\right),\quad \gamma_2=\frac{3}{\sqrt{24}}\beta_2=\left(\frac{-1+3\mathrm{i}}{2\sqrt{6}},\frac{3-\mathrm{i}}{2\sqrt{6}},\frac{2\mathrm{i}}{2\sqrt{6}}\right)$$

$$\boldsymbol{\beta}_3=\boldsymbol{\alpha}_3-\frac{1}{\sqrt{3}}\gamma_1-\frac{1}{\sqrt{6}}\gamma_2=\left(\frac{-1+3\mathrm{i}}{4},\frac{-1+3\mathrm{i}}{4},\frac{2-\mathrm{i}}{2}\right)$$

$$\gamma_3=\frac{2}{\sqrt{10}}\boldsymbol{\beta}_3=\left(\frac{-1+3\mathrm{i}}{2\sqrt{10}},\frac{-1+3\mathrm{i}}{2\sqrt{10}},\frac{2-\mathrm{i}}{\sqrt{10}}\right)$$

定理 6.13 (Hadamard 不等式) 设 $\boldsymbol{\alpha}_1,\boldsymbol{\alpha}_2,\cdots,\boldsymbol{\alpha}_n\in\mathbb{C}^{n\times 1}$ 都是非零向量, 则

$$|\det(\boldsymbol{\alpha}_1,\boldsymbol{\alpha}_2,\cdots,\boldsymbol{\alpha}_n)|\leqslant\prod_{k=1}^{n}\|\boldsymbol{\alpha}_k\|$$

不等式取等号当且仅当 $\boldsymbol{\alpha}_1,\boldsymbol{\alpha}_2,\cdots,\boldsymbol{\alpha}_n$ 两两正交.

6.4.2 酉 相 似

定义 6.9 设 $\boldsymbol{A},\boldsymbol{B}\in\mathbb{C}^{n\times n}$. 若存在酉方阵 $\boldsymbol{P}$, 使得 $\boldsymbol{A}=\boldsymbol{PBP}^{-1}$, 则称 $\boldsymbol{A}$ 与 $\boldsymbol{B}$ 酉相似.

容易验证, 复数矩阵的酉相似关系构成一个等价关系.

定理 6.14 (Schur 定理) 任意复数方阵可以酉相似于上三角方阵.

定义 6.10 若复数方阵 $\boldsymbol{A}$ 满足 $\boldsymbol{AA}^{\mathrm{H}}=\boldsymbol{A}^{\mathrm{H}}\boldsymbol{A}$, 则 $\boldsymbol{A}$ 称为**规范方阵**.

例如, 酉方阵、Hermite 方阵、反 Hermite 方阵都是规范方阵.

定理 6.15 复方阵 $\boldsymbol{A}$ 是规范方阵的充分必要条件是 $\boldsymbol{A}$ 可以酉相似于对角方阵. 特别地,

(1) 当 $\boldsymbol{A}$ 是酉方阵时, $\boldsymbol{A}$ 的任意特征值 λ 满足 $|\lambda|=1$.

(2) 当 $\boldsymbol{A}$ 是 Hermite 方阵时, $\boldsymbol{A}$ 的任意特征值 $\lambda\in\mathbb{R}$.

(3) 当 $\boldsymbol{A}$ 是反 Hermite 方阵时, $\boldsymbol{A}$ 的任意特征值 λ 满足 $\mathrm{Re}(\lambda)=0$.

定理 6.16 (Schur 不等式) 设 n 阶复数方阵 $\boldsymbol{A}=(a_{ij})$ 的所有特征值为 $\lambda_1,\lambda_2,\cdots,\lambda_n$, 则

$$\sum_{i=1}^{n}|\lambda_i|^2 \leqslant \sum_{i,j=1}^{n}|a_{ij}|^2$$

不等式取等号当且仅当 $\boldsymbol{A}$ 是规范方阵.

6.4.3 酉 相 抵

定义 6.11 设 $\boldsymbol{A},\boldsymbol{B}\in\mathbb{C}^{m\times n}$. 若存在酉方阵 $\boldsymbol{P},\boldsymbol{Q}$, 使得 $\boldsymbol{A}=\boldsymbol{PBQ}$, 则称 $\boldsymbol{A}$ 与 $\boldsymbol{B}$ **酉相抵**.

容易验证, 复数矩阵的酉相抵关系构成一个等价关系.

定理 6.17 对于任意 $\boldsymbol{A}\in\mathbb{C}^{m\times n}$, 存在酉方阵 $\boldsymbol{P},\boldsymbol{Q}$, 使得

$$\boldsymbol{A}=\boldsymbol{P}\begin{pmatrix}\boldsymbol{\Sigma} & \boldsymbol{O}\\ \boldsymbol{O} & \boldsymbol{O}\end{pmatrix}\boldsymbol{Q} \tag{6.5}$$

其中 $\boldsymbol{\Sigma}=\mathrm{diag}(\sigma_1,\sigma_2,\cdots,\sigma_r)$, $\sigma_1\geqslant\sigma_2\geqslant\cdots\geqslant\sigma_r>0$, $r=\mathrm{rank}(\boldsymbol{A})$.

定义 6.12 (6.5) 式称为 $\boldsymbol{A}$ 的一个**奇异值分解**. $\begin{pmatrix}\boldsymbol{\Sigma} & \boldsymbol{O}\\ \boldsymbol{O} & \boldsymbol{O}\end{pmatrix}$ 可以作为 $\boldsymbol{A}$ 所在的酉相抵等价类的代表元素, 称为 $\boldsymbol{A}$ 的**酉相抵标准形**. (6.5) 式中的酉方阵 $\boldsymbol{P},\boldsymbol{Q}$ 一般不是唯一的, 但 $\sigma_1,\sigma_2,\cdots,\sigma_r$ 由 $\boldsymbol{A}$ 唯一确定. σ_k 称为 $\boldsymbol{A}$ 的第 k 个**奇异值**, 记作 $\sigma_k(\boldsymbol{A})$.

例 6.14 设 $\boldsymbol{A}=(a_{ij})\in\mathbb{C}^{m\times n}$, $r=\mathrm{rank}(\boldsymbol{A})$,$\boldsymbol{x}\in\mathbb{C}^{n\times 1}$. 有下列结论:

(1) $\sqrt{\sum\limits_{i,j}|a_{ij}|^2}=\sqrt{\sum\limits_{k=1}^{r}\sigma_k^2(\boldsymbol{A})}$. 此值称为 $\boldsymbol{A}$ 的 **Frobenius 范数**, 记作 $\|\boldsymbol{A}\|_{\mathrm{F}}$.

(2) $\max\limits_{\|\boldsymbol{x}\|=1}\|\boldsymbol{Ax}\|=\sigma_1(\boldsymbol{A})$. 此值称为 $\boldsymbol{A}$ 的**矩阵范数**, 记作 $\|\boldsymbol{A}\|$.

(3) 当 $\boldsymbol{A}$ 是列满秩时, $\min\limits_{\|\boldsymbol{x}\|=1}\|\boldsymbol{Ax}\|=\sigma_n(\boldsymbol{A})$.

定义 6.13 设 $m\times n$ 复数矩阵 $\boldsymbol{A}$ 有奇异值分解 (6.5), 则 $n\times m$ 复数矩阵

$$\boldsymbol{A}^{+}=\boldsymbol{Q}^{-1}\begin{pmatrix}\boldsymbol{\Sigma}^{-1} & \boldsymbol{O}\\ \boldsymbol{O} & \boldsymbol{O}\end{pmatrix}\boldsymbol{P}^{-1} \tag{6.6}$$

称为 $\boldsymbol{A}$ 的 **Moore-Penrose 广义逆矩阵**.

定理 6.18 (6.6) 式中的 $\boldsymbol{A}^{+}$ 是唯一的, 与酉方阵 $\boldsymbol{P},\boldsymbol{Q}$ 的选取无关.

证明 设 $\boldsymbol{A}=\boldsymbol{P}_1\begin{pmatrix}\boldsymbol{\Sigma} & \boldsymbol{O}\\ \boldsymbol{O} & \boldsymbol{O}\end{pmatrix}\boldsymbol{Q}_1=\boldsymbol{P}_2\begin{pmatrix}\boldsymbol{\Sigma} & \boldsymbol{O}\\ \boldsymbol{O} & \boldsymbol{O}\end{pmatrix}\boldsymbol{Q}_2$. 由 $\boldsymbol{P}_2^{-1}\boldsymbol{P}_1\begin{pmatrix}\boldsymbol{\Sigma} & \boldsymbol{O}\\ \boldsymbol{O} & \boldsymbol{O}\end{pmatrix}=\begin{pmatrix}\boldsymbol{\Sigma} & \boldsymbol{O}\\ \boldsymbol{O} & \boldsymbol{O}\end{pmatrix}\boldsymbol{Q}_2\boldsymbol{Q}_1^{-1}$, 得 $\boldsymbol{P}_2^{-1}\boldsymbol{P}_1=\begin{pmatrix}\boldsymbol{X}_1 & \boldsymbol{X}_2\\ \boldsymbol{O} & \boldsymbol{X}_4\end{pmatrix}$, $\boldsymbol{Q}_2\boldsymbol{Q}_1^{-1}=\begin{pmatrix}\boldsymbol{\Sigma}^{-1}\boldsymbol{X}_1\boldsymbol{\Sigma} & \boldsymbol{O}\\ \boldsymbol{Y}_3 & \boldsymbol{Y}_4\end{pmatrix}$. 又由于 $\boldsymbol{P}_2^{-1}\boldsymbol{P}_1$ 和 $\boldsymbol{Q}_2\boldsymbol{Q}_1^{-1}$ 都是酉方阵, 故 $\boldsymbol{X}_2=\boldsymbol{O}$,$\boldsymbol{Y}_3=\boldsymbol{O}$. 因此,

$$\boldsymbol{Q}_2\boldsymbol{Q}_1^{-1}\begin{pmatrix}\boldsymbol{\Sigma}^{-1} & \boldsymbol{O}\\ \boldsymbol{O} & \boldsymbol{O}\end{pmatrix}=\begin{pmatrix}\boldsymbol{\Sigma}^{-1} & \boldsymbol{O}\\ \boldsymbol{O} & \boldsymbol{O}\end{pmatrix}\boldsymbol{P}_2^{-1}\boldsymbol{P}_1$$

$$Q_1^{-1}\begin{pmatrix}\boldsymbol{\Sigma}^{-1} & O\\ O & O\end{pmatrix}P_1^{-1}=Q_2^{-1}\begin{pmatrix}\boldsymbol{\Sigma}^{-1} & O\\ O & O\end{pmatrix}P_2^{-1}$$

习 题 6.4

1. 证明例 6.11、例 6.12、例 6.14 和定理 6.11～定理 6.17.

2. 证明: 任意 2 阶酉方阵可以表示为如下形式:

$$\begin{pmatrix}z_1 & 0\\ 0 & z_2\end{pmatrix}\begin{pmatrix}\cos\theta & \sin\theta\\ -\sin\theta & \cos\theta\end{pmatrix}\begin{pmatrix}z_3 & 0\\ 0 & z_4\end{pmatrix}$$

其中 $\theta\in\mathbb{R}$, $z_i\in\mathbb{C}$,$|z_i|=1(\forall i)$.

3. 计算 $\boldsymbol{A}=\begin{pmatrix}0 & \mathrm{i} & 1\\ 1 & 0 & \mathrm{i}\\ \mathrm{i} & 1 & 0\end{pmatrix}$ 的 QR 分解、酉相似标准形和奇异值分解.

4. 求满足 $\operatorname{rank}(\boldsymbol{A}-\boldsymbol{I})=1$ 的所有 n 阶酉方阵 $\boldsymbol{A}$.

5. 设准上三角复数方阵 $\boldsymbol{A}=(\boldsymbol{A}_{ij})_{k\times k}$ 是规范方阵, $\boldsymbol{A}_{ii}$ 都是方阵. 证明: $\boldsymbol{A}_{ij}=\boldsymbol{O}(\forall i\neq j)$.

6. 设 $\boldsymbol{A},\boldsymbol{B}\in\mathbb{C}^{m\times n}$. 证明: $|\operatorname{tr}(\boldsymbol{A}^{\mathrm{H}}\boldsymbol{B})|\leqslant\|\boldsymbol{A}\|_{\mathrm{F}}\|\boldsymbol{B}\|_{\mathrm{F}}$.

7. 设映射 $\rho:\mathbb{C}^{n\times n}\to\mathbb{R}^{2n\times 2n}$, $\rho(\boldsymbol{A}+\boldsymbol{B}\mathrm{i})=\begin{pmatrix}\boldsymbol{A} & \boldsymbol{B}\\ -\boldsymbol{B} & \boldsymbol{A}\end{pmatrix}$, 其中 $\boldsymbol{A},\boldsymbol{B}\in\mathbb{R}^{n\times n}$. 证明: ρ 是一一映射, 并且对于任意 $\boldsymbol{X},\boldsymbol{Y}\in\mathbb{C}^{n\times n}$, 有

(1) $\rho(\boldsymbol{X}+\boldsymbol{Y})=\rho(\boldsymbol{X})+\rho(\boldsymbol{Y})$, $\rho(\boldsymbol{XY})=\rho(\boldsymbol{X})\rho(\boldsymbol{Y})$,$\rho(\boldsymbol{X}^{\mathrm{H}})=\rho(\boldsymbol{X})^{\mathrm{T}}$;

(2) $\boldsymbol{X}$ 是可逆方阵 $\Leftrightarrow\rho(\boldsymbol{X})$ 是可逆方阵.

(3) $\boldsymbol{X}$ 是酉方阵 $\Leftrightarrow\rho(\boldsymbol{X})$ 是正交方阵;

(4) $\boldsymbol{X}$ 是 Hermite 方阵 $\Leftrightarrow\rho(\boldsymbol{X})$ 是对称方阵;

(5) $\boldsymbol{X}$ 是反 Hermite 方阵 $\Leftrightarrow\rho(\boldsymbol{X})$ 是反对称方阵;

(6) $\boldsymbol{X}$ 是规范方阵 $\Leftrightarrow\rho(\boldsymbol{X})$ 是规范方阵.

8. 设 $\boldsymbol{A}\in\mathbb{C}^{m\times n}$. 证明: $\boldsymbol{X}=\boldsymbol{A}^{+}$ 是矩阵方程组

$$\boldsymbol{AXA}=\boldsymbol{A},\quad \boldsymbol{XAX}=\boldsymbol{X},\quad (\boldsymbol{AX})^{\mathrm{H}}=\boldsymbol{AX},\quad (\boldsymbol{XA})^{\mathrm{H}}=\boldsymbol{XA}$$

的唯一解.

9. 设 $\boldsymbol{A}\in\mathbb{C}^{m\times n}$, $\boldsymbol{b}\in\mathbb{C}^{m\times 1}$. 使得 $\|\boldsymbol{Ax}-\boldsymbol{b}\|$ 最小的 $\boldsymbol{x}\in\mathbb{C}^{n\times 1}$ 称为线性方程组 $\boldsymbol{Ax}=\boldsymbol{b}$ 的**最小二乘解**. 证明:

(1) $\boldsymbol{x}=\boldsymbol{A}^{+}\boldsymbol{b}$ 是 $\boldsymbol{Ax}=\boldsymbol{b}$ 的一个最小二乘解;

(2) 在 $\boldsymbol{Ax}=\boldsymbol{b}$ 的所有最小二乘解中, $\|\boldsymbol{A}^{+}\boldsymbol{b}\|$ 最小.

10. 设 $\lambda\in\mathbb{C}$ 是 $\boldsymbol{A}\in\mathbb{C}^{n\times n}$ 的任意特征值, $x_1\leqslant\cdots\leqslant x_n$ 和 $y_1\leqslant\cdots\leqslant y_n$ 分别是 Hermite 方阵 $\boldsymbol{X}=\dfrac{1}{2}(\boldsymbol{A}+\boldsymbol{A}^{\mathrm{H}})$ 和 $\boldsymbol{Y}=\dfrac{1}{2\mathrm{i}}(\boldsymbol{A}-\boldsymbol{A}^{\mathrm{H}})$ 的所有特征值. 证明:

$$x_1\leqslant\operatorname{Re}(\lambda)\leqslant x_n,\quad y_1\leqslant\operatorname{Im}(\lambda)\leqslant y_n$$

11. 在习题 6.1～6.3 中, 哪些结论可以推广到复数矩阵? 给出并证明你的推广结论.

第 7 章　二　次　型

定义 7.1　数域 $\mathbb{F}$ 上的 n 元二次齐次函数

$$Q(x_1,x_2,\cdots,x_n)=\sum_{1\leqslant i\leqslant j\leqslant n} a_{ij}x_ix_j$$

称为 $\mathbb{F}$ 上的 n 元**二次型**.

二次型 $Q(x_1,x_2,\cdots,x_n)$ 可以表示为 $Q(\boldsymbol{x})=\boldsymbol{x}^{\mathrm{T}}\boldsymbol{A}\boldsymbol{x}$ 的形式, 其中 $\boldsymbol{x}\in\mathbb{F}^{n\times 1}$, $\boldsymbol{A}=(a_{ij})\in\mathbb{F}^{n\times n}$ 是上三角方阵. 当 $\operatorname{char}\mathbb{F}\neq 2$ 时, $Q(\boldsymbol{x})=\boldsymbol{x}^{\mathrm{T}}\boldsymbol{S}\boldsymbol{x}$, 其中 $\boldsymbol{S}=\dfrac{1}{2}(\boldsymbol{A}+\boldsymbol{A}^{\mathrm{T}})$ 是对称方阵.

在本章中, 我们始终假设 $\operatorname{char}\mathbb{F}\neq 2$, 二次型 $Q(\boldsymbol{x})=\boldsymbol{x}^{\mathrm{T}}\boldsymbol{A}\boldsymbol{x}$, 其中 $\boldsymbol{A}$ 是对称方阵, 称为 $Q(\boldsymbol{x})$ 的**矩阵表示**. 容易验证, 二次型的矩阵表示是存在且唯一的. 留作习题.

7.1　二次型的化简

给定 $\mathbb{F}$ 上的一个二次型 $Q(\boldsymbol{x})=\boldsymbol{x}^{\mathrm{T}}\boldsymbol{A}\boldsymbol{x}$, 我们希望通过可逆变量代换 $\boldsymbol{x}=\boldsymbol{P}\boldsymbol{y}$ 或 $\boldsymbol{y}=\boldsymbol{P}^{-1}\boldsymbol{x}$ 使

$$Q(\boldsymbol{x})=\boldsymbol{x}^{\mathrm{T}}\boldsymbol{A}\boldsymbol{x}=\boldsymbol{y}^{\mathrm{T}}(\boldsymbol{P}^{\mathrm{T}}\boldsymbol{A}\boldsymbol{P})\boldsymbol{y}=\widetilde{Q}(\boldsymbol{y})$$

的形式简单. 也就是说, 求可逆方阵 $\boldsymbol{P}$, 使得 $\boldsymbol{P}^{\mathrm{T}}\boldsymbol{A}\boldsymbol{P}$ 的形式简单. 常用的方法是通过**配方**或者**相合变换**, 把二次型化为对角形.

定义 7.2　设 $\boldsymbol{A},\boldsymbol{B}\in\mathbb{F}^{n\times n}$. 若存在可逆方阵 $\boldsymbol{P}\in\mathbb{F}^{n\times n}$, 使得 $\boldsymbol{A}=\boldsymbol{P}^{\mathrm{T}}\boldsymbol{B}\boldsymbol{P}$, 则称 $\boldsymbol{A}$ 与 $\boldsymbol{B}$ 在 $\mathbb{F}$ 上**相合**.

容易验证, 矩阵的相合关系构成一个等价关系. 矩阵的对称性在相合关系下保持不变. 即若 $\boldsymbol{A}$ 与 $\boldsymbol{B}$ 相合, 则 $\boldsymbol{A}$ 是 (反) 对称方阵 $\Leftrightarrow$ $\boldsymbol{B}$ 是 (反) 对称方阵. 实数方阵的正交相似关系是一种特殊的相合关系.

通过配方, 把 $\mathbb{F}$ 上的二次型化为对角形的算法流程为:

(1) 输入数域 $\mathbb{F}$ 上的二次型 $Q(x_1,x_2,\cdots,x_n)=\sum\limits_{1\leqslant i\leqslant j\leqslant n} a_{ij}x_ix_j$. 不妨设 $Q(x_1,x_2,\cdots,x_n)\neq 0$.

(2) 若所有 $a_{ii}=0$, 则转至步骤 (3). 否则, 存在 $a_{ii}\neq 0$, 不妨设 $a_{11}\neq 0$, 则

$$Q(x_1,x_2,\cdots,x_n)=a_{11}\left(x_1+\sum_{j=2}^{n}\frac{a_{1j}}{2a_{11}}x_j\right)^2+\widetilde{Q}(x_2,\cdots,x_n)$$

设 $y_1=x_1+\sum\limits_{j=2}^{n}\frac{a_{1j}}{2a_{11}}x_j$. 把 $\widetilde{Q}(x_2,\cdots,x_n)$ 配方成 $d_2y_2^2+\cdots+d_ny_n^2$ 的形式. 输出可逆变量代换 $\boldsymbol{y}=\boldsymbol{P}\boldsymbol{x}$ 和

$$Q(x_1,x_2,\cdots,x_n)=a_{11}y_1^2+d_2y_2^2+\cdots+d_ny_n^2$$

(3) 所有 $a_{ii}=0$, 但存在 $i\neq j$, 使得 $a_{ij}\neq 0$. 不妨设 $a_{12}\neq 0$, 则

$$Q(x_1,x_2,\cdots,x_n)=a_{12}\left(x_1+\sum_{j=3}^{n}\frac{a_{2j}}{a_{12}}x_j\right)\left(x_2+\sum_{j=3}^{n}\frac{a_{1j}}{a_{12}}x_j\right)+\widetilde{Q}(x_3,\cdots,x_n)$$

设 $y_1=x_1+x_2+\sum\limits_{j=3}^{n}\frac{a_{1j}+a_{2j}}{a_{12}}x_j$, $y_2=x_2-x_1+\sum\limits_{j=3}^{n}\frac{a_{1j}-a_{2j}}{a_{12}}x_j$. 把 $\widetilde{Q}(x_3,\cdots,x_n)$ 配方成 $d_3y_3^2+\cdots+d_ny_n^2$ 的形式. 输出可逆变量代换 $\boldsymbol{y}=\boldsymbol{P}\boldsymbol{x}$ 和

$$Q(x_1,x_2,\cdots,x_n)=\frac{a_{12}}{4}y_1^2-\frac{a_{12}}{4}y_2^2+d_3y_3^2+\cdots+d_ny_n^2$$

例 7.1 通过配方, 把 $\mathbb{R}$ 上的二次型 $Q(x_1,x_2,x_3)=x_1^2+x_1x_2+x_1x_3+x_2^2+x_2x_3+x_3^2$ 化为对角形.

解 $Q(x)=x_1^2+(x_2+x_3)x_1+x_2^2+x_2x_3+x_3^2=\left(x_1+\frac{1}{2}x_2+\frac{1}{2}x_3\right)^2+\frac{3}{4}x_2^2+\frac{1}{2}x_2x_3+\frac{3}{4}x_3^2=\left(x_1+\frac{1}{2}x_2+\frac{1}{2}x_3\right)^2+\frac{3}{4}\left(x_2+\frac{1}{3}x_3\right)^2+\frac{2}{3}x_3^2=y_1^2+y_2^2+y_3^2$, 其中 $y_1=x_1+\frac{1}{2}x_2+\frac{1}{2}x_3$, $y_2=\frac{\sqrt{3}}{2}\left(x_2+\frac{1}{3}x_3\right)$, $y_3=\frac{\sqrt{6}}{3}x_3$.

例 7.2 通过配方, 把 $\mathbb{R}$ 上的二次型 $Q(x)=x_1x_2-2x_1x_3+3x_2x_3$ 化为对角形.

解 $Q(x)=(x_1+3x_3)(x_2-2x_3)+6x_3^2=\frac{1}{4}(x_1+x_2+x_3)^2-\frac{1}{4}(x_1-x_2+5x_3)^2+6x_3^2=y_1^2+y_2^2-y_3^2$, 其中 $y_1=\frac{1}{2}(x_1+x_2+x_3)$, $y_2=\sqrt{6}x_3$, $y_3=\frac{1}{2}(x_1-x_2+5x_3)$.

通过相合变换, 把 $\mathbb{F}$ 上的二次型化为对角形的算法流程为:

(1) 输入数域 $\mathbb{F}$ 上的二次型 $Q(\boldsymbol{x})=\boldsymbol{x}^{\mathrm{T}}\boldsymbol{A}\boldsymbol{x}$, 其中 $\boldsymbol{A}=(a_{ij})$ 是对称方阵.

(2) 对 $\boldsymbol{A}$ 作相合变换, 将其化为对角形. 具体过程如下:

(a) 若 $a_{11}\neq 0$, 则 $\prod\limits_{i=2}^{n}\boldsymbol{T}_{i1}\left(-\frac{a_{i1}}{a_{11}}\right)\cdot\boldsymbol{A}\cdot\prod\limits_{i=2}^{n}\boldsymbol{T}_{1i}\left(-\frac{a_{1i}}{a_{11}}\right)=\begin{pmatrix}a_{11}&\\&\boldsymbol{B}\end{pmatrix}$. 再对 $\boldsymbol{B}$ 作相合变换, 将其化为对角形;

(b) 若 $a_{11}=0$, $a_{i1}\neq 0$, 则 $\boldsymbol{T}_{1i}(1)\cdot\boldsymbol{A}\cdot\boldsymbol{T}_{i1}(1)$ 的 $(1,1)$ 元素为 $2a_{i1}$, 化为情形 (a);

(c) 若所有 $a_{i1}=0$, 则 $\boldsymbol{A}=\begin{pmatrix}0&\\&\boldsymbol{B}\end{pmatrix}$. 再对 $\boldsymbol{B}$ 作相合变换, 将其化为对角形.

(3) 设 $\boldsymbol{P}^{\mathrm{T}}\boldsymbol{A}\boldsymbol{P}=\mathrm{diag}(d_1,d_2,\cdots,d_n)$. 输出可逆变量代换 $\boldsymbol{x}=\boldsymbol{P}\boldsymbol{y}$ 和

$$Q(\boldsymbol{x})=d_1y_1^2+d_2y_2^2+\cdots+d_ny_n^2$$

例 7.3 通过相合变换, 把 $\mathbb{R}$ 上的二次型 $Q(x)=x_1^2+x_1x_2+x_1x_3+x_2^2+x_2x_3+x_3^2$ 化为对角形.

解　$Q(x_1,x_2,x_3)=\begin{pmatrix}x_1 & x_2 & x_3\end{pmatrix}\begin{pmatrix}1 & \frac{1}{2} & \frac{1}{2}\\ \frac{1}{2} & 1 & \frac{1}{2}\\ \frac{1}{2} & \frac{1}{2} & 1\end{pmatrix}\begin{pmatrix}x_1\\x_2\\x_3\end{pmatrix}$. 对 $\begin{pmatrix}1 & \frac{1}{2} & \frac{1}{2}\\ \frac{1}{2} & 1 & \frac{1}{2}\\ \frac{1}{2} & \frac{1}{2} & 1\end{pmatrix}$ 作相合变换:

$$\begin{pmatrix}1 & 0 & 0 & 1 & \frac{1}{2} & \frac{1}{2}\\ 0 & 1 & 0 & \frac{1}{2} & 1 & \frac{1}{2}\\ 0 & 0 & 1 & \frac{1}{2} & \frac{1}{2} & 1\end{pmatrix}\to\begin{pmatrix}1 & 0 & 0 & 1 & 0 & 0\\ -\frac{1}{2} & 1 & 0 & 0 & \frac{3}{4} & \frac{1}{4}\\ -\frac{1}{2} & 0 & 1 & 0 & \frac{1}{4} & \frac{3}{4}\end{pmatrix}$$

$$\to\begin{pmatrix}1 & 0 & 0 & 1 & 0 & 0\\ -\frac{1}{2} & 1 & 0 & 0 & \frac{3}{4} & 0\\ -\frac{1}{3} & -\frac{1}{3} & 1 & 0 & 0 & \frac{2}{3}\end{pmatrix}\to\begin{pmatrix}1 & 0 & 0 & 1 & 0 & 0\\ -\frac{1}{\sqrt{3}} & \frac{2}{\sqrt{3}} & 0 & 0 & 1 & 0\\ -\frac{1}{\sqrt{6}} & -\frac{1}{\sqrt{6}} & \frac{3}{\sqrt{6}} & 0 & 0 & 1\end{pmatrix}$$

因此, $Q(x)=y_1^2+y_2^2+y_3^2$, 其中

$$\begin{pmatrix}x_1\\x_2\\x_3\end{pmatrix}=\begin{pmatrix}1 & -\frac{1}{\sqrt{3}} & -\frac{1}{\sqrt{6}}\\ 0 & \frac{2}{\sqrt{3}} & -\frac{1}{\sqrt{6}}\\ 0 & 0 & \frac{3}{\sqrt{6}}\end{pmatrix}\begin{pmatrix}y_1\\y_2\\y_3\end{pmatrix}$$

例 7.4　通过相合变换, 把 $\mathbb{R}$ 上的二次型 $Q(x_1,x_2.x_3)=x_1x_2-2x_1x_3+3x_2x_3$ 化为对角形.

解　$Q(x)=\begin{pmatrix}x_1 & x_2 & x_3\end{pmatrix}\begin{pmatrix}0 & \frac{1}{2} & -1\\ \frac{1}{2} & 0 & \frac{3}{2}\\ -1 & \frac{3}{2} & 0\end{pmatrix}\begin{pmatrix}x_1\\x_2\\x_3\end{pmatrix}$. 对 $\begin{pmatrix}0 & \frac{1}{2} & -1\\ \frac{1}{2} & 0 & \frac{3}{2}\\ -1 & \frac{3}{2} & 0\end{pmatrix}$ 作相合变换:

$$\begin{pmatrix}1 & 0 & 0 & 0 & \frac{1}{2} & -1\\ 0 & 1 & 0 & \frac{1}{2} & 0 & \frac{3}{2}\\ 0 & 0 & 1 & -1 & \frac{3}{2} & 0\end{pmatrix}\to\begin{pmatrix}1 & 1 & 0 & 1 & \frac{1}{2} & \frac{1}{2}\\ 0 & 1 & 0 & \frac{1}{2} & 0 & \frac{3}{2}\\ 0 & 0 & 1 & \frac{1}{2} & \frac{3}{2} & 0\end{pmatrix}$$

$$\to\begin{pmatrix}1 & 1 & 0 & 1 & 0 & 0\\ -\frac{1}{2} & \frac{1}{2} & 0 & 0 & -\frac{1}{4} & \frac{5}{4}\\ -\frac{1}{2} & -\frac{1}{2} & 1 & 0 & \frac{5}{4} & -\frac{1}{4}\end{pmatrix}\to\begin{pmatrix}1 & 1 & 0 & 1 & 0 & 0\\ -\frac{1}{2} & \frac{1}{2} & 0 & 0 & -\frac{1}{4} & 0\\ -3 & 2 & 1 & 0 & 0 & 6\end{pmatrix}$$

$$\to\begin{pmatrix}1 & 1 & 0 & 1 & 0 & 0\\ -1 & 1 & 0 & 0 & -1 & 0\\ -\frac{3}{\sqrt{6}} & \frac{2}{\sqrt{6}} & \frac{1}{\sqrt{6}} & 0 & 0 & 1\end{pmatrix}\to\begin{pmatrix}1 & 1 & 0 & 1 & 0 & 0\\ -\frac{3}{\sqrt{6}} & \frac{2}{\sqrt{6}} & \frac{1}{\sqrt{6}} & 0 & 1 & 0\\ -1 & 1 & 0 & 0 & 0 & -1\end{pmatrix}$$

因此, $Q(x_1,x_2.x_3)=y_1^2+y_2^2-y_3^2$, 其中

$$\begin{pmatrix}x_1\\x_2\\x_3\end{pmatrix}=\begin{pmatrix}1 & -\dfrac{3}{\sqrt{6}} & -1\\ 1 & \dfrac{2}{\sqrt{6}} & 1\\ 0 & \dfrac{1}{\sqrt{6}} & 0\end{pmatrix}\begin{pmatrix}y_1\\y_2\\y_3\end{pmatrix}$$

我们还可以**通过正交相似变换, 把 $\mathbb{R}$ 上的二次型化为对角形**. 设对称实数方阵

$$\boldsymbol{A}=\boldsymbol{P}\operatorname{diag}(\lambda_1,\lambda_2,\cdots,\lambda_n)\boldsymbol{P}^{\mathrm{T}}$$

其中 $\boldsymbol{P}$ 是正交方阵, $\lambda_1\geqslant\lambda_2\geqslant\cdots\geqslant\lambda_n$ 是 $\boldsymbol{A}$ 的所有特征值. 作正交变换 $\boldsymbol{x}=\boldsymbol{P}\boldsymbol{y}$ 或 $\boldsymbol{y}=\boldsymbol{P}^{\mathrm{T}}\boldsymbol{x}$, 得

$$Q(\boldsymbol{x})=\boldsymbol{x}^{\mathrm{T}}\boldsymbol{A}\boldsymbol{x}=\lambda_1y_1^2+\lambda_2y_2^2+\cdots+\lambda_ny_n^2$$

设 p,q 分别是 $\lambda_1,\lambda_2,\cdots,\lambda_n$ 中正数和负数的个数,

$$\boldsymbol{z}=\operatorname{diag}\left(|\lambda_1|^{\frac{1}{2}},\cdots,|\lambda_p|^{\frac{1}{2}},1,\cdots,1,|\lambda_{n-q+1}|^{\frac{1}{2}},\cdots,|\lambda_n|^{\frac{1}{2}}\right)\boldsymbol{P}^{\mathrm{T}}\boldsymbol{x}$$

则二次型又可以化为

$$Q(\boldsymbol{x})=z_1^2+\cdots+z_p^2-z_{n-q+1}^2-\cdots-z_n^2$$

例 7.5 求 $\mathbb{R}$ 上的 n 元二次型 $Q(\boldsymbol{x})=(x_1-x_n)^2+\displaystyle\sum_{i=2}^{n}(x_i-x_{i-1})^2$ 的相合标准形.

解 $Q(\boldsymbol{x})=\boldsymbol{x}^{\mathrm{T}}\boldsymbol{A}\boldsymbol{x}$, 其中

$$\boldsymbol{A}=\begin{pmatrix}2 & -1 & \cdots & -1\\ -1 & 2 & \ddots & \vdots\\ & \ddots & \ddots & -1\\ -1 & \cdots & -1 & 2\end{pmatrix}=2\boldsymbol{I}-\boldsymbol{C}-\boldsymbol{C}^{-1},\quad \boldsymbol{C}=\begin{pmatrix}0 & 1 & & \\ & 0 & \ddots & \\ & & \ddots & 1\\ 1 & & & 0\end{pmatrix}$$

由 $\varphi_C(x)=x^n-1$, 得 $\boldsymbol{C}$ 的所有特征值为 $\left\{\cos\dfrac{2k\pi}{n}+\mathrm{i}\sin\dfrac{2k\pi}{n}\middle|k=1,2,\cdots,n\right\}$, 故 $\boldsymbol{A}$ 的所有特征值为 $\left\{2-2\cos\dfrac{2k\pi}{n}\middle|k=1,2,\cdots,n\right\}$. 因此, $\boldsymbol{A}$ 与 $\begin{pmatrix}\boldsymbol{I}_{n-1} & \\ & 0\end{pmatrix}$ 相合, 存在可逆变量代换 $\boldsymbol{x}=\boldsymbol{P}\boldsymbol{y}$, 使得 $Q(\boldsymbol{x})=y_1^2+y_2^2+\cdots+y_{n-1}^2$.

由前面相合变换的算法流程, 可得:

定理 7.1 $\mathbb{F}$ 上任意对称方阵可以在 $\mathbb{F}$ 上相合于对角方阵. 特别地, 对称实数方阵可以在 $\mathbb{R}$ 上相合于 $\operatorname{diag}(\boldsymbol{I}_p,-\boldsymbol{I}_q,\boldsymbol{O})$ 的形式. 对称复数方阵可以在 $\mathbb{C}$ 上相合于 $\operatorname{diag}(\boldsymbol{I}_r,\boldsymbol{O})$ 的形式.

判断一般数域 $\mathbb{F}$ 上的两个对角方阵是否相合, 并不是一件平凡的事情, 这依赖于 $\mathbb{F}$ 的性质. 可以证明, 在数域 $\mathbb{F}$ 上, 任意方阵 $\boldsymbol{A}$ 与 $\boldsymbol{A}^{\mathrm{T}}$ 一定相合.

如果两个复数方阵相合, 则它们相抵. 因此, 可以把相抵标准形 $\operatorname{diag}(\boldsymbol{I}_r,\boldsymbol{O})$ 作为对称复数方阵在 $\mathbb{C}$ 上相合等价类的代表元素. 那么, 是否可以把 $\operatorname{diag}(\boldsymbol{I}_p,-\boldsymbol{I}_q,\boldsymbol{O})$ 作为对称实数方阵在 $\mathbb{R}$ 上相合等价类的代表元素呢?

定理 7.2　若实数方阵 $\boldsymbol{A}=\operatorname{diag}(\boldsymbol{I}_p,-\boldsymbol{I}_q,\boldsymbol{O})$ 与 $\boldsymbol{B}=\operatorname{diag}(\boldsymbol{I}_r,-\boldsymbol{I}_s,\boldsymbol{O})$ 在 $\mathbb{R}$ 上相合, 则 $\boldsymbol{A}=\boldsymbol{B}$.

证明　由 $\operatorname{rank}(\boldsymbol{A})=\operatorname{rank}(\boldsymbol{B})$, 可得 $p+q=r+s$. 设

$$\begin{pmatrix}\boldsymbol{I}_p & \boldsymbol{O} & \boldsymbol{O}\\ \boldsymbol{O} & -\boldsymbol{I}_q & \boldsymbol{O}\\ \boldsymbol{O} & \boldsymbol{O} & \boldsymbol{O}\end{pmatrix}=\begin{pmatrix}\boldsymbol{P}_{11}^{\mathrm{T}} & \boldsymbol{P}_{21}^{\mathrm{T}} & \boldsymbol{P}_{31}^{\mathrm{T}}\\ \boldsymbol{P}_{12}^{\mathrm{T}} & \boldsymbol{P}_{22}^{\mathrm{T}} & \boldsymbol{P}_{32}^{\mathrm{T}}\\ \boldsymbol{P}_{13}^{\mathrm{T}} & P_{23}^{\mathrm{T}} & \boldsymbol{P}_{33}^{T}\end{pmatrix}\begin{pmatrix}\boldsymbol{I}_r & \boldsymbol{O} & \boldsymbol{O}\\ \boldsymbol{O} & -\boldsymbol{I}_s & \boldsymbol{O}\\ \boldsymbol{O} & \boldsymbol{O} & \boldsymbol{O}\end{pmatrix}\begin{pmatrix}\boldsymbol{P}_{11} & \boldsymbol{P}_{12} & \boldsymbol{P}_{13}\\ \boldsymbol{P}_{21} & \boldsymbol{P}_{22} & \boldsymbol{P}_{23}\\ \boldsymbol{P}_{31} & \boldsymbol{P}_{32} & \boldsymbol{P}_{33}\end{pmatrix}$$

其中分块矩阵 $\boldsymbol{P}=(\boldsymbol{P}_{ij})_{3\times 3}$ 是可逆实数方阵, $\boldsymbol{P}_{11}\in\mathbb{R}^{r\times p}$, $\boldsymbol{P}_{22}\in\mathbb{R}^{s\times q}$. 假设 $\boldsymbol{A}\neq\boldsymbol{B}$, 不妨设 $p>r$, 则存在非零向量 $\boldsymbol{x}\in\mathbb{R}^{p\times 1}$, 使得 $\boldsymbol{P}_{11}\boldsymbol{x}=\boldsymbol{0}$. 由 $\boldsymbol{I}_p=\boldsymbol{P}_{11}^{\mathrm{T}}\boldsymbol{P}_{11}-\boldsymbol{P}_{21}^{\mathrm{T}}\boldsymbol{P}_{21}$, 得 $\boldsymbol{x}^{\mathrm{T}}\boldsymbol{x}=-\boldsymbol{x}^{\mathrm{T}}\boldsymbol{P}_{21}^{\mathrm{T}}\boldsymbol{P}_{21}\boldsymbol{x}\leqslant 0$, 与 $\boldsymbol{x}\neq\boldsymbol{0}$ 矛盾.

定义 7.3　根据定理 7.2, $\operatorname{diag}(\boldsymbol{I}_p,-\boldsymbol{I}_q,\boldsymbol{O})$ 可以作为对称实数方阵在 $\mathbb{R}$ 上相合等价类的代表元素, 称为对称实数方阵的**实相合标准形**. 整数对 p,q 是相合不变量, p 称为**正惯性指数**, q 称为**负惯性指数**.

利用线性空间和线性变换的概念, n 阶对称实数方阵 $\boldsymbol{A}$ 的正、负惯性指数 p,q 有如下几何解释: 线性空间 $V=\mathbb{R}^{n\times 1}$ 可以分解成三个两两不相交的子集, $V=V_{\boldsymbol{A}}^{+}\bigcup V_{\boldsymbol{A}}^{-}\bigcup V_{\boldsymbol{A}}^{0}$, 其中

$$V_{\boldsymbol{A}}^{+}=\{\boldsymbol{x}\in V\mid Q_{\boldsymbol{A}}(\boldsymbol{x})>0\},\quad V_{\boldsymbol{A}}^{-}=\{\boldsymbol{x}\in V\mid Q_{\boldsymbol{A}}(\boldsymbol{x})<0\},\quad V_{\boldsymbol{A}}^{0}=\{\boldsymbol{x}\in V\mid Q_{\boldsymbol{A}}(\boldsymbol{x})=0\}$$

注意到:

(1) $V_{\boldsymbol{A}}^{0}$ 包含一个 $n-p-q$ 维子空间;

(2) $V_{\boldsymbol{A}}^{+}\bigcup\{\boldsymbol{0}\}$ 包含一个 p 维子空间, $V_{\boldsymbol{A}}^{-}\bigcup V_{\boldsymbol{A}}^{0}$ 包含一个 $n-p$ 维子空间;

(3) $V_{\boldsymbol{A}}^{-}\bigcup\{\boldsymbol{0}\}$ 包含一个 q 维子空间, $V_{\boldsymbol{A}}^{+}\bigcup V_{\boldsymbol{A}}^{0}$ 包含一个 $n-q$ 维子空间.

因此,

(1) p 是集合 $V_{\boldsymbol{A}}^{+}\bigcup\{\boldsymbol{0}\}$ 所包含的线性空间的最大维数;

(2) q 是集合 $V_{\boldsymbol{A}}^{-}\bigcup\{\boldsymbol{0}\}$ 所包含的线性空间的最大维数.

此外, 设 $\boldsymbol{P}$ 是 n 阶可逆实数方阵, $\boldsymbol{B}=\boldsymbol{P}^{\mathrm{T}}\boldsymbol{A}\boldsymbol{P}$, 则 V 上的可逆线性变换 $\boldsymbol{x}\mapsto\boldsymbol{P}^{-1}\boldsymbol{x}$ 分别把 $V_{\boldsymbol{A}}^{+},V_{\boldsymbol{A}}^{-},V_{\boldsymbol{A}}^{0}$ 映射成 $V_{\boldsymbol{B}}^{+},V_{\boldsymbol{B}}^{-},V_{\boldsymbol{B}}^{0}$. 因此, $\boldsymbol{A}$ 和 $\boldsymbol{B}$ 的正、负惯性指数相同.

习　题　7.1

1. 设 $Q(\boldsymbol{x})$ 是数域 $\mathbb{F}$ 上的二次型, $\operatorname{char}\mathbb{F}\neq 2$. 证明: 存在唯一的对称方阵 $\boldsymbol{A}$, 使得 $Q(\boldsymbol{x})=\boldsymbol{x}^{\mathrm{T}}\boldsymbol{A}\boldsymbol{x}$.

2. 证明: 在 $\operatorname{char}\mathbb{F}=2$ 的数域 $\mathbb{F}$ 上, 对称方阵 $\begin{pmatrix}0&1\\1&0\end{pmatrix}$ 不能相合于对角方阵.

3. 把下列二次实系数多项式表示为 $(\boldsymbol{x}-b)^{\mathrm{T}}\boldsymbol{A}(\boldsymbol{x}-b)+c$ $(b,c$ 是常量$)$ 的形式:

(1) $x_1^2+x_2^2+x_1x_3+x_2x_3+x_2x_4-2x_1+3x_2+x_4$;

(2) $x_1^2+x_1x_2-x_1x_3+x_1x_4+x_2^2+x_3^2-3x_2+x_3-x_4$;

(3) $x_1x_3-2x_2x_3-x_2x_4-2x_3x_4-x_1+3x_2+4x_3+3x_4$;

(4) $x_1x_2-2x_1x_3+2x_2x_3-x_2x_4-2x_3x_4-x_1+2x_2-2x_3+x_4$.

4. 通过配方或相合变换, 把下列实数域上的二次型化为标准形:

(1) $x_1^2+2x_1x_2-2x_2^2+2x_2x_3+x_3^2-3x_3x_4$;

(2) $x_1^2+2x_1x_3-4x_1x_4+x_2^2+x_3^2+2x_3x_4$;

(3) $2x_1x_2+2x_1x_4+2x_2^2-x_3^2+2x_3x_4+x_4^2$;

(4) $x_1x_3-x_1x_4+2x_2x_3-2x_2x_4+4x_3x_4$.

5. 求下列实数域上二次型的标准形 (无需求变换矩阵):

(1) $\sum\limits_{1\leqslant i<j\leqslant n}(x_i-x_j)^2$;　　(2) $\sum\limits_{1\leqslant i<j\leqslant n}x_ix_j$;　　(3) $x_nx_1+\sum\limits_{i=1}^{n-1}x_ix_{i+1}$.

6. (1) 证明: 任意 2 阶实数方阵 $\boldsymbol{A}$ 与 $\boldsymbol{A}^{\mathrm{T}}$ 正交相似.

(2) 证明: 实数方阵 $\boldsymbol{A}=\begin{pmatrix}0&1&1\\1&0&0\\0&0&1\end{pmatrix}$ 与 $\boldsymbol{A}^{\mathrm{T}}$ 既相似又相合, 但不正交相似.

7. 设 $\boldsymbol{A}$ 是实数方阵. 证明:

(1) 若 $\boldsymbol{A}^{\mathrm{T}}\neq-\boldsymbol{A}$, 则存在可逆实数方阵 $\boldsymbol{P}$, 使得 $\boldsymbol{P}^{\mathrm{T}}\boldsymbol{A}\boldsymbol{P}$ 是上三角方阵;

(2) 若 $\boldsymbol{A}^{\mathrm{T}}=-\boldsymbol{A}$, 则存在可逆实数方阵 $\boldsymbol{P}$, 使得

$$\boldsymbol{P}^{\mathrm{T}}\boldsymbol{A}\boldsymbol{P}=\begin{pmatrix}\boldsymbol{O}&\boldsymbol{I}_s&\boldsymbol{O}\\-\boldsymbol{I}_s&\boldsymbol{O}&\boldsymbol{O}\\\boldsymbol{O}&\boldsymbol{O}&\boldsymbol{O}\end{pmatrix}.$$

7.2 正定方阵

定义 7.4 设 $\boldsymbol{A}\in\mathbb{C}^{n\times n}$ 是 Hermite 方阵. 若对于任意非零向量 $\boldsymbol{x}\in\mathbb{C}^{n\times 1}$ 都有 $\boldsymbol{x}^{\mathrm{H}}\boldsymbol{A}\boldsymbol{x}>0$, 则 $\boldsymbol{A}$ 称为**正定**方阵. 类似地, 若对于任意 $\boldsymbol{x}\in\mathbb{C}^{n\times 1}$ 都有 $\boldsymbol{x}^{\mathrm{H}}\boldsymbol{A}\boldsymbol{x}\geqslant 0$, 则 $\boldsymbol{A}$ 称为**半正定**方阵.

方阵的正定性与二次型之间有着紧密的联系, 但是两者并不完全相同.

定义 7.5 设 $\boldsymbol{A},\boldsymbol{B}\in\mathbb{C}^{n\times n}$. 若存在可逆方阵 $\boldsymbol{P}\in\mathbb{C}^{n\times n}$, 使得 $\boldsymbol{A}=\boldsymbol{P}^{\mathrm{H}}\boldsymbol{B}\boldsymbol{P}$, 则称 $\boldsymbol{A}$ 与 $\boldsymbol{B}$ 在 $\mathbb{C}$ 上**共轭相合**.

容易验证, 复数方阵的共轭相合关系构成一个等价关系.

定理 7.3 设 $\boldsymbol{P}\in\mathbb{C}^{n\times n}$ 是可逆方阵. $\boldsymbol{A}\in\mathbb{C}^{n\times n}$ 是 Hermite/反 Hermite/正定/半正定方阵当且仅当 $\boldsymbol{P}\boldsymbol{A}\boldsymbol{P}^{\mathrm{H}}$ 是 Hermite/反 Hermite/正定/半正定方阵.

下面的定理给出了判断一个 Hermite 方阵是否是正定方阵的一些充分必要条件.

定理 7.4 设 $\boldsymbol{A}\in\mathbb{C}^{n\times n}$ 是 Hermite 方阵. 下列叙述相互等价:

(1) $\boldsymbol{A}$ 是正定的;

(2) $\boldsymbol{A}$ 的特征值都是正实数;

(3) 存在正定的 Hermite 方阵 $\boldsymbol{P}$, 使得 $\boldsymbol{A}=\boldsymbol{P}^2$;

(4) 存在可逆的复数方阵 $\boldsymbol{P}$, 使得 $\boldsymbol{A}=\boldsymbol{P}^{\mathrm{H}}\boldsymbol{P}$;

(5) 存在列满秩的复数矩阵 $\boldsymbol{P}$, 使得 $\boldsymbol{A}=\boldsymbol{P}^{\mathrm{H}}\boldsymbol{P}$;

(6) $\boldsymbol{A}$ 的所有主子矩阵都是正定的;

(7) $\boldsymbol{A}$ 的所有主子式都是正实数;

(8) $\boldsymbol{A}$ 的顺序主子式都是正实数.

证明 下面证明 (5) $\Rightarrow$ (1) $\Rightarrow$ (2) $\Rightarrow$ (3) $\Rightarrow$ (4) $\Rightarrow$ (5) $\Rightarrow$ (6) $\Rightarrow$ (7) $\Rightarrow$ (8) $\Rightarrow$ (4). 从而 (1) $\sim$ (8) 相互等价.

由于 $\boldsymbol{A}$ 是 Hermite 方阵, 根据定理 6.15, 存在酉方阵 $\boldsymbol{Q}$, 使得 $\boldsymbol{A} = \boldsymbol{Q}\,\mathrm{diag}(\lambda_1, \lambda_2, \cdots, \lambda_n)$ $\boldsymbol{Q}^{\mathrm{H}}$, 其中每个 λ_i 都是实数.

(1) $\Rightarrow$ (2): 若某个 $\lambda_i \leqslant 0$, 则 $\boldsymbol{x} = \boldsymbol{Q}\boldsymbol{e}_i$ 满足 $\boldsymbol{x}^{\mathrm{H}}\boldsymbol{A}\boldsymbol{x} = \lambda_i \leqslant 0$, 与 $\boldsymbol{A}$ 的正定性矛盾.

(2) $\Rightarrow$ (3): $\boldsymbol{P} = \boldsymbol{Q}\,\mathrm{diag}(\sqrt{\lambda_1}, \sqrt{\lambda_2}, \cdots, \sqrt{\lambda_n})\boldsymbol{Q}^{\mathrm{H}}$ 满足要求.

(3) $\Rightarrow$ (4) 和 (4) $\Rightarrow$ (5): 显然.

(5) $\Rightarrow$ (1): 对于任意非零向量 $\boldsymbol{x} \in \mathbb{C}^{n\times 1}$, $\boldsymbol{y} = \boldsymbol{P}\boldsymbol{x} \neq \boldsymbol{0}$. 故 $\boldsymbol{x}^{\mathrm{H}}\boldsymbol{A}\boldsymbol{x} = \boldsymbol{y}^{\mathrm{H}}\boldsymbol{y} > 0$.

(5) $\Rightarrow$ (6) 和 (6) $\Rightarrow$ (7): 设 $\boldsymbol{P} \in \mathbb{R}^{m\times n}$. $\boldsymbol{A}$ 的任意 k 阶主子矩阵均形如 $\boldsymbol{B}^{\mathrm{H}}\boldsymbol{B}$, 其中 $\boldsymbol{B}$ 由 $\boldsymbol{P}$ 的某 k 列构成. 由于 $\boldsymbol{P}$ 是列满秩的, 故 $\boldsymbol{B}$ 也是列满秩的. 由 (5) $\Rightarrow$ (1) 知, $\boldsymbol{B}^{\mathrm{H}}\boldsymbol{B}$ 是正定的. 再由 (1) $\Rightarrow$ (2) 知, $\det(\boldsymbol{B}^{\mathrm{H}}\boldsymbol{B}) > 0$.

(7) $\Rightarrow$ (8): 显然.

(8) $\Rightarrow$ (4): 设 $\varDelta_k$ 是 $\boldsymbol{A}$ 的 k 阶顺序主子式. 根据 Schur 公式知, 存在单位下三角方阵 $\boldsymbol{L}$, 使得

$$\boldsymbol{A} = \boldsymbol{L}\,\mathrm{diag}\left(\varDelta_1, \frac{\varDelta_2}{\varDelta_1}, \cdots, \frac{\varDelta_n}{\varDelta_{n-1}}\right)\boldsymbol{L}^{\mathrm{H}} = \boldsymbol{P}^{\mathrm{H}}\boldsymbol{P}$$

其中 $\boldsymbol{P} = \mathrm{diag}\left(\sqrt{\varDelta_1}, \sqrt{\dfrac{\varDelta_2}{\varDelta_1}}, \cdots, \sqrt{\dfrac{\varDelta_n}{\varDelta_{n-1}}}\right)\boldsymbol{L}^{\mathrm{H}}$ 是可逆上三角方阵. 详细证明留作习题.

判断 Hermite 方阵的半正定性, 也有与定理 7.4 类似的结果.

定理 7.5 设 $\boldsymbol{A} \in \mathbb{C}^{n\times n}$ 是 Hermite 方阵. 下列叙述相互等价:

(1) $\boldsymbol{A}$ 是半正定的;

(2) $\boldsymbol{A}$ 的特征值都是非负实数;

(3) 存在半正定的 Hermite 方阵 $\boldsymbol{P}$, 使得 $\boldsymbol{A} = \boldsymbol{P}^2$;

(4) 存在复数方阵 $\boldsymbol{P}$, 使得 $\boldsymbol{A} = \boldsymbol{P}^{\mathrm{H}}\boldsymbol{P}$;

(5) 存在复数矩阵 $\boldsymbol{P}$, 使得 $\boldsymbol{A} = \boldsymbol{P}^{\mathrm{H}}\boldsymbol{P}$;

(6) $\boldsymbol{A}$ 的所有主子矩阵都是半正定的;

(7) $\boldsymbol{A}$ 的所有主子式都是非负实数;

(8) $\boldsymbol{A}$ 的 $k(\forall k = 1, 2, \cdots, n)$ 阶主子式之和都是非负实数.

证明 与定理 7.4 的上述证明过程类似, 可证 (5) $\Rightarrow$ (1) $\Rightarrow$ (2) $\Rightarrow$ (3) $\Rightarrow$ (4) $\Rightarrow$ (5) $\Rightarrow$ (6) $\Rightarrow$ (7) $\Rightarrow$ (8), 留作习题. 下证 (8) $\Rightarrow$ (2). 从而 (1) $\sim$ (8) 相互等价. 根据定理 5.2 得, $\varphi_{\boldsymbol{A}}(x) = x^n + \sum\limits_{k=1}^{n}(-1)^k\sigma_k x^{n-k}$, 其中 σ_k 是 $\boldsymbol{A}$ 的 k 阶主子式之和. 根据题设得, $\sigma_k \geqslant 0(\forall k)$. 由于 $\boldsymbol{A}$ 是 Hermite 方阵, $\boldsymbol{A}$ 的任意特征值 $\lambda \in \mathbb{R}$. 当 $x < 0$ 时, $(-1)^n\varphi_{\boldsymbol{A}}(x) = |x|^n + \sum\limits_{k=1}^{n}\sigma_k|x|^{n-k} > 0$. 故 $\lambda \geqslant 0$.

上述证明定理 7.5 ((8) $\Rightarrow$ (2)) 的方法同样适用于证明定理 7.4 ((7) $\Rightarrow$ (2)).

例 7.6 设 $\boldsymbol{A}, \boldsymbol{B} \in \mathbb{C}^{n\times n}$ 都是 Hermite 方阵, $\boldsymbol{A}$ 是正定的. 证明: $\boldsymbol{AB}$ 的任意特征值 $\lambda \in \mathbb{R}$. 特别地, 若 $\boldsymbol{B}$ 是正定的, 则 $\lambda > 0$; 若 $\boldsymbol{B}$ 是半正定的, 则 $\lambda \geqslant 0$.

证明 根据定理 7.4 知, 存在可逆方阵 $\boldsymbol{P} \in \mathbb{C}^{n\times n}$, 使得 $\boldsymbol{A} = \boldsymbol{P}^{\mathrm{H}}\boldsymbol{P}$. 从而, $\boldsymbol{AB} = \boldsymbol{P}^{\mathrm{H}}\boldsymbol{PBP}^{\mathrm{H}}\boldsymbol{P}^{-\mathrm{H}}$ 与 $\boldsymbol{C} = \boldsymbol{PBP}^{\mathrm{H}}$ 相似, λ 是 Hermite 方阵 $\boldsymbol{C}$ 的特征值. 因此, $\lambda \in \mathbb{R}$. 当 $\boldsymbol{B}$ 正定时, $\boldsymbol{C}$ 是正定的, $\lambda > 0$. 当 $\boldsymbol{B}$ 半正定时, $\boldsymbol{C}$ 是半正定的, $\lambda \geqslant 0$.

例 7.7 设 $\boldsymbol{A}, \boldsymbol{B} \in \mathbb{C}^{n\times n}$ 都是半正定的 Hermite 方阵, 则存在可逆方阵 $\boldsymbol{P} \in \mathbb{C}^{n\times n}$, 使得 $\boldsymbol{P}^{\mathrm{H}}\boldsymbol{AP}$ 和 $\boldsymbol{P}^{\mathrm{H}}\boldsymbol{BP}$ 都是对角方阵.

证明 易知 $\boldsymbol{C} = \boldsymbol{A} + \boldsymbol{B}$ 也是半正定的. 故存在可逆方阵 $\boldsymbol{Q} \in \mathbb{C}^{n\times n}$, 使得 $\boldsymbol{Q}^{\mathrm{H}}\boldsymbol{CQ} = \begin{pmatrix} \boldsymbol{I}_r & \boldsymbol{O} \\ \boldsymbol{O} & \boldsymbol{O} \end{pmatrix}$. 设

$$\boldsymbol{Q}^{\mathrm{H}}\boldsymbol{AQ} = \begin{pmatrix} \boldsymbol{A}_1 & \boldsymbol{A}_2 \\ \boldsymbol{A}_2^{\mathrm{H}} & \boldsymbol{A}_3 \end{pmatrix}, \quad \boldsymbol{Q}^{\mathrm{H}}\boldsymbol{BQ} = \begin{pmatrix} \boldsymbol{I} - \boldsymbol{A}_1 & -\boldsymbol{A}_2 \\ -\boldsymbol{A}_2^{\mathrm{H}} & -\boldsymbol{A}_3 \end{pmatrix}$$

其中 $\boldsymbol{A}_1$ 和 $\boldsymbol{A}_3$ 分别是 r 阶和 $n-r$ 阶 Hermite 方阵. 由于 $\boldsymbol{Q}^{\mathrm{H}}\boldsymbol{AQ}$ 和 $\boldsymbol{Q}^{\mathrm{H}}\boldsymbol{BQ}$ 都是半正定的, 故 $\pm\boldsymbol{A}_3$ 都是半正定的, 从而 $\boldsymbol{A}_3 = \boldsymbol{O}$. 若 $\boldsymbol{A}_2 \neq \boldsymbol{O}$, 则存在 $\boldsymbol{u} \in \mathbb{C}^{r\times 1}$, 使得 $\boldsymbol{v} = \boldsymbol{A}_2^{\mathrm{H}}\boldsymbol{u} \neq \boldsymbol{0}$. 当 $\lambda \to -\infty$ 时,

$$\begin{pmatrix} \boldsymbol{u}^{\mathrm{H}} & \lambda\boldsymbol{v}^{\mathrm{H}} \end{pmatrix} \begin{pmatrix} \boldsymbol{A}_1 & \boldsymbol{A}_2 \\ \boldsymbol{A}_2^{\mathrm{H}} & \boldsymbol{O} \end{pmatrix} \begin{pmatrix} \boldsymbol{u} \\ \lambda\boldsymbol{v} \end{pmatrix} = \boldsymbol{u}^{\mathrm{H}}\boldsymbol{A}_1\boldsymbol{u} + 2\lambda\boldsymbol{u}^{\mathrm{H}}\boldsymbol{A}_2\boldsymbol{v} < 0$$

与 $\boldsymbol{Q}^{\mathrm{H}}\boldsymbol{AQ}$ 的半正定性矛盾. 故 $\boldsymbol{A}_2 = \boldsymbol{O}$. 设酉方阵 $\boldsymbol{U}$ 使得 $\boldsymbol{D} = \boldsymbol{U}^{\mathrm{H}}\boldsymbol{A}_1\boldsymbol{U}$ 是对角方阵, 则可逆方阵 $\boldsymbol{P} = \boldsymbol{Q}\begin{pmatrix} \boldsymbol{U} & \\ & \boldsymbol{I} \end{pmatrix}$ 使得 $\boldsymbol{P}^{\mathrm{H}}\boldsymbol{AP} = \begin{pmatrix} \boldsymbol{D} & \\ & \boldsymbol{O} \end{pmatrix}$ 和 $\boldsymbol{P}^{\mathrm{H}}\boldsymbol{BP} = \begin{pmatrix} \boldsymbol{I} - \boldsymbol{D} & \\ & \boldsymbol{O} \end{pmatrix}$ 都是对角方阵.

习 题 7.2

1. 完成定理 7.3 和定理 7.5 的证明.

2. 设 $\boldsymbol{A} \in \mathbb{R}^{n\times n}$ 是正定的对称方阵. 分别求 $\int_{\boldsymbol{x}^{\mathrm{T}}\boldsymbol{Ax}\leqslant 1} \mathrm{d}x_1 \cdots \mathrm{d}x_n$ 和 $\int_{\mathbb{R}^n} \mathrm{e}^{-\boldsymbol{x}^{\mathrm{T}}\boldsymbol{Ax}} \mathrm{d}x_1 \cdots \mathrm{d}x_n$, 并将其表示成 $\boldsymbol{A}$ 的函数形式.

3. 设 $0 \leqslant \theta_1 \leqslant \theta_2 \leqslant \theta_3 \leqslant \pi$. 证明:

$$\begin{pmatrix} 1 & \cos\theta_1 & \cos\theta_2 \\ \cos\theta_1 & 1 & \cos\theta_3 \\ \cos\theta_2 & \cos\theta_3 & 1 \end{pmatrix} \text{是正定的} \quad \Leftrightarrow \quad \theta_3 < \theta_1 + \theta_2 < 2\pi - \theta_3$$

4. 证明: 对于任意 Hermite 方阵 $\boldsymbol{A}$, 存在可逆方阵 $\boldsymbol{P}$, 使得 $\boldsymbol{P}^{\mathrm{H}}\boldsymbol{AP} = \mathrm{diag}(\boldsymbol{I}_p, -\boldsymbol{I}_q, \boldsymbol{O})$, 其中 p, q 由 $\boldsymbol{A}$ 唯一确定.

5. 设 $\boldsymbol{A}$ 是半正定的 Hermite 方阵, m 是正整数. 证明: 存在唯一的半正定的 Hermite 方阵 $\boldsymbol{B}$, 使得 $\boldsymbol{A} = \boldsymbol{B}^m$.

6. 设 $\boldsymbol{A} = \begin{pmatrix} \boldsymbol{A}_{11} & \boldsymbol{A}_{12} \\ \boldsymbol{A}_{12}^{\mathrm{H}} & \boldsymbol{A}_{22} \end{pmatrix}$ 是正定的 Hermite 方阵, $\boldsymbol{A}^{-1} = \begin{pmatrix} \boldsymbol{B}_{11} & \boldsymbol{B}_{12} \\ \boldsymbol{B}_{12}^{\mathrm{H}} & \boldsymbol{B}_{22} \end{pmatrix}$, $\boldsymbol{A}_{11}$ 与 $\boldsymbol{B}_{11}$ 同阶. 证明:

(1) $\boldsymbol{A}_{11}, \boldsymbol{A}_{22}, \boldsymbol{A}^{-1}$ 都是正定的;

(2) $\det(\boldsymbol{A}) \leqslant \det(\boldsymbol{A}_{11})\det(\boldsymbol{A}_{22})$, $\det(\boldsymbol{A}_{11})\det(\boldsymbol{B}_{11}) \geqslant 1$, $\det(\boldsymbol{A}_{22})\det(\boldsymbol{B}_{22}) \geqslant 1$;

(3) $\boldsymbol{A}_{11}\boldsymbol{B}_{11}$ 和 $\boldsymbol{A}_{22}\boldsymbol{B}_{22}$ 的任意特征值都是 $\geqslant 1$ 的实数.

7. 设 $\boldsymbol{A},\boldsymbol{B}\in\mathbb{C}^{n\times n}$ 都是正定的 Hermite 方阵. 证明:

(1) $\boldsymbol{A}-\boldsymbol{B}$ 是正定的 $\Leftrightarrow$ $\boldsymbol{B}^{-1}-\boldsymbol{A}^{-1}$ 是正定的;

(2) $\boldsymbol{A}-\boldsymbol{B}$ 是半正定的 $\Leftrightarrow$ $\boldsymbol{B}^{-1}-\boldsymbol{A}^{-1}$ 是半正定的.

8. 设 $\boldsymbol{A},\boldsymbol{B}\in\mathbb{C}^{n\times n}$ 都是 Hermite 方阵. 证明:

(1) 若 $\boldsymbol{A}$ 是正定的, 则存在上 (下) 三角可逆方阵 $\boldsymbol{P}$, 使得 $\boldsymbol{A}=\boldsymbol{P}^{\mathrm{H}}\boldsymbol{P}$;

(2) 若 $\boldsymbol{A}$ 是正定的, 则存在可逆方阵 $\boldsymbol{P}$, 使得 $\boldsymbol{P}^{\mathrm{H}}\boldsymbol{A}\boldsymbol{P}$ 和 $\boldsymbol{P}^{\mathrm{H}}\boldsymbol{B}\boldsymbol{P}$ 都是对角方阵;

(3) 若 $\boldsymbol{A}$ 是半正定的, 则 $\boldsymbol{AB}$ 的特征值都是实数;

(4) 若 $\boldsymbol{A},\boldsymbol{B}$ 都是半正定的, 则 $\boldsymbol{AB}$ 的特征值都是非负实数.

9. 设 $\boldsymbol{A},\boldsymbol{B}\in\mathbb{C}^{n\times n}$ 都是 Hermite 方阵. 回答下列问题, 并证明你的结论:

(1) 若 $\boldsymbol{A}$ 是半正定的, 是否一定存在上 (下) 三角方阵 $\boldsymbol{P}$, 使得 $\boldsymbol{A}=\boldsymbol{P}^{\mathrm{H}}\boldsymbol{P}$?

(2) 若 $\boldsymbol{A}$ 是半正定的, 是否一定存在可逆方阵 $\boldsymbol{P}$, 使得 $\boldsymbol{P}^{\mathrm{H}}\boldsymbol{A}\boldsymbol{P}$ 和 $\boldsymbol{P}^{\mathrm{H}}\boldsymbol{B}\boldsymbol{P}$ 都是对角方阵?

(3) 若 $\boldsymbol{A},\boldsymbol{B}$ 都是半正定的, $\boldsymbol{AB}+\boldsymbol{BA}$ 是否一定是半正定的?

(4) $\boldsymbol{AB}$ 的特征值是否一定是实数?

10. 设 $\boldsymbol{A}=(a_{ij})$ 和 $\boldsymbol{B}=(b_{ij})$ 都是 n 阶复数方阵, $\boldsymbol{C}=(a_{ij}b_{ij})$, $\boldsymbol{D}=\boldsymbol{A}\otimes\boldsymbol{B}$. 证明:

(1) 若 $\boldsymbol{A},\boldsymbol{B}$ 都是 Hermite 方阵, 则 $\boldsymbol{C},\boldsymbol{D}$ 都是 Hermite 方阵;

(2) 若 $\boldsymbol{A},\boldsymbol{B}$ 都是正定的, 则 $\boldsymbol{C},\boldsymbol{D}$ 都是正定的;

(3) 若 $\boldsymbol{A},\boldsymbol{B}$ 都是半正定的, 则 $\boldsymbol{C},\boldsymbol{D}$ 都是半正定的.

11. 设 $\boldsymbol{A}=(a_{ij})\in\mathbb{C}^{n\times n}$ 是 Hermite 方阵. 证明:

(1) 若 $a_{ii}>\sum\limits_{j\neq i}|a_{ij}|\ (\forall i)$, 则 $\boldsymbol{A}$ 是正定的;

(2) 若 $a_{ii}\geqslant\sum\limits_{j\neq i}|a_{ij}|\ (\forall i)$, 则 $\boldsymbol{A}$ 是半正定的.

12. 设 $\boldsymbol{A},\boldsymbol{D}$ 分别是图 G 的邻接矩阵和度矩阵 (定义参见例 2.6), $\boldsymbol{L}=\boldsymbol{D}-\boldsymbol{A}$ 称为 G 的 **Laplace 矩阵**或 **Kirchhoff 矩阵**. 证明: 存在整数矩阵 $\boldsymbol{P}$, 使得 $\boldsymbol{L}=\boldsymbol{P}^{\mathrm{T}}\boldsymbol{P}$, 从而 $\boldsymbol{L}$ 是半正定的.

13. 设 $\boldsymbol{A}\in\mathbb{C}^{n\times n}$ 不是 Hermite 方阵, $\boldsymbol{B}=\dfrac{1}{2}(\boldsymbol{A}+\boldsymbol{A}^{\mathrm{H}})$ 是正定的. 证明:

(1) $\boldsymbol{A}$ 的任意特征值的实部都大于 0;

(2) $|\det(\boldsymbol{A})|>\det(\boldsymbol{B})$. 特别地, 当 $\boldsymbol{A}\in\mathbb{R}^{n\times n}$ 时, $\det(\boldsymbol{A})>\det(\boldsymbol{B})$.

14. 设 $\boldsymbol{A}=\boldsymbol{L}+\boldsymbol{U}$ 是正定的 Hermite 方阵, 其中 $\boldsymbol{L}$ 是下三角方阵, $\boldsymbol{U}$ 是上三角方阵, $\boldsymbol{U}$ 的对角元素都是 0. 证明: $\boldsymbol{L}^{-1}\boldsymbol{U}$ 的谱半径 $\rho(\boldsymbol{L}^{-1}\boldsymbol{U})<1$.

7.3　一 些 例 子

例 7.8　对于任意复数方阵 $\boldsymbol{A}$, 存在酉方阵 $\boldsymbol{P}$ 和唯一的半正定 Hermite 方阵 $\boldsymbol{S}$, 使得 $\boldsymbol{A}=\boldsymbol{SP}$. 这种矩阵乘积分解称为 $\boldsymbol{A}$ 的**极分解**.

证明　由奇异值分解易得极分解的存在性得, $\boldsymbol{A}=\boldsymbol{U\Sigma V}=(\boldsymbol{U\Sigma U}^{\mathrm{H}})(\boldsymbol{UV})$, 其中 $\boldsymbol{U},\boldsymbol{V}$

是酉方阵, $\boldsymbol{\Sigma}$ 是对角阵. 下证 $\boldsymbol{S}$ 的唯一性. 设 $\boldsymbol{S}_1\boldsymbol{P}_1$ 和 $\boldsymbol{S}_2\boldsymbol{P}_2$ 都是 $\boldsymbol{A}$ 的极分解,

$$\boldsymbol{S}_1=\boldsymbol{Q}_1\operatorname{diag}(\lambda_1,\lambda_2,\cdots,\lambda_n)\boldsymbol{Q}_1^{\mathrm{H}},\quad \boldsymbol{S}_2=\boldsymbol{Q}_2\operatorname{diag}(\mu_1,\mu_2,\cdots,\mu_n)\boldsymbol{Q}_2^{\mathrm{H}}$$

其中 $\boldsymbol{Q}_1,\boldsymbol{Q}_2$ 都是酉方阵, 则

$$\begin{aligned}\boldsymbol{A}\boldsymbol{A}^{\mathrm{H}}=\boldsymbol{S}_1^2=\boldsymbol{S}_2^2 &\Rightarrow \boldsymbol{Q}_2^{\mathrm{H}}\boldsymbol{Q}_1\operatorname{diag}(\lambda_1^2,\lambda_2^2,\cdots,\lambda_n^2)=\operatorname{diag}(\mu_1^2,\mu_2^2,\cdots,\mu_n^2)\boldsymbol{Q}_2^{\mathrm{H}}\boldsymbol{Q}_1\\ &\Rightarrow \boldsymbol{Q}_2^{\mathrm{H}}\boldsymbol{Q}_1\operatorname{diag}(\lambda_1,\lambda_2,\cdots,\lambda_n)=\operatorname{diag}(\mu_1,\mu_2,\cdots,\mu_n)\boldsymbol{Q}_2^{\mathrm{H}}\boldsymbol{Q}_1\\ &\Rightarrow \boldsymbol{S}_1=\boldsymbol{S}_2\end{aligned}$$

例 7.9 设 $\boldsymbol{A}\in\mathbb{R}^{n\times n}$ 是正定对称方阵, $\boldsymbol{b}\in\mathbb{R}^{n\times 1}$. 求 n 元二次函数 $f(\boldsymbol{x})=\boldsymbol{x}^{\mathrm{T}}\boldsymbol{A}\boldsymbol{x}+2\boldsymbol{b}^{\mathrm{T}}\boldsymbol{x}$ 的最小值, 其中 $\boldsymbol{x}\in\mathbb{R}^{n\times 1}$.

解 设 $\boldsymbol{A}=\boldsymbol{P}^{\mathrm{T}}\boldsymbol{P}$, $\boldsymbol{y}=\boldsymbol{P}\boldsymbol{x}$, 则

$$f(\boldsymbol{x})=\boldsymbol{y}^{\mathrm{T}}\boldsymbol{y}+2(\boldsymbol{P}^{-\mathrm{T}}\boldsymbol{b})^{\mathrm{T}}\boldsymbol{y}=\|\boldsymbol{y}+\boldsymbol{P}^{-\mathrm{T}}\boldsymbol{b}\|^2-\|\boldsymbol{P}^{-\mathrm{T}}\boldsymbol{b}\|^2$$

当且仅当 $\boldsymbol{y}=-\boldsymbol{P}^{-\mathrm{T}}\boldsymbol{b}$ 即 $\boldsymbol{x}=-\boldsymbol{A}^{-1}\boldsymbol{b}$ 时, $f(\boldsymbol{x})$ 取得最小值 $-\|\boldsymbol{P}^{-\mathrm{T}}\boldsymbol{b}\|^2=-\boldsymbol{b}^{\mathrm{T}}\boldsymbol{A}^{-1}\boldsymbol{b}$.

例 7.10 设 $\boldsymbol{A}\in\mathbb{R}^{n\times n}$ 是正定对称方阵, $\boldsymbol{c}\in\mathbb{R}^{n\times 1}$. 求 n 元线性函数 $f(\boldsymbol{x})=\boldsymbol{c}^{\mathrm{T}}\boldsymbol{x}$ 在约束条件 $\boldsymbol{x}^{\mathrm{T}}\boldsymbol{A}\boldsymbol{x}\leqslant 1$ 下的最大值, 其中 $\boldsymbol{x}\in\mathbb{R}^{n\times 1}$.

解 设 $\boldsymbol{A}=\boldsymbol{P}^{\mathrm{T}}\boldsymbol{P}$, $\boldsymbol{y}=\boldsymbol{P}\boldsymbol{x}$, 则 $f(\boldsymbol{x})=(\boldsymbol{P}^{-\mathrm{T}}\boldsymbol{c})^{\mathrm{T}}\boldsymbol{y}$, 条件 $\boldsymbol{x}^{\mathrm{T}}\boldsymbol{A}\boldsymbol{x}\leqslant 1$ 化为 $\|\boldsymbol{y}\|\leqslant 1$. 根据 Cauchy 不等式, 当且仅当 $\boldsymbol{y}=\dfrac{1}{\|\boldsymbol{P}^{-\mathrm{T}}\boldsymbol{c}\|}\boldsymbol{P}^{-\mathrm{T}}\boldsymbol{c}$ 即 $\boldsymbol{x}=\dfrac{1}{\sqrt{\boldsymbol{c}^{\mathrm{T}}\boldsymbol{A}^{-1}\boldsymbol{c}}}\boldsymbol{A}^{-1}\boldsymbol{c}$ 时, $f(\boldsymbol{x})$ 取得最大值 $\sqrt{\boldsymbol{c}^{\mathrm{T}}\boldsymbol{A}^{-1}\boldsymbol{c}}$.

定义 7.6 设 $\boldsymbol{A}\in\mathbb{C}^{n\times n}$ 是 Hermite 方阵. 函数 $\boldsymbol{R}_{\boldsymbol{A}}(\boldsymbol{x})=\dfrac{\boldsymbol{x}^{\mathrm{H}}\boldsymbol{A}\boldsymbol{x}}{\boldsymbol{x}^{\mathrm{H}}\boldsymbol{x}}$ 称为 **Rayleigh**[①]**商**, 其中 $\boldsymbol{x}\in\mathbb{C}^{n\times 1}$ 是非零向量.

例 7.11 (Rayleigh-Ritz[②]定理) 设 $\lambda_1\geqslant\lambda_2\geqslant\cdots\geqslant\lambda_n$ 是 Hermite 方阵 $\boldsymbol{A}$ 的所有特征值, 则有

$$\lambda_1=\max_{x\in\mathbb{C}^{n\times 1}}R_{\boldsymbol{A}}(\boldsymbol{x}),\quad \lambda_n=\min_{x\in\mathbb{C}^{n\times 1}}R_{\boldsymbol{A}}(\boldsymbol{x})$$

证明 设 $\boldsymbol{A}=\boldsymbol{P}\operatorname{diag}(\lambda_1,\lambda_2,\cdots,\lambda_n)\boldsymbol{P}^{\mathrm{H}}$, 其中 $\boldsymbol{P}$ 是酉方阵, 再设 $\boldsymbol{y}=(y_i)=\boldsymbol{P}^{\mathrm{H}}\boldsymbol{x}$, 则

$$R_{\boldsymbol{A}}(\boldsymbol{x})=\frac{\boldsymbol{x}^{\mathrm{H}}\boldsymbol{A}\boldsymbol{x}}{\boldsymbol{x}^{\mathrm{H}}\boldsymbol{x}}=\frac{\sum\limits_{i=1}^{n}\lambda_i|y_i|^2}{\sum\limits_{i=1}^{n}|y_i|^2}\in[\lambda_n,\lambda_1]$$

当 $y=\boldsymbol{e}_1$ 时, $R_{\boldsymbol{A}}(x)$ 取得最大值 λ_1. 当 $\boldsymbol{y}=\boldsymbol{e}_n$ 时, $R_{\boldsymbol{A}}(\boldsymbol{x})$ 取得最小值 λ_n.

例 7.12 设 $\boldsymbol{A}\in\mathbb{C}^{m\times n}$, ε 是给定的正数, $\|\cdot\|$ 是例 6.14 中的矩阵范数.

$$\operatorname{rank}_{\varepsilon}(\boldsymbol{A})=\min_{\|\boldsymbol{X}-\boldsymbol{A}\|\leqslant\varepsilon}\operatorname{rank}(\boldsymbol{X})$$

称为 $\boldsymbol{A}$ 的 ε-**近似秩**. 证明: $\operatorname{rank}_{\varepsilon}(\boldsymbol{A})=\max\{i\in\mathbb{N}\mid\sigma_i(\boldsymbol{A})>\varepsilon\}$.

① John William Strutt, 3rd Baron Rayleigh, 1842～1919, 英国物理学家. 1904 年获诺贝尔物理学奖.

② Walther Ritz, 1878～1909, 瑞士物理学家.

证明 设 $\boldsymbol{A}=\boldsymbol{P}\operatorname{diag}(\sigma_1,\cdots,\sigma_r,\boldsymbol{O})\boldsymbol{Q}$ 是奇异值分解, $k=\max\{i\in\mathbb{N}\mid\sigma_i>\varepsilon\}$.

一方面, 设 $\boldsymbol{X}=\boldsymbol{P}\operatorname{diag}(\sigma_1,\cdots,\sigma_k,\boldsymbol{O})\boldsymbol{Q}$. 由 $\|\boldsymbol{X}-\boldsymbol{A}\|=\sigma_{k+1}\leqslant\varepsilon$, 得 $\operatorname{rank}_\varepsilon(\boldsymbol{A})\leqslant\operatorname{rank}(\boldsymbol{X})=k$.

另一方面, 设 $\boldsymbol{B}=\boldsymbol{P}\begin{pmatrix}\boldsymbol{B}_1 & \boldsymbol{B}_2\end{pmatrix}\boldsymbol{Q}\in\mathbb{C}^{m\times n}$ 满足 $\|\boldsymbol{B}-\boldsymbol{A}\|\leqslant\varepsilon$, 其中 $\boldsymbol{B}_1\subset\mathbb{C}^{m\times k}$. 若 $\operatorname{rank}(\boldsymbol{B})<k$, 则 $\operatorname{rank}(\boldsymbol{B}_1)<k$, 从而存在非零向量 $\boldsymbol{x}\in\mathbb{C}^{k\times 1}$, 使得 $\boldsymbol{B}_1\boldsymbol{x}=\boldsymbol{0}$. 设 $\boldsymbol{y}=\boldsymbol{Q}^{-1}\begin{pmatrix}\boldsymbol{x}\\ \boldsymbol{0}\end{pmatrix}$. 由 $\boldsymbol{B}\boldsymbol{y}=\boldsymbol{0}$ 可得

$$\|\boldsymbol{B}-\boldsymbol{A}\|\geqslant\frac{\|(\boldsymbol{B}-\boldsymbol{A})\boldsymbol{y}\|}{\|\boldsymbol{y}\|}=\frac{\|\boldsymbol{A}\boldsymbol{y}\|}{\|\boldsymbol{y}\|}=\sqrt{\frac{|\sigma_1x_1|^2+\cdots+|\sigma_kx_k|^2}{|x_1|^2+\cdots+|x_k|^2}}\geqslant\sigma_k>\varepsilon$$

矛盾. 故 $\operatorname{rank}(\boldsymbol{B})\geqslant k$.

综上, $\operatorname{rank}_\varepsilon(\boldsymbol{A})=k$.

习 题 7.3

1. 证明: 对于任意规范复数方阵 $\boldsymbol{A}$, 存在酉方阵 $\boldsymbol{P}$ 和唯一的半正定 Hermite 方阵 $\boldsymbol{S}$, 使得 $\boldsymbol{A}=\boldsymbol{PS}=\boldsymbol{SP}$.

2. 设 $\boldsymbol{A},\boldsymbol{S}\in\mathbb{R}^{n\times n}$ 都是对称方阵, $\boldsymbol{S}$ 是正定的, $\boldsymbol{b}\in\mathbb{R}^{n\times 1}$. 求 n 元二次函数

$$f(\boldsymbol{x})=\boldsymbol{x}^{\mathrm{T}}\boldsymbol{A}\boldsymbol{x}+2\boldsymbol{b}^{\mathrm{T}}\boldsymbol{x}$$

在约束条件 $\boldsymbol{x}^{\mathrm{T}}\boldsymbol{S}\boldsymbol{x}\leqslant 1$ 下的取值范围, 其中 $\boldsymbol{x}\in\mathbb{R}^{n\times 1}$.

3. 设实数 $x_1,x_2,\cdots,x_n$ 满足 $x_1^2+\sum\limits_{i=2}^{n}(x_{i-1}+x_i)^2=1$. 求每个 x_i 的取值范围.

4. 设实数 $x_1,x_2,\cdots,x_n$ 满足 $\sum\limits_{i=1}^{n}x_i^2+\dfrac{1}{n}\sum\limits_{1\leqslant i<j\leqslant n}x_ix_j=1$. 求 $\sum\limits_{i=1}^{n}x_i$ 的取值范围.

5. 设 $\boldsymbol{A}\in\{-1,1\}^{n\times n}$ 满足 $\boldsymbol{A}\boldsymbol{A}^{\mathrm{T}}=n\boldsymbol{I}$. 证明: 若 $\boldsymbol{A}$ 的某个 $p\times q$ 子矩阵的元素都是 1, 则 $pq\leqslant n$.

6. (Courant-Fischer 定理) 设 $\boldsymbol{A}\in\mathbb{C}^{n\times n}$ 是 Hermite 方阵, $\lambda_k(\boldsymbol{A})$ 是 $\boldsymbol{A}$ 的第 k 大特征值. 证明:

$$\lambda_k(\boldsymbol{A})=\max_{\dim(V)=k}\min_{\boldsymbol{x}\in V}R_{\boldsymbol{A}}(\boldsymbol{x}),\quad \lambda_{n-k+1}(\boldsymbol{A})=\min_{\dim(V)=k}\max_{\boldsymbol{x}\in V}R_{\boldsymbol{A}}(\boldsymbol{x})$$

其中 V 是 $\mathbb{C}^n$ 的子空间.

7. 设 $\boldsymbol{A}\in\mathbb{C}^{n\times n}$ 是 Hermite 方阵, $\boldsymbol{B}=\boldsymbol{A}\left[\begin{smallmatrix}1&2&\cdots&k\\1&2&\cdots&k\end{smallmatrix}\right](1\leqslant k<n)$. 证明:

$$\lambda_{i+n-k}(A)\leqslant\lambda_i(\boldsymbol{B})\leqslant\lambda_i(\boldsymbol{A})\quad(\forall i\leqslant k)$$

8. 设 $\boldsymbol{A},\boldsymbol{B}\in\mathbb{C}^{n\times n}$ 都是 Hermite 方阵. 证明:

(1) (Weyl① 不等式)

$$\lambda_{i+j-1}(\boldsymbol{A}+\boldsymbol{B})\leqslant\lambda_i(\boldsymbol{A})+\lambda_j(\boldsymbol{B})\leqslant\lambda_{i+j-n}(\boldsymbol{A}+\boldsymbol{B})\quad(\forall i+j\geqslant n+1)$$

① Hermann Klaus Hugo Weyl, 1885～1995, 德国数学家、物理学家.

(2) $\sum_{k=1}^{n}|\lambda_k(\boldsymbol{A})-\lambda_k(\boldsymbol{B})|^2\leqslant\|\boldsymbol{A}-\boldsymbol{B}\|_{\mathrm{F}}^2$;

(3) $|\lambda_k(\boldsymbol{A})-\lambda_k(\boldsymbol{B})|\leqslant\|\boldsymbol{A}-\boldsymbol{B}\|\ (\forall k)$.

9. 设 $\boldsymbol{A}\in\mathbb{C}^{m\times n}$, ε 是给定的正数, $\|\cdot\|_{\mathrm{F}}$ 是矩阵的 Frobenius 范数. 证明:

$$\min_{\|\boldsymbol{X}-\boldsymbol{A}\|_{\mathrm{F}}\leqslant\varepsilon}\operatorname{rank}(\boldsymbol{X})=\max\left\{k\in\mathbb{N}\,\middle|\,\sum_{i\geqslant k+1}\sigma_i^2(\boldsymbol{A})\leqslant\varepsilon^2\right\}$$

10. 设 $\boldsymbol{A}=(a_{ij})\in\mathbb{R}^{n\times n}$, 其中 $a_{ij}=\gcd(i,j)$. 证明: $\boldsymbol{A}$ 是正定方阵.

11. (2018 年 CGMO 第 3 题) 设 $\boldsymbol{A}=(a_{ij})\in\mathbb{R}^{n\times n}$, 当 i,j 都整除 n 时, $a_{ij}=\dfrac{1}{\operatorname{lcm}(i,j)}$, 否则 $a_{ij}=0$. 证明:

$$\boldsymbol{x}^{\mathrm{T}}\boldsymbol{A}\boldsymbol{x}\geqslant\frac{\varphi(n)}{n}x_1^2\quad(\forall\boldsymbol{x}\in\mathbb{R}^{n\times 1})$$

其中 $\varphi(n)$ 是“不大于 n 且与 n 互素”的正整数的个数, 称为 **Euler 函数**.

12. (2019 年 IMO 中国国家集训队考试二第 3 题) 求实二次型

$$Q=\sum_{1\leqslant i<j\leqslant 2n}\min\Big\{(j-i)^2,(2n-j+i)^2\Big\}x_ix_j$$

在条件 $\sum_{i=1}^{2n}|x_i|=1$ 下的最大值.

提示: $\min\big((j-i)^2,\,(2n-j+i)^2\big)\leqslant n\min\{j-i,2n-j+i\}$.

13. 设 $\boldsymbol{A}=(a_{ij})\in\mathbb{R}^{n\times n}$, 其中 $a_{ij}=\dfrac{1}{\max\{i,j\}}$. 证明: $\boldsymbol{A}$ 是正定方阵, 并且 $\|\boldsymbol{A}\|<4$.

14. 设 λ_n 是 n 阶方阵 $\boldsymbol{A}=(a_{ij})$ 的最小特征值, 其中 $a_{ij}=n-|i-j|$. 证明:

(1) $\lambda_n>\dfrac{1}{2}$并且 $\lim\limits_{n\to\infty}\lambda_n=\dfrac{1}{2}$;

(2) 当 $n=2m$ 时, λ_n 是 m 阶方阵 $\boldsymbol{B}=(b_{ij})$ 的最小特征值, 其中 $b_{ij}=2\min\{i,j\}-1$;

(3) 当 $n=2m-1$ 时, λ_n 是 $\boldsymbol{DB}$ 的最小特征值, 其中 $\boldsymbol{B}$ 同上, $\boldsymbol{D}=\operatorname{diag}(\boldsymbol{I}_{m-1},m)$;

(4) 当 $n\geqslant 2$ 时, $\lambda_n>\lambda_{n+1}$.

第 8 章　线性空间

8.1　基本概念

如同“集合”和“元素”是数学的最基本概念一样,“线性空间”和“向量”是线性代数的最基本概念. 粗略地说, 称具有加法和数乘运算的非空集合为**线性空间**. 也就是说, 一个线性空间具有四个要素, 即 $(V,\mathbb{F},+,\cdot)$, 其中 V 是非空集合, $\mathbb{F}$ 是数域, 加法运算 $+$ 是 $V\times V\to V$ 的映射, 数乘运算 $\cdot$ 是 $\mathbb{F}\times V\to V$ 的映射. 但是, 并非任意一个 $V\times V\to V$ 的映射都可以作为线性空间的“加法”, 也并非任意一个 $\mathbb{F}\times V\to V$ 的映射都可以作为线性空间的“数乘”, 它们必须满足一定的运算律, 称为线性空间的公理. 严格的定义如下:

定义 8.1　设 V 是一个非空集合, V 中的元素称为**向量**, $\mathbb{F}$ 是一个数域, $\mathbb{F}$ 中的元素称为**数**. 在 V 上定义了加法运算 $\boldsymbol{\alpha}+\boldsymbol{\beta}\in V$ 和数乘运算 $\lambda\cdot\boldsymbol{\alpha}\in V$, 其中 $\boldsymbol{\alpha},\boldsymbol{\beta}\in V$, $\lambda\in\mathbb{F}$. 若这两种运算满足下列运算律:

(A1)	加法交换律	$\forall\boldsymbol{\alpha},\boldsymbol{\beta}\in V,\ \boldsymbol{\alpha}+\boldsymbol{\beta}=\boldsymbol{\beta}+\boldsymbol{\alpha}$;
(A2)	加法结合律	$\forall\boldsymbol{\alpha},\boldsymbol{\beta},\boldsymbol{\gamma}\in V,\ (\boldsymbol{\alpha}+\boldsymbol{\beta})+\boldsymbol{\gamma}=\boldsymbol{\alpha}+(\boldsymbol{\beta}+\boldsymbol{\gamma})$;
(A3)	加法有单位元	存在零向量 $\mathbf{0}\in V$, 使得 $\forall\boldsymbol{\alpha}\in V,\ \mathbf{0}+\boldsymbol{\alpha}=\boldsymbol{\alpha}$;
(A4)	加法有逆元	$\forall\boldsymbol{\alpha}\in V$, 存在 $\boldsymbol{\beta}\in V$, 使得 $\boldsymbol{\alpha}+\boldsymbol{\beta}=\mathbf{0}$;
(M1)	数乘结合律	$\forall\boldsymbol{\alpha}\in V$ 和 $\lambda,\mu\in\mathbb{F},\ \lambda\cdot(\mu\cdot\boldsymbol{\alpha})=(\lambda\mu)\cdot\boldsymbol{\alpha}$;
(M2)	数乘有单位元	$\forall\boldsymbol{\alpha}\in V,\ 1\cdot\boldsymbol{\alpha}=\boldsymbol{\alpha}$;
(D1)	数乘对数的分配律	$\forall\boldsymbol{\alpha}\in V$ 和 $\lambda,\mu\in\mathbb{F},\ (\lambda+\mu)\cdot\boldsymbol{\alpha}=(\lambda\cdot\boldsymbol{\alpha})+(\mu\cdot\boldsymbol{\alpha})$;
(D2)	数乘对向量的分配律	$\forall\boldsymbol{\alpha},\boldsymbol{\beta}\in V$ 和 $\lambda\in\mathbb{F},\ \lambda\cdot(\boldsymbol{\alpha}+\boldsymbol{\beta})=(\lambda\cdot\boldsymbol{\alpha})+(\lambda\cdot\boldsymbol{\beta})$,

则代数结构 $(V,\mathbb{F},+,\cdot)$ 称为**线性空间**, 或者称 V 在加法和数乘运算下构成数域 $\mathbb{F}$ 上的线性空间. 简称 V 是 $\mathbb{F}$ 上的线性空间. 当 $\mathbb{F}=\mathbb{R}$ 时, V 称为实线性空间; 当 $\mathbb{F}=\mathbb{C}$ 时, V 称为复线性空间. 只有一个元素的线性空间 $V=\{\mathbf{0}\}$ 称为**零空间**.

每个线性空间由“非空集合 V、数域 $\mathbb{F}$、加法运算 $+$、数乘运算 $\cdot$ ”四个基本要素构成. 对于任意两个线性空间, 只要它们有一个要素不同, 它们就是不同的线性空间.

例 8.1　在通常的加法和乘法运算下, $(\mathbb{C}^2,\mathbb{C},+,\cdot)$ 和 $(\mathbb{C}^2,\mathbb{R},+,\cdot)$ 是不同的线性空间.

例 8.2　在 $\mathbb{C}^2$ 上定义加法运算 $(a_1,b_1)+(a_2,b_2)=(a_1+a_2,b_1+b_2)$ 和两种数乘运算

$$\lambda\cdot(a,b)=(\lambda a,\lambda b),\quad \lambda*(a,b)=(\overline{\lambda}a,\overline{\lambda}b)$$

则 $(\mathbb{C}^2,\mathbb{C},+,\cdot)$ 和 $(\mathbb{C}^2,\mathbb{C},+,*)$ 是不同的线性空间.

定理 8.1 数域 $\mathbb{F}$ 上的线性空间 V 具有下列性质:

(1) V 的零向量 $\mathbf{0}$ 是唯一的.

(2) 任意向量 $\boldsymbol{\alpha}\in V$ 的加法逆元 $\boldsymbol{\beta}$ 是唯一的, 并且 $\boldsymbol{\beta}=(-1)\cdot\boldsymbol{\alpha}$. 常记作 $\boldsymbol{\beta}=-\boldsymbol{\alpha}$. 通过加法逆元, 可定义两个向量的减法运算 $\boldsymbol{\alpha}_1-\boldsymbol{\alpha}_2=\boldsymbol{\alpha}_1+(-\boldsymbol{\alpha}_2)$.

(3) 对于任意 $\lambda\in\mathbb{F}$, $\boldsymbol{\alpha}\in V$, 都有 $\lambda\cdot\mathbf{0}=0\cdot\boldsymbol{\alpha}=\mathbf{0}$.

(4) 设 $\lambda\in\mathbb{F}$, $\boldsymbol{\alpha}\in V$. 若 $\lambda\boldsymbol{\alpha}=\mathbf{0}$, 则 $\lambda=0$ 或 $\boldsymbol{\alpha}=\mathbf{0}$.

定义 8.2 设 $\mathbb{F}$ 是定义了加法运算 $a+b$ 和乘法运算 $a\cdot b$ 的非空集合. 若下列运算律成立, 则代数结构 $(\mathbb{F},+,\cdot)$ 称为**数域**, 或者简称 $\mathbb{F}$ 是一个数域:

(A1)	加法交换律	$\forall a,b\in\mathbb{F}$, $a+b=b+a$;
(A2)	加法结合律	$\forall a,b,c\in\mathbb{F}$, $(a+b)+c=a+(b+c)$;
(A3)	加法有单位元	存在零元素 $0\in\mathbb{F}$, 使得 $0+a=a(\forall a\in\mathbb{F})$;
(A4)	加法有逆元	$\forall a\in\mathbb{F}$, 存在 $b\in\mathbb{F}$, 使得 $a+b=0$;
(M1)	乘法交换律	$\forall a,b\in\mathbb{F}$, $a\cdot b=b\cdot a$;
(M2)	乘法结合律	$\forall a,b,c\in\mathbb{F}$, $(a\cdot b)\cdot c=a\cdot(b\cdot c)$;
(M3)	乘法有单位元	存在幺元素 $1\in\mathbb{F}$, 使得 $1\cdot a=a(\forall a\in\mathbb{F})$;
(M4)	乘法有逆元	$\forall a\in\mathbb{F}$, 若 $a\neq 0$, 则存在 $b\in\mathbb{F}$, 使得 $a\cdot b=1$;
(D1)	加乘分配律	$\forall a,b,c\in\mathbb{F}$, $(a+b)\cdot c=(a\cdot c)+(b\cdot c)$.

比较以上关于 "线性空间" 和 "数域" 的定义, 两者有许多相似之处. 我们可以认为 "向量" 是 "数" 的推广, 向量运算降低了对 "乘法" 的要求, 从而有更广泛的应用.

例 8.3 容易验证, 下面是一些常见的线性空间的例子:

(1) 在复数的运算下, 复数域 $\mathbb{C}$ 是实数域 $\mathbb{R}$ 上的线性空间, 也是有理数域 $\mathbb{Q}$ 上的线性空间;

(2) 在多项式的加法和数乘运算下, m 元多项式的全体 $\mathbb{F}[x_1,\cdots,x_m]$ 是 $\mathbb{F}$ 上的线性空间;

(3) 在多项式的加法和数乘运算下, 次数小于 n 的一元多项式的全体 $\mathbb{F}_n[x]$ 是 $\mathbb{F}$ 上的线性空间;

(4) 在函数的加法和数乘运算下, 区间 $[a,b]$ 上的连续实函数的全体 $\mathscr{C}[a,b]$ 是 $\mathbb{R}$ 上的线性空间;

(5) 在级数的加法和数乘运算下, 实系数幂级数 $\sum\limits_{n=0}^{\infty}a_nx^n$ 的全体 $\mathbb{R}[[x]]$ 是 $\mathbb{R}$ 上的线性空间;

(6) 在数组向量的加法和数乘运算下, $\mathbb{F}$ 上的 n 维数组向量的全体 $\mathbb{F}^n$ 是 $\mathbb{F}$ 上的线性空间;

(7) 在数列的加法和数乘运算下, $\mathbb{F}$ 上的无穷数列 $\{a_n\}_{n\in\mathbb{N}}$ 的全体是 $\mathbb{F}$ 上的线性空间;

(8) 给定 $\boldsymbol{A}\in\mathbb{F}^{m\times n}$, 在数组向量的加法和数乘运算下, $\{\boldsymbol{x}\in\mathbb{F}^{n\times 1}\mid \boldsymbol{A}\boldsymbol{x}=\mathbf{0}\}$ 是 $\mathbb{F}$ 上的线性空间, 称为线性方程组 $\boldsymbol{A}\boldsymbol{x}=\mathbf{0}$ 在 $\mathbb{F}$ 上的解空间;

(9) 在矩阵的加法和数乘运算下, $m\times n$ 矩阵的全体 $\mathbb{F}^{m\times n}$ 是 $\mathbb{F}$ 上的线性空间;

(10) 在矩阵的加法和数乘运算下, $\mathbb{F}$ 上的 n 元二次型 $Q(x)$ 的全体是 $\mathbb{F}$ 上的线性空间.

定义 8.3 设 U 是 V 的非空子集. 若 U 在 V 的加法和数乘运算下封闭, 即满足

$$\boldsymbol{\alpha}+\boldsymbol{\beta}\in U,\quad \lambda\boldsymbol{\alpha}\in U\quad(\forall\boldsymbol{\alpha},\boldsymbol{\beta}\in U,\lambda\in\mathbb{F})$$

则称线性空间 $(U,\mathbb{F},+,\cdot)$ 为 $(V,\mathbb{F},+,\cdot)$ 的**子空间**, 简称 U 是 V 的子空间. 特别地, $\{\mathbf{0}\}$ 和 V 称为 V 的**平凡子空间**.

例 8.4 下面是一些常见的子空间的例子:

(1) 设 $\boldsymbol{A}\in\mathbb{F}^{m\times n}$. $\{\boldsymbol{x}\in\mathbb{F}^{n\times 1}\mid \boldsymbol{A}\boldsymbol{x}=\mathbf{0}\}$ 是 $\mathbb{F}^{n\times 1}$ 的子空间;

(2) 设 $\boldsymbol{A}\in\mathbb{F}^{n\times n}$. $\{\boldsymbol{X}\in\mathbb{F}^{n\times n}\mid \boldsymbol{A}\boldsymbol{X}=\boldsymbol{X}\boldsymbol{A}\}$ 是 $\mathbb{F}^{n\times n}$ 的子空间;

(3) $\mathbb{F}_n[\boldsymbol{x}]$ 是 $\mathbb{F}[\boldsymbol{x}]$ 的子空间;

(4) $\mathbb{R}[\boldsymbol{x}]$ 是 $\mathbb{R}[[\boldsymbol{x}]]$ 的子空间.

定义 8.4 设 $(U,\mathbb{F},\bigoplus,*)$ 和 $(V,\mathbb{F},+,\cdot)$ 都是数域 $\mathbb{F}$ 上的线性空间. 如果存在一一映射 $\rho:U\to V$ 满足

$$(\boldsymbol{\alpha}\bigoplus\boldsymbol{\beta})=\rho(\boldsymbol{\alpha})+\rho(\boldsymbol{\beta}),\quad \rho(\lambda*\boldsymbol{\alpha})=\lambda\cdot\rho(\boldsymbol{\alpha})\quad(\forall\boldsymbol{\alpha},\boldsymbol{\beta}\in U,\lambda\in\mathbb{F})$$

则 ρ 称为从 $(U,\mathbb{F},\bigoplus,*)$ 到 $(V,\mathbb{F},+,\cdot)$ 的**同构映射**, 简称 $\mathbb{F}$ 上的线性空间 U 与 V **同构**.

对于不同数域上的两个线性空间 $(V_1,\mathbb{F}_1,\bigoplus,*)$ 与 $(V_2,\mathbb{F}_2,+,\cdot)$, 可以类似地定义同构的概念. 如果存在一一映射 $\rho:V_1\to V_2$ 和一一映射 $\sigma:\mathbb{F}_1\to\mathbb{F}_2$ 满足:

$$\begin{aligned}&\rho(\boldsymbol{\alpha}\bigoplus\boldsymbol{\beta})=\rho(\boldsymbol{\alpha})+\rho(\boldsymbol{\beta}),\quad \rho(\lambda*\boldsymbol{\alpha})=\sigma(\lambda)\cdot\rho(\boldsymbol{\alpha})\\&\sigma(\lambda+\mu)=\sigma(\lambda)+\sigma(\mu),\quad \sigma(\lambda\mu)=\sigma(\lambda)\sigma(\mu)\quad(\forall\boldsymbol{\alpha},\boldsymbol{\beta}\in V_1,\ \lambda,\mu\in\mathbb{F}_1)\end{aligned}$$

则 (ρ,σ) 称为从 $(V_1,\mathbb{F}_1,\bigoplus,*)$ 到 $(V_2,\mathbb{F}_2,+,\cdot)$ 的**同构映射**. 也就是说, 同构映射不仅需要保持向量之间的一一对应, 保持数之间的一一对应, 也需要保持运算之间的一一对应, 既保加法又保数乘.

例 8.5 下面是一些线性空间之间的同构映射:

(1) 作为 $\mathbb{R}$ 上的线性空间, $z\mapsto(\mathrm{Re}(z),\mathrm{Im}(z))$ 是 $\mathbb{C}\to\mathbb{R}^2$ 的同构映射;

(2) $\boldsymbol{A}\mapsto Q(\boldsymbol{x})=\boldsymbol{x}^{\mathrm{T}}\boldsymbol{A}\boldsymbol{x}$ 是 "$\mathbb{F}$ 上的 n 阶对称方阵" 到 "$\mathbb{F}$ 上的 n 元二次型" 的同构映射;

(3) $\displaystyle\sum_{k=0}^{n-1}a_kx^k\mapsto(a_0,a_1,\cdots,a_{n-1})$ 是 $\mathbb{F}_n[x]\to\mathbb{F}^n$ 的同构映射;

(4) 设 $x_1,x_2,\cdots,x_n\in\mathbb{F}$ 两两不同, 则 $f(x)\mapsto(f(x_1),f(x_2),\cdots,f(x_n))$ 也是 $\mathbb{F}_n[x]\to\mathbb{F}^n$ 的同构映射.

习 题 8.1

以下涉及的加法和数乘运算都是通常意义下的加法和数乘运算.

1\. 证明定理 8.1、例 8.4 和例 8.5.

2\. 下列集合是否是 $\mathbb{R}$ 上的线性空间? 证明你的结论.

(1) $\mathbb{R}$ 上满足 $f(1)=0$ 的连续实函数 $f(x)$ 的全体;

(2) $\mathbb{R}$ 上满足 $f(0)=1$ 的连续实函数 $f(x)$ 的全体;

(3) $\mathbb{R}$ 上有界实函数 $f(x)$ 的全体;

(4) $\mathbb{R}$ 上满足 $\max\limits_{x\in\mathbb{R}}|f(x)|<1$ 的实函数 $f(x)$ 的全体;

(5) 对所有 $|x|<1$ 都收敛的实系数幂级数 $\displaystyle\sum_{n=0}^{\infty}a_nx^n$ 的全体;

(6) 收敛半径为 1 的实系数幂级数 $\sum_{n=0}^{\infty} a_n x^n$ 的全体.

3. 作为 $\mathbb{F}$ 上的线性空间, 下列 U 是否是 V 的子空间? 请简要说明理由.

(1) $U=\mathbb{F}^2$, $V=\mathbb{F}^3$;

(2) $U=\mathbb{R}[x]$, $V=\mathbb{R}[[x]]$, $\mathbb{F}=\mathbb{R}$;

(3) $U=\mathscr{C}[0,1]$, $V=\mathscr{C}(0,1)$, $\mathbb{F}=\mathbb{R}$;

(4) $U=\{\boldsymbol{A}\in V \mid \boldsymbol{A}^{\mathrm{H}}=\boldsymbol{A}\}$, $V=\mathbb{C}^{n\times n}$, $\mathbb{F}=\mathbb{R}$;

(5) $U=\{\boldsymbol{A}\in V \mid \boldsymbol{A}^{\mathrm{H}}=\boldsymbol{A}\}$, $V=\mathbb{C}^{n\times n}$, $\mathbb{F}=\mathbb{C}$;

(6) $U=\{\boldsymbol{A}\in V \mid \boldsymbol{A}\boldsymbol{A}^{\mathrm{H}}=\boldsymbol{A}^{\mathrm{H}}\boldsymbol{A}\}$, $V=\mathbb{C}^{n\times n}$, $\mathbb{F}=\mathbb{C}$.

4. 证明: $\mathbb{F}$ 上的线性空间 $\mathbb{F}^{m\times n}$ 与 $\mathbb{F}^{mn}$ 同构.

5. 证明: 当 $m\neq n$ 时, $\mathbb{F}$ 上的线性空间 $\mathbb{F}^m$ 与 $\mathbb{F}^n$ 不同构.

6. 证明: $\mathbb{F}[x]$ 的子集 V_1, V_2 在多项式的运算下都是 $\mathbb{F}[x]$ 的子空间, 并且都与 $\mathbb{F}[x]$ 同构, 其中

$$V_1=\{p\in\mathbb{F}[x] \mid p(-x)=p(x)\}, \quad V_2=\{p\in\mathbb{F}[x] \mid p'(1)=0\}$$

8.2 线性相关

设 V 是 $\mathbb{F}$ 上的线性空间. V 中最基本的运算是加法和数乘运算. 多个加法和数乘运算的混合运算称为线性组合运算. 严格地说, 有如下定义:

定义 8.5 设 $\boldsymbol{\alpha}_1,\boldsymbol{\alpha}_2,\cdots,\boldsymbol{\alpha}_k\in V$, $\lambda_1,\lambda_2,\cdots,\lambda_k\in\mathbb{F}$. 向量

$$\boldsymbol{\beta}=\lambda_1\boldsymbol{\alpha}_1+\lambda_2\boldsymbol{\alpha}_2+\cdots+\lambda_k\boldsymbol{\alpha}_k$$

称为向量组 $\boldsymbol{\alpha}_1,\boldsymbol{\alpha}_2,\cdots,\boldsymbol{\alpha}_k$ 的一个**线性组合**, 或者称 $\boldsymbol{\beta}$ 可以被 $\boldsymbol{\alpha}_1,\boldsymbol{\alpha}_2,\cdots,\boldsymbol{\alpha}_k$ **线性表出**, $\lambda_1,\lambda_2,\cdots,\lambda_k$ 称为**线性组合的系数**. $\boldsymbol{\alpha}_1,\boldsymbol{\alpha}_2,\cdots,\boldsymbol{\alpha}_k$ 的所有线性组合的集合

$$U=\{\lambda_1\boldsymbol{\alpha}_1+\lambda_2\boldsymbol{\alpha}_2+\cdots+\lambda_k\boldsymbol{\alpha}_k \mid \lambda_1,\lambda_2,\cdots,\lambda_k\in\mathbb{F}\}$$

构成 V 的子空间, 称为 $\boldsymbol{\alpha}_1,\boldsymbol{\alpha}_2,\cdots,\boldsymbol{\alpha}_k$ **生成的子空间**, 记作 $U=\mathrm{Span}(\boldsymbol{\alpha}_1,\boldsymbol{\alpha}_2,\cdots,\boldsymbol{\alpha}_k)$.

若存在不全为零的 $\lambda_1,\lambda_2,\cdots,\lambda_k$, 使得 $\lambda_1\boldsymbol{\alpha}_1+\lambda_2\boldsymbol{\alpha}_2+\cdots+\lambda_k\boldsymbol{\alpha}_k=\mathbf{0}$, 则称 $\boldsymbol{\alpha}_1,\boldsymbol{\alpha}_2,\cdots,\boldsymbol{\alpha}_k$ 是**线性相关**的, 否则称 $\boldsymbol{\alpha}_1,\boldsymbol{\alpha}_2,\cdots,\boldsymbol{\alpha}_k$ 是**线性无关**的. 也就是说, "$\boldsymbol{\alpha}_1,\boldsymbol{\alpha}_2,\cdots,\boldsymbol{\alpha}_k$ 是线性无关的" 当且仅当 "以 $\lambda_1,\lambda_2,\cdots,\lambda_k$ 为变元的方程 $\lambda_1\boldsymbol{\alpha}_1+\lambda_2\boldsymbol{\alpha}_2+\cdots+\lambda_k\boldsymbol{\alpha}_k=\mathbf{0}$ 只有解 $\lambda_1=\lambda_2=\cdots=\lambda_k=0$".

线性组合/线性相关/线性无关的概念可以推广到 V 的任意子集 S. S 中任意有限多个向量的线性组合 $\boldsymbol{\beta}$ 称为 S 的一个**线性组合**, 或者称 $\boldsymbol{\beta}$ 可以被 S **线性表出**. S 的所有线性组合的集合

$$U=\{\lambda_1\boldsymbol{\alpha}_1+\lambda_2\boldsymbol{\alpha}_2+\cdots+\lambda_k\boldsymbol{\alpha}_k \mid \lambda_1,\cdots,\lambda_k\in\mathbb{F},\ \boldsymbol{\alpha}_1,\cdots,\boldsymbol{\alpha}_k\in S,\ k\in\mathbb{N}^*\}$$

构成 V 的子空间, 称为 S **生成的子空间**, 记作 $U=\mathrm{Span}(S)$.

若 S 中存在有限多个向量 $\boldsymbol{\alpha}_1, \boldsymbol{\alpha}_2, \cdots, \boldsymbol{\alpha}_n$ 是线性相关的, 则 S 称为**线性相关**的; 若 S 中的任意有限多个向量 $\boldsymbol{\alpha}_1, \boldsymbol{\alpha}_2, \cdots, \boldsymbol{\alpha}_n$ 都是线性无关的, 则 S 称为**线性无关**的. 特别地, 规定零向量 $\mathbf{0}$ 是空集 $\varnothing$ 的线性组合, $\text{Span}(\varnothing) = \{\mathbf{0}\}$, $\varnothing$ 是线性无关的.

例 8.6　仅有一个向量的向量组 $\{\boldsymbol{\alpha}\}$ 是线性相关的当且仅当 $\boldsymbol{\alpha} = \mathbf{0}$.

例 8.7　线性空间 $\mathbb{R}[x]$ 中的向量组 $f_1 = x(x+1)$, $f_2 = x(x-1)$, $f_3 = x^2 - 1$ 是线性无关的.

证明　设实数 $\lambda_1, \lambda_2, \lambda_3$ 使得 $\lambda_1 f_1 + \lambda_2 f_2 + \lambda_3 f_3 = 0$ 是零函数. 在等式中分别令 $x = 1, -1, 0$, 可得 $\lambda_1 = \lambda_2 = \lambda_3 = 0$. 故 f_1, f_2, f_3 是线性无关的.

例 8.8　对于任意 $\boldsymbol{A} \in \mathbb{R}^{n\times n}$, 线性空间 $\mathbb{R}^{n\times n}$ 中的向量组 $\boldsymbol{I}, \boldsymbol{A}, \boldsymbol{A}^2, \cdots, \boldsymbol{A}^n$ 一定是线性相关的. 另外, $\boldsymbol{I}, \boldsymbol{A}, \boldsymbol{A}^2, \cdots, \boldsymbol{A}^{n-1}$ 是线性无关的当且仅当 $d_{\boldsymbol{A}} = \varphi_{\boldsymbol{A}}$.

证明　设 $\varphi_{\boldsymbol{A}}(x) = \sum\limits_{i=0}^{n} a_i x^i$, $a_n = 1$. 根据 Cayley-Hamilton 定理知, $\sum\limits_{i=0}^{n} a_i \boldsymbol{A}^i = \boldsymbol{O}$. 故 $\boldsymbol{I}, \boldsymbol{A}, \boldsymbol{A}^2, \cdots, \boldsymbol{A}^n$ 是线性相关的. 另外, $\boldsymbol{I}, \boldsymbol{A}, \boldsymbol{A}^2, \cdots, \boldsymbol{A}^{n-1}$ 是线性相关的 $\Leftrightarrow$ 存在非零多项式 $f \in \mathbb{R}[x]$ 满足 $f(\boldsymbol{A}) = \boldsymbol{O}$ 并且 $0 \leqslant \deg(f) \leqslant n-1$. 因此, $\boldsymbol{I}, \boldsymbol{A}, \boldsymbol{A}^2, \cdots, \boldsymbol{A}^{n-1}$ 是线性无关的 $\Leftrightarrow d_{\boldsymbol{A}} = \varphi_{\boldsymbol{A}}$.

定理 8.2　设 $S \subset T \subset V$. 由定义 8.5 可得下列结论:

(1) 若 S 包含零向量或者两个成比例的向量, 则 S 是线性相关的;

(2) 若 S 是线性相关的, 则 T 是线性相关的;

(3) 若 T 是线性无关的, 则 S 是线性无关的.

定理 8.3　设 $\boldsymbol{A} = \begin{pmatrix}\boldsymbol{\alpha}_1 & \boldsymbol{\alpha}_2 & \cdots & \boldsymbol{\alpha}_n\end{pmatrix} \in \mathbb{F}^{m\times n}$, 则 $\boldsymbol{\alpha}_1, \boldsymbol{\alpha}_2, \cdots, \boldsymbol{\alpha}_n$ 是线性无关的 $\Leftrightarrow$ $\text{rank}(\boldsymbol{A}) = n$.

证明　设 S 是线性相关的. 根据定义 8.5 知, $\boldsymbol{\alpha}_1, \boldsymbol{\alpha}_2, \cdots, \boldsymbol{\alpha}_n$ 是线性无关的 $\Leftrightarrow$ 线性方程组 $\boldsymbol{A}\boldsymbol{x} = \mathbf{0}$ 有唯一解 $\boldsymbol{x} = \mathbf{0}$. 另由 $\boldsymbol{A}$ 的相抵标准形, $\boldsymbol{A}\boldsymbol{x} = \mathbf{0}$ 有唯一解 $\boldsymbol{x} = \mathbf{0} \Leftrightarrow \text{rank}(\boldsymbol{A}) = n$.

定理 8.4　设 $S \subset V$. S 是线性相关的 $\Leftrightarrow$ 存在 $\boldsymbol{\alpha} \in S$ 是 $S \setminus \{\boldsymbol{\alpha}\}$ 的线性组合.

证明　($\Rightarrow$) 设 S 是线性相关的. 根据定义 8.5 知, 存在有限多个不全是 0 的数 $\lambda_1, \lambda_2, \cdots, \lambda_k \in \mathbb{F}$ 和两两不同的向量 $\boldsymbol{\alpha}_1, \boldsymbol{\alpha}_2, \cdots, \boldsymbol{\alpha}_k \in S$, 使得 $\lambda_1\boldsymbol{\alpha}_1 + \lambda_2\boldsymbol{\alpha}_2 + \cdots + \lambda_k\boldsymbol{\alpha}_k = \mathbf{0}$. 不妨设 $\lambda_1 \neq 0$, 则 $\boldsymbol{\alpha}_1$ 是 $\boldsymbol{\alpha}_2, \cdots, \boldsymbol{\alpha}_k$ 的线性组合. 再根据定义 8.5 知, $\boldsymbol{\alpha}_1$ 是 $S \setminus \{\boldsymbol{\alpha}_1\}$ 的线性组合.

($\Leftarrow$) 设 $\boldsymbol{\alpha} \in S$ 是 $S \setminus \{\boldsymbol{\alpha}\}$ 的线性组合. 根据定义 8.5 知, 存在有限多个数 $\lambda_1, \cdots, \lambda_k \in \mathbb{F}$ 和两两不同的向量 $\boldsymbol{\alpha}_1, \boldsymbol{\alpha}_2, \cdots, \boldsymbol{\alpha}_k \in S \setminus \{\boldsymbol{\alpha}\}$, 使得 $\boldsymbol{\alpha} = \lambda_1\boldsymbol{\alpha}_1 + \cdots + \lambda_k\boldsymbol{\alpha}_k$. 因此, $\boldsymbol{\alpha}, \boldsymbol{\alpha}_1, \cdots, \boldsymbol{\alpha}_k$ 是线性相关的. 再根据定义 8.5 知, S 是线性相关的.

定理 8.5　设 $\boldsymbol{\beta}$ 是 $\boldsymbol{\alpha}_1, \boldsymbol{\alpha}_2, \cdots, \boldsymbol{\alpha}_k \in V$ 的线性组合. $\boldsymbol{\alpha}_1, \boldsymbol{\alpha}_2, \cdots, \boldsymbol{\alpha}_k$ 是线性无关的 $\Leftrightarrow$ 存在唯一的 $\lambda_1, \lambda_2, \cdots, \lambda_k \in \mathbb{F}$, 使得 $\boldsymbol{\beta} = \lambda_1\boldsymbol{\alpha}_1 + \lambda_2\boldsymbol{\alpha}_2 + \cdots + \lambda_k\boldsymbol{\alpha}_k$.

证明　($\Rightarrow$) 若 $\boldsymbol{\beta} = \lambda_1\boldsymbol{\alpha}_1 + \lambda_2\boldsymbol{\alpha}_2 + \cdots + \lambda_k\boldsymbol{\alpha}_k = \mu_1\boldsymbol{\alpha}_1 + \mu_2\boldsymbol{\alpha}_2 + \cdots + \mu_k\boldsymbol{\alpha}_k$, 则

$$(\lambda_1 - \mu_1)\boldsymbol{\alpha}_1 + (\lambda_2 - \mu_2)\boldsymbol{\alpha}_2 + \cdots + (\lambda_k - \mu_k)\boldsymbol{\alpha}_k = \mathbf{0} \quad \Rightarrow \quad \lambda_i = \mu_i \ (\forall i)$$

($\Leftarrow$) 若 $\boldsymbol{\alpha}_1, \boldsymbol{\alpha}_2, \cdots, \boldsymbol{\alpha}_k$ 是线性相关的, 则存在不全是 0 的数 $\mu_1, \mu_2, \cdots, \mu_k \in \mathbb{F}$, 使得 $\mu_1\boldsymbol{\alpha}_1 + \mu_2\boldsymbol{\alpha}_2 + \cdots + \mu_k\boldsymbol{\alpha}_k = \mathbf{0}$. 从而有

$$\boldsymbol{\beta} = \lambda_1\boldsymbol{\alpha}_1 + \lambda_2\boldsymbol{\alpha}_2 + \cdots + \lambda_k\boldsymbol{\alpha}_k = (\lambda_1 + \mu_1)\boldsymbol{\alpha}_1 + (\lambda_2 + \mu_2)\boldsymbol{\alpha}_2 + \cdots + (\lambda_k + \mu_k)\boldsymbol{\alpha}_k$$

与题设 $\lambda_1, \lambda_2, \cdots, \lambda_k$ 的唯一性矛盾.

定义 8.6 设 $S_1, S_2 \subset V$. 若 $\mathrm{Span}(S_1) = \mathrm{Span}(S_2)$, 则称 S_1 与 S_2 **等价**.

定理 8.6 设 $S_1, S_2 \subset V$. S_1 与 S_2 等价 $\Leftrightarrow$ S_1 与 S_2 可以相互线性表出.

证明 ($\Rightarrow$) 由 $S_1 \subset \mathrm{Span}(S_1) = \mathrm{Span}(S_2)$, 得 S_1 可由 S_2 线性表出. 同理, S_2 可由 S_1 线性表出.

($\Leftarrow$)S_1 可由 S_2 线性表出 $\Rightarrow S_1 \subset \mathrm{Span}(S_2) \Rightarrow \mathrm{Span}(S_1) \subset \mathrm{Span}(S_2)$. 同理, $\mathrm{Span}(S_2) \subset \mathrm{Span}(S_1)$. 因此, $\mathrm{Span}(S_1) = \mathrm{Span}(S_2)$, 即 S_1 与 S_2 等价.

例 8.9 在线性空间 $\mathscr{C}[0, 2\pi]$ 中, $S_1 = \{1, \cos x, \cos(2x), \cos(3x)\}$ 与 $S_2 = \{1, \cos x, (\cos x)^2, (\cos x)^3\}$ 等价.

证明 一方面, $\cos(2x) = 2(\cos x)^2 - 1, \cos(3x) = 4(\cos x)^3 - 3\cos x$; 另一方面, $(\cos x)^2 = \dfrac{1}{2} + \dfrac{1}{2}\cos(2x), (\cos x)^3 = \dfrac{3}{4}\cos x + \dfrac{1}{4}\cos(3x)$. 根据定理 8.6, 得 S_1 与 S_2 等价.

定理 8.7 (Steinitz① Exchange Lemma) 设 V 中的向量组 $\boldsymbol{\alpha}_1, \boldsymbol{\alpha}_2, \cdots, \boldsymbol{\alpha}_m$ 是线性无关的, 并且可以被向量组 $\boldsymbol{\beta}_1, \boldsymbol{\beta}_2, \cdots, \boldsymbol{\beta}_n$ 线性表出, 则

(1) $m \leqslant n$;

(2) 可以用 $\boldsymbol{\alpha}_1, \boldsymbol{\alpha}_2, \cdots, \boldsymbol{\alpha}_m$ 替换 $\boldsymbol{\beta}_1, \boldsymbol{\beta}_2, \cdots, \boldsymbol{\beta}_n$ 中的 m 个向量, 不妨设为 $\boldsymbol{\beta}_1, \boldsymbol{\beta}_2, \cdots, \boldsymbol{\beta}_m$, 使得 $\boldsymbol{\alpha}_1, \cdots, \boldsymbol{\alpha}_m, \boldsymbol{\beta}_{m+1}, \cdots, \boldsymbol{\beta}_n$ 与 $\boldsymbol{\beta}_1, \boldsymbol{\beta}_2, \cdots, \boldsymbol{\beta}_n$ 等价.

证明 (1) 设 $\boldsymbol{\alpha}_i = \displaystyle\sum_{j=1}^{n} a_{ij}\boldsymbol{\beta}_j$, $\boldsymbol{A} = (a_{ij}) \in \mathbb{F}^{m\times n}$. 若 $m > n$, 则线性方程组 $\boldsymbol{x}\boldsymbol{A} = \boldsymbol{0}$ 有非零解 $\boldsymbol{x} = (x_1, x_2, \cdots, x_m) \neq \boldsymbol{0}$. 从而, $\displaystyle\sum_{i=1}^{m} x_i\boldsymbol{\alpha}_i = \boldsymbol{0}$, 与 $\boldsymbol{\alpha}_1, \boldsymbol{\alpha}_2, \cdots, \boldsymbol{\alpha}_m$ 是线性无关的矛盾. 因此,$m \leqslant n$.

(2) 由于 $\boldsymbol{\alpha}_1 \neq \boldsymbol{0}$, 故存在 $a_{1j} \neq 0$. 不妨设 $a_{11} \neq 0$, 则 $\boldsymbol{\beta}_1$ 可以由 $\boldsymbol{\alpha}_1, \boldsymbol{\beta}_2, \cdots, \boldsymbol{\beta}_n$ 线性表出. 因此, $\boldsymbol{\alpha}_1, \boldsymbol{\beta}_2, \cdots, \boldsymbol{\beta}_n$ 与 $\boldsymbol{\beta}_1, \boldsymbol{\beta}_2, \cdots, \boldsymbol{\beta}_n$ 等价.

假设已知 $\boldsymbol{\alpha}_1, \cdots, \boldsymbol{\alpha}_{k-1}, \boldsymbol{\beta}_k, \cdots, \boldsymbol{\beta}_n$ 与 $\boldsymbol{\beta}_1, \boldsymbol{\beta}_2, \cdots, \boldsymbol{\beta}_n$ 等价. 下面证明可以用 $\boldsymbol{\alpha}_k$ 替换 $\boldsymbol{\beta}_k, \cdots, \boldsymbol{\beta}_n$ 中的某个向量, 不妨设为 $\boldsymbol{\beta}_k$, 使得 $\boldsymbol{\alpha}_1, \cdots, \boldsymbol{\alpha}_k, \boldsymbol{\beta}_{k+1}, \cdots, \boldsymbol{\beta}_n$ 与 $\boldsymbol{\beta}_1, \boldsymbol{\beta}_2, \cdots, \boldsymbol{\beta}_n$ 等价.

设 $\boldsymbol{\alpha}_k = \lambda_1\boldsymbol{\alpha}_1 + \cdots + \lambda_{k-1}\boldsymbol{\alpha}_{k-1} + \lambda_k\boldsymbol{\beta}_k + \cdots + \lambda_n\boldsymbol{\beta}_n$. 由于 $\boldsymbol{\alpha}_1, \cdots, \boldsymbol{\alpha}_k$ 线性无关, 必存在 $j \geqslant k$, 使得 $\lambda_j \neq 0$. 不妨设 $\lambda_k \neq 0$, 则 $\boldsymbol{\beta}_k$ 可以由 $\boldsymbol{\alpha}_1, \cdots, \boldsymbol{\alpha}_k, \boldsymbol{\beta}_{k+1}, \cdots, \boldsymbol{\beta}_n$ 线性表出. 因此, $\boldsymbol{\alpha}_1, \cdots, \boldsymbol{\alpha}_k, \boldsymbol{\beta}_{k+1}, \cdots, \boldsymbol{\beta}_n$ 与 $\boldsymbol{\alpha}_1, \cdots, \boldsymbol{\alpha}_{k-1}, \boldsymbol{\beta}_k, \cdots, \boldsymbol{\beta}_n$ 等价, 进而与 $\boldsymbol{\beta}_1, \boldsymbol{\beta}_2, \cdots, \boldsymbol{\beta}_n$ 等价.

定理 8.7 的结论可以推广到 V 中任意多个向量.

定理 8.8 设 $S_1, S_2 \subset V$, S_1 是线性无关的, $S_1 \subset \mathrm{Span}(S_2)$, 则存在单射 $f: S_1 \to S_2$, 使得 $(S_2 \setminus f(S_1)) \bigcup S_1$ 与 S_2 等价. 由此可得 $|S_1| \leqslant |S_2|$. ②

证明 在集合

$$X = \{(\mathrm{A,f}) |\ A \subset S_1,\ f: A \to S_2 \text{ 是单射, 使得 } (S_2 \setminus f(A)) \bigcup A \text{ 与 } S_2 \text{ 等价}\}$$

上定义偏序 $(A, f) \prec (B, g)$ 当且仅当"$A \subset B$ 且 f 是 g 在 A 上的限制映射". 根据 Zorn 引理得, 存在 X 关于偏序 $\prec$ 的一个极大元素 (T, f). 下证 $T = S_1$, 从而结论成立.

---

① Ernst Steinitz, 1871～1928, 德国数学家.

② $|X|$ 表示集合 X 中的元素个数或势. 通常记 $\aleph_0 = |\mathbb{N}|$, $\aleph_1 = |\mathbb{R}|$. 关于集合论的知识, 可见参考文献 [12].

假设存在 $\boldsymbol{\alpha} \in S_1 \setminus T$. 由 $\mathrm{Span}(S_2) = \mathrm{Span}\big((S_2 \setminus f(T)) \bigcup T\big)$ 得, 存在 $\lambda_1, \cdots, \lambda_t, \mu_1, \cdots, \mu_s \in \mathbb{F}$ 和 $\boldsymbol{\alpha}_1, \cdots, \boldsymbol{\alpha}_t \in T$, $\boldsymbol{\beta}_1, \cdots, \boldsymbol{\beta}_s \in S_2 \setminus f(T)$, 使得 $\boldsymbol{\alpha} = \lambda_1\boldsymbol{\alpha}_1 + \cdots + \lambda_t\boldsymbol{\alpha}_t + \mu_1\boldsymbol{\beta}_1 + \cdots + \mu_s\boldsymbol{\beta}_s$. 再由 S_1 是线性无关的, 知 $(\mu_1, \cdots, \mu_s) \neq \mathbf{0}$. 不妨设 $\mu_1 \neq 0$, 则 $\boldsymbol{\beta}_1$ 可以由 $\boldsymbol{\alpha}_1, \cdots, \boldsymbol{\alpha}_t, \boldsymbol{\alpha}$ 线性表出. 设 $T' = T \bigcup \{\boldsymbol{\alpha}\}$. 把 f 扩充为 $T' \to S_2$ 的单射, 使得 $f(\boldsymbol{\alpha}) = \boldsymbol{\beta}_1$. $T' \bigcup (S_2 \setminus f(T'))$ 与 $T \bigcup (S_2 \setminus f(T))$ 等价, 进而与 S_2 等价. 这与 (T, f) 的极大性矛盾.

Zorn 引理① 在任何一个非空的偏序集中, 若任意全序子集都有上界, 则这个偏序集必然存在一个极大元素.

良序定理 对于任意集合都存在一种排序方式, 使得它的所有子集都有极小元素.

选择公理② 从任意一族非空集合 $\{S_i \mid i \in I\}$ 中可选出一族元素 $x_i \in S_i$ $(\forall i \in I)$.

Zorn 引理、良序定理、选择公理三者等价.

习 题 8.2

1. 证明定理 8.2.

2. 判断以下 $\mathbb{R}$ 上的线性空间 $\mathbb{R}[x]$ 的子集 S 是否线性相关, 并证明你的结论:

(1) $S = \{1, x-1, (x-1)^2, \cdots, (x-1)^k, \cdots\}$;

(2) $S = \{1, x, x(x+1), \cdots, x(x+1)\cdots(x+k-1), \cdots\}$;

(3) $S = \{x^i(1-x)^j \mid 0 \leqslant i < j \leqslant n\}$, 其中 n 是给定的正整数;

(4) $S = \{(x-a_0)^n, (x-a_1)^n, \cdots, (x-a_n)^n\}$, 其中 $a_0, a_1, \cdots, a_n \in \mathbb{R}$ 两两不同.

3. 判断以下 $\mathbb{R}$ 上的线性空间 $\mathscr{C}[0, 2\pi]$ 的子集 S 是否线性相关, 并证明你的结论:

(1) $S = \{\sin(nx) \mid n \in \mathbb{N}^*\}$;　(2) $S = \{\cos(nx) \mid n \in \mathbb{N}\}$;

(3) $S = \{\sin(mx)\cos(nx) \mid m, n \in \mathbb{N}^*\}$;　(4) $S = \{(\sin x)^m(\cos x)^n \mid m, n \in \mathbb{N}^*\}$.

4. 证明: 坐标平面中的三点 $A(x_1, y_1)$, $B(x_2, y_2)$, $C(x_3, y_3)$ 共线的充分必要条件是线性空间 $\mathbb{R}^3$ 中的向量组 $\boldsymbol{\alpha}_1 = (x_1, y_1, 1)$, $\boldsymbol{\alpha}_2 = (x_2, y_2, 1)$, $\boldsymbol{\alpha}_3 = (x_3, y_3, 1)$ 线性相关.

5. 证明: 若 $k > n$, 则线性空间 $\mathbb{F}_n[x]$ 中的向量组 $f_1(x), f_2(x), \cdots, f_k(x)$ 是线性相关的.

6. 证明: 若 $k > mn$, 则线性空间 $\mathbb{F}^{m\times n}$ 中的向量组 $\boldsymbol{A}_1, \boldsymbol{A}_2, \cdots, \boldsymbol{A}_k$ 是线性相关的.

7. 设线性空间 V 中的向量组 $\boldsymbol{\alpha}_1, \boldsymbol{\alpha}_2, \cdots, \boldsymbol{\alpha}_n$ 满足每个 $\boldsymbol{\alpha}_k (k = 1, 2, \cdots, n)$ 都不是 $\boldsymbol{\alpha}_1, \boldsymbol{\alpha}_2, \cdots, \boldsymbol{\alpha}_{k-1}$ 的线性组合. 证明: $\boldsymbol{\alpha}_1, \boldsymbol{\alpha}_2, \cdots, \boldsymbol{\alpha}_n$ 是线性无关的.

8. 设线性空间 V 的子集 $S_1 = \{\boldsymbol{\alpha}_1, \boldsymbol{\alpha}_2, \cdots, \boldsymbol{\alpha}_n\}$, $S_2 = \{\boldsymbol{\alpha}_1+\boldsymbol{\alpha}_2, \boldsymbol{\alpha}_2+\boldsymbol{\alpha}_3, \cdots, \boldsymbol{\alpha}_{n-1}+\boldsymbol{\alpha}_n\}$. 证明或否定:

(1) 若 S_1 线性相关, 则 S_2 线性相关;　(2) 若 S_1 线性无关, 则 S_2 线性无关.

9. 设线性空间 V 的子集 $S_1 = \{\boldsymbol{\alpha}_1, \boldsymbol{\alpha}_2, \cdots, \boldsymbol{\alpha}_n\}$, $S_2 = \{\boldsymbol{\alpha}_1 + \boldsymbol{\alpha}_2, \boldsymbol{\alpha}_2 + \boldsymbol{\alpha}_3, \cdots, \boldsymbol{\alpha}_{n-1} + \boldsymbol{\alpha}_n, \boldsymbol{\alpha}_n + \boldsymbol{\alpha}_1\}$. 证明或否定:

(1) 若 S_1 线性相关, 则 S_2 线性相关;　(2) 若 S_1 线性无关, 则 S_2 线性无关.

10. 设 V 是闭区间 $[0, 1]$ 上全体实函数构成的 $\mathbb{R}$ 上的线性空间. 证明: V 中的向量组 $f_1, \cdots, f_n$ 是线性无关的 $\Leftrightarrow$ 存在 $x_1, \cdots, x_n \in [0, 1]$, 使得 n 阶方阵 $\big(f_i(x_j)\big)$ 可逆.

① 波兰数学家 Kazimierz Kuratowski 于 1922 年首先证明了此结论, 德国数学家 Max Zorn 于 1935 年独立地证明了此结论.

② 德国数学家 Ernst Friedrich Ferdinand Zermelo 于 1904 年最早提出了选择公理.

8.3 向量组的秩

定义 8.7 设 V 是线性空间, $T \subset S \subset V$. 若 T 是线性无关的, 并且对于任意 $\boldsymbol{\alpha} \in S \setminus T$, $T \bigcup \{\boldsymbol{\alpha}\}$ 是线性相关的, 则 T 称为 S 的一个**极大线性无关组**.

定义 8.7 并没有说明 S 的极大线性无关组是否存在. 当 S 是有限集合时, S 的极大线性无关组显然存在. 当 S 是无限集合时, 由 Zorn 引理可得, S 的极大线性无关组一定存在.

例 8.10 求 $\mathbb{R}^4$ 中的向量组 $\boldsymbol{\alpha}_1, \boldsymbol{\alpha}_2, \boldsymbol{\alpha}_3, \boldsymbol{\alpha}_4$ 的所有极大线性无关组, 其中

$$\boldsymbol{\alpha}_1 = \begin{pmatrix} 1 \\ 0 \\ -2 \\ 1 \end{pmatrix}, \quad \boldsymbol{\alpha}_2 = \begin{pmatrix} 0 \\ -1 \\ 2 \\ 1 \end{pmatrix}, \quad \boldsymbol{\alpha}_3 = \begin{pmatrix} -1 \\ 3 \\ 3 \\ 3 \end{pmatrix}, \quad \boldsymbol{\alpha}_4 = \begin{pmatrix} 1 \\ 1 \\ -4 \\ 0 \end{pmatrix}$$

解 对矩阵 $\boldsymbol{A} = (\boldsymbol{\alpha}_1 \quad \boldsymbol{\alpha}_2 \quad \boldsymbol{\alpha}_3 \quad \boldsymbol{\alpha}_4)$ 作初等行变换, 化为阶梯形矩阵 $\boldsymbol{B} = (\boldsymbol{\beta}_1 \quad \boldsymbol{\beta}_2 \quad \boldsymbol{\beta}_3 \quad \boldsymbol{\beta}_4)$, 则 $\boldsymbol{\alpha}_1, \boldsymbol{\alpha}_2, \boldsymbol{\alpha}_3, \boldsymbol{\alpha}_4$ 的极大线性无关组与 $\boldsymbol{\beta}_1, \boldsymbol{\beta}_2, \boldsymbol{\beta}_3, \boldsymbol{\beta}_4$ 的极大线性无关组一一对应.

$$\boldsymbol{A} = \begin{pmatrix} 1 & 0 & -1 & 1 \\ 0 & -1 & 3 & 1 \\ -2 & 2 & 3 & -4 \\ 1 & 1 & 3 & 0 \end{pmatrix} \to \begin{pmatrix} 1 & 0 & -1 & 1 \\ 0 & -1 & 3 & 1 \\ 0 & 2 & 1 & -2 \\ 0 & 1 & 4 & -1 \end{pmatrix}$$

$$\to \begin{pmatrix} 1 & 0 & 2 & 4 \\ 0 & -1 & 3 & 1 \\ 0 & 0 & 7 & 0 \\ 0 & 0 & 1 & 0 \end{pmatrix} \to \begin{pmatrix} 1 & 0 & 0 & 4 \\ 0 & 1 & 0 & -1 \\ 0 & 0 & 1 & 0 \\ 0 & 0 & 0 & 0 \end{pmatrix} = \boldsymbol{B}$$

$\boldsymbol{\beta}_1, \boldsymbol{\beta}_2, \boldsymbol{\beta}_3, \boldsymbol{\beta}_4$ 的所有极大线性无关组为 $\{\boldsymbol{\beta}_1, \boldsymbol{\beta}_2, \boldsymbol{\beta}_3\}, \{\boldsymbol{\beta}_1, \boldsymbol{\beta}_3, \boldsymbol{\beta}_4\}, \{\boldsymbol{\beta}_2, \boldsymbol{\beta}_3, \boldsymbol{\beta}_4\}$. 因此, $\boldsymbol{\alpha}_1, \boldsymbol{\alpha}_2, \boldsymbol{\alpha}_3, \boldsymbol{\alpha}_4$ 的所有极大线性无关组为 $\{\boldsymbol{\alpha}_1, \boldsymbol{\alpha}_2, \boldsymbol{\alpha}_3\}$, $\{\boldsymbol{\alpha}_1, \boldsymbol{\alpha}_3, \boldsymbol{\alpha}_4\}$, $\{\boldsymbol{\alpha}_2, \boldsymbol{\alpha}_3, \boldsymbol{\alpha}_4\}$.

定理 8.9 设 $T \subset S \subset V$. T 是 S 的极大线性无关组 $\Leftrightarrow$ T 是线性无关的并且 $S \subset \mathrm{Span}(T)$.

证明 $(\Rightarrow)$ 任取 $\boldsymbol{\alpha} \in S \backslash T$. 由于 $T \bigcup \{\boldsymbol{\alpha}\}$ 是线性相关的, 存在 T 的有限子集 $\{\boldsymbol{\beta}_1, \cdots, \boldsymbol{\beta}_k\}$ 和不全是 0 的数 $\lambda, \mu_1, \cdots, \mu_k \in \mathbb{F}$, 使得 $\lambda \boldsymbol{\alpha} + \mu_1 \boldsymbol{\beta}_1 + \cdots + \mu_k \boldsymbol{\beta}_k = \mathbf{0}$. 又 T 是线性无关的, 故 $\boldsymbol{\beta}_1, \cdots, \boldsymbol{\beta}_k$ 是线性无关的, 从而有 $\lambda \neq 0$, $\boldsymbol{\alpha} = -\dfrac{1}{\lambda}(\mu_1 \boldsymbol{\beta}_1 + \cdots + \mu_k \boldsymbol{\beta}_k) \in \mathrm{Span}(T)$. 因此, $S \subset \mathrm{Span}(T)$.

$(\Leftarrow)$ 根据定义 8.7, T 是 S 的极大线性无关组.

定理 8.10 设 $T \subset S \subset V$. T 的任意一个极大线性无关组可以扩充为 S 的极大线性无关组.

证明 设 T_1 是 T 的任意一个极大线性无关组, 则 T_1 是 S 的线性无关组. 在集合

$$X = \{A \mid T_1 \subset A \subset S \text{ 且 } A \text{ 是线性无关的}\}$$

上定义偏序 $A \prec B \Leftrightarrow A \subset B$. 根据 Zorn 引理得, 存在 X 关于偏序 $\prec$ 的一个极大元素 S_1, 则 S_1 是 S 的极大线性无关组.

定理 8.11　设 $S \subset V$. S 的任意两个极大线性无关组的元素个数相同.

这是定理 8.8 和定理 8.9 的推论.

定义 8.8　设 $S \subset V$. S 的任意一个极大线性无关组的元素个数称为 S 的**秩**, 记作 $\operatorname{rank}(S)$.

例 8.11　设 $\boldsymbol{A} \in \mathbb{F}^{m\times n}$, S 是 $\boldsymbol{A}$ 的列向量组, T 是 $\boldsymbol{A}$ 的行向量组, 则有

$$\operatorname{rank}(S) = \operatorname{rank}(T) = \operatorname{rank}(\boldsymbol{A})$$

证明　设 $\boldsymbol{\alpha}_1, \cdots, \boldsymbol{\alpha}_k$ 是 S 的一个极大线性无关组, 则 $\boldsymbol{A}$ 的列向量都是 $\boldsymbol{\alpha}_1, \cdots, \boldsymbol{\alpha}_k$ 的线性组合. 对 $\boldsymbol{A}$ 作初等列变换, 得 $\operatorname{rank}(\boldsymbol{A}) = \operatorname{rank}\begin{pmatrix}\boldsymbol{\alpha}_1 & \cdots & \boldsymbol{\alpha}_k\end{pmatrix}$. 由线性方程组 $x_1\boldsymbol{\alpha}_1 + \cdots + x_k\boldsymbol{\alpha}_k = \boldsymbol{0}$ 只有解 $x_1 = \cdots = x_k = 0$, 得 $\operatorname{rank}\begin{pmatrix}\boldsymbol{\alpha}_1 & \cdots & \boldsymbol{\alpha}_k\end{pmatrix} = k$. 因此, $\operatorname{rank}(S) = \operatorname{rank}(\boldsymbol{A})$. 同理, $\operatorname{rank}(T) = \operatorname{rank}(\boldsymbol{A}^{\mathrm{T}}) = \operatorname{rank}(\boldsymbol{A})$.

例 8.11 利用线性空间的语言, 从几何的角度阐述了矩阵的秩的含义, 从而为一些关于矩阵的秩的结论赋予了几何解释.

例 8.12　设 $\boldsymbol{A} \in \mathbb{F}^{m\times n}$, $\boldsymbol{B} \in \mathbb{F}^{m\times p}$. 证明: $\operatorname{rank}\begin{pmatrix}\boldsymbol{A} & \boldsymbol{B}\end{pmatrix} \leqslant \operatorname{rank}(\boldsymbol{A}) + \operatorname{rank}(\boldsymbol{B})$.

证明　设 T_1 是 $\boldsymbol{A}$ 的列向量组的极大线性无关组,T_2 是 $\boldsymbol{B}$ 的列向量组的极大线性无关组, 则 $T_1 \bigcup T_2$ 的极大线性无关组是 $(\boldsymbol{A} \quad \boldsymbol{B})$ 的列向量组的极大线性无关组. 因此,

$$\operatorname{rank}\begin{pmatrix}\boldsymbol{A} & \boldsymbol{B}\end{pmatrix} \leqslant |T_1 \textstyle\bigcup T_2| \leqslant |T_1| + |T_2| = \operatorname{rank}(\boldsymbol{A}) + \operatorname{rank}(\boldsymbol{B})$$

例 8.13　设 $\boldsymbol{A} \in \mathbb{F}^{m\times n}$, $\boldsymbol{B} \in \mathbb{F}^{n\times p}$. 证明: $\operatorname{rank}(\boldsymbol{AB}) \leqslant \operatorname{rank}(\boldsymbol{A})$.

证明　设 T_1 是 $\boldsymbol{A}$ 的列向量组的极大线性无关组, T_2 是 $\boldsymbol{AB}$ 的列向量组的极大线性无关组. T_2 可以由 T_1 线性表出. 根据定理 8.7 得, $\operatorname{rank}(\boldsymbol{AB}) = |T_2| \leqslant |T_1| = \operatorname{rank}(\boldsymbol{A})$.

习　题　8.3

1. 求 $\mathbb{R}^4$ 中下列向量组的所有极大线性无关组:

(1) $\boldsymbol{\alpha}_1 = (-1,-2,2,0)$, $\boldsymbol{\alpha}_2 = (-1,-1,3,1)$, $\boldsymbol{\alpha}_3 = (-1,0,0,-2)$, $\boldsymbol{\alpha}_4 = (-1,-2,2,0)$;

(2) $\boldsymbol{\alpha}_1 = (-1,1,1,0)$, $\boldsymbol{\alpha}_2 = (1,1,1,1)$, $\boldsymbol{\alpha}_3 = (0,-1,0,-1)$, $\boldsymbol{\alpha}_4 = (0,0,1,-1)$, $\boldsymbol{\alpha}_5 = (1,-1,-1,1)$.

2. 求 $\mathbb{R}^{2\times 2}$ 中下列向量组的所有极大线性无关组:

(1) $\boldsymbol{A}_1 = \begin{pmatrix}3 & -1\\ -2 & 2\end{pmatrix}$, $\boldsymbol{A}_2 = \begin{pmatrix}2 & -2\\ -2 & 1\end{pmatrix}$, $\boldsymbol{A}_3 = \begin{pmatrix}0 & 0\\ 0 & 1\end{pmatrix}$, $\boldsymbol{A}_4 = \begin{pmatrix}2 & 0\\ -1 & 2\end{pmatrix}$;

(2) $\boldsymbol{A}_1 = \begin{pmatrix}1 & 0\\ 0 & 1\end{pmatrix}$, $\boldsymbol{A}_2 = \begin{pmatrix}1 & 0\\ 1 & 1\end{pmatrix}$, $\boldsymbol{A}_3 = \begin{pmatrix}1 & 1\\ 0 & 1\end{pmatrix}$, $\boldsymbol{A}_4 = \begin{pmatrix}0 & 1\\ 1 & 0\end{pmatrix}$, $\boldsymbol{A}_5 = \begin{pmatrix}1 & 1\\ 1 & 1\end{pmatrix}$.

3. 求 $\mathbb{R}[x]$ 中下列向量组的所有极大线性无关组:

(1) $p_1 = x(x-1)$, $p_2 = (x-1)(x-2)$, $p_3 = (x-2)(x-3)$, $p_4 = (x-3)(x-4)$;

(2) $p_1 = (x-1)^3$, $p_2 = (x-2)^3$, $p_3 = (x-3)^3$, $p_4 = (x-4)^3$, $p_5 = (x-5)^3$.

4. 设 $S_1, S_2 \subset V$.

(1) 证明: 若 $\operatorname{Span}(S_1) = \operatorname{Span}(S_2)$, 则 $\operatorname{rank}(S_1) = \operatorname{rank}(S_2)$;

(2) 证明: 若 $S_1 \subset S_2$ 且 $\operatorname{rank}(S_1)=\operatorname{rank}(S_2)<\infty$, 则 $\operatorname{Span}(S_1)=\operatorname{Span}(S_2)$;

(3) 举例: $S_1 \subset S_2$ 且 $\operatorname{rank}(S_1)=\operatorname{rank}(S_2)$, 但 $\operatorname{Span}(S_1)\neq\operatorname{Span}(S_2)$.

5. 设 $\boldsymbol{\alpha}_1,\boldsymbol{\alpha}_2,\cdots,\boldsymbol{\alpha}_m\in V$, $n<m$. 证明:

$$\operatorname{rank}(\boldsymbol{\alpha}_1,\boldsymbol{\alpha}_2,\cdots,\boldsymbol{\alpha}_m)-\operatorname{rank}(\boldsymbol{\alpha}_1,\boldsymbol{\alpha}_2,\cdots,\boldsymbol{\alpha}_n)\leqslant m-n$$

利用线性空间的语言证明下列矩阵秩不等式问题:

6. 设 $\boldsymbol{A}\in\mathbb{F}^{m\times n}$, $\boldsymbol{B}\in\mathbb{F}^{n\times p}$, $\operatorname{rank}(\boldsymbol{AB})=\operatorname{rank}(\boldsymbol{A})$. 证明:

(1) 存在 $\boldsymbol{X}\in\mathbb{F}^{p\times n}$, 使得 $\boldsymbol{ABX}=\boldsymbol{A}$;

(2) 对于任意 $\boldsymbol{Y}\in\mathbb{F}^{q\times m}$, 都有 $\operatorname{rank}(\boldsymbol{YAB})=\operatorname{rank}(\boldsymbol{YA})$.

7. 设 $\boldsymbol{A}\in\mathbb{F}^{n\times n}$, $\operatorname{rank}(\boldsymbol{A}^k)=\operatorname{rank}(\boldsymbol{A}^{k-1})$. 证明: $\operatorname{rank}(\boldsymbol{A}^{k+1})=\operatorname{rank}(\boldsymbol{A}^k)$.

8. 设 $\boldsymbol{A}\in\mathbb{F}^{m\times n}$, $\boldsymbol{B}\in\mathbb{F}^{m\times p}$, $\operatorname{rank}(\boldsymbol{A},\boldsymbol{B})=\operatorname{rank}(\boldsymbol{A})$. 证明: 存在 $\boldsymbol{X}\in\mathbb{F}^{n\times p}$, 使得 $\boldsymbol{AX}=\boldsymbol{B}$.

9. 设 $\boldsymbol{M}=\begin{pmatrix}\boldsymbol{A}&\boldsymbol{B}\\\boldsymbol{C}&\boldsymbol{D}\end{pmatrix}\in\mathbb{F}^{m\times n}$, $\boldsymbol{A}\in\mathbb{F}^{p\times q}$. 证明: $\operatorname{rank}(\boldsymbol{M})\geqslant\operatorname{rank}(\boldsymbol{A})$, 等号成立的充分必要条件是存在 $\boldsymbol{X}\in\mathbb{F}^{q\times(n-q)}$ 和 $\boldsymbol{Y}\in\mathbb{F}^{(m-p)\times p}$, 使得 $\boldsymbol{B}=\boldsymbol{AX}$, $\boldsymbol{C}=\boldsymbol{YA}$, $\boldsymbol{D}=\boldsymbol{YAX}$.

10. 设 $\boldsymbol{A},\boldsymbol{B}\in\mathbb{F}^{m\times n}$. 证明: $|\operatorname{rank}(\boldsymbol{A})-\operatorname{rank}(\boldsymbol{B})|\leqslant\operatorname{rank}(\boldsymbol{A}+\boldsymbol{B})\leqslant\operatorname{rank}(\boldsymbol{A})+\operatorname{rank}(\boldsymbol{B})$.

8.4 基与坐标

定义 8.9 线性空间 V 的任意一个极大线性无关组 S 称为 V 的一个**基**, S 的元素个数 $|S|$ 称为 V 的**维数**, 记作 $\dim(V)$.

例 8.14 (1) 空集 $\varnothing$ 是零空间的基, 零空间的维数是 0;

(2) 设 U 是 V 的子空间, 则 $\dim(U)\leqslant\dim(V)$;

(3) 标准单位向量组 $\boldsymbol{e}_1,\boldsymbol{e}_2,\cdots,\boldsymbol{e}_n$ 构成 $\mathbb{F}^n$ 的标准基, $\dim(\mathbb{F}^n)=n$;

(4) 基础矩阵的全体 $\{\boldsymbol{E}_{ij}\mid 1\leqslant i\leqslant m,\ 1\leqslant j\leqslant n\}$ 构成 $\mathbb{F}^{m\times n}$ 的标准基, $\dim(\mathbb{F}^{m\times n})=mn$;

(5) 单项式的全体 $\{x^k\mid k\in\mathbb{N}\}$ 是 $\mathbb{F}[x]$ 的基, $\dim(\mathbb{F}[x])=\aleph_0$;

(6) $U=\{f\in\mathbb{F}[x]\mid f(0)=0\}$ 是 $\mathbb{F}[x]$ 的子空间, $\dim(U)=\aleph_0$.

例 8.15 作为 $\mathbb{C}$ 上的线性空间, $\mathbb{C}$ 是 1 维的, 任意一个非零复数 a 都构成 $\mathbb{C}$ 的基. 作为 $\mathbb{R}$ 上的线性空间, $\mathbb{C}$ 是 2 维的, 任意两个满足 $a/b\notin\mathbb{R}$ 的非零复数 a,b 都构成 $\mathbb{C}$ 的基.

定义 8.10 设 V 是 n 维线性空间. 取定 V 的基 $\boldsymbol{\alpha}_1,\boldsymbol{\alpha}_2,\cdots,\boldsymbol{\alpha}_n$. 对于任意 $\boldsymbol{\beta}\in V$, 存在唯一的 $\boldsymbol{x}=(x_1,x_2,\cdots,x_n)\in\mathbb{F}^n$, 使得 $\boldsymbol{\beta}=x_1\boldsymbol{\alpha}_1+x_2\boldsymbol{\alpha}_2+\cdots+x_n\boldsymbol{\alpha}_n$. x 称为 $\boldsymbol{\beta}$ 在 $\boldsymbol{\alpha}_1,\boldsymbol{\alpha}_2,\cdots,\boldsymbol{\alpha}_n$ 下的**坐标**. 定义**坐标映射** $\rho: V\to\mathbb{F}^n$, $\boldsymbol{\beta}\mapsto x$. 容易验证, ρ 是同构映射.

类似地, 当 V 是无穷维线性空间时, 设 $S=\{\boldsymbol{\alpha}_i\mid i\in I\}$ 是 V 的基, I 是指标集合. 对于任意 $\boldsymbol{\beta}\in V$, 存在唯一的数列 $X=(x_i)_{i\in I}$ 使得 $\boldsymbol{\beta}=\sum\limits_{i\in I}x_i\boldsymbol{\alpha}_i$, 其中 $x_i\in\mathbb{F}$ 且只有有限多个 $x_i\neq 0$. 数列 X 称为 $\boldsymbol{\beta}$ 在 S 下的**坐标**.

定理 8.12 设 U,V 都是 $\mathbb{F}$ 上的线性空间, 则 U 与 V 同构 $\Leftrightarrow \dim(U)=\dim(V)$.

证明　($\Rightarrow$) 设 $\rho: U\to V$ 是同构映射, $S=\{\boldsymbol{\alpha}_i\mid i\in I\}$ 是 U 的基, $T=\{\rho(\boldsymbol{\alpha}_i)\mid i\in I\}$. 一方面, 对任意 $\boldsymbol{v}\in V$, 设 $\rho^{-1}(\boldsymbol{v})=\sum\limits_{i\in I}x_i\boldsymbol{\alpha}_i$, 其中 $x_i\in\mathbb{F}$ 且只有有限多个 $x_i\neq 0$, 则 $\boldsymbol{v}=\sum\limits_{i\in I}x_i\rho(\boldsymbol{\alpha}_i)\in\mathrm{Span}(T)$. 故 $\mathrm{Span}(T)=V$. 另一方面, 若 $\sum\limits_{i\in I}x_i\rho(\boldsymbol{\alpha}_i)=\mathbf{0}$, 其中 $x_i\in\mathbb{F}$ 且只有有限多个 $x_i\neq 0$, 则 $\sum\limits_{i\in I}x_i\boldsymbol{\alpha}_i=\mathbf{0}$, 得 $x_i=0(\forall i\in I)$. 故 T 线性无关. 因此, T 是 V 的基, $\dim(U)=|S|=|T|=\dim(V)$.

($\Leftarrow$) 设 S,T 分别是 U,V 的基, 由 $|S|=|T|$, 得存在一一映射 $\rho: S\to T$. 设 $S=\{\boldsymbol{\alpha}_i\mid i\in I\}$, $T=\{\boldsymbol{\beta}_i\mid i\in I\}$. 把 ρ 扩充为 $U\to V$ 的映射 $\sum\limits_{i\in I}x_i\boldsymbol{\alpha}_i\mapsto\sum\limits_{i\in I}x_i\boldsymbol{\beta}_i$, 其中 $x_i\in\mathbb{F}$ 且只有有限多个 $x_i\neq 0$. 容易验证, ρ 是同构映射.

例 8.16　设 $\mathbb{R}$ 上的线性空间 V 由所有 2 阶对称实方阵构成.

$$\boldsymbol{A}_1=\begin{pmatrix}1&0\\0&1\end{pmatrix},\quad \boldsymbol{A}_2=\begin{pmatrix}0&1\\1&0\end{pmatrix},\quad \boldsymbol{A}_3=\begin{pmatrix}1&0\\0&-1\end{pmatrix}$$

是 V 的基. 任意 $\begin{pmatrix}a&b\\b&c\end{pmatrix}\in V$ 在 $\boldsymbol{A}_1,\boldsymbol{A}_2,\boldsymbol{A}_3$ 下的坐标是 $\left(\dfrac{a+c}{2},b,\dfrac{a-c}{2}\right)$.

例 8.17　设 $a\in\mathbb{R}$, $f(x)\in\mathbb{R}_n[x]$. 根据 Taylor 展开得, $f(x)=\sum\limits_{k=0}^{n-1}\dfrac{f^{(k)}(a)}{k!}(x-a)^k$. 故 $f(x)$ 在 $\mathbb{R}_n[x]$ 的基 $\{(x-a)^k\mid k=0,1,2,\cdots,n-1\}$ 下的坐标是

$$\left(f(a),f'(a),\frac{f''(a)}{2!},\cdots,\frac{f^{(n-1)}(a)}{(n-1)!}\right)$$

一个线性空间的基通常是不唯一的, 一个向量在不同基下的坐标通常是不同的. 下面我们讨论线性空间 V 的不同基之间的联系, 以及同一个向量在不同基下的坐标之间的联系.

定义 8.11　设 $S=\{\boldsymbol{\alpha}_1,\boldsymbol{\alpha}_2,\cdots,\boldsymbol{\alpha}_n\}$ 和 $T=\{\boldsymbol{\beta}_1,\boldsymbol{\beta}_2,\cdots,\boldsymbol{\beta}_n\}$ 都是 $\mathbb{F}$ 上的 n 维线性空间 V 的基,

$$\boldsymbol{\beta}_j=\sum_{i=1}^n p_{ij}\boldsymbol{\alpha}_i\quad(j=1,2,\cdots,n)$$

或者形式上记作

$$\begin{pmatrix}\boldsymbol{\beta}_1&\boldsymbol{\beta}_2&\cdots&\boldsymbol{\beta}_n\end{pmatrix}=\begin{pmatrix}\boldsymbol{\alpha}_1&\boldsymbol{\alpha}_2&\cdots&\boldsymbol{\alpha}_n\end{pmatrix}\begin{pmatrix}p_{11}&p_{12}&\cdots&p_{1n}\\p_{21}&p_{22}&\cdots&p_{2n}\\\vdots&\vdots&&\vdots\\p_{n1}&p_{n2}&\cdots&p_{nn}\end{pmatrix}\tag{8.1}$$

则 $\boldsymbol{P}=(p_{ij})\in\mathbb{F}^{n\times n}$ 称为从 S 到 T 的**过渡矩阵**. 也就是说, 过渡矩阵由新基向量在原基向量下的坐标构成. (8.1) 式称为从 S 到 T 的**基变换公式**.

定理 8.13　设 $S=\{\boldsymbol{\alpha}_1,\boldsymbol{\alpha}_2,\cdots,\boldsymbol{\alpha}_n\}$ 和 $T=\{\boldsymbol{\beta}_1,\boldsymbol{\beta}_2,\cdots,\boldsymbol{\beta}_n\}$ 都是线性空间 V 的基.

(1) 设 $\boldsymbol{P}$ 是从 S 到 T 的过渡矩阵, 则 $\boldsymbol{P}^{-1}$ 是从 T 到 S 的过渡矩阵;

(2) 设向量 $\boldsymbol{\alpha}\in V$ 在 S 和 T 下的坐标分别是列向量 $\boldsymbol{x}$ 和 $\boldsymbol{y}$, 则有 $\boldsymbol{y}=\boldsymbol{P}^{-1}\boldsymbol{x}$.

证明 设 $\boldsymbol{Q}=(q_{ij})$ 是从 T 到 S 的过渡矩阵, 即 $\boldsymbol{\alpha}_j=\sum\limits_{i=1}^n q_{ij}\boldsymbol{\beta}_i(\forall j)$.

(1) 由 $\boldsymbol{\alpha}_j=\sum\limits_{i=1}^n q_{ij}\left(\sum\limits_{k=1}^n p_{ki}\boldsymbol{\alpha}_k\right)=\sum\limits_{k=1}^n\left(\sum\limits_{i=1}^n p_{ki}q_{ij}\right)\boldsymbol{\alpha}_k$, 得 $\boldsymbol{PQ}=\boldsymbol{I}_n$, $\boldsymbol{Q}=\boldsymbol{P}^{-1}$;

(2) 由 $\boldsymbol{\alpha}=\sum\limits_{j=1}^n x_j\boldsymbol{\alpha}_j=\sum\limits_{j=1}^n x_j\left(\sum\limits_{i=1}^n q_{ij}\boldsymbol{\beta}_i\right)=\sum\limits_{i=1}^n\left(\sum\limits_{j=1}^n q_{ij}x_j\right)\boldsymbol{\beta}_i=\sum\limits_{i=1}^n y_i\boldsymbol{\beta}_i$, 得 $\boldsymbol{y}=\boldsymbol{Qx}=\boldsymbol{P}^{-1}\boldsymbol{x}$.

定义 8.12 一个向量在不同基下的坐标之间的转换关系

$$\boldsymbol{x}=\boldsymbol{Py} \quad \text{和} \quad \boldsymbol{y}=\boldsymbol{P}^{-1}\boldsymbol{x} \tag{8.2}$$

称为**坐标变换公式**.

习 题 8.4

1. 求下列线性空间 V 的基和维数, 以及 V 中每个向量在这个基下的坐标:

(1) $\mathbb{F}$ 上线性空间 $V=\{(a_1,a_2,\cdots,a_n)\in\mathbb{F}^n \mid a_1+a_2+\cdots+a_n=0\}$;

(2) $\mathbb{F}$ 上线性空间 $V=\{\boldsymbol{A}\in\mathbb{F}^{n\times n} \mid \boldsymbol{A}\text{ 是下三角方阵}\}$;

(3) $\mathbb{F}$ 上线性空间 $V=\{\boldsymbol{A}\in\mathbb{F}^{n\times n} \mid \operatorname{tr}(\boldsymbol{A})=0\}$;

(4) $\mathbb{F}$ 上线性空间 $V=\{f\in\mathbb{F}_n[x] \mid f'(1)=0\}$;

(5) $\mathbb{C}$ 上线性空间 $V=\{\boldsymbol{A}\in\mathbb{C}^{n\times n} \mid \boldsymbol{A}^{\mathrm{T}}=-\boldsymbol{A}\}$;

(6) $\mathbb{R}$ 上线性空间 $V=\{\boldsymbol{A}\in\mathbb{C}^{n\times n} \mid \boldsymbol{A}^{\mathrm{T}}=-\boldsymbol{A}\}$;

(7) $\mathbb{C}$ 上线性空间 $V=\{f\in\mathbb{C}_n[x] \mid f(\mathrm{i})=0\}$;

(8) $\mathbb{R}$ 上线性空间 $V=\{f\in\mathbb{C}_n[x] \mid f(\mathrm{i})=0\}$.

2. 设 $\{\boldsymbol{\alpha}_i\}$ 和 $\{\boldsymbol{\beta}_i\}$ 都是 $\mathbb{R}$ 上的线性空间 V 的基, 求从 $\{\boldsymbol{\alpha}_i\}$ 到 $\{\boldsymbol{\beta}_i\}$ 的过渡矩阵.

(1) $\boldsymbol{\alpha}_1=(1,-1,1)$, $\boldsymbol{\alpha}_2=(-1,0,1)$, $\boldsymbol{\alpha}_3=(-1,1,0)$,
$\boldsymbol{\beta}_1=(0,1,2)$, $\boldsymbol{\beta}_2=(2,1,0)$, $\boldsymbol{\beta}_3=(1,2,1)$;

(2) $\boldsymbol{\alpha}_1=\begin{pmatrix}1&0\\0&0\end{pmatrix}$, $\boldsymbol{\alpha}_2=\begin{pmatrix}0&0\\0&1\end{pmatrix}$, $\boldsymbol{\alpha}_3=\begin{pmatrix}0&1\\1&0\end{pmatrix}$,
$\boldsymbol{\beta}_1=\begin{pmatrix}1&1\\1&0\end{pmatrix}$, $\boldsymbol{\beta}_2=\begin{pmatrix}0&1\\1&1\end{pmatrix}$, $\boldsymbol{\beta}_3=\begin{pmatrix}1&1\\1&1\end{pmatrix}$;

(3) $\alpha_1=x$,$\alpha_2=x(x-1)$, $\alpha_3=x(x-1)(x-2)$, $\beta_1=x$, $\beta_2=x^2$, $\beta_3=x^3$;

(4) $\alpha_1=\cos\dfrac{\pi}{3}$, $\alpha_2=\cos(x+\dfrac{\pi}{3})$, $\alpha_3=\sin(x+\dfrac{\pi}{3})$,
$\beta_1=\cos\dfrac{2\pi}{3}$, $\beta_2=\cos(x+\dfrac{2\pi}{3})$, $\beta_3=\sin(x+\dfrac{2\pi}{3})$.

3. 设 $\{\boldsymbol{\alpha}_1,\boldsymbol{\alpha}_2,\cdots,\boldsymbol{\alpha}_n\}$ 是 n 维线性空间 V 的基, $\boldsymbol{P}=(p_{ij})\in\mathbb{F}^{n\times n}$, $\boldsymbol{\beta}_j=\sum\limits_{i=1}^n p_{ij}\boldsymbol{\alpha}_i(j=1,2,\cdots,n)$. 证明: $\{\boldsymbol{\beta}_1,\boldsymbol{\beta}_2,\cdots,\boldsymbol{\beta}_n\}$ 是 V 的基 $\Leftrightarrow\det(\boldsymbol{P})\neq 0$.

4. 设 $\{\boldsymbol{\alpha}_1,\boldsymbol{\alpha}_2,\cdots,\boldsymbol{\alpha}_n\}$, $\{\boldsymbol{\beta}_1,\boldsymbol{\beta}_2,\cdots,\boldsymbol{\beta}_n\}$, $\{\boldsymbol{\gamma}_1,\boldsymbol{\gamma}_2,\cdots,\boldsymbol{\gamma}_n\}$ 都是 n 维线性空间 V 的基, $\boldsymbol{P}$ 是从 $\{\boldsymbol{\alpha}_1,\boldsymbol{\alpha}_2,\cdots,\boldsymbol{\alpha}_n\}$ 到 $\{\boldsymbol{\beta}_1,\boldsymbol{\beta}_2,\cdots,\boldsymbol{\beta}_n\}$ 的过渡矩阵, $\boldsymbol{Q}$ 是从 $\{\boldsymbol{\beta}_1,\boldsymbol{\beta}_2,\cdots,\boldsymbol{\beta}_n\}$ 到

$\{\gamma_1,\gamma_2,\cdots,\gamma_n\}$ 的过渡矩阵. 证明: $\boldsymbol{PQ}$ 是从 $\{\boldsymbol{\alpha}_1,\boldsymbol{\alpha}_2,\cdots,\boldsymbol{\alpha}_n\}$ 到 $\{\gamma_1,\gamma_2,\cdots,\gamma_n\}$ 的过渡矩阵.

5. 在 $\mathbb{R}^2$ 中以 $\boldsymbol{\alpha}_1=(\cos\theta,\sin\theta)$, $\boldsymbol{\alpha}_2=(-\sin\theta,\cos\theta)$ 为基向量建立新的平面直角坐标系. 求平面曲线 $f(x,y)=0$ 在新坐标系下的方程.

6. 在 $\mathbb{R}^2$ 中建立新的平面直角坐标系, 化椭圆 $2x^2+(x+y)^2=1$ 为标准方程.

7. 作为有理数域 $\mathbb{Q}$ 上的线性空间, 实数域 $\mathbb{R}$ 与复数域 $\mathbb{C}$ 是否同构? 证明你的结论.

8. 作为 $\mathbb{R}$ 上的线性空间, 实系数幂级数 $\sum\limits_{n=0}^{\infty}a_nx^n$ 的全体 $\mathbb{R}[[x]]$ 与实系数多项式的全体 $\mathbb{R}[x]$ 是否同构? 证明你的结论.

9. 设 $\mathbb{F}^{n\times n}$ 的子空间 V 满足 $\dim V\geqslant kn+1$. 证明: 存在 $\boldsymbol{A}\in V$, 使得 $\operatorname{rank}(\boldsymbol{A})\geqslant k+1$.

10. ①设 $\mathbb{F}^{n\times n}$ 的子空间 V 中任意两个方阵乘积可交换. 证明: $\dim(V)\leqslant\dfrac{n^2}{4}+1$.

8.5 交空间与和空间

设 I 是指标集合, $\{V_i\mid i\in I\}$ 是线性空间 V 的一组子空间.

定理 8.14 $U=\bigcap\limits_{i\in I}V_i$ 是 V 的子空间. U 称为 $\{V_i\mid i\in I\}$ 的**交空间**.

证明 由于每个 V_i 都包含 $\mathbf{0}$, 故 $\mathbf{0}\in U$, U 非空. 对于任意 $\boldsymbol{\alpha},\boldsymbol{\beta}\in U$, $\lambda\in\mathbb{F}$, 由 $\boldsymbol{\alpha},\boldsymbol{\beta}\in V_i$ 可得 $\boldsymbol{\alpha}+\boldsymbol{\beta}$, $\lambda\boldsymbol{\alpha}\in V_i$. 从而, $\boldsymbol{\alpha}+\boldsymbol{\beta}$, $\lambda\boldsymbol{\alpha}\in U$. 因此, U 是 V 的子空间.

例 8.18 设 $V_i(i\in\mathbb{N})$ 是所有满足 $f^{(i)}(0)=0$ 的实系数多项式 $f(x)$ 构成的 $\mathbb{R}[x]$ 的子空间. 对于任意正整数 n, $V_0\bigcap V_1\bigcap\cdots\bigcap V_n$ 与 $\mathbb{R}[x]$ 同构. 但是, $\bigcap\limits_{i\in\mathbb{N}}V_i=\{\mathbf{0}\}$.

假设已知每个 V_i 的基, 如何计算 $\bigcap\limits_{i\in I}V_i$ 的基呢? 我们先看一个例子.

例 8.19 设 $V_1=\operatorname{Span}(\boldsymbol{\alpha}_1,\boldsymbol{\alpha}_2)$,$V_2=\operatorname{Span}(\boldsymbol{\beta}_1,\boldsymbol{\beta}_2)$ 都是 $\mathbb{R}^3$ 的子空间, 求 $V_1\bigcap V_2$ 的基, 其中

$$\boldsymbol{\alpha}_1=(1,1,-1),\quad \boldsymbol{\alpha}_2=(2,-1,2),\quad \boldsymbol{\beta}_1=(1,-3,3),\quad \boldsymbol{\beta}_2=(0,-1,3)$$

解 $V_1\bigcap V_2$ 中的向量 $\boldsymbol{\alpha}$ 可以表示为 $\boldsymbol{\alpha}=x_1\boldsymbol{\alpha}_1+x_2\boldsymbol{\alpha}_2=y_1\boldsymbol{\beta}_1+y_2\boldsymbol{\beta}_2$ 的形式, 其中 $x_1,x_2,y_1,y_2\in\mathbb{R}$. 通过求解线性方程组

$$\begin{pmatrix}1&2&-1&0\\1&-1&3&1\\-1&2&-3&-3\end{pmatrix}\begin{pmatrix}x_1\\x_2\\y_1\\y_2\end{pmatrix}=\begin{pmatrix}0\\0\\0\end{pmatrix}\quad\Rightarrow\quad\begin{pmatrix}x_1\\x_2\\y_1\end{pmatrix}=y_2\begin{pmatrix}-\dfrac{11}{4}\\2\\\dfrac{5}{4}\end{pmatrix}$$

得 $V_1\bigcap V_2$ 可由 $\boldsymbol{\alpha}_3=-11\boldsymbol{\alpha}_1+8\boldsymbol{\alpha}_2=(5,-19,27)$ 生成. 因此, $\{\boldsymbol{\alpha}_3\}$ 是 $V_1\bigcap V_2$ 的基.

下面给出计算 $V_1\bigcap V_2$ 的一种方法.设 V_1,V_2 是 $\mathbb{F}^n$ 的任意两个子空间, V_1 可由 $\boldsymbol{\alpha}_1,\cdots,\boldsymbol{\alpha}_s$ 生成, V_2 可由 $\boldsymbol{\beta}_1,\cdots,\boldsymbol{\beta}_t$ 生成, 则

$$V_1\bigcap V_2=\{x_1\boldsymbol{\alpha}_1+\cdots+x_s\boldsymbol{\alpha}_s\mid x_1\boldsymbol{\alpha}_1+\cdots+x_s\boldsymbol{\alpha}_s+x_{s+1}\boldsymbol{\beta}_1+\cdots+x_{s+t}\boldsymbol{\beta}_t=\mathbf{0}\}$$

① Von Herrn J. Zur Theorie der vertauschbaren Matrizen[J]. Journal für die Reine und Angewandte Mathematik, 1905, 130: 66-76.

对 $\boldsymbol{A}=\begin{pmatrix}\boldsymbol{\alpha}_1 & \cdots & \boldsymbol{\alpha}_s & \boldsymbol{\beta}_1 & \cdots & \boldsymbol{\beta}_t\end{pmatrix}$ 作初等变换, 化为标准形 $\boldsymbol{PAQ}=\begin{pmatrix}\boldsymbol{I}_r & \boldsymbol{O}\\ \boldsymbol{O} & \boldsymbol{O}\end{pmatrix}$, 其中 $\boldsymbol{P},\boldsymbol{Q}$ 是 $\mathbb{F}$ 上的可逆方阵. 设 $\boldsymbol{Q}=\begin{pmatrix}\boldsymbol{q}_1 & \boldsymbol{q}_2 & \cdots & \boldsymbol{q}_{s+t}\end{pmatrix}$, 则线性方程组 $\boldsymbol{Ax}=\boldsymbol{0}$ 的通解

$$\boldsymbol{x}=y_{r+1}\boldsymbol{q}_{r+1}+y_{r+2}\boldsymbol{q}_{r+2}+\cdots+y_{s+t}\boldsymbol{q}_{s+t}$$

其中 $y_{r+1},\cdots,y_{s+t}\in\mathbb{F}$. 从而

$$\sum_{i=1}^{s}x_i\boldsymbol{\alpha}_i=\begin{pmatrix}\boldsymbol{\alpha}_1 & \cdots & \boldsymbol{\alpha}_s\end{pmatrix}\begin{pmatrix}\boldsymbol{I}_s & \boldsymbol{O}\end{pmatrix}\boldsymbol{x}=\begin{pmatrix}\boldsymbol{\alpha}_1 & \cdots & \boldsymbol{\alpha}_s\end{pmatrix}\begin{pmatrix}\boldsymbol{I}_s & \boldsymbol{O}\end{pmatrix}\boldsymbol{Q}\begin{pmatrix}\boldsymbol{O}\\ \boldsymbol{I}_{s+t-r}\end{pmatrix}\boldsymbol{y}=\sum_{j=r+1}^{s+t}y_j\boldsymbol{\gamma}_j$$

即 $V_1\bigcap V_2=\mathrm{Span}(\boldsymbol{\gamma}_{r+1},\cdots,\boldsymbol{\gamma}_{s+t})$, 其中

$$\begin{pmatrix}\boldsymbol{\gamma}_{r+1} & \cdots & \boldsymbol{\gamma}_{s+t}\end{pmatrix}=\begin{pmatrix}\boldsymbol{\alpha}_1 & \cdots & \boldsymbol{\alpha}_s\end{pmatrix}\widetilde{\boldsymbol{Q}},\quad \widetilde{\boldsymbol{Q}}=\begin{pmatrix}\boldsymbol{I}_s & \boldsymbol{O}\end{pmatrix}\boldsymbol{Q}\begin{pmatrix}\boldsymbol{O}\\ \boldsymbol{I}_{s+t-r}\end{pmatrix}=\boldsymbol{Q}\left[\begin{smallmatrix}1 & \cdots & s\\ r+1 & \cdots & s+t\end{smallmatrix}\right]$$

特别地, 当$\boldsymbol{\alpha}_1,\cdots,\boldsymbol{\alpha}_s$和$\boldsymbol{\beta}_1,\cdots,\boldsymbol{\beta}_t$分别是$V_1$和$V_2$的基时, 根据定理 8.15 知, $\dim(V_1\bigcap V_2)=s+t-r$, 从而 $\boldsymbol{\gamma}_{r+1},\cdots,\boldsymbol{\gamma}_{s+t}$ 是 $V_1\bigcap V_2$ 的基.

一般说来,V 的子空间的并集 $S=\bigcup\limits_{i\in I}V_i$ 不一定是 V 的子空间. 例如, $V_1=\{(x,0)\mid x\in\mathbb{F}\}$ 和 $V_2=\{(0,y)\mid y\in\mathbb{F}\}$ 都是 $\mathbb{F}^2$ 的子空间, 然而 $V_1\bigcup V_2$ 在加法运算下不封闭, $V_1\bigcup V_2$ 不是 $\mathbb{F}^2$ 的子空间.

尽管 S 不一定是 V 的子空间, 但 $\mathrm{Span}(S)$ 总是 V 的子空间. $\mathrm{Span}(S)$ 中的每个向量 $\boldsymbol{\alpha}$ 都可以表示为 S 中有限多个向量的线性组合形式, 因此可以表示为 $\boldsymbol{\alpha}=\sum\limits_{i\in I}\boldsymbol{\alpha}_i$ 的形式, 其中 $\boldsymbol{\alpha}_i\in V_i$, 并且仅有限多个 $\boldsymbol{\alpha}_i\neq\boldsymbol{0}$. 设 S_i 是 V_i 的基, 则 $\bigcup\limits_{i\in I}S_i$ 的极大线性无关组是 $\sum\limits_{i\in I}V_i$ 的基.

定义 8.13 $\mathrm{Span}(\bigcup\limits_{i\in I}V_i)$ 称为 $\{V_i\mid i\in I\}$ 的**和空间**, 记作 $\sum\limits_{i\in I}V_i$.

例 8.20 设 $V_i(i\in\mathbb{N})$ 是 x^i 生成的 $\mathbb{R}[[x]]$ 的子空间, 则

$$\sum_{i\in\mathbb{N}}V_i=\mathrm{Span}(1,x,x^2,\cdots)=\mathbb{R}[x]\neq\mathbb{R}[[x]]$$

关于交空间与和空间的维数, 有以下常用结论:

定理 8.15 (维数定理) 设 V_1,V_2 是线性空间 V 的任意两个有限维子空间, 则有

$$\dim(V_1+V_2)=\dim(V_1)+\dim(V_2)-\dim(V_1\bigcap V_2)$$

证明 设 $\boldsymbol{\alpha}_1,\cdots,\boldsymbol{\alpha}_r$ 是 $V_1\bigcap V_2$ 的基. 把它分别扩充为 V_1 的基 $\boldsymbol{\alpha}_1,\cdots,\boldsymbol{\alpha}_r,\boldsymbol{\beta}_1,\cdots,\boldsymbol{\beta}_s$ 和 V_2 的基 $\boldsymbol{\alpha}_1,\cdots,\boldsymbol{\alpha}_r,\boldsymbol{\gamma}_1,\cdots,\boldsymbol{\gamma}_t$. 下证 $\boldsymbol{\alpha}_1,\cdots,\boldsymbol{\alpha}_r,\boldsymbol{\beta}_1,\cdots,\boldsymbol{\beta}_s,\boldsymbol{\gamma}_1,\cdots,\boldsymbol{\gamma}_t$ 线性无关. 若

$$a_1\boldsymbol{\alpha}_1+\cdots+a_r\boldsymbol{\alpha}_r+b_1\boldsymbol{\beta}_1+\cdots+b_s\boldsymbol{\beta}_s+c_1\boldsymbol{\gamma}_1+\cdots+c_t\boldsymbol{\gamma}_t=\boldsymbol{0}$$

其中 $a_1,\cdots,a_r,b_1,\cdots,b_s,c_1,\cdots,c_t\in\mathbb{F}$, 则

$$a_1\boldsymbol{\alpha}_1+\cdots+a_r\boldsymbol{\alpha}_r+b_1\boldsymbol{\beta}_1+\cdots+b_s\boldsymbol{\beta}_s=-c_1\boldsymbol{\gamma}_1-\cdots-c_t\boldsymbol{\gamma}_t\in V_1\bigcap V_2$$

从而, $b_1=\cdots=b_s=0, c_1=\cdots=c_t=0$, 得 $a_1=\cdots=a_r=0$.因此, $\boldsymbol{\alpha}_1,\cdots,\boldsymbol{\alpha}_r,\boldsymbol{\beta}_1,\cdots,\boldsymbol{\beta}_s$, $\boldsymbol{\gamma}_1,\cdots,\boldsymbol{\gamma}_t$ 是 V_1+V_2 的基. 由此可得 $\dim(V_1+V_2)=r+s+t=\dim(V_1)+\dim(V_2)-\dim(V_1\bigcap V_2)$.

例 8.21 设 V 是 $\mathbb{F}$ 上的线性空间, $V_1,V_2,\cdots,V_k$ 都是 V 的真子空间, $k<|\mathbb{F}|$. 证明:

$$V_1\bigcup V_2\bigcup\cdots\bigcup V_k\neq V$$

证明 对 k 使用数学归纳法. 当 $k=1$ 时, 结论显然成立. 下设 $k\geqslant 2$. 记 $W=V_1\bigcup V_2\bigcup\cdots\bigcup V_{k-1}$.

(1) 当 $V_k\subset W$ 时, 根据归纳假设,$W\bigcup V_k=W\neq V$. 当 $W\subset V_k$ 时, $W\bigcup V_k=V_k\neq V$.

(2) 当 $V_k\not\subset W$ 且 $W\not\subset V_k$ 时, 存在 $\boldsymbol{\alpha}\in V_k\backslash W, \boldsymbol{\beta}\in W\backslash V_k$. 如果 $V_1\bigcup V_2\bigcup\cdots\bigcup V_k=V$, 可取 $k+1$ 个两两不同的数 $\lambda_1,\lambda_2,\cdots,\lambda_{k+1}\in\mathbb{F}$, 根据抽屉原理知, 向量组 $\{\lambda_i\boldsymbol{\alpha}+\boldsymbol{\beta}\mid 1\leqslant i\leqslant k+1\}$ 中必有两个向量同属于某个 V_j. 由此可得 $\boldsymbol{\alpha},\boldsymbol{\beta}\in V_j$, 矛盾.

习 题 8.5

1. 设 $V_1=\mathrm{Span}(\boldsymbol{\alpha}_1,\boldsymbol{\alpha}_2,\boldsymbol{\alpha}_3)$, $V_2=\mathrm{Span}(\boldsymbol{\beta}_1,\boldsymbol{\beta}_2,\boldsymbol{\beta}_3)$ 都是 $\mathbb{R}^4$ 的子空间, 求 $V_1\bigcap V_2$ 的基, 其中

(1) $\boldsymbol{\alpha}_1=(1,-2,2,0)$, $\boldsymbol{\alpha}_2=(2,2,1,1)$, $\boldsymbol{\alpha}_3=(-1,2,0,2)$,
$\boldsymbol{\beta}_1=(2,-2,1,0)$, $\boldsymbol{\beta}_2=(1,1,2,0)$,$\boldsymbol{\beta}_3=(-2,2,-1,2)$;

(2) $\boldsymbol{\alpha}_1=(2,-2,-1,2)$, $\boldsymbol{\alpha}_2=(0,-1,-1,2)$, $\boldsymbol{\alpha}_3=(-1,0,-1,-1)$,
$\boldsymbol{\beta}_1=(0,1,2,-2)$, $\boldsymbol{\beta}_2=(-2,-1,2,1)$, $\boldsymbol{\beta}_3=(-2,2,-1,0)$.

2. 设 $V_1=\mathrm{Span}(\boldsymbol{\alpha}_1,\boldsymbol{\alpha}_2,\boldsymbol{\alpha}_3)$, $V_2=\mathrm{Span}(\boldsymbol{\beta}_1,\boldsymbol{\beta}_2,\boldsymbol{\beta}_3)$ 都是 $\mathbb{R}^5$ 的子空间, 求 V_1+V_2 的基, 其中

(1) $\boldsymbol{\alpha}_1=(1,0,2,-1,0)$, $\boldsymbol{\alpha}_2=(0,1,0,0,2)$, $\boldsymbol{\alpha}_3=(-2,1,-3,2,1)$,
$\boldsymbol{\beta}_1=(0,1,1,0,1)$, $\boldsymbol{\beta}_2=(-1,1,0,1,0)$, $\boldsymbol{\beta}_3=(-1,1,-2,1,2)$;

(2) $\boldsymbol{\alpha}_1=(2,0,1,2,1)$, $\boldsymbol{\alpha}_2=(2,-2,-3,1,2)$, $\boldsymbol{\alpha}_3=(2,-1,-1,2,2)$,
$\boldsymbol{\beta}_1=(1,-1,0,1,1)$, $\boldsymbol{\beta}_2=(2,0,1,3,2)$, $\boldsymbol{\beta}_3=(-1,1,3,0,-1)$.

3. 分别求 $V_1\bigcap V_2$ 和 V_1+V_2 的基, 其中 V_1 和 V_2 分别是

(1) $\{(\cos x)^n\mid n\in\mathbb{N}^*\}$ 和 $\{(\sin x)^n\mid n\in\mathbb{N}^*\}$ 生成的 $\mathscr{C}[0,2\pi]$ 的子空间;

(2) $\{\cos(nx)\mid n\in\mathbb{N}^*\}$ 和 $\{\sin(nx)\mid n\in\mathbb{N}^*\}$ 生成的 $\mathscr{C}[0,2\pi]$ 的子空间.

4. 设 $\boldsymbol{A}=\begin{pmatrix} & I_{n-1}\\ 0 & \end{pmatrix}$, $V_1=\{\boldsymbol{X}\in\mathbb{R}^{n\times n}\mid \boldsymbol{AX}=\boldsymbol{XA}\}$, $V_2=\{\boldsymbol{X}\in\mathbb{R}^{n\times n}\mid \boldsymbol{A}^{\mathrm{T}}\boldsymbol{X}=\boldsymbol{X}\boldsymbol{A}^{\mathrm{T}}\}$. 证明: V_1,V_2 都是 $\mathbb{R}^{n\times n}$ 的子空间. 并分别求 $V_1,V_2,V_1\bigcap V_2,V_1+V_2$ 的维数.

5. 设 V_1 是被 x^2+x 整除的实系数多项式的全体, V_2 是被 x^2-x 整除的实系数多项式的全体. 证明: V_1,V_2 都是 $\mathbb{R}[x]$ 的子空间. 并分别求 $V_1\bigcap V_2$ 和 V_1+V_2 的基.

6. 设 V_1,V_2 都是线性空间 V 的子空间. 证明: 若 $V_1\bigcup V_2=V_1+V_2$, 则 $V_1\subset V_2$ 或 $V_2\subset V_1$.

7. 设 V_1,V_2,W 都是线性空间 V 的子空间. 证明:

(1) $(V_1\bigcap W)+(V_2\bigcap W)$ 是 $(V_1+V_2)\bigcap W$ 的子空间;

(2) $(V_1\bigcap W)+(V_2\bigcap W)=(V_1+V_2)\bigcap W$ 有可能不成立;

(3) $(V_1\bigcap W)+(V_2\bigcap W)=((V_1\bigcap W)+V_2)\bigcap W=(V_1+(V_2\bigcap W))\bigcap W$.

8. 设 V_1,V_2,W 都是线性空间 V 的子空间. 证明:

(1) $(V_1\bigcap V_2)+W$ 是 $(V_1+W)\bigcap(V_2+W)$ 的子空间;

(2) $(V_1\bigcap V_2)+W=(V_1+W)\bigcap(V_2+W)$ 有可能不成立;

(3) $((V_1+W)\bigcap V_2)+W=(V_1\bigcap(V_2+W))+W=(V_1+W)\bigcap(V_2+W)$.

9. 设 V_1,V_2,V_3 都是线性空间 V 的有限维子空间. 证明或否定: $\dim(V_1+V_2+V_3)=\dim(V_1)+\dim(V_2)+\dim(V_3)-\dim(V_1\bigcap V_2)-\dim(V_1\bigcap V_3)-\dim(V_2\bigcap V_3)+\dim(V_1\bigcap V_2\bigcap V_3)$.

8.6 直和与补空间

设 I 是指标集合, $\{V_i\mid i\in I\}$ 是线性空间 V 的一组子空间.

定义 8.14 若和空间 $W=\sum\limits_{i\in I}V_i$ 中的每个向量 $\boldsymbol{\alpha}$ 都可以唯一地表示为 $\boldsymbol{\alpha}=\sum\limits_{i\in I}\boldsymbol{\alpha}_i$ 的形式, 其中 $\boldsymbol{\alpha}_i\in V_i$, 并且只有有限多个 $\boldsymbol{\alpha}_i\neq\mathbf{0}$, 则子空间运算 $\sum\limits_{i\in I}V_i$ 称为**直和**, W 也称为 $\{V_i\mid i\in I\}$ 的**直和**, 记作 $W=\bigoplus\limits_{i\in I}V_i$.

定理 8.16 V_1+V_2 是直和的充分必要条件是 $V_1\bigcap V_2=\{\mathbf{0}\}$.

证明 (充分性) 设 $\boldsymbol{\alpha}_1,\boldsymbol{\beta}_1\in V_1$, $\boldsymbol{\alpha}_2,\boldsymbol{\beta}_2\in V_2$ 满足 $\boldsymbol{\alpha}_1+\boldsymbol{\alpha}_2=\boldsymbol{\beta}_1+\boldsymbol{\beta}_2$, 则 $\boldsymbol{\alpha}_1-\boldsymbol{\beta}_1=\boldsymbol{\beta}_2-\boldsymbol{\alpha}_2\in V_1\bigcap V_2$, 故 $\boldsymbol{\alpha}_1=\boldsymbol{\beta}_1$, $\boldsymbol{\alpha}_2=\boldsymbol{\beta}_2$. 因此, $V_1+V_2=V_1\bigoplus V_2$.

(必要性) 若存在非零向量 $\boldsymbol{\alpha}\in V_1\bigcap V_2$, 则 $\mathbf{0}=\mathbf{0}+\mathbf{0}=\boldsymbol{\alpha}+(-\boldsymbol{\alpha})$, 表示方式不唯一, 与 V_1+V_2 是直和矛盾.

例 8.22 设 V 的子空间 U_1,U_2,W 满足 $U_1\subset U_2$ 且 $V=U_1\bigoplus W=U_2\bigoplus W$, 则 $U_1=U_2$.

证明 任取 $\boldsymbol{\alpha}_2\in U_2$. 由 $V=U_1\bigoplus W$ 知, 存在 $\boldsymbol{\alpha}_1\in U_1$ 和 $\boldsymbol{\beta}\in W$, 使得 $\boldsymbol{\alpha}_2=\boldsymbol{\alpha}_1+\boldsymbol{\beta}$. 故 $\boldsymbol{\beta}=\boldsymbol{\alpha}_2-\boldsymbol{\alpha}_1\in U_2\bigcap W$. 根据定理 8.16 知, $\boldsymbol{\beta}=\mathbf{0}$, 从而 $\boldsymbol{\alpha}_2=\boldsymbol{\alpha}_1\in U_1$. 因此, $U_2=U_1$.

定理 8.17 设$V_1,V_2,\cdots,V_k$都是有限维的. $\sum\limits_{i=1}^{k}V_i$是直和的充分必要条件是 $\dim\left(\sum\limits_{i=1}^{k}V_i\right)=\sum\limits_{i=1}^{k}\dim(V_i)$.

证明 设 S_i 是 V_i 的基, $S=\bigcup\limits_{i=1}^{k}S_i$, 则 $U=\sum\limits_{i=1}^{k}V_i=\mathrm{Span}(S)$, 并且 $|S|\leqslant\sum\limits_{i=1}^{k}|S_i|=\sum\limits_{i=1}^{k}\dim(V_i)$.

(充分性) 设 $\sum\limits_{i=1}^{k}\dim(V_i)=\dim(U)$, 则 S 是 U 的基, U 中的每个向量 $\boldsymbol{\alpha}$ 都可以唯一地

表示为 $\boldsymbol{\alpha}=\sum_{i=1}^{k}\boldsymbol{\alpha}_i$ 的形式, 其中 $\boldsymbol{\alpha}_i\in V_i$. 因此, $U=\bigoplus_{i=1}^{k}V_i$.

(必要性) 设 $U=\bigoplus_{i=1}^{k}V_i$, 则 S 线性无关. 因此, S 是 U 的基, $\dim(U)=|S|=\sum_{i=1}^{k}\dim(V_i)$.

定理 8.18　$\sum_{i\in I}V_i$ 是直和的充分必要条件是, 对于任意 $i\in I$, $V_i\bigcap\left(\sum_{j\neq i}V_j\right)=\{\mathbf{0}\}$.

证明　(充分性) 设 $\boldsymbol{\alpha}_j,\boldsymbol{\beta}_j\in V_j$ 满足 $\sum_{j\in I}\boldsymbol{\alpha}_j=\sum_{j\in I}\boldsymbol{\beta}_j$. 若存在 $\boldsymbol{\alpha}_i\neq\boldsymbol{\beta}_i$, 则有 $\boldsymbol{\alpha}_i-\boldsymbol{\beta}_i=\sum_{j\neq i}(\boldsymbol{\beta}_j-\boldsymbol{\alpha}_j)\in V_i\bigcap\left(\sum_{j\neq i}V_j\right)=\{\mathbf{0}\}$, 与 $\boldsymbol{\alpha}_i\neq\boldsymbol{\beta}_i$ 矛盾. 因此, $\sum_{j\in I}V_j$ 是直和.

(必要性) 对于任意 $i\in I$, 若存在非零向量 $\boldsymbol{\alpha}\in V_i\bigcap\left(\sum_{j\neq i}V_j\right)$, 则存在 $\{j_1,\cdots,j_k\}\subset I\setminus\{i\}$ 和 $\boldsymbol{\beta}_1\in V_{j_1},\cdots,\boldsymbol{\beta}_k\in V_{j_k}$, 使得 $\boldsymbol{\alpha}=\boldsymbol{\beta}_1+\cdots+\boldsymbol{\beta}_k$. 从而 $\mathbf{0}=\mathbf{0}+\mathbf{0}+\cdots+\mathbf{0}=(-\boldsymbol{\alpha})+\boldsymbol{\beta}_1+\cdots+\boldsymbol{\beta}_k$, 表示方式不唯一, 与 $\sum_{i\in I}V_i$ 是直和矛盾.

定义 8.15　若 $V=V_1\bigoplus V_2$, 则 V_1 称为 V_2 的一个**补空间**.

例 8.23　求 $\mathbb{R}^5$ 的子空间 $\mathrm{Span}(\boldsymbol{\alpha}_1,\boldsymbol{\alpha}_2,\boldsymbol{\alpha}_3)$ 的一个补空间, 其中

$$\boldsymbol{\alpha}_1=(1,0,-2,2,2),\quad \boldsymbol{\alpha}_2=(1,-1,2,1,1),\quad \boldsymbol{\alpha}_3=(2,1,2,1,0)$$

解　作初等行变换:

$$\begin{pmatrix}\boldsymbol{\alpha}_1\\ \boldsymbol{\alpha}_2\\ \boldsymbol{\alpha}_3\end{pmatrix}=\begin{pmatrix}1&0&-2&2&2\\1&-1&2&1&1\\2&1&2&1&0\end{pmatrix}\to\begin{pmatrix}1&0&-2&2&2\\0&-1&4&-1&-1\\0&1&6&-3&-4\end{pmatrix}$$
$$\to\begin{pmatrix}1&0&-2&2&2\\0&1&-4&1&1\\0&0&10&-4&-5\end{pmatrix}=\begin{pmatrix}\boldsymbol{\beta}_1\\ \boldsymbol{\beta}_2\\ \boldsymbol{\beta}_3\end{pmatrix}$$

则 $\mathrm{Span}(\boldsymbol{\alpha}_1,\boldsymbol{\alpha}_2,\boldsymbol{\alpha}_3)=\mathrm{Span}(\boldsymbol{\beta}_1,\boldsymbol{\beta}_2,\boldsymbol{\beta}_3)$. 由于 $\boldsymbol{\beta}_1,\boldsymbol{\beta}_2,\boldsymbol{\beta}_3,\boldsymbol{e}_4,\boldsymbol{e}_5$ 是 $\mathbb{R}^5$ 的基, 故 $\mathrm{Span}(\boldsymbol{e}_4,\boldsymbol{e}_5)$ 是 $\mathrm{Span}(\boldsymbol{\alpha}_1,\boldsymbol{\alpha}_2,\boldsymbol{\alpha}_3)$ 的一个补空间.

下面给出计算 $\mathbb{F}^n$ 的子空间 $V_1=\mathrm{Span}(\boldsymbol{\alpha}_1,\boldsymbol{\alpha}_2,\cdots,\boldsymbol{\alpha}_m)$ 的一个补空间的通常方法. 设 $m\times n$ 矩阵

$$\begin{pmatrix}\boldsymbol{\alpha}_1\\ \vdots\\ \boldsymbol{\alpha}_m\end{pmatrix}=\boldsymbol{P}\begin{pmatrix}\boldsymbol{I}_r&\boldsymbol{O}\\ \boldsymbol{O}&\boldsymbol{O}\end{pmatrix}\boldsymbol{Q}$$

其中 $\boldsymbol{P},\boldsymbol{Q}$ 都是 $\mathbb{F}$ 上的可逆方阵, $\boldsymbol{Q}$ 的行向量分别为 $\boldsymbol{\beta}_1,\boldsymbol{\beta}_2,\cdots,\boldsymbol{\beta}_n$, 则向量组 $\boldsymbol{\alpha}_1,\boldsymbol{\alpha}_2,\cdots,\boldsymbol{\alpha}_m$ 与 $\boldsymbol{\beta}_1,\boldsymbol{\beta}_2,\cdots,\boldsymbol{\beta}_r$ 等价, $\boldsymbol{\beta}_1,\boldsymbol{\beta}_2,\cdots,\boldsymbol{\beta}_r$ 是 V_1 的一个基, $V_2=\mathrm{Span}(\boldsymbol{\beta}_{r+1},\boldsymbol{\beta}_{r+2},\cdots,\boldsymbol{\beta}_n)$ 是 V_1 的一个补空间, $\boldsymbol{\beta}_{r+1},\boldsymbol{\beta}_{r+2},\cdots,\boldsymbol{\beta}_n$ 是 V_2 的一个基.

尽管补空间通常是不唯一的, 但我们有如下结论:

定理 8.19　设 U 是 V 的子空间, V_1,V_2 都是 U 的补空间, 则 V_1 与 V_2 同构.

证明 对于任意 $\boldsymbol{v} \in V_1$, 由 $V = U \bigoplus V_2$ 知, 存在唯一的 $\boldsymbol{u} \in U$ 和 $\boldsymbol{w} \in V_2$, 使得 $\boldsymbol{v} = \boldsymbol{u} + \boldsymbol{w}$. 故可以定义映射 $\rho: V_1 \to V_2$, $\boldsymbol{v} \mapsto \boldsymbol{w}$. 为了证明 ρ 是同构映射, 只需验证 ρ 是一一映射, 并且 ρ 既保加法又保数乘. 设 $\boldsymbol{v}_1, \boldsymbol{v}_2 \in V_1$, $\lambda \in \mathbb{F}$, $\boldsymbol{v}_1 = \boldsymbol{u}_1 + \boldsymbol{w}_1$, $\boldsymbol{v}_2 = \boldsymbol{u}_2 + \boldsymbol{w}_2$, 其中 $\boldsymbol{u}_1, \boldsymbol{u}_2 \in U$, $\boldsymbol{w}_1, \boldsymbol{w}_2 \in V_2$.

(1) 若 $\rho(\boldsymbol{v}_1) = \rho(\boldsymbol{v}_2)$, 即 $\boldsymbol{w}_1 = \boldsymbol{w}_2$, 则 $\boldsymbol{u}_1 - \boldsymbol{u}_2 = \boldsymbol{v}_1 - \boldsymbol{v}_2 \in U \bigcap V_1 = \{0\}$, 得 $\boldsymbol{v}_1 = \boldsymbol{v}_2$. 故 ρ 是单射.

(2) 对于任意 $\boldsymbol{w} \in V_2$, 由 $V = U \bigoplus V_1$ 知, 存在 $\boldsymbol{u} \in U$ 和 $\boldsymbol{v} \in V_1$, 使得 $\boldsymbol{w} = \boldsymbol{u} + \boldsymbol{v}$, 从而有 $\boldsymbol{v} = (-\boldsymbol{u}) + \boldsymbol{w}$, $\rho(\boldsymbol{v}) = \boldsymbol{w}$. 故 ρ 是满射.

(3) 由 $\boldsymbol{v}_1 + \boldsymbol{v}_2 = (\boldsymbol{u}_1 + \boldsymbol{u}_2) + (\boldsymbol{w}_1 + \boldsymbol{w}_2)$, 可得 $\rho(\boldsymbol{v}_1 + \boldsymbol{v}_2) = \boldsymbol{w}_1 + \boldsymbol{w}_2 = \rho(\boldsymbol{v}_1) + \rho(\boldsymbol{v}_2)$.

(4) 由 $\lambda \boldsymbol{v} = (\lambda \boldsymbol{u}) + (\lambda \boldsymbol{w})$, 可得 $\rho(\lambda \boldsymbol{v}) = \lambda \boldsymbol{w} = \lambda \rho(\boldsymbol{v})$.

综上, ρ 是同构映射.

习 题 8.6

1. 设 $\mathbb{R}^{n\times n}$ 的子空间 V_1, V_2 分别由对称方阵和反对称方阵构成. 证明: $\mathbb{R}^{n\times n} = V_1 \bigoplus V_2$.

2. 设 $\mathbb{R}[x]$ 的子空间 $V_1 = \{f \in \mathbb{R}[x] \mid f(-x) = f(x)\}$, $V_2 = \{f \in \mathbb{R}[x] \mid f(-x) = -f(x)\}$. 证明: $\mathbb{R}[x] = V_1 \bigoplus V_2$.

3. 设 $\boldsymbol{A} \in \mathbb{R}^{m\times n}$, $\mathbb{R}^n$ 的子空间 V_1 由 $\boldsymbol{A}$ 的行向量生成, V_2 是线性方程组 $\boldsymbol{A}\boldsymbol{x} = \boldsymbol{0}$ 的解空间.

(1) 证明: $\mathbb{R}^n = V_1 \bigoplus V_2$.

(2) 把实数域 $\mathbb{R}$ 换成任意数域 $\mathbb{F}$, 结论 (1) 是否仍然成立? 证明你的结论.

4. 证明: $\displaystyle\sum_{i=1}^{k} V_i$ 是直和的充分必要条件是 $\left(\displaystyle\sum_{j=1}^{i-1} V_j\right) \bigcap V_i = \{\boldsymbol{0}\}\ (\forall i)$.

5. 设 I 是指标集合, $\{V_i \mid i \in I\}$ 是线性空间 V 的一组子空间. 证明: 下列四个叙述相互等价.

(1) $\displaystyle\sum_{i\in I} V_i$ 是直和;

(2) 任取 I 的有限子集 J, $\displaystyle\sum_{j\in J} V_j$ 是直和;

(3) 任取非零向量 $\boldsymbol{\alpha}_i \in V_i$, $\{\boldsymbol{\alpha}_i \mid i \in I\}$ 是线性无关的;

(4) 任取 V_i 的基 S_i, 则 $\{S_i \mid i \in I\}$ 两两不相交, 且 $\displaystyle\bigcup_{i\in I} S_i$ 是 $\displaystyle\sum_{i\in I} V_i$ 的基.

6. 求实线性空间 $V = \{f \in \mathbb{R}[x] \mid f(1) = 0\}$ 的子空间 $U = \{f \in V \mid f(-1) = 0\}$ 的一个补空间.

7. 求实线性空间 $V = \{\boldsymbol{A} \in \mathbb{C}^{n\times n} \mid \mathrm{tr}(\boldsymbol{A}) = 0\}$ 的子空间 $U = \{\boldsymbol{A} \in V \mid \boldsymbol{A}^{\mathrm{T}} = \boldsymbol{A}\}$ 的一个补空间.

8. 求复线性空间 $V = \{\boldsymbol{A} \in \mathbb{C}^{n\times n} \mid \mathrm{tr}(\boldsymbol{A}) = 0\}$ 的子空间 $U = \{\boldsymbol{A} \in V \mid \boldsymbol{A}^{\mathrm{T}} = \boldsymbol{A}\}$ 的一个补空间.

9. 设 I 是指标集合, $\boldsymbol{A}_i \in \mathbb{R}^{m_i\times n}$, $\mathbb{R}^n$ 的子空间 U_i 由 $\boldsymbol{A}_i$ 的行向量生成, $V_i (\forall i \in I)$ 是

线性方程组 $\boldsymbol{A}_i\boldsymbol{x}=\boldsymbol{0}$ 的解空间. $\bigcap\limits_{i\in I}V_i$ 是否一定是 $\sum\limits_{i\in I}U_i$ 的补空间? 证明你的结论.

10. 设 I 是指标集合, $V_i(\forall i\in I)$ 是线性空间 V 的子空间 U_i 的补空间. $\bigcap\limits_{i\in I}V_i$ 是否一定是 $\sum\limits_{i\in I}U_i$ 的补空间? 证明你的结论.

8.7 直积与商空间

直积是一个容易与**直和**相混淆的概念. **商空间**是一个容易与**补空间**相混淆的概念. 这两组概念之间既存在区别又有着联系.

定义 8.16 设 I 是指标集合, $\{V_i\mid i\in I\}$ 是 $\mathbb{F}$ 上的一组线性空间. 集合

$$V=\{(x_i)_{i\in I}\mid x_i\in V_i\}$$

称为集合族 $V_i\ (i\in I)$ 的**直积**或**笛卡儿**[①]**积**, 记作 $V=\prod\limits_{i\in I}V_i$. 在 V 上定义加法和数乘运算

$$(x_i)+(y_i)=(x_i+y_i),\quad \lambda\cdot(x_i)=(\lambda x_i)\quad (\lambda\in\mathbb{F})$$

容易验证, $(V,\mathbb{F},+,\cdot)$ 构成线性空间, 称为线性空间族 $V_i\ (i\in I)$ 的**直积**或**笛卡儿积**.

例 8.24 $\mathbb{F}^n=\prod\limits_{i=1}^{n}\mathbb{F}$.

定理 8.20 设 $V_1,\cdots,V_k$ 都是线性空间 V 的子空间, 且 $\sum\limits_{i=1}^{k}V_i$ 是直和, 则 $\prod\limits_{i=1}^{k}V_i$ 与 $\bigoplus\limits_{i=1}^{k}V_i$ 同构.

证明 设映射 $\rho:\prod\limits_{i=1}^{k}V_i\to\bigoplus\limits_{i=1}^{k}V_i$, $(\boldsymbol{\alpha}_1,\cdots,\boldsymbol{\alpha}_k)\mapsto\boldsymbol{\alpha}_1+\cdots+\boldsymbol{\alpha}_k$. 由于 $\sum\limits_{i=1}^{k}V_i$ 是直和, 故 ρ 是一一映射. 对于任意 $\boldsymbol{\alpha}=(\boldsymbol{\alpha}_1,\cdots,\boldsymbol{\alpha}_k)$, $\boldsymbol{\beta}=(\boldsymbol{\beta}_1,\cdots,\boldsymbol{\beta}_k)\in\prod\limits_{i=1}^{k}V_i$ 和 $\lambda\in\mathbb{F}$, 有

$$\rho(\boldsymbol{\alpha}+\boldsymbol{\beta})=\sum_{i=1}^{k}(\boldsymbol{\alpha}_i+\boldsymbol{\beta}_i)=\rho(\boldsymbol{\alpha})+\rho(\boldsymbol{\beta}),\quad \rho(\lambda\boldsymbol{\alpha})=\sum_{i=1}^{k}\lambda\boldsymbol{\alpha}_i=\lambda\rho(\boldsymbol{\alpha})$$

因此, ρ 是同构映射.

根据定理 8.20, 可得如下推论:

定理 8.21 设 $V_1,\cdots,V_k$ 都是 $\mathbb{F}$ 上的有限维线性空间, 则 $\dim\left(\prod\limits_{i=1}^{k}V_i\right)=\sum\limits_{i=1}^{k}\dim(V_i)$.

证明 $\prod\limits_{i=1}^{k}V_i$ 的子空间 $U_i=\{(\boldsymbol{0},\cdots,\boldsymbol{0},\boldsymbol{\alpha}_i,\boldsymbol{0},\cdots,\boldsymbol{0})\mid\boldsymbol{\alpha}_i\in V_i\}$ 与 V_i 同构, 并且 $\prod\limits_{i=1}^{k}V_i=\bigoplus\limits_{i=1}^{k}U_i$.

① René Descartes, 1596～1650, 法国哲学家、数学家.

当指标集合 I 是无限集合时, $\prod_{i\in I} V_i$ 与 $\bigoplus_{i\in I} V_i$ 具有完全不同的结构.

例 8.25 设 $V_i = \{ax^i \mid a \in \mathbb{R}\}(i \in \mathbb{N})$, 则每个 V_i 与 $\mathbb{R}$ 同构, $\prod_{i\in\mathbb{N}} V_i$ 与 $\mathbb{R}[[x]]$ 同构, $\bigoplus_{i\in\mathbb{N}} V_i = \mathbb{R}[x]$ 与 $\prod_{i\in\mathbb{N}} V_i$ 不同构.

定义 8.17 设 V 是 $\mathbb{F}$ 上的线性空间, W 是 V 的子空间.

对于任意 $\boldsymbol{\alpha} \in V$, 集合 $\{\boldsymbol{\alpha} + \boldsymbol{w} \mid \boldsymbol{w} \in W\}$ 称为 $\boldsymbol{\alpha}$ 所在的模 W 的**同余类**, 记作 $\boldsymbol{\alpha} + W$ 或$[\boldsymbol{\alpha}]$.

在所有模 W 的同余类的集合 $U = \{[\boldsymbol{\alpha}] \mid \boldsymbol{\alpha} \in V\}$ 上定义加法和数乘运算

$$[\boldsymbol{\alpha}] + [\boldsymbol{\beta}] = [\boldsymbol{\alpha} + \boldsymbol{\beta}], \quad \lambda \cdot [\boldsymbol{\alpha}] = [\lambda\boldsymbol{\alpha}] \quad (\lambda \in \mathbb{F})$$

容易验证, ρ 的定义是合理的, 与 $\boldsymbol{\alpha}, \boldsymbol{\beta}$ 的选取无关. 代数结构 $(U, \mathbb{F}, +, \cdot)$ 构成线性空间, 称为 V 关于 W 的**商空间**, 记作 $U = V/W$.

定理 8.22 设 W 是线性空间 V 的子空间, U 是 W 的一个补空间, 则 V/W 与 U 同构.

证明 设映射 $\rho : U \to V/W, \boldsymbol{u} \mapsto [\boldsymbol{u}]$. 由于 $V = U \bigoplus W$, 对于任意 $\boldsymbol{\alpha} \in V$, 存在唯一的 $\boldsymbol{u} \in U$ 和 $\boldsymbol{w} \in W$, 使得 $\boldsymbol{\alpha} = \boldsymbol{u} + \boldsymbol{w}$. $[\boldsymbol{\alpha}] = [\boldsymbol{u}]$ 并且 $[\boldsymbol{\alpha}] \bigcap U = \{\boldsymbol{u}\}$. 故 ρ 是一一映射. 根据定义 8.17, 对于任意 $\boldsymbol{\alpha}, \boldsymbol{\beta} \in U$ 和 $\lambda \in \mathbb{F}$, 有 $\rho(\boldsymbol{\alpha} + \boldsymbol{\beta}) = \rho(\boldsymbol{\alpha}) + \rho(\boldsymbol{\beta})$, $\rho(\lambda\boldsymbol{\alpha}) = \lambda\rho(\boldsymbol{\alpha})$. 因此, ρ 是同构映射.

根据定理 8.22, 可得如下推论:

定理 8.23 设 W 是有限维线性空间 V 的子空间, 则 $\dim(V/W) = \dim(V) - \dim(W)$.

证明 任取 W 的补空间 U, $\dim(V/W) = \dim(U) = \dim(V) - \dim(W)$.

例 8.26 设 $\boldsymbol{A} \in \mathbb{F}^{m\times n}$, U 是 $\boldsymbol{A}$ 的列向量生成的 $\mathbb{F}^m$ 的子空间, W 是线性方程组 $\boldsymbol{Ax} = \boldsymbol{0}$ 的解空间, 构造从 $\mathbb{F}^n/W$ 到 U 的同构映射.

解 设映射 $\rho : \mathbb{F}^n/W \to U$, $[\boldsymbol{\alpha}] \mapsto \boldsymbol{A\alpha}$. 对于任意 $\boldsymbol{\alpha}, \boldsymbol{\beta} \in \mathbb{F}^n$, $[\boldsymbol{\alpha}] = [\boldsymbol{\beta}] \Leftrightarrow \boldsymbol{A\alpha} = \boldsymbol{A\beta}$. 故 ρ 的定义是合理的, 并且 ρ 是单射. 对于任意 $\boldsymbol{u} \in U$, $\boldsymbol{u}$ 是 $\boldsymbol{A}$ 的列向量的线性组合, 线性方程组 $\boldsymbol{Ax} = \boldsymbol{u}$ 有解. 故 ρ 是满射. 容易验证, ρ 既保加法又保数乘. 因此,ρ 是同构映射.

习 题 8.7

1. 设 V 是定义在区间 I 上的所有实值函数 $f : I \to \mathbb{R}$ 构成的集合. 证明: V 在函数的加法、数乘运算下构成 $\mathbb{R}$ 上的线性空间, 并且 V 与 $\prod_{i\in I} \mathbb{R}$ 同构.

2. 设 U_i, W_i 都是 $\mathbb{F}$ 上的线性空间 V_i $(i = 1, 2)$ 的子空间. 证明:

(1) $(U_1 + W_1) \times (U_2 + W_2)$ 是 $V_1 \times V_2$ 的子空间;

(2) 设 $U_1 + W_1$ 是直和. 是否一定有 $(U_1 \bigoplus W_1) \times V_2 = (U_1 \times V_2) \bigoplus (W_1 \times V_2)$? 证明你的结论.

3. 设 U, W 都是线性空间 V 的子空间. 证明: $(U + W)/W$ 与 $U/(U \bigcap W)$ 同构.

4. 设 V 是 $\mathbb{R}^n$ 的 r 维子空间, $r < n$. 证明: 存在 $\boldsymbol{A} \in \mathbb{R}^{(n-r)\times n}$, 使得 $V = \{\boldsymbol{x} \in \mathbb{R}^n \mid \boldsymbol{A}\boldsymbol{x} = \boldsymbol{0}\}$.

5. 设 $\boldsymbol{A} \in \mathbb{F}^{m\times n}$, U 是 $\boldsymbol{A}$ 的行向量生成的 $\mathbb{F}^n$ 的子空间, W 是线性方程组 $\boldsymbol{A}\boldsymbol{x} = \boldsymbol{0}$ 的解空间, 构造从 $\mathbb{F}^n/W$ 到 U 的同构映射.

6. 设 I 是指标集合, W_i 是 $\mathbb{F}$ 上的线性空间 V_i $(\forall i \in I)$ 的子空间. 证明: $W = \prod\limits_{i\in I} W_i$ 是 $V = \prod\limits_{i\in I} V_i$ 的子空间, 并且 V/W 与 $\prod\limits_{i\in I}(V_i/W_i)$ 同构.

7. 设 I 是指标集合,V_i 是线性空间 V 的子空间,W_i 是 V_i $(\forall i \in I)$ 的子空间.记 $U = \bigoplus\limits_{i\in I} V_i$, $W = \bigoplus\limits_{i\in I} W_i$. U/W 与 $\prod\limits_{i\in I}(V_i/W_i)$ 是否一定同构? 证明你的结论.

第 9 章 线性变换

9.1 基本概念

定义 9.1 设 $(U,\mathbb{F},\bigoplus,*)$ 和 $(V,\mathbb{F},+,\cdot)$ 都是 $\mathbb{F}$ 上的线性空间. 若映射 $\mathcal{A}:U\to V$ 满足

$$\mathcal{A}(\boldsymbol{\alpha}\bigoplus\boldsymbol{\beta})=\mathcal{A}(\boldsymbol{\alpha})+\mathcal{A}(\boldsymbol{\beta}),\quad \mathcal{A}(\lambda*\boldsymbol{\alpha})=\lambda\cdot\mathcal{A}(\boldsymbol{\alpha})\quad(\forall\boldsymbol{\alpha},\boldsymbol{\beta}\in U,\ \lambda\in\mathbb{F})$$

则 $\mathcal{A}$ 称为 $U\to V$ 的**线性映射**或**线性算子**. 在不引起歧义的情形下, 可以把 $\mathcal{A}(\boldsymbol{\alpha})$ 记作 $\mathcal{A}\boldsymbol{\alpha}$, 表示线性算子 $\mathcal{A}$ 作用于向量 $\boldsymbol{\alpha}$. $U\to V$ 的线性映射的全体记作 $L(U,V)$. 特别地, 当 $U=V$ 时, 线性映射 $\mathcal{A}:V\to V$ 也称为 V 上的**线性变换**. V 上的线性变换的全体记作 $L(V)$.

例 9.1 设 U,V 都是 $\mathbb{F}$ 上的线性空间. 容易验证, 下列映射都是线性映射:

(1) **零映射** $\mathcal{O}:U\to V$, $\boldsymbol{\alpha}\mapsto\mathbf{0}$;

(2) **恒等变换** $\mathcal{I}:V\to V$, $\boldsymbol{\alpha}\mapsto\boldsymbol{\alpha}$;

(3) **转置映射** $\mathcal{T}:\mathbb{F}^{m\times n}\to\mathbb{F}^{n\times m}$, $\boldsymbol{X}\mapsto\boldsymbol{X}^{\mathrm{T}}$;

(4) **乘积映射** $\mathcal{M}:\mathbb{F}^{m\times n}\to\mathbb{F}^{p\times q}$, $\boldsymbol{X}\mapsto\boldsymbol{PXQ}$, 其中 $\boldsymbol{P}\in\mathbb{F}^{p\times m}$, $\boldsymbol{Q}\in\mathbb{F}^{n\times q}$ 是给定的常矩阵;

(5) **微分变换** $\mathcal{D}:\mathbb{F}[x]\to\mathbb{F}[x]$, $p(x)\mapsto p'(x)$;

(6) **积分变换** $\mathcal{S}:\mathbb{F}[x]\to\mathbb{F}[x]$, $p(x)\mapsto\int_0^x p(t)\mathrm{d}t$, 其中 $\operatorname{char}\mathbb{F}=0$;

(7) **嵌入映射** $\sigma:U\to U\times V$, $\boldsymbol{\alpha}\mapsto(\boldsymbol{\alpha},\mathbf{0})$;

(8) **投影映射** $\pi:U\to U/V$, $\boldsymbol{\alpha}\mapsto[\boldsymbol{\alpha}]$, 其中 V 是 U 的子空间.

定理 9.1 设 U,V 都是 $\mathbb{F}$ 上的线性空间,$\mathcal{A}\in L(U,V)$. 有下列结论:

(1) $\mathcal{A}(\mathbf{0})=\mathbf{0}$;

(2) $\mathcal{A}(\lambda_1\boldsymbol{\alpha}_1+\lambda_2\boldsymbol{\alpha}_2+\cdots+\lambda_n\boldsymbol{\alpha}_n)=\lambda_1\mathcal{A}(\boldsymbol{\alpha}_1)+\lambda_2\mathcal{A}(\boldsymbol{\alpha}_2)+\cdots+\lambda_n\mathcal{A}(\boldsymbol{\alpha}_n)$ $(\forall\boldsymbol{\alpha}_i\in U,\lambda_i\in\mathbb{F})$;

(3) 若 $\boldsymbol{\alpha}_1,\boldsymbol{\alpha}_2,\cdots,\boldsymbol{\alpha}_n\in U$ 线性相关, 则 $\mathcal{A}\boldsymbol{\alpha}_1,\mathcal{A}\boldsymbol{\alpha}_2,\cdots,\mathcal{A}\boldsymbol{\alpha}_n\in V$ 线性相关;

(4) 若 $\mathcal{A}\boldsymbol{\alpha}_1,\mathcal{A}\boldsymbol{\alpha}_2,\cdots,\mathcal{A}\boldsymbol{\alpha}_n\in V$ 线性无关, 则 $\boldsymbol{\alpha}_1,\boldsymbol{\alpha}_2,\cdots,\boldsymbol{\alpha}_n\in U$ 线性无关;

(5) $\mathcal{A}$ 是单射当且仅当对于任意非零向量 $\boldsymbol{\alpha}\in U$, $\mathcal{A}\boldsymbol{\alpha}\neq\mathbf{0}$;

(6) $\mathcal{A}$ 是满射当且仅当存在 $S\subset U$, 使得 $\mathcal{A}(S)$ 是 V 的基.

定理 9.2 设 U,V 是 $\mathbb{F}$ 上的线性空间, I 是指标集合, $\{\boldsymbol{\alpha}_i\mid i\in I\}$ 是 U 的基, $\{\boldsymbol{\beta}_i\mid i\in I\}$ 是 V 中任意一组向量, 则存在唯一的线性映射 $\mathcal{A}\in L(U,V)$, 使得 $\mathcal{A}\boldsymbol{\alpha}_i=\boldsymbol{\beta}_i(\forall i\in I)$.

证明 (存在性) 构造映射 $\mathcal{A}:U\to V$ 如下: 设 $\mathcal{A}(\mathbf{0})=\mathbf{0}$. 对于任意非零向量 $\boldsymbol{\alpha}\in U$, 存在唯一的正整数 k 以及 $i_1,i_2,\cdots,i_k\in I$ 和 $x_1,x_2,\cdots,x_k\in\mathbb{F}$, 使得 $\boldsymbol{\alpha}=x_1\boldsymbol{\alpha}_{i_1}+x_2\boldsymbol{\alpha}_{i_2}+\cdots+x_k\boldsymbol{\alpha}_{i_k}$. 设 $\mathcal{A}(\boldsymbol{\alpha})=x_1\boldsymbol{\beta}_{i_1}+x_2\boldsymbol{\beta}_{i_2}+\cdots+x_k\boldsymbol{\beta}_{i_k}$. 容易验证 $\mathcal{A}$ 是线性映射.

(唯一性) 若线性映射 $\mathcal{B}$ 也满足 $\mathcal{B}\boldsymbol{\alpha}_i = \boldsymbol{\beta}_i(\forall i \in I)$, 则 $\mathcal{B}\boldsymbol{\alpha} = x_1\mathcal{B}\boldsymbol{\alpha}_{i_1} + x_2\mathcal{B}\boldsymbol{\alpha}_{i_2} + \cdots + x_k\mathcal{B}\boldsymbol{\alpha}_{i_k} = \mathcal{A}\boldsymbol{\alpha}(\forall \boldsymbol{\alpha} \in V)$. 因此, $\mathcal{B} = \mathcal{A}$.

当 U, V 都是有限维线性空间时, 我们可以定义线性映射 $\mathcal{A} \in L(U, V)$ 的矩阵表示.

定义 9.2 取定 U 的基 $S = \{\boldsymbol{\alpha}_1, \boldsymbol{\alpha}_2, \cdots, \boldsymbol{\alpha}_n\}$ 和 V 的基 $T = \{\boldsymbol{\beta}_1, \boldsymbol{\beta}_2, \cdots, \boldsymbol{\beta}_m\}$. 设

$$\mathcal{A}\boldsymbol{\alpha}_j = \sum_{i=1}^{m} a_{ij}\boldsymbol{\beta}_i \quad (\forall j \in I)$$

或者形式上记作

$$\begin{pmatrix}\mathcal{A}\boldsymbol{\alpha}_1 & \mathcal{A}\boldsymbol{\alpha}_2 & \cdots & \mathcal{A}\boldsymbol{\alpha}_n\end{pmatrix} = \begin{pmatrix}\boldsymbol{\beta}_1 & \boldsymbol{\beta}_2 & \cdots & \boldsymbol{\beta}_m\end{pmatrix}\begin{pmatrix} a_{11} & a_{12} & \cdots & a_{1n} \\ a_{21} & a_{22} & \cdots & a_{2n} \\ \vdots & \vdots & & \vdots \\ a_{m1} & a_{m2} & \cdots & a_{mn}\end{pmatrix}$$

则矩阵 $\boldsymbol{A} = (a_{ij}) \in \mathbb{F}^{m\times n}$ 称为**线性映射** $\mathcal{A}$ **在** S, T **下的矩阵表示**. 也就是说, $\mathcal{A}$ 在 S, T 下的矩阵表示由 $\mathcal{A}(S)$ 在 T 下的坐标构成. $\mathcal{A}$ 与 $\boldsymbol{A}$ 的关系如下所示:

$$\begin{array}{ccc} \boldsymbol{\alpha} \in U & \xrightarrow{\mathcal{A}} & \mathcal{A}\boldsymbol{\alpha} \in V \\ {\scriptstyle S}\big\downarrow & & \big\downarrow{\scriptstyle T} \\ \boldsymbol{x} \in \mathbb{F}^n & \xrightarrow{\boldsymbol{A}} & \boldsymbol{A}\boldsymbol{x} \in \mathbb{F}^m \end{array}$$

特别地, 当 $U = V$ 且 $\boldsymbol{\beta}_i = \boldsymbol{\alpha}_i$ 时, $\boldsymbol{A}$ 也称为**线性变换** $\mathcal{A}$ **在** S **下的矩阵表示**.

对于任意 $\boldsymbol{\alpha} \in U$, 设 $\boldsymbol{\alpha} = x_1\boldsymbol{\alpha}_1 + x_2\boldsymbol{\alpha}_2 + \cdots + x_n\boldsymbol{\alpha}_n$, $\mathcal{A}\boldsymbol{\alpha} = y_1\boldsymbol{\beta}_1 + y_2\boldsymbol{\beta}_2 + \cdots + y_m\boldsymbol{\beta}_m$. 由

$$\mathcal{A}\boldsymbol{\alpha} = \sum_{j=1}^{n} x_j\mathcal{A}\boldsymbol{\alpha}_j = \sum_{i=1}^{m} x_j\left(\sum_{j=1}^{n} a_{ij}\boldsymbol{\beta}_i\right) = \sum_{i=1}^{m}\left(\sum_{j=1}^{n} a_{ij}x_j\right)\boldsymbol{\beta}_i$$

可得 $y_i = \sum\limits_{j=1}^{n} a_{ij}x_j(\forall i \in I)$, 即 $\boldsymbol{y} = \boldsymbol{A}\boldsymbol{x}$. 这称为**线性映射** $\mathcal{A}$ **在** S, T **下的坐标表示**.

例 9.2 转置映射 $f: \mathbb{F}^{2\times 3} \to \mathbb{F}^{3\times 2}, \boldsymbol{X} \mapsto \boldsymbol{X}^{\mathrm{T}}$ 在 $\mathbb{F}^{2\times 3}$ 的基 $\boldsymbol{E}_{11}, \boldsymbol{E}_{12}, \boldsymbol{E}_{13}, \boldsymbol{E}_{21}, \boldsymbol{E}_{22}, \boldsymbol{E}_{23}$ 和 $\mathbb{F}^{3\times 2}$ 的基 $\boldsymbol{E}_{11}, \boldsymbol{E}_{12}, \boldsymbol{E}_{21}, \boldsymbol{E}_{22}, \boldsymbol{E}_{31}, \boldsymbol{E}_{32}$ 下的矩阵表示为

$$\begin{pmatrix} 1 & 0 & 0 & 0 & 0 & 0 \\ 0 & 0 & 0 & 1 & 0 & 0 \\ 0 & 1 & 0 & 0 & 0 & 0 \\ 0 & 0 & 0 & 0 & 1 & 0 \\ 0 & 0 & 1 & 0 & 0 & 0 \\ 0 & 0 & 0 & 0 & 0 & 1 \end{pmatrix}$$

例 9.3 微分映射 $\mathcal{D}: \mathbb{R}_n[x] \to \mathbb{R}_n[x]$, $f(x) \mapsto f'(x)$ 在 $\mathbb{R}_n[x]$ 的基 $1, x, \cdots, x^{n-1}$ 下的矩阵表示为

$$\begin{pmatrix} 0 & 1 & & & \\ & 0 & 2 & & \\ & & \ddots & \ddots & \\ & & & 0 & n-1 \\ & & & & 0 \end{pmatrix}$$

例 9.4 在例 2.11 中,$\boldsymbol{y}=(\boldsymbol{A}\bigotimes\boldsymbol{I})\boldsymbol{x}$ 是 $\mathbb{F}^{2\times2}$ 上的线性变换 $\boldsymbol{X}\mapsto\boldsymbol{AX}$ 在 $\boldsymbol{E}_{11},\boldsymbol{E}_{12},\boldsymbol{E}_{21},\boldsymbol{E}_{22}$ 下的坐标表示, $\boldsymbol{y}=(\boldsymbol{I}\bigotimes\boldsymbol{B}^{\mathrm{T}})\boldsymbol{x}$ 是线性变换 $\boldsymbol{X}\mapsto\boldsymbol{XB}$ 的坐标表示, $\boldsymbol{y}=(\boldsymbol{A}\bigotimes\boldsymbol{B}^{\mathrm{T}})\boldsymbol{x}$ 是线性变换 $\boldsymbol{X}\mapsto\boldsymbol{AXB}$ 的坐标表示.

由于每个线性空间可以取不同的基, 一个线性映射在不同基下的矩阵表示一般是不同的, 那么它们之间有何联系呢?

定理 9.3 设 U,V 是 $\mathbb{F}$ 上的有限维线性空间, S_1,S_2 是 U 的两组基, $\boldsymbol{P}$ 是从 S_1 到 S_2 的过渡矩阵, T_1,T_2 是 V 的两组基, $\boldsymbol{Q}$ 是从 T_1 到 T_2 的过渡矩阵, 线性映射 $\mathcal{A}:U\to V$ 在 S_i,T_i 下的矩阵表示为 $\boldsymbol{A}_i$, 则有 $\boldsymbol{A}_2=\boldsymbol{Q}^{-1}\boldsymbol{A}_1\boldsymbol{P}$. 因此, $\boldsymbol{A}_1$ 与 $\boldsymbol{A}_2$ 相抵. 特别地, 当 $U=V$, $S_1=T_1$, $S_2=T_2$ 时, $\boldsymbol{P}=\boldsymbol{Q}$, $\boldsymbol{A}_1$ 与 $\boldsymbol{A}_2$ 相似.

证明 $\boldsymbol{P}$ 的列向量是 S_2 在 S_1 下的坐标. 根据 $\mathcal{A}$ 的坐标表示, $\boldsymbol{A}_1\boldsymbol{P}$ 的列向量是 $\mathcal{A}(S_2)$ 在 T_1 下的坐标. 再根据坐标变换公式, $\mathcal{A}(S_2)$ 在 T_2 下的坐标 $\boldsymbol{A}_2=\boldsymbol{Q}^{-1}\boldsymbol{A}_1\boldsymbol{P}$.

习 题 9.1

1. 证明定理 9.1.

2. 下列映射 $\mathcal{A}$ 是否是 $V\to V$ 的线性映射? 证明你的结论.

(1) $\mathbb{F}=\mathbb{R}$, $V=\mathbb{C}^{n\times n}$, $\boldsymbol{X}\mapsto\boldsymbol{X}^{\mathrm{T}}$;

(2) $\mathbb{F}=\mathbb{C}$, $V=\mathbb{C}^{n\times n}$, $\boldsymbol{X}\mapsto\boldsymbol{X}^{\mathrm{T}}$;

(3) $\mathbb{F}=\mathbb{R}$, $V=\mathbb{C}^{n\times n}$, $\boldsymbol{X}\mapsto\boldsymbol{X}^{\mathrm{H}}$;

(4) $\mathbb{F}=\mathbb{C}$, $V=\mathbb{C}^{n\times n}$, $\boldsymbol{X}\mapsto\boldsymbol{X}^{\mathrm{H}}$;

(5) $\mathbb{F}=\mathbb{R}$, $V=\mathbb{C}^{2\times 2}$, $\boldsymbol{X}\mapsto\boldsymbol{X}^{*}$ (伴随方阵);

(6) $\mathbb{F}=\mathbb{C}$, $V=\mathbb{C}^{2\times 2}$, $\boldsymbol{X}\mapsto\boldsymbol{X}^{+}$ (Moore-Penrose 广义逆);

(7) $\mathbb{F}=\mathbb{R}$, $V=\mathbb{R}[x]$, $p(x)\mapsto p(x^2)$;

(8) $\mathbb{F}=\mathbb{R}$, $V=\mathbb{R}[x]$, $p(x)\mapsto(p(x))^2$;

(9) $\mathbb{F}=\mathbb{R}$, $V=\mathbb{R}[x]$, $p(x)\mapsto\displaystyle\int_{1-x^2}^{1+x^2}p(t)\mathrm{d}t$;

(10) $\mathbb{F}=\mathbb{R}$, $V=\mathbb{R}[x]$, $p(x)\mapsto\displaystyle\int_{-\infty}^{+\infty}\mathrm{e}^{-(x+t)^2}p(t^2)\mathrm{d}t$.

3. 视 $\mathbb{C}$ 为 $\mathbb{R}$ 上的线性空间. 映射 $\mathcal{A}:\mathbb{C}\to\mathbb{R}^{2\times2}$, $a+b\mathrm{i}\mapsto\begin{pmatrix}a & b\\ -b & a\end{pmatrix}$ 是否是线性映射/单射/满射/可逆映射? 证明你的结论.

4. 设 U,V 是 $\mathbb{F}$ 上的线性空间, I 是指标集合, $\{\boldsymbol{\alpha}_i\mid i\in I\}\subset U$, $\{\boldsymbol{\beta}_i\mid i\in I\}\subset V$. 证明下列两个叙述等价:

(1) 存在线性映射 $\mathcal{A}:U\to V$, 使得 $f(\boldsymbol{\alpha}_i)=\boldsymbol{\beta}_i(\forall i\in I)$;

(2) 若 $\mathbb{F}$ 中的数列 $\{x_i\}_{i\in I}$ 仅有限多项非零, 满足 $\displaystyle\sum_{i\in I}x_i\boldsymbol{\alpha}_i=\boldsymbol{0}$, 则 $\displaystyle\sum_{i\in I}x_i\boldsymbol{\beta}_i=\boldsymbol{0}$.

5. 写出下列线性变换 $\mathcal{A}\in L(V)$ 在标准基或指定基下的矩阵表示:

(1) $V=\mathbb{R}^2$, $\mathcal{A}$ 把任意平面向量绕原点顺时针旋转 θ;

(2) $V=\mathbb{R}^3$, $\mathcal{A}$ 把任意空间向量绕 $(1,1,1)$ 按右手定则旋转 θ;

(3) $V=\mathbb{R}^3$, $\mathcal{A}$ 把任意点垂直投影到平面 $x_1+x_2+x_3=0$ 上;

(4) $V=\mathbb{R}^3$, $\mathcal{A}$ 把任意点映到它关于平面 $x_1+x_2+x_3=0$ 的对称点;

(5) $V=\mathbb{F}^{2\times 2}$, $\mathcal{A}(\boldsymbol{X})=\mathrm{tr}(\boldsymbol{X})\boldsymbol{A}$, 其中 $\boldsymbol{A}\in V$ 是常矩阵;

(6) $V=\mathbb{F}^{2\times 2}$, $\mathcal{A}(\boldsymbol{X})=\boldsymbol{PXQ}$, 其中 $\boldsymbol{P},\boldsymbol{Q}\in V$ 是常矩阵;

(7) $V=\mathbb{F}^{2\times 2}$, $\mathcal{A}(\boldsymbol{X})=\boldsymbol{PX}^{\mathrm{T}}\boldsymbol{Q}$, 其中 $\boldsymbol{P},\boldsymbol{Q}\in V$ 是常矩阵;

(8) $V=\mathbb{R}_4[x]$, 基取 $1,x-a,(x-a)^2,(x-a)^3$, $\mathcal{A}$ 是微分变换, 其中 $a\in\mathbb{R}$ 是常数;

(9) $V=\{(c_0+c_1x+c_2x^2+c_3x^3)\,\mathrm{e}^x \mid c_0,c_1,c_2,c_3\in\mathbb{R}\}$, $\mathcal{A}$ 是微分变换;

(10) $V=\{a_1\cos x+a_2\cos(2x)+b_1\sin x+b_2\sin(2x)\mid a_1,a_2,b_1,b_2\in\mathbb{R}\}$, $\mathcal{A}$ 是微分变换.

6. 已知 $\mathbb{R}^3$ 上的线性变换 $\mathcal{A}:\boldsymbol{\alpha}_i\mapsto\boldsymbol{\beta}_i(\forall i=1,2,3)$. 分别求 $\mathcal{A}$ 在 $\{\boldsymbol{e}_1,\boldsymbol{e}_2,\boldsymbol{e}_3\}$,$\{\boldsymbol{\alpha}_1,\boldsymbol{\alpha}_2,\boldsymbol{\alpha}_3\}$, $\{\boldsymbol{\beta}_1,\boldsymbol{\beta}_2,\boldsymbol{\beta}_3\}$ 下的矩阵表示, 其中

(1) $\boldsymbol{\alpha}_1=(0,1,0)$, $\boldsymbol{\alpha}_2=(1,0,1)$, $\boldsymbol{\alpha}_3=(1,1,0)$;
$\boldsymbol{\beta}_1=(0,1,1)$, $\boldsymbol{\beta}_2=(0,0,1)$, $\boldsymbol{\beta}_3=(1,1,1)$;

(2) $\boldsymbol{\alpha}_1=(0,1,1)$, $\boldsymbol{\alpha}_2=(1,0,1)$, $\boldsymbol{\alpha}_3=(1,1,0)$;
$\boldsymbol{\beta}_1=(2,1,1)$, $\boldsymbol{\beta}_2=(1,2,1)$, $\boldsymbol{\beta}_3=(1,1,2)$.

7. 分别求满足条件的所有线性变换 $\mathcal{A}\in L(\mathbb{F}^{n\times n})$:

(1) $\mathcal{A}(\boldsymbol{X}^{\mathrm{T}})=\mathcal{A}(\boldsymbol{X})$;
(2) $\mathcal{A}(\boldsymbol{X}^{\mathrm{T}})=(\mathcal{A}(\boldsymbol{X}))^{\mathrm{T}}$;
(3) $\mathcal{A}(\boldsymbol{XY})=\mathcal{A}(\boldsymbol{YX})$;
(4) $\mathcal{A}(\boldsymbol{XY})=\mathcal{A}(\boldsymbol{X})\mathcal{A}(\boldsymbol{Y})$;
(5) $\mathcal{A}(\boldsymbol{XY})=\mathcal{A}(\boldsymbol{Y})\mathcal{A}(\boldsymbol{X})$.

9.2 线性映射的运算

定义 9.3 设 U,V 是 $\mathbb{F}$ 上的线性空间, $\mathcal{A},\mathcal{B}\in L(U,V)$,$\lambda\in\mathbb{F}$. 定义线性映射的**加法**运算 $\mathcal{A}+\mathcal{B}$ 和**数乘**运算 $\lambda\mathcal{A}$ 如下:

$$(\mathcal{A}+\mathcal{B})\boldsymbol{\alpha}=\mathcal{A}\boldsymbol{\alpha}+\mathcal{B}\boldsymbol{\alpha},\quad (\lambda\mathcal{A})\boldsymbol{\alpha}=\lambda(\mathcal{A}\boldsymbol{\alpha})\quad (\forall\boldsymbol{\alpha}\in U)$$

容易验证, $\mathcal{A}+\mathcal{B}$ 和 $\lambda\mathcal{A}$ 都是 $U\to V$ 的线性映射. 从而, $L(U,V)$ 和 $L(V)$ 在线性映射的加法和数乘运算下均构成 $\mathbb{F}$ 上的线性空间.

定理 9.4 设 U,V 分别是 $\mathbb{F}$ 上的 n,m 维线性空间, S,T 分别是 U,V 的基. 对于任意线性映射 $\mathcal{A}\in L(U,V)$, 设 $\boldsymbol{A}$ 是 $\mathcal{A}$ 在 S,T 下的矩阵表示, 则映射

$$\rho: L(U,V)\to\mathbb{F}^{m\times n},\quad \mathcal{A}\mapsto\boldsymbol{A}$$

是线性映射, 也是同构映射. 从而,$\dim(L(U,V))=mn$.

定义 9.4 设 U,V,W 是 $\mathbb{F}$ 上的线性空间, $\mathcal{A}\in L(U,V)$, $\mathcal{B}\in L(V,W)$, 则复合映射

$$\mathcal{B}\circ\mathcal{A}: U\to W,\quad \boldsymbol{\alpha}\mapsto\mathcal{B}(\mathcal{A}(\boldsymbol{\alpha}))$$

也是线性映射. $\mathcal{B}\circ\mathcal{A}$ 称为线性映射 $\mathcal{B}$ 与 $\mathcal{A}$ 的**乘积**. 在不引起歧义的情形下, 可以把 $\mathcal{B}\circ\mathcal{A}$ 记作 $\mathcal{BA}$, 称为两个线性算子的乘积.

设 $\mathcal{A}\in L(V)$, k 是正整数. $\mathcal{A}^k=\underbrace{\mathcal{A}\circ\cdots\circ\mathcal{A}}_{k\text{个}}$ 称为 $\mathcal{A}$ 的 k 次**方幂**. 特别地, 规定 $\mathcal{A}^0=\mathcal{I}$ 是恒等变换. 对于任意 $p(x)=c_0+c_1x+\cdots+c_kx^k\in\mathbb{F}[x]$, 线性变换 $c_0\mathcal{I}+c_1\mathcal{A}+\cdots+c_k\mathcal{A}^k\in L(V)$ 称为 $\mathcal{A}$ 的**多项式**, 记作 $p(\mathcal{A})$.

容易验证, 对于任意 $\mathcal{A}\in L(V)$ 和 $p(x),q(x)\in\mathbb{F}[x]$, 有

$$(p+q)(\mathcal{A})=p(\mathcal{A})+q(\mathcal{A}),\quad (p\cdot q)(\mathcal{A})=p(\mathcal{A})q(\mathcal{A})$$

也就是说, 对于取定的线性变换 $\mathcal{A}$, 映射 $p(x)\mapsto p(\mathcal{A})$ 保持多项式的加法、乘法运算与线性变换的加法、乘法运算之间的对应关系, 这种映射称为从 $\mathbb{F}[x]$ 到 $\mathbb{F}[\mathcal{A}]$ 的同态映射.

定理 9.5 设 S_U,S_V,S_W 分别是 $\mathbb{F}$ 上的有限维线性空间 U,V,W 的基, $\boldsymbol{A}$ 是 $\mathcal{A}\in L(U,V)$ 在 S_U,S_V 下的矩阵表示, $\boldsymbol{B}$ 是 $\mathcal{B}\in L(V,W)$ 在 S_V,S_W 下的矩阵表示, 则 $\boldsymbol{BA}$ 是 $\mathcal{B}\circ\mathcal{A}$ 在 S_U,S_W 下的矩阵表示.

由定理 9.4 和定理 9.5 可知, 在取定有限维线性空间的基的情况下, 线性映射与其矩阵表示一一对应, 并且线性映射的乘积 (复合) 与矩阵的乘积一一对应:

$$\begin{array}{ccccc}
\boldsymbol{\alpha}\in U & \xrightarrow{\mathcal{A}} & \mathcal{A}\boldsymbol{\alpha}\in V & \xrightarrow{\mathcal{B}} & \mathcal{B}(\mathcal{A}\boldsymbol{\alpha})\in W \\
{\scriptstyle S_U}\big\downarrow & & \big\downarrow{\scriptstyle S_V} & & \big\downarrow{\scriptstyle S_W} \\
\boldsymbol{x} & \xrightarrow{\boldsymbol{A}} & \boldsymbol{y}=\boldsymbol{Ax} & \xrightarrow{\boldsymbol{B}} & \boldsymbol{z}=\boldsymbol{By}=\boldsymbol{BAx}
\end{array}$$

定义 9.5 设 U,V 是 $\mathbb{F}$ 上的线性空间, $\mathcal{A}\in L(U,V)$, $\mathcal{B}\in L(V,U)$. 若 $\mathcal{AB}=\mathcal{I}_V$, 则称 $\mathcal{A}$ 是 $\mathcal{B}$ 的**左逆**, $\mathcal{B}$ 是 $\mathcal{A}$ 的**右逆**. 若 $\mathcal{A}$ 既有左逆,$\mathcal{B}$ 又有右逆 $\mathcal{C}$, 则有 $\mathcal{B}=\mathcal{B}(\mathcal{AC})=(\mathcal{BA})\mathcal{C}=\mathcal{C}$, $\mathcal{B}$ 称为 $\mathcal{A}$ 的**逆映射**, 记作 $\mathcal{B}=\mathcal{A}^{-1}$, 并称 $\mathcal{A}$ 是**可逆的**.

定理 9.6 设 U,V 是 $\mathbb{F}$ 上的线性空间, $\mathcal{A}\in L(U,V)$. $\mathcal{A}$ 有左逆/有右逆/可逆当且仅当 $\mathcal{A}$ 是单射/满射/一一映射.

证明 当 $\mathcal{A}$ 有左逆 $\mathcal{B}$ 时, $\mathcal{A}\boldsymbol{\alpha}=\mathcal{A}\boldsymbol{\beta}\Rightarrow\mathcal{B}(\mathcal{A}\boldsymbol{\alpha})=\mathcal{B}(\mathcal{A}\boldsymbol{\beta})\Rightarrow\boldsymbol{\alpha}=\boldsymbol{\beta}$. 故 $\mathcal{A}$ 是单射.

当 $\mathcal{A}$ 是单射时, 设 $\{\boldsymbol{\alpha}_i\mid i\in I\}$ 是 U 的一组基, $\boldsymbol{\beta}_i=\mathcal{A}\boldsymbol{\alpha}_i$, 则 $\{\boldsymbol{\beta}_i\mid i\in I\}$ 线性无关, 可以扩充为 V 的一组基 $\{\boldsymbol{\beta}_j\mid j\in J\}$, 其中 $I\subset J$. 根据定理 9.2 得, 存在 $\mathcal{B}\in L(V,U)$, 使得 $\mathcal{B}\boldsymbol{\beta}_j=\begin{cases}\boldsymbol{\alpha}_j, & j\in I\\ 0, & j\notin I\end{cases}$. $\mathcal{B}$ 是 $\mathcal{A}$ 的左逆.

当 $\mathcal{A}$ 有右逆 $\mathcal{B}$ 时, 对于任意 $\boldsymbol{\alpha}\in V$, $\boldsymbol{\beta}=\mathcal{B}\boldsymbol{\alpha}$ 满足 $\mathcal{A}\boldsymbol{\beta}=\boldsymbol{\alpha}$. 故 $\mathcal{A}$ 是满射.

当 $\mathcal{A}$ 是满射时, 设 $\{\boldsymbol{\alpha}_i\mid i\in I\}$ 是 V 的一组基, $\boldsymbol{\alpha}_i=\mathcal{A}\boldsymbol{\beta}_i$. 根据定理 9.2 得, 存在 $\mathcal{B}\in L(V,U)$, 使得 $\mathcal{B}\boldsymbol{\alpha}_i=\boldsymbol{\beta}_i$ $(\forall i\in I)$. $\mathcal{B}$ 是 $\mathcal{A}$ 的右逆.

综上, $\mathcal{A}$ 可逆 $\Leftrightarrow$ $\mathcal{A}$ 既有左逆, 又有右逆 $\Leftrightarrow$ $\mathcal{A}$ 既是单射, 又是满射 $\Leftrightarrow$ $\mathcal{A}$ 是一一映射.

定理 9.7 设 U,V 是 $\mathbb{F}$ 上的有限维线性空间, S,T 分别是 U,V 的基, $\mathcal{A}\in L(U,V)$, $\boldsymbol{A}$ 是 $\mathcal{A}$ 在 S,T 下的矩阵表示. $\mathcal{A}$ 有左逆/有右逆/可逆当且仅当 $\boldsymbol{A}$ 有左逆/有右逆/可逆.

证明 设 $\boldsymbol{B}$ 是 $\mathcal{B}\in L(V,U)$ 在 T,S 下的矩阵表示. $\mathcal{BA}=\mathcal{I}_U\Leftrightarrow\boldsymbol{BA}=\boldsymbol{I}$. $\mathcal{AB}=\mathcal{I}_V\Leftrightarrow\boldsymbol{AB}=\boldsymbol{I}$.

习 题 9.2

1. 证明定理 9.4 和定理 9.5.
2. 设 $U=\mathbb{F}^m$, $V=\mathbb{F}^n$. 求 $L(U,V)$ 的一个基 S, 以及任意 $\mathcal{A}\in L(U,V)$ 在 S 下的坐标.
3. 设 $\mathcal{A},\mathcal{B}\in L(\mathbb{F}^n)$, $\operatorname{char}\mathbb{F}\nmid n$. 证明: $\mathcal{C}=\mathcal{AB}-\mathcal{BA}$ 一定不是恒等变换.
4. 设 $U=\mathbb{F}^{m\times n}$, $V=\mathbb{F}^{p\times q}$, $\mathcal{A}\in L(U,V):\boldsymbol{X}\mapsto\boldsymbol{PXQ}$, $\boldsymbol{P}\in\mathbb{F}^{p\times m}$, $\boldsymbol{Q}\in\mathbb{F}^{n\times q}$.
(1) 当 $\boldsymbol{P},\boldsymbol{Q}$ 满足何条件时, $\mathcal{A}$ 有左逆? 并求 $\mathcal{A}$ 的所有左逆;
(2) 当 $\boldsymbol{P},\boldsymbol{Q}$ 满足何条件时, $\mathcal{A}$ 有右逆? 并求 $\mathcal{A}$ 的所有右逆;
(3) 当 $\boldsymbol{P},\boldsymbol{Q}$ 满足何条件时, $\mathcal{A}$ 可逆? 并求 $\mathcal{A}^{-1}$.
5. 设 $V=\mathbb{F}^{n\times n}$, $\mathcal{A}\in L(V):\boldsymbol{X}\mapsto a\boldsymbol{X}+b\boldsymbol{X}^{\mathrm{T}}$, $a,b\in\mathbb{F}$.
(1) 若 $\mathcal{A}$ 可逆, a,b 应满足的充分必要条件是什么?
(2) 求 $\mathcal{A}$ 的最小多项式.
6. 设 V 是 $\mathbb{F}$ 上的有限维线性空间, $\mathcal{A}\in L(V)$. 证明:
(1) 存在非零多项式 $p(x)\in\mathbb{F}[x]$, 使得 $p(\mathcal{A})=\mathcal{O}$;
(2) $\mathcal{A}$ 是单射 $\Leftrightarrow$ $\mathcal{A}$ 是满射 $\Leftrightarrow$ $\mathcal{A}$ 可逆;
(3) 当 V 是无限维时, (1) 和 (2) 是否仍然成立? 证明你的结论.
7. 设 $V=\mathbb{F}_n[x]$, $\operatorname{char}\mathbb{F}=0$, $\mathcal{A}\in L(V):f(x)\mapsto f(x+1)$.
(1) 证明: $\mathcal{A}$ 是 V 上的可逆线性变换;
(2) 求 $\mathcal{A}$ 在 V 的基 $1,x,x^2,\cdots,x^{n-1}$ 下的矩阵表示;
(3) 设 $\mathcal{D}\in L(V)$ 是微分变换, $p(x)=\displaystyle\sum_{k=0}^{n-1}\frac{x^k}{k!}\in\mathbb{F}[x]$. 证明: $\mathcal{A}=p(\mathcal{D})$.
8. 设 $V=\mathbb{F}[x]$, $\operatorname{char}\mathbb{F}=0$, $\mathcal{D},\mathcal{S}\in L(V)$ 分别是例 9.1 中的微分变换和积分变换.
(1) 求 $\mathcal{D}\circ\mathcal{S}$ 和 $\mathcal{S}\circ\mathcal{D}$, 并说明 $\mathcal{D}$ 和 $\mathcal{S}$ 是否有左逆/有右逆/可逆;
(2) 设 $\mathcal{M}\in L(V):f(x)\mapsto xf(x)$. 证明: $\mathcal{D}\circ\mathcal{M}-\mathcal{M}\circ\mathcal{D}=\mathcal{I}$ 是恒等变换;
(3) 设 $\mathcal{A}\in L(V)$ 满足 $\mathcal{A}\circ\mathcal{D}=\mathcal{D}\circ\mathcal{A}$. 证明: 存在数列 $\{a_k\}_{k\in\mathbb{N}}$, 使得

$$\mathcal{A}(f)=\sum_{k=0}^{\deg f}a_k\mathcal{D}^k(f)$$

(4) 设 $\mathcal{A}\in L(V)$ 满足 $\mathcal{A}\circ\mathcal{S}=\mathcal{S}\circ\mathcal{A}$. 证明: 存在 $p\in\mathbb{F}[x]$, 使得 $\mathcal{A}=p(\mathcal{S})$.

9.3 对偶空间

定义 9.6 设 V 是 $\mathbb{F}$ 上的线性空间. $V^*=L(V,\mathbb{F})$ 称为 V 的**对偶空间**. 任意 $f\in V^*$ 也称为 V 上的**线性函数**或**线性泛函**.

例 9.5 设 V 是 $\mathbb{F}$ 上的线性空间, $S=\{\alpha_i\mid i\in I\}$ 是 V 的基. 映射 $p_k:\displaystyle\sum_{i\in I}x_i\alpha_i\mapsto x_k$ $(\forall k\in I)$ 是 V 上的线性函数.

例 9.6 设 $V=\mathscr{C}[0,1]$, $a\in[0,1]$, $g\in V$. 映射 $\tau: f\mapsto f(a)$ 和 $\sigma: f\mapsto \int_0^1 f(t)g(t)\mathrm{d}t$ 是 V 上的线性函数.

定理 9.8 设 $\dim(V)=n<\infty$, 则 $\dim(V^*)=n$, 从而 V^* 与 V 同构.

证明 任取 V 的基 $\alpha_1,\alpha_2,\cdots,\alpha_n$, 设 $p_k\in V^*: \sum_{i=1}^{n} x_i\alpha_i\mapsto x_k$. 注意到:

(1) 若 $\sum_{i=1}^{n}\lambda_i p_i$ 是零函数, 则

$$\left(\sum_{i=1}^{n}\lambda_i p_i\right)(\alpha_k)=\lambda_k=0\quad(\forall k\in I)$$

故 $p_1,p_2,\cdots,p_n$ 线性无关.

(2) 对任意 $f\in V^*$ 和 $v=\sum_{i=1}^{n}x_i\alpha_i\in V$,

$$f(v)=\sum_{i=1}^{n}x_i f(\alpha_i)=\sum_{i=1}^{n}p_i(v)f(\alpha_i)=\left(\sum_{i=1}^{n}f(\alpha_i)p_i\right)(v)$$

故 $f=\sum_{i=1}^{n}f(\alpha_i)p_i$.

因此, $p_1,p_2,\cdots,p_n$ 是 V^* 的基, $\dim(V^*)=n$. 根据定理 8.12 得, V^* 与 V 同构.

定义 9.7 设 $S=\{\alpha_1,\alpha_2,\cdots,\alpha_n\}$ 是 n 维线性空间 V 的基. 定理 9.8 的证明中的 $\{p_1,p_2,\cdots,p_n\}$ 称为 S 的**对偶基**. 通常记 $S^*=\{\alpha_1^*,\alpha_2^*,\cdots,\alpha_n^*\}$, 其中 $\alpha_i^*=p_i$. 任意 $f\in V^*$ 在 S^* 下的坐标为 $(f(\alpha_1),f(\alpha_2),\cdots,f(\alpha_n))$.

例 9.7 设 $V=\mathbb{F}^{n\times n}$, $S=\{\boldsymbol{E}_{ij}\mid 1\leqslant i,j\leqslant n\}$ 是 V 的基, S 的对偶基 $S^*=\{E_{ij}^*\mid 1\leqslant i,j\leqslant n\}$, 其中 $E_{ij}^*:\boldsymbol{A}\mapsto a_{ij}$. 迹函数 $\mathrm{tr}\in V^*$ 可以表示成 $\mathrm{tr}=\sum_{i=1}^{n}E_{ii}^*$.

例 9.8 设 $V=\mathbb{R}_n[x]$, $S=\{(x-a)^{i-1}\mid 1\leqslant i\leqslant n\}$ 是 V 的基, $a\in\mathbb{F}$. 由例 8.17 可知, S 的对偶基 $S^*=\{p_i\mid 1\leqslant i\leqslant n\}$, 其中 $p_i(f)=\dfrac{f^{(i-1)}(a)}{(i-1)!}$.

例 9.9 设 $V=\mathbb{R}[x]$. 对于任意 $a\in\mathbb{R}$, 定义 $\pi_a\in V^*: f(x)\mapsto f(a)$, 则 $S=\{\pi_a\mid a\in\mathbb{R}\}$ 是线性无关的. 由此可知, $\dim(V)$ 是可数的, $\dim(V^*)$ 是不可数的.

证明 对于 S 的任意有限子集 $\{\pi_{a_1},\pi_{a_2},\cdots,\pi_{a_n}\}$, 若 $\lambda_1,\lambda_2,\cdots,\lambda_n\in\mathbb{F}$ 使得 $\lambda_1\pi_{a_1}+\lambda_2\pi_{a_2}+\cdots+\lambda_n\pi_{a_n}=0$, 则

$$(\lambda_1\pi_{a_1}+\lambda_2\pi_{a_2}+\cdots+\lambda_n\pi_{a_n})\prod_{\substack{1\leqslant j\leqslant n\\ j\neq i}}(x-a_j)=\lambda_i\prod_{\substack{1\leqslant j\leqslant n\\ j\neq i}}(a_i-a_j)=0$$

故 $\lambda_i=0(\forall 1\leqslant i\leqslant n)$. 因此, S 是线性无关的.

当 V 是无限维线性空间时, 设 $S=\{\alpha_i\mid i\in I\}$ 是 V 的基, $p_k\in V^*:\sum_{i\in I}x_i\alpha_i\mapsto x_k$. 容易验证, 向量组 $S^*=\{p_i\mid i\in I\}$ 线性无关. 由下例可知, S^* 不是 V^* 的基.

例 9.10　设 $f\in V^*:\sum\limits_{i\in I}x_i\boldsymbol{\alpha}_i\mapsto\sum\limits_{i\in I}x_i$, 则 $\mathcal{A}\notin \mathrm{Span}(S^*)$.

证明　假设 $f\in\mathrm{Span}(S^*)$, 则存在 $i_1,\cdots,i_k\in I$, $\lambda_1,\cdots,\lambda_k\in\mathbb{F}$, 使得 $f=\lambda_1\alpha_{i_1}^*+\cdots+\lambda_k\alpha_{i_k}^*$. 任取 $j\in I\setminus\{i_1,\cdots,i_k\}$, 则 $f(\boldsymbol{\alpha}_j)=\lambda_1\alpha_{i_1}^*(\boldsymbol{\alpha}_j)+\cdots+\lambda_k\alpha_{i_k}^*(\boldsymbol{\alpha}_j)=0$, 与 $f(\boldsymbol{\alpha}_j)=1$ 矛盾.

一般说来, V^* 与 $\prod\limits_{i\in I}\mathbb{F}$ 同构, 与 V 可能不同构. 容易验证, $\rho:V^*\to\prod\limits_{i\in I}\mathbb{F}, f\mapsto\big(f(\alpha_i)\big)_{i\in I}$ 是同构映射.

定义 9.8　设 U,V 是 $\mathbb{F}$ 上的线性空间, $\mathcal{A}\in L(U,V)$. 线性映射

$$\mathcal{A}^\dagger\in L(V^*,U^*):f\mapsto f\circ\mathcal{A}$$

称为 $\mathcal{A}$ 的**伴随映射** (operator adjoint). 换句话说,

$$(\mathcal{A}^\dagger f)(x)=f(\mathcal{A}x)\quad(\forall x\in U)$$

各映射之间的关系如下所示:

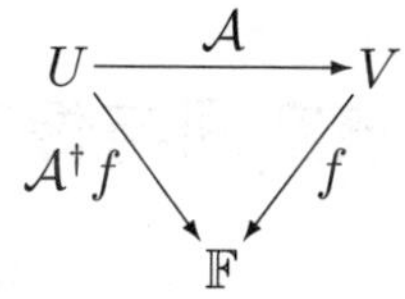

定理 9.9　设 U,V 是 $\mathbb{F}$ 上的有限维线性空间, S,T 分别是 U,V 的基, S^*,T^* 分别是 S,T 的对偶基, $\mathcal{A}\in L(U,V)$, $\boldsymbol{A}$ 是 $\mathcal{A}$ 在 S,T 下的矩阵表示, 则 $\boldsymbol{A}^{\mathrm{T}}$ 是 $\mathcal{A}^\dagger$ 在 T^*, S^* 下的矩阵表示.

证明　$\mathcal{A}$ 在 S,T 下的坐标表示 $\mathcal{A}(\boldsymbol{x})=\boldsymbol{A}\boldsymbol{x}$. 任取 $f\in V^*$, 设 f 在 T^* 下的坐标是 $\boldsymbol{c}$, 则 f 的坐标表示 $f(\boldsymbol{x})=\boldsymbol{c}^{\mathrm{T}}\boldsymbol{x}$, $f\circ\mathcal{A}$ 的坐标表示 $(f\circ\mathcal{A})(\boldsymbol{x})=\boldsymbol{c}^{\mathrm{T}}(\boldsymbol{A}\boldsymbol{x})=(\boldsymbol{c}^{\mathrm{T}}\boldsymbol{A})\boldsymbol{x}$, 得 $f\circ\mathcal{A}$ 在 S^* 下的坐标是 $\boldsymbol{A}^{\mathrm{T}}\boldsymbol{c}$. 因此, $\boldsymbol{A}^{\mathrm{T}}$ 是 $\mathcal{A}^\dagger$ 在 T^*,S^* 下的矩阵表示.

习　题　9.3

1. 设 $\boldsymbol{\alpha}_1,\boldsymbol{\alpha}_2,\cdots,\boldsymbol{\alpha}_n$ 是 $\mathbb{F}^n$ 的基, $\boldsymbol{\alpha}_1^*,\boldsymbol{\alpha}_2^*,\cdots,\boldsymbol{\alpha}_n^*$ 是其对偶基, 其中

$$\boldsymbol{\alpha}_i=(a_{i1},a_{i2},\cdots,a_{in}),\quad \boldsymbol{\alpha}_i^*=b_{i1}x_1+b_{i2}x_2+\cdots+b_{in}x_n$$

记 n 阶方阵 $\boldsymbol{A}=(a_{ij})$, $\boldsymbol{B}=(b_{ij})$. 证明: $\boldsymbol{B}=\boldsymbol{A}^{-\mathrm{T}}$.

2. 设 $V=\mathbb{R}_n[x]$, $\sigma\in V^*:f(x)\mapsto\int_0^1 f(x)\mathrm{d}x$.

(1) 求 V 的基 $S=\{x^i\mid i=0,1,\cdots,n-1\}$ 的对偶基 S^*, 并求 σ 在 S^* 下的坐标.

(2) 求 V 的基 $T=\{(x-1)^i\mid i=0,1,\cdots,n-1\}$ 的对偶基 T^*, 并求 σ 在 T^* 下的坐标.

3. 证明: 在例 9.9 中, $\mathrm{Span}(S)\neq V^*$.

4. 设 S,T 都是 $\mathbb{F}$ 上的有限维线性空间 V 的基, $\boldsymbol{P}$ 是从 S 到 T 的过渡矩阵, S^*,T^* 分别是 S,T 的对偶基. 求从 S^* 到 T^* 的过渡矩阵.

5. 设 S 是 $\mathbb{F}$ 上的有限维线性空间 V 的基, S^* 是 S 的对偶基.

(1) 设 $\boldsymbol{\alpha} \in V$, 定义 $f_{\boldsymbol{\alpha}}: V^* \to \mathbb{F}, g \mapsto g(\boldsymbol{\alpha})$. 证明: $f_{\boldsymbol{\alpha}} \in V^{**}$. 求 $f_{\boldsymbol{\alpha}}$ 在 $(S^*, 1)$ 下的矩阵表示;

(2) 定义**自然映射** $\tau: \alpha \mapsto f_\alpha$. 证明: $\tau \in L(V, V^{**})$, 并且 τ 是同构映射.

6. 设 V 是 $\mathbb{F}$ 上的线性空间, S 是 V 的任意非空子集.

$$\operatorname{Ann}(S) = \{f \in V^* \mid f(x) = 0,\ \forall x \in S\}$$

称为 S 的**零化子**. 证明:

(1) $\operatorname{Ann}(S)$ 是 V^* 的子空间, 并且 $\operatorname{Ann}(S) = \operatorname{Ann}(\operatorname{Span}(S))$;

(2) 当 V 是有限维时, $\dim(\operatorname{Ann}(S)) = \dim(V) - \operatorname{rank}(S)$;

(3) 对于 V 的任意子空间 V_1, V_2, 有

$$\operatorname{Ann}(V_1 \bigcap V_2) = \operatorname{Ann}(V_1) + \operatorname{Ann}(V_2), \quad \operatorname{Ann}(V_1 + V_2) = \operatorname{Ann}(V_1) \bigcap \operatorname{Ann}(V_2)$$

(4) 若 $V = V_1 \bigoplus V_2$, 则 $V^* = \operatorname{Ann}(V_1) \bigoplus \operatorname{Ann}(V_2)$.

9.4 核空间与像空间

定义 9.9 设 U, V 都是 $\mathbb{F}$ 上的线性空间, $\mathcal{A} \in L(U, V)$. 容易验证:

(1) $\operatorname{Ker}(\mathcal{A}) = \mathcal{A}^{-1}(\mathbf{0}) = \{\boldsymbol{\alpha} \in U \mid \mathcal{A}\boldsymbol{\alpha} = \mathbf{0}\}$ 是 U 的子空间;

(2) $\operatorname{Im}(\mathcal{A}) = \mathcal{A}(U) = \{\mathcal{A}\boldsymbol{\alpha} \mid \boldsymbol{\alpha} \in U\}$ 是 V 的子空间.

$\operatorname{Ker}(\mathcal{A})$ 称为 $\mathcal{A}$ 的**核空间**, $\dim(\operatorname{Ker}(\mathcal{A}))$ 称为 $\mathcal{A}$ 的**零度**, 记作 $\operatorname{null}(\mathcal{A})$.

$\operatorname{Im}(\mathcal{A})$ 称为 $\mathcal{A}$ 的**像空间**, $\dim(\operatorname{Im}(\mathcal{A}))$ 称为 $\mathcal{A}$ 的**秩**, 记作 $\operatorname{rank}(\mathcal{A})$.

例 9.11 设线性映射 $\mathcal{A}: \mathbb{F}^{n\times 1} \to \mathbb{F}^{m\times 1}, \boldsymbol{x} \mapsto \boldsymbol{A}\boldsymbol{x}$, 其中 $\boldsymbol{A} \in \mathbb{F}^{m\times n}$. 有如下结论:

(1) $\operatorname{Ker}(\mathcal{A})$ 是线性方程组 $\boldsymbol{A}\boldsymbol{x} = \mathbf{0}$ 的解空间, $\operatorname{null}(\mathcal{A}) = n - \operatorname{rank}(\boldsymbol{A})$;

(2) $\operatorname{Im}(\mathcal{A})$ 是 $\boldsymbol{A}$ 的列向量生成的 $\mathbb{F}^m$ 的子空间, $\operatorname{rank}(\mathcal{A}) = \operatorname{rank}(\boldsymbol{A})$.

例 9.12 设 V 是 $\mathbb{F}$ 上的线性空间, $\mathcal{A} \in L(V)$, $f, g \in \mathbb{F}[x]$ 且 $g \mid f$, 则有

$$\operatorname{Ker} g(\mathcal{A}) \subset \operatorname{Ker} f(\mathcal{A}), \quad \operatorname{Im} g(\mathcal{A}) \supset \operatorname{Im} f(\mathcal{A})$$

例 9.13 对于任意 $\mathcal{A} \in L(V)$ 和正整数 k, 有如下结论:

(1) $\operatorname{Ker}(\mathcal{A}^k) \subset \operatorname{Ker}(\mathcal{A}^{k+1})$, $\operatorname{Im}(\mathcal{A}^k) \supset \operatorname{Im}(\mathcal{A}^{k+1})$;

(2) 若 $\operatorname{Ker}(\mathcal{A}^{k-1}) = \operatorname{Ker}(\mathcal{A}^k)$, 则 $\operatorname{Ker}(\mathcal{A}^k) = \operatorname{Ker}(\mathcal{A}^{k+1})$;

(3) 若 $\operatorname{Im}(\mathcal{A}^{k-1}) = \operatorname{Im}(\mathcal{A}^k)$, 则 $\operatorname{Im}(\mathcal{A}^k) = \operatorname{Im}(\mathcal{A}^{k+1})$.

定理 9.10 设 $\mathcal{A} \in L(U, V)$, 则 $U/\operatorname{Ker}(\mathcal{A})$ 与 $\operatorname{Im}(\mathcal{A})$ 同构.

证明 首先, 定义映射 $\rho: U/\operatorname{Ker}(\mathcal{A}) \to \operatorname{Im}(\mathcal{A}), [\boldsymbol{\alpha}] \mapsto \mathcal{A}\boldsymbol{\alpha}$. $[\boldsymbol{\alpha}] = [\boldsymbol{\beta}] \Leftrightarrow \boldsymbol{\alpha} - \boldsymbol{\beta} \in \operatorname{Ker}(\mathcal{A}) \Leftrightarrow \mathcal{A}\boldsymbol{\alpha} - \mathcal{A}\boldsymbol{\beta} = \mathcal{A}(\boldsymbol{\alpha} - \boldsymbol{\beta}) = \mathbf{0}$. 故 $\rho([\boldsymbol{\alpha}])$ 与 $\boldsymbol{\alpha}$ 的选取无关, ρ 的定义是合理的.

其次, $\rho([\boldsymbol{\alpha}]) = \rho([\boldsymbol{\beta}]) \Leftrightarrow \mathcal{A}\boldsymbol{\alpha} = \mathcal{A}\boldsymbol{\beta} \Leftrightarrow \boldsymbol{\alpha} - \boldsymbol{\beta} \in \operatorname{Ker}(\mathcal{A}) \Leftrightarrow [\boldsymbol{\alpha}] = [\boldsymbol{\beta}]$. 故 ρ 是单射. 对于任意 $\boldsymbol{\beta} \in \operatorname{Im}(\mathcal{A})$, 存在 $\boldsymbol{\alpha} \in V$, 使 $\mathcal{A}\boldsymbol{\alpha} = \boldsymbol{\beta}$, 即 $\rho([\boldsymbol{\alpha}]) = \boldsymbol{\beta}$. 故 ρ 是满射. 因此, ρ 是一一映射.

再次, 对于任意 $[\boldsymbol{\alpha}],[\boldsymbol{\beta}]\in U/\operatorname{Ker}(\mathcal{A})$ 和 $\lambda\in\mathbb{F}$, $\rho([\boldsymbol{\alpha}]+[\boldsymbol{\beta}])=\rho([\boldsymbol{\alpha}+\boldsymbol{\beta}])=\mathcal{A}(\boldsymbol{\alpha}+\boldsymbol{\beta})=\mathcal{A}\boldsymbol{\alpha}+\mathcal{A}\boldsymbol{\beta}=\rho([\boldsymbol{\alpha}])+\rho([\boldsymbol{\beta}])$, $\rho(\lambda[\boldsymbol{\alpha}])=\rho([\lambda\boldsymbol{\alpha}])=\mathcal{A}(\lambda\boldsymbol{\alpha})=\lambda\mathcal{A}\boldsymbol{\alpha}=\lambda\rho([\boldsymbol{\alpha}])$.

综上, ρ 是同构映射.

由定理 9.10 可得, 当 U 是有限维时, $\dim U=\operatorname{null}(\mathcal{A})+\operatorname{rank}(\mathcal{A})$.

定理 9.11　设 U,V 是 $\mathbb{F}$ 上的有限维线性空间, $\mathcal{A}\in L(U,V)$. 证明: 存在 U 的基 S 和 V 的基 T, 使得 $\mathcal{A}$ 在 S,T 下的矩阵表示为 $\begin{pmatrix}\boldsymbol{I}_r & \boldsymbol{O}\\ \boldsymbol{O} & \boldsymbol{O}\end{pmatrix}$, 其中 $r=\operatorname{rank}(\mathcal{A})$.

证明　任取 $\operatorname{Ker}(\mathcal{A})$ 的基, 并扩充为 U 的基 $S=\{\boldsymbol{\alpha}_1,\boldsymbol{\alpha}_2,\cdots,\boldsymbol{\alpha}_n\}$, 其中 $\boldsymbol{\alpha}_{r+1},\boldsymbol{\alpha}_{r+2},\cdots,\boldsymbol{\alpha}_n$ 是 $\operatorname{Ker}(\mathcal{A})$ 的基. 设 $\boldsymbol{\beta}_i=\mathcal{A}\boldsymbol{\alpha}_i(1\leqslant i\leqslant r)$, 则 $\boldsymbol{\beta}_1,\boldsymbol{\beta}_2,\cdots,\boldsymbol{\beta}_r$ 线性无关; 否则, 存在不全为 0 的 $\lambda_1,\lambda_2,\cdots,\lambda_r\in\mathbb{F}$, 使得 $\mathcal{A}(\lambda_1\boldsymbol{\alpha}_1+\lambda_2\boldsymbol{\alpha}_2+\cdots+\lambda_r\boldsymbol{\alpha}_r)=\lambda_1\boldsymbol{\beta}_1+\lambda_2\boldsymbol{\beta}_2+\cdots+\lambda_r\boldsymbol{\beta}_r=\boldsymbol{0}$, 从而 $\operatorname{Span}(\boldsymbol{\alpha}_1,\boldsymbol{\alpha}_2,\cdots,\boldsymbol{\alpha}_r)\bigcap\operatorname{Ker}(\mathcal{A})\neq\{\boldsymbol{0}\}$, 矛盾. 故 $\boldsymbol{\beta}_1,\boldsymbol{\beta}_2,\cdots,\boldsymbol{\beta}_r$ 是 $\operatorname{Im}(\mathcal{A})$ 的基. 把 $\boldsymbol{\beta}_1,\boldsymbol{\beta}_2,\cdots,\boldsymbol{\beta}_r$ 扩充为 V 的基 $T=\{\boldsymbol{\beta}_1,\boldsymbol{\beta}_2,\cdots,\boldsymbol{\beta}_n\}$, 则 $\mathcal{A}$ 在 S,T 下的矩阵表示为 $\begin{pmatrix}\boldsymbol{I}_r & \boldsymbol{O}\\ \boldsymbol{O} & \boldsymbol{O}\end{pmatrix}$.

定义 9.10　设 U_1,V_1 分别是 $\mathbb{F}$ 上的线性空间 U,V 的子空间, $\mathcal{A}\in L(U,V)$, $\mathcal{B}\in L(U_1,V_1)$. 若

$$\mathcal{B}\boldsymbol{\alpha}=\mathcal{A}\boldsymbol{\alpha}\quad(\forall\boldsymbol{\alpha}\in U_1)$$

则 $\mathcal{B}$ 称为 $\mathcal{A}$ 在 (U_1,V_1) 上的**限制映射**.

例 9.14　设 $\mathcal{A}\in L(U,V)$, $U=\operatorname{Ker}(\mathcal{A})\bigoplus W$, 则 $\mathcal{A}$ 在 $(W,\operatorname{Im}(\mathcal{A}))$ 上的限制映射 $\mathcal{B}$ 是同构映射.

证明　对于任意 $\boldsymbol{\alpha}\in\operatorname{Ker}(\mathcal{B})$, $\boldsymbol{\alpha}\in\operatorname{Ker}(\mathcal{A})\bigcap W=\{\boldsymbol{0}\}$. 故 $\mathcal{B}$ 是单射. 对于任意 $\boldsymbol{\beta}\in\operatorname{Im}(\mathcal{A})$, 存在 $\boldsymbol{\alpha}\in V$, 使 $\boldsymbol{\beta}=\mathcal{A}\boldsymbol{\alpha}$. 设 $\boldsymbol{\alpha}=\boldsymbol{\alpha}_1+\boldsymbol{\alpha}_2$, 其中 $\boldsymbol{\alpha}_1\in W$, $\boldsymbol{\alpha}_2\in\operatorname{Ker}(\mathcal{A})$, 则 $\boldsymbol{\beta}=\mathcal{B}\boldsymbol{\alpha}_1$. 故 $\mathcal{B}$ 是满射. 从而 $\mathcal{B}$ 是一一映射. 又 $\mathcal{B}$ 是线性映射, 故 $\mathcal{B}$ 是同构映射.

例 9.15　设 $\mathcal{A}\in L(V)$ 满足 $\mathcal{A}^2=\mathcal{A}$, 则 $\mathcal{A}$ 在 $\operatorname{Im}(\mathcal{A})$ 上的限制映射是恒等变换, 并且

$$V=\operatorname{Im}(\mathcal{A})\bigoplus\operatorname{Ker}(\mathcal{A})$$

证明　对于任意 $\boldsymbol{\beta}=\mathcal{A}\boldsymbol{\alpha}\in\operatorname{Im}(\mathcal{A})$, $\mathcal{A}\boldsymbol{\beta}=\mathcal{A}^2\boldsymbol{\alpha}=\mathcal{A}\boldsymbol{\alpha}=\boldsymbol{\beta}$. 故 $\mathcal{A}$ 在 $\operatorname{Im}(\mathcal{A})$ 上的限制映射是恒等变换. 对于任意 $\boldsymbol{\beta}\in\operatorname{Im}(\mathcal{A})\bigcap\operatorname{Ker}(\mathcal{A})$, $\boldsymbol{\beta}=\mathcal{A}\boldsymbol{\beta}=\boldsymbol{0}$. 故 $\operatorname{Im}(\mathcal{A})\bigcap\operatorname{Ker}(\mathcal{A})=\{\boldsymbol{0}\}$. 对于任意 $\boldsymbol{\alpha}\in V$, 设 $\boldsymbol{\gamma}=\boldsymbol{\alpha}-\mathcal{A}\boldsymbol{\alpha}$. 由 $\mathcal{A}\boldsymbol{\gamma}=\mathcal{A}\boldsymbol{\alpha}-\mathcal{A}^2\boldsymbol{\alpha}=\boldsymbol{0}$, 得 $\boldsymbol{\gamma}\in\operatorname{Ker}(\mathcal{A})$, 从而 $\boldsymbol{\alpha}=\mathcal{A}\boldsymbol{\alpha}+\boldsymbol{\gamma}\in\operatorname{Im}(\mathcal{A})+\operatorname{Ker}(\mathcal{A})$. 根据定理 8.16 得, $V=\operatorname{Im}(\mathcal{A})\bigoplus\operatorname{Ker}(\mathcal{A})$.

例 9.16　(Frobenius 秩不等式) 设 V 是有限维线性空间,$\mathcal{A},\mathcal{B},\mathcal{C}\in L(V)$, 则有

$$\operatorname{rank}(\mathcal{AB})+\operatorname{rank}(\mathcal{BC})\leqslant\operatorname{rank}(\mathcal{ABC})+\operatorname{rank}(\mathcal{B})$$

证明　设 $\mathcal{A}_1$ 是 $\mathcal{A}$ 在 $\operatorname{Im}(\mathcal{B})$ 上的限制映射, $\mathcal{A}_2$ 是 $\mathcal{A}$ 在 $\operatorname{Im}(\mathcal{BC})$ 上的限制映射, 得

$$\begin{aligned}\dim(\operatorname{Ker}(\mathcal{A})\textstyle\bigcap\operatorname{Im}(\mathcal{B}))&=\dim(\operatorname{Ker}(\mathcal{A}_1))=\dim(\operatorname{Im}(\mathcal{B}))-\dim(\operatorname{Im}(\mathcal{A}_1))\\&=\operatorname{rank}(\mathcal{B})-\operatorname{rank}(\mathcal{AB})\\ \dim(\operatorname{Ker}(\mathcal{A})\textstyle\bigcap\operatorname{Im}(\mathcal{BC}))&=\dim(\operatorname{Ker}(\mathcal{A}_2))=\dim(\operatorname{Im}(\mathcal{BC}))-\dim(\operatorname{Im}(\mathcal{A}_2))\\&=\operatorname{rank}(\mathcal{BC})-\operatorname{rank}(\mathcal{ABC})\end{aligned}$$

又 $\operatorname{Ker}(\mathcal{A})\bigcap\operatorname{Im}(\mathcal{BC})$ 是 $\operatorname{Ker}(\mathcal{A})\bigcap\operatorname{Im}(\mathcal{B})$ 的子空间, 故

$$\operatorname{rank}(\mathcal{BC})-\operatorname{rank}(\mathcal{ABC})\leqslant\operatorname{rank}(\mathcal{B})-\operatorname{rank}(\mathcal{AB})$$

习 题 9.4

1. 设 $V=\mathbb{F}^{2\times 2}$, $\mathcal{A}\in L(V):\boldsymbol{X}\mapsto \boldsymbol{A}\boldsymbol{X}+\boldsymbol{X}\boldsymbol{A}$, 其中 $\boldsymbol{A}=\begin{pmatrix}1 & -1\\ 1 & -1\end{pmatrix}$. 分别求 $\operatorname{Ker}(\mathcal{A})$ 和 $\operatorname{Im}(\mathcal{A})$ 的一个基.

2. 设 $V=\mathbb{F}^{3\times 3}$, $\mathcal{A}\in L(V):\boldsymbol{X}\mapsto \boldsymbol{X}+\boldsymbol{X}^{\mathrm{T}}$. 分别求 $\operatorname{Ker}(\mathcal{A})$ 和 $\operatorname{Im}(\mathcal{A})$ 的一个基.

3. 设 $\mathcal{A}\in L(U,V)$, $W=\operatorname{Ker}(\mathcal{A})$, U_1,U_2 是 U 的有限维子空间, $U_1\subset U_2$. 证明:

$$\dim(U_2\bigcap W)\text{-}\dim(U_1\bigcap W)\leqslant \dim(U_2)-\dim(U_1)$$

并求等号成立的充分必要条件.

4. 设 $\mathcal{A}\in L(U,V)$, $\mathcal{B}\in L(V,W)$. 证明:

(1) $\operatorname{Ker}(\mathcal{A})\subset \operatorname{Ker}(\mathcal{BA})$, $\operatorname{Im}(\mathcal{BA})\subset \operatorname{Im}(\mathcal{B})$;

(2) 若 $\operatorname{Ker}(\mathcal{A})=\operatorname{Ker}(\mathcal{BA})$, 则存在 $\mathcal{C}\in L(W,V)$, 使得 $\mathcal{A}=\mathcal{CBA}$;

(3) 若 $\operatorname{Im}(\mathcal{BA})=\operatorname{Im}(\mathcal{B})$, 则存在 $\mathcal{C}\in L(V,U)$, 使得 $\mathcal{B}=\mathcal{BAC}$.

5. 设 $\mathcal{A}\in L(U,V)$. 证明:

(1) 存在 $\mathcal{B}\in L(V,U)$, 满足 $\mathcal{ABA}=\mathcal{A}$ 且 $\mathcal{BAB}=\mathcal{B}$. $\mathcal{B}$ 称为 $\mathcal{A}$ 的一个**广义逆映射**;

(2) $\mathcal{B}$ 是唯一的 $\Leftrightarrow$ $\mathcal{A}$ 是可逆映射.

6. 设 $\mathcal{A}\in L(U,V)$, $\mathcal{B}\in L(V,U)$ 满足 $\mathcal{ABA}=\mathcal{A}$ 且 $\mathcal{BAB}=\mathcal{B}$. 证明:

(1) $U=\operatorname{Ker}(\mathcal{A})\bigoplus \operatorname{Im}(\mathcal{B})$, $V=\operatorname{Im}(\mathcal{A})\bigoplus \operatorname{Ker}(\mathcal{B})$;

(2) $\mathcal{A}$ 在 $\operatorname{Im}(\mathcal{B})$ 上的限制映射与 $\mathcal{B}$ 在 $\operatorname{Im}(\mathcal{A})$ 上的限制映射互为逆映射.

7. 设 $\mathcal{A},\mathcal{B}\in L(U,V)$ 满足 $\operatorname{Im}(\mathcal{A}+\mathcal{B})=\operatorname{Im}(\mathcal{A})\bigoplus \operatorname{Im}(\mathcal{B})$. 证明: 存在 U 的子空间 U_1,U_2,U_3, 使得 $\mathcal{A}$ 在 $(U_1,\operatorname{Im}(\mathcal{A}))$ 上的限制映射和 $\mathcal{B}$ 在 $(U_2,\operatorname{Im}(\mathcal{B}))$ 上的限制映射都是可逆映射, 并且

$$U{=}\mathrm{U}_1\bigoplus U_2\bigoplus U_3,\quad \operatorname{Ker}(\mathcal{A})=U_2\bigoplus U_3,\quad \operatorname{Ker}(\mathcal{B})=U_1\bigoplus U_3$$

8. 设 $\mathcal{A},\mathcal{B}\in L(V)$ 满足 $\mathcal{A}^2=\mathcal{A}$,$\mathcal{B}^2=\mathcal{B}$. 证明:

(1) $\operatorname{Im}(\mathcal{A})=\operatorname{Im}(\mathcal{B})\Leftrightarrow \mathcal{AB}=\mathcal{B}$ 且 $\mathcal{BA}=\mathcal{A}$;

(2) $\operatorname{Ker}(\mathcal{A})=\operatorname{Ker}(\mathcal{B})\Leftrightarrow \mathcal{AB}=\mathcal{A}$ 且 $\mathcal{BA}=\mathcal{B}$;

(3) 设 V 是有限维的. $\operatorname{rank}(\mathcal{A})=\operatorname{rank}(\mathcal{B})\Leftrightarrow$ 存在可逆映射 $\mathcal{C}\in L(V)$, 使得 $\mathcal{AC}=\mathcal{CB}$.

9. 设 $\mathcal{A}\in L(V)$. 证明:

(1) $V=\operatorname{Im}(\mathcal{A})+\operatorname{Ker}(\mathcal{A})\Leftrightarrow \operatorname{Im}(\mathcal{A}^2)=\operatorname{Im}(\mathcal{A})$;

(2) $V=\operatorname{Im}(\mathcal{A})\bigoplus \operatorname{Ker}(\mathcal{A})\Leftrightarrow \mathcal{A}$ 在 $\operatorname{Im}(\mathcal{A})$ 上的限制映射是可逆映射.

10. 设 $\mathcal{A}\in L(V)$ 满足 $\mathcal{A}^m=\mathcal{O}$, 其中 m 是给定的正整数. $\mathcal{A}$ 称为**幂零变换**. 证明: 存在 V 的子空间 U, 使得 $V=\bigoplus\limits_{i=1}^{m}\mathcal{A}^{i-1}(U)$.

9.5 不变子空间

定义 9.11 设 V 是 $\mathbb{F}$ 上的线性空间, $\mathcal{A}\in L(V)$. 若 V 的子空间 U 满足

$$\mathcal{A}(\alpha)\in U \quad (\forall\alpha\in U)$$

则 U 称为 **$\mathcal{A}$-不变子空间**, 即 $\mathcal{A}$ 在 U 上的限制映射存在当且仅当 U 是 $\mathcal{A}$-不变子空间:

例 9.17 设 V 是 $\mathbb{F}$ 上的线性空间, $\mathcal{A}\in L(V)$. 容易验证, V 的下列子空间 U 都是 $\mathcal{A}$-不变子空间.

(1) $U=\operatorname{Ker}p(\mathcal{A})$, 其中 $p\in\mathbb{F}[x]$.

(2) $U=\operatorname{Im}p(\mathcal{A})$, 其中 $p\in\mathbb{F}[x]$.

(3) $U=\bigcap\limits_{i\in I}U_i$, 其中每个 U_i 都是 $\mathcal{A}$-不变子空间,I 是指标集合.

(4) $U=\sum\limits_{i\in I}U_i$, 其中每个 U_i 都是 $\mathcal{A}$-不变子空间,I 是指标集合.

例 9.18 设 V 是 $\mathbb{F}$ 上的线性空间, $\mathcal{A},\mathcal{B}\in L(V)$ 满足 $\mathcal{A}\mathcal{B}=\mathcal{B}\mathcal{A}$, 则 $\operatorname{Ker}\mathcal{B}$ 和 $\operatorname{Im}\mathcal{B}$ 都是 $\mathcal{A}$-不变子空间.

证明 对于任意 $\boldsymbol{\alpha}\in\operatorname{Ker}\mathcal{B}$, 由 $\mathcal{B}(\mathcal{A}\boldsymbol{\alpha})=\mathcal{A}(\mathcal{B}\boldsymbol{\alpha})=\mathbf{0}$ 得 $\mathcal{A}\boldsymbol{\alpha}\in\operatorname{Ker}(\mathcal{B})$. 对于任意 $\boldsymbol{\alpha}\in\operatorname{Im}\mathcal{B}$, 存在 $\boldsymbol{\beta}\in V$, 使得 $\mathcal{A}\boldsymbol{\alpha}=\mathcal{A}\mathcal{B}\boldsymbol{\beta}=\mathcal{B}\mathcal{A}\boldsymbol{\beta}\in\operatorname{Im}\mathcal{B}$.

定理 9.12 设 V 是 $\mathbb{F}$ 上的线性空间, $\mathcal{A}\in L(V)$, $f_1,f_2\in\mathbb{F}[x]$, $g=\gcd(f_1,f_2)$, $h=\operatorname{lcm}(f_1,f_2)$, 则有

(1) $\operatorname{Ker}g(\mathcal{A})=\operatorname{Ker}f_1(\mathcal{A})\bigcap\operatorname{Ker}f_2(\mathcal{A})$; (2) $\operatorname{Im}g(\mathcal{A})=\operatorname{Im}f_1(\mathcal{A})+\operatorname{Im}f_2(\mathcal{A})$;

(3) $\operatorname{Ker}h(\mathcal{A})=\operatorname{Ker}f_1(\mathcal{A})+\operatorname{Ker}f_2(\mathcal{A})$; (4) $\operatorname{Im}h(\mathcal{A})=\operatorname{Im}f_1(\mathcal{A})\bigcap\operatorname{Im}f_2(\mathcal{A})$.

特别地,

(5) 当 $g=1$ 时, $\operatorname{Ker}h(\mathcal{A})=\operatorname{Ker}f_1(\mathcal{A})\bigoplus\operatorname{Ker}f_2(\mathcal{A})$;

(6) 当 $h(\mathcal{A})=\mathcal{O}$ 时, $\operatorname{Im}g(\mathcal{A})=\operatorname{Im}f_1(\mathcal{A})\bigoplus\operatorname{Im}f_2(\mathcal{A})$.

证明 注意到 $f_1f_2=gh$ 并且存在 $u_1,u_2\in\mathbb{F}[x]$ 使得 $g=u_1f_1+u_2f_2$.

(1) $g\mid f_i\Rightarrow\operatorname{Ker}g(\mathcal{A})\subset\operatorname{Ker}f_i(\mathcal{A})\Rightarrow\operatorname{Ker}g(\mathcal{A})\subset\operatorname{Ker}f_1(\mathcal{A})\bigcap\operatorname{Ker}f_2(\mathcal{A})$.

$\forall\boldsymbol{\alpha}\in\operatorname{Ker}f_1(\mathcal{A})\bigcap\operatorname{Ker}f_2(\mathcal{A})$, $g(\mathcal{A})\boldsymbol{\alpha}=u_1(\mathcal{A})f_1(\mathcal{A})\boldsymbol{\alpha}+u_2(\mathcal{A})f_2(\mathcal{A})\boldsymbol{\alpha}=\mathbf{0}\Rightarrow\boldsymbol{\alpha}\in\operatorname{Ker}g(\mathcal{A})$.

(2) $g\mid f_i\Rightarrow\operatorname{Im}f_i(\mathcal{A})\subset\operatorname{Im}g(\mathcal{A})\Rightarrow\operatorname{Im}f_1(\mathcal{A})+\operatorname{Im}f_2(\mathcal{A})\subset\operatorname{Im}g(\mathcal{A})$.

$\forall\alpha\in\operatorname{Im}g(\mathcal{A})$, $\exists\boldsymbol{\beta}\in V$, 使得 $\boldsymbol{\alpha}=g(\mathcal{A})\boldsymbol{\beta}=f_1(\mathcal{A})u_1(\mathcal{A})\boldsymbol{\beta}+f_2(\mathcal{A})u_2(\mathcal{A})\boldsymbol{\beta}\in\operatorname{Im}f_1(\mathcal{A})+\operatorname{Im}f_2(\mathcal{A})$.

(3) $f_i\mid h\Rightarrow\operatorname{Ker}f_i(\mathcal{A})\subset\operatorname{Ker}h(\mathcal{A})\Rightarrow\operatorname{Ker}f_1(\mathcal{A})+\operatorname{Ker}f_2(\mathcal{A})\subset\operatorname{Ker}h(\mathcal{A})$.

$\forall\boldsymbol{\alpha}\in\operatorname{Ker}h(\mathcal{A})$, $\boldsymbol{\alpha}=\dfrac{u_1f_1}{g}(\mathcal{A})\boldsymbol{\alpha}+\dfrac{u_2f_2}{g}(\mathcal{A})\boldsymbol{\alpha}=\boldsymbol{\beta}+\boldsymbol{\gamma}$, 其中 $\boldsymbol{\beta}=\dfrac{u_1f_1}{g}(\mathcal{A})\boldsymbol{\alpha}$ 满足 $f_2(\mathcal{A})\boldsymbol{\beta}=u_1(\mathcal{A})h(\mathcal{A})\boldsymbol{\alpha}=\mathbf{0}$, $\boldsymbol{\gamma}=\dfrac{u_2f_2}{g}(\mathcal{A})\boldsymbol{\alpha}$ 满足 $f_1(\mathcal{A})\boldsymbol{\gamma}=u_2(\mathcal{A})h(\mathcal{A})\boldsymbol{\alpha}=\mathbf{0}$. 故 $\boldsymbol{\alpha}\in\operatorname{Ker}f_2(\mathcal{A})+\operatorname{Ker}f_1(\mathcal{A})$.

(4) $f_i\mid h\Rightarrow\operatorname{Im}h(\mathcal{A})\subset\operatorname{Im}f_i(\mathcal{A})\Rightarrow\operatorname{Im}h(\mathcal{A})\subset\operatorname{Im}f_1(\mathcal{A})\bigcap\operatorname{Im}f_2(\mathcal{A})$.

$\forall \boldsymbol{\alpha} \in \operatorname{Im} f_1(\mathcal{A}) \bigcap \operatorname{Im} f_2(\mathcal{A})$, 存在 $\boldsymbol{\alpha}_1, \boldsymbol{\alpha}_2 \in V$, 使得 $\boldsymbol{\alpha} = f_1(\mathcal{A})\boldsymbol{\alpha}_1 = f_2(\mathcal{A})\boldsymbol{\alpha}_2$. 故 $\boldsymbol{\alpha} = \dfrac{u_1 f_1}{g}(\mathcal{A})\boldsymbol{\alpha} + \dfrac{u_2 f_2}{g}(\mathcal{A})\boldsymbol{\alpha} = \dfrac{u_1 f_1 f_2}{g}(\mathcal{A})\boldsymbol{\alpha}_2 + \dfrac{u_2 f_2 f_1}{g}(\mathcal{A})\boldsymbol{\alpha}_1 = h(\mathcal{A})\Big(u_1(\mathcal{A})\boldsymbol{\alpha}_2 + u_2(\mathcal{A})\boldsymbol{\alpha}_1\Big) \in \operatorname{Im} h(\mathcal{A})$.

(5) 当 $g = 1$ 时, 由 (1) 得 $\operatorname{Ker} f_1(\mathcal{A}) \bigcap \operatorname{Ker} f_2(\mathcal{A}) = \{\mathbf{0}\}$, 结合 (3) 得 $\operatorname{Ker} h(\mathcal{A}) = \operatorname{Ker} f_1(\mathcal{A}) \bigoplus \operatorname{Ker} f_2(\mathcal{A})$.

(6) 当 $h(\mathcal{A}) = \mathcal{O}$ 时, 由 (4) 得 $\operatorname{Im} f_1(\mathcal{A}) \bigcap \operatorname{Im} f_2(\mathcal{A}) = \{\mathbf{0}\}$, 结合 (2) 得 $\operatorname{Im} g(\mathcal{A}) = \operatorname{Im} f_1(\mathcal{A}) \bigoplus \operatorname{Im} f_2(\mathcal{A})$.

定理 9.13 设 V 是 $\mathbb{F}$ 上的线性空间, $\mathcal{A} \in L(V)$, $f_1, \cdots, f_k \in \mathbb{F}[x]$ 两两互素, 则有

$$\operatorname{Ker} \prod\nolimits_{i=1}^{k} f_i(\mathcal{A}) = \bigoplus_{i=1}^{k} \operatorname{Ker} f_i(\mathcal{A})$$

证明 当 $k = 2$ 时, 由定理 9.12 知结论成立. 当 $k \geqslant 3$ 时, 由数学归纳法可得

$$\operatorname{Ker} \prod_{i=1}^{k} f_i(\mathcal{A}) = \left(\operatorname{Ker} \prod_{i=1}^{k-1} f_i(\mathcal{A})\right) \bigoplus \operatorname{Ker} f_k(\mathcal{A}) = \bigoplus_{i=1}^{k} \operatorname{Ker} f_i(\mathcal{A})$$

习 题 9.5

1. 设 V 是 $\mathbb{F}$ 上的线性空间, $\mathcal{A} \in L(V)$, U 是 $\mathcal{A}$-不变子空间. 证明: $\mathcal{A}(U) = \{\mathcal{A}\boldsymbol{\alpha} \mid \boldsymbol{\alpha} \in U\}$ 和 $\mathcal{A}^{-1}(U) = \{\boldsymbol{\alpha} \in V \mid \mathcal{A}\boldsymbol{\alpha} \in U\}$ 都是 $\mathcal{A}$-不变子空间.

2. 设 V 是 $\mathbb{F}$ 上的线性空间, $\mathcal{A}, \mathcal{B} \in L(V)$ 满足 $\mathcal{AB} - \mathcal{BA} = \mathcal{A}$. 证明: $\operatorname{Ker} \mathcal{A}^k$ 和 $\operatorname{Im} \mathcal{A}^k$ 都是 $\mathcal{B}$-不变子空间 $(\forall k \in \mathbb{N})$.

3. 设 $V = \mathbb{F}^2$, $\mathcal{A} \in L(V) : (x, y) \mapsto (x + y, x - y)$. 求所有 1 维 $\mathcal{A}$-不变子空间.

4. 设 $V = \mathbb{F}^{2\times 2}$, $\mathcal{A} \in L(V) : \boldsymbol{X} \mapsto \boldsymbol{AX} + \boldsymbol{XA}, \boldsymbol{A} = \begin{pmatrix} 1 & -1 \\ 1 & -1 \end{pmatrix}$. 求所有 1 维 $\mathcal{A}$-不变子空间.

5. 设 $V = \mathbb{F}^{3\times 3}$, $\mathcal{A} \in L(V) : \boldsymbol{X} \mapsto \boldsymbol{X} + \boldsymbol{X}^{\mathrm{T}}$. 求所有 k $(k = 1, 2, 3)$ 维 $\mathcal{A}$-不变子空间.

6. 设 V 是 $\mathbb{F}$ 上的线性空间, $\mathcal{A} \in L(V)$. 证明: 若 V 的任意子空间都是 $\mathcal{A}$-不变子空间, 则 $\mathcal{A} = a\mathcal{I} (a \in \mathbb{F})$.

7. 设 V 是 $\mathbb{F}$ 上的线性空间, $\mathcal{A} \in L(V)$, W 是 $\mathcal{A}$-不变子空间, $\mathcal{B} \in L(V/W) : [\alpha] \to [\mathcal{A}\alpha]$. 证明:

(1) 对于任意 $\mathcal{A}$-不变子空间 U,U/W 是 $\mathcal{B}$-不变子空间.

(2) 对于任意 $\mathcal{B}$-不变子空间 $\widetilde{U}$, 存在 $\mathcal{A}$-不变子空间 U, 使得 $U/W = \widetilde{U}$.

8. 设 V 是 $\mathbb{F}$ 上的线性空间, $\mathcal{A}, \mathcal{B} \in L(V)$, U 是 V 的任意 $\mathcal{A}$-不变子空间. 思考下列问题, 并证明你的结论.

(1) 是否一定存在 $p \in \mathbb{F}[x]$, 使得 $U = \operatorname{Ker} p(\mathcal{A})$?

(2) 是否一定存在 $p \in \mathbb{F}[x]$, 使得 $U = \operatorname{Im} p(\mathcal{A})$?

(3) 是否一定存在 $\mathcal{A}$-不变子空间 W, 使得 $V = U \bigoplus W$?

(4) 若 $\mathcal{AB} = \mathcal{BA}$, 则 U 是否一定是 $\mathcal{B}$-不变子空间?

(5) 若 $\mathcal{A}$ 可逆, $\mathcal{B} = \mathcal{A}^{-1}$, 则 U 是否一定是 $\mathcal{B}$-不变子空间?

9.6 根子空间

定义 9.12 设 V 是 $\mathbb{F}$ 上的线性空间, $\mathcal{A}\in L(V)$. 若 $\lambda\in\mathbb{F}$ 和非零向量 $\boldsymbol{\alpha}\in V$ 满足

$$\mathcal{A}\boldsymbol{\alpha}=\lambda\boldsymbol{\alpha}$$

则 λ 称为 $\mathcal{A}$ 的一个**特征值**, $\boldsymbol{\alpha}$ 称为 λ 对应的一个**特征向量**,

$$\operatorname{Ker}(\lambda\mathcal{I}-\mathcal{A})\quad 和\quad \bigcup_{k=1}^{\infty}\operatorname{Ker}(\lambda\mathcal{I}-\mathcal{A})^k$$

分别称为 λ 对应的**特征子空间**和**根子空间**.

$\mathcal{A}$ 的特征向量 $\boldsymbol{\alpha}$ 生成的子空间 $\operatorname{Span}(\boldsymbol{\alpha})$ 是一维 $\mathcal{A}$-不变子空间, $\mathcal{A}$ 的特征子空间和根子空间都是 $\mathcal{A}$-不变子空间.

当 V 是有限维时, 设 $\mathcal{A}$ 在 V 的基 S 下的矩阵表示为 $\boldsymbol{A}$, 则 $\mathcal{A}$ 的特征值与 $\boldsymbol{A}$ 在 $\mathbb{F}$ 中的特征值一一对应, $\mathcal{A}$ 的特征向量与 $\boldsymbol{A}$ 在 $\mathbb{F}^n$ 中的特征向量一一对应. 由于 $\varphi_{\boldsymbol{A}}(x)$ 与基 S 的选取无关, 可定义 $\varphi_{\boldsymbol{A}}(x)$ 为 $\mathcal{A}$ 的**特征多项式**, 记作 $\varphi_{\mathcal{A}}(x)$. 若 $\varphi_{\mathcal{A}}(x)$ 在 $\mathbb{F}$ 中没有根, 则 $\mathcal{A}$ 没有特征值和特征向量.

当 V 是无限维时, $\mathcal{A}$ 可能没有特征值, 也可能有无穷多个特征值, 例如习题 9.6 第 2 题.

例 9.19 设 $V=\mathbb{F}[x]$, $\mathcal{A}\in L(V): f(x)\mapsto xf(x)$. 对于任意非零多项式 $f(x)\in V$, 不存在常数 $\lambda\in\mathbb{F}$, 使得 $xf(x)=\lambda f(x)$. 因此, $\mathcal{A}$ 没有特征值.

例 9.20 设 $V=\mathbb{C}^{2\times 2}$ 是 $\mathbb{R}$ 上的 8 维线性空间, $\mathcal{A}\in L(V):\boldsymbol{X}\mapsto\boldsymbol{X}^{\mathrm{H}}$. 把 V 分解成 $\mathcal{A}$ 的特征子空间的直和.

解法 1 设 $\lambda\in\mathbb{R}$ 和 $X\in V$ 分别是 $\mathcal{A}$ 的任意一个特征值和相应的特征向量. 由 $\mathcal{A}(\boldsymbol{X})=\lambda\boldsymbol{X}$, 可得

$$\boldsymbol{X}^{\mathrm{H}}=\lambda\boldsymbol{X}\quad\Rightarrow\quad\boldsymbol{X}=\lambda\boldsymbol{X}^{\mathrm{H}}=\lambda^2\boldsymbol{X}\quad\Rightarrow\quad\lambda^2=1\quad\Rightarrow\quad\lambda=\pm1$$

若 $\lambda=1$, 则 $\boldsymbol{X}^{\mathrm{H}}=\boldsymbol{X}$,$\boldsymbol{X}$ 是 Hermite 方阵; 若 $\lambda=-1$, 则 $\boldsymbol{X}^{\mathrm{H}}=-\boldsymbol{X}$,$\boldsymbol{X}$ 是 Hermite 方阵. 因此, 所有 2 阶 Hermite 方阵构成 $\lambda=1$ 对应的特征子空间 W_1, 所有 2 阶反 Hermite 方阵构成 $\lambda=-1$ 对应的特征子空间 W_2. 由于任意 $\boldsymbol{X}\in V$ 都可以唯一地表示为 $\boldsymbol{X}=\boldsymbol{X}_1+\boldsymbol{X}_2$ 的形式, 其中 $\boldsymbol{X}_1=\dfrac{1}{2}(\boldsymbol{X}+\boldsymbol{X}^{\mathrm{H}})\in W_1$, $\boldsymbol{X}_2=\dfrac{1}{2}(\boldsymbol{X}-\boldsymbol{X}^{\mathrm{H}})\in W_2$, 故 $V=W_1\bigoplus W_2$.

解法 2 $\mathcal{A}$ 在 V 的基 $S=\{\boldsymbol{E}_{11},\mathrm{i}\boldsymbol{E}_{11},\boldsymbol{E}_{12},\mathrm{i}\boldsymbol{E}_{12},\boldsymbol{E}_{21},\mathrm{i}\boldsymbol{E}_{21},\boldsymbol{E}_{22},\mathrm{i}\boldsymbol{E}_{22}\}$ 下的矩阵表示

$$\boldsymbol{A}=\begin{pmatrix}\boldsymbol{B}&\boldsymbol{O}&\boldsymbol{O}&\boldsymbol{O}\\\boldsymbol{O}&\boldsymbol{O}&\boldsymbol{B}&\boldsymbol{O}\\\boldsymbol{O}&\boldsymbol{B}&\boldsymbol{O}&\boldsymbol{O}\\\boldsymbol{O}&\boldsymbol{O}&\boldsymbol{O}&\boldsymbol{B}\end{pmatrix},\quad 其中\ \boldsymbol{B}=\begin{pmatrix}1&0\\0&-1\end{pmatrix}$$

由此可得 $\varphi_{\boldsymbol{A}}(x)=(x+1)^4(x-1)^4$, $\lambda_1=-1$ 和 $\lambda_2=1$ 是 $\mathcal{A}$ 的特征值. 因此, 任意 2 阶反 Hermite 的非零方阵是 λ_1 对应的特征向量, 任意 2 阶 Hermite 的非零方阵是 λ_2 对应的特征向量. $W_1=\operatorname{Ker}(\mathcal{A}+\mathcal{I})$ 和 $W_2=\operatorname{Ker}(\mathcal{A}-\mathcal{I})$ 分别是 λ_1 和 λ_2 对应的特征子空间 (也是根子空间). $\dim(W_1)=\dim(W_2)=4$, $V=W_1\bigoplus W_2$.

解法 3 注意到 $\mathcal{A}^2=\mathcal{I}$, 故 $p(x)=x^2-1=(x-1)(x+1)$ 满足 $p(\mathcal{A})=\mathcal{O}$. 根据定理 9.13, 得

$$V=\operatorname{Ker}p(\mathcal{A})=\operatorname{Ker}(\mathcal{A}-\mathcal{I})\bigoplus\operatorname{Ker}(\mathcal{A}+\mathcal{I})$$

其中 $W_1=\operatorname{Ker}(\mathcal{A}-\mathcal{I})$ 由 Hermite 方阵构成, $W_2=\operatorname{Ker}(\mathcal{A}+\mathcal{I})$ 由反 Hermite 方阵构成.

定理 9.14 设 V 是 $\mathbb{F}$ 上的有限维线性空间, $\mathcal{A}\in L(V)$. 若 $\varphi_{\mathcal{A}}=\prod\limits_{i=1}^{k}f_i$, 其中 $f_1,\cdots,f_k\in\mathbb{F}[x]$ 两两互素, 则有 $V=\bigoplus\limits_{i=1}^{k}\operatorname{Ker}f_i(\mathcal{A})$. 特别地, 若 $\varphi_{\mathcal{A}}=\prod\limits_{i=1}^{k}(x-\lambda_i)^{n_i}$, 其中 $\lambda_1,\cdots,\lambda_k\in\mathbb{F}$ 两两不同, 则有 $V=\bigoplus\limits_{i=1}^{k}\operatorname{Ker}(\lambda_i\mathcal{I}-\mathcal{A})^{n_i}$. 这称为 V 的**根子空间分解**.

这是 Cayley-Hamilton 定理和定理 9.13 的推论.

设 $V,\mathcal{A}$ 如定理 9.14 所述, $V_i=\operatorname{Ker}f_i(\mathcal{A})$,$d_i=\dim(V_i)$. 任取 V_i 的基 $S_i=\{\alpha_{i,j}\mid 1\leqslant j\leqslant d_i\}$, 则 $S=\{\alpha_{i,j}\mid 1\leqslant i\leqslant k,\ 1\leqslant j\leqslant d_i\}$ 构成 V 的基. $\mathcal{A}$ 在 S 下的矩阵表示

$$\boldsymbol{A}=\operatorname{diag}(\boldsymbol{A}_1,\boldsymbol{A}_2,\cdots,\boldsymbol{A}_k)$$

其中 $\boldsymbol{A}_i\in\mathbb{F}^{d_i\times d_i}$ 是 $\mathcal{A}$ 在 V_i 上的限制映射在 S_i 下的矩阵表示, 满足 $f_i(\boldsymbol{A}_i)=\boldsymbol{O}\ (\forall i)$. 由于 $f_1,f_2,\cdots,f_k$ 两两互素, 故 $f_i(\boldsymbol{A}_j)(\forall i\neq j)$ 是可逆方阵, 从而 f_i 与 $\varphi_{\boldsymbol{A}_j}$ 互素. 再由 $\prod\limits_{i=1}^{k}f_i=\varphi_A=\prod\limits_{i=1}^{k}\varphi_{A_i}$, 不妨设 $f_1,f_2,\cdots,f_k$ 都是首一多项式, 可得 $f_i=\varphi_{\boldsymbol{A}_i}$, 从而 $d_i=\deg(f_i)$. 另外, 根据定理 9.13, 得对于任意正整数 $m_i\geqslant n_i$ 都有 $V=\bigoplus\limits_{i=1}^{k}\operatorname{Ker}(\lambda\mathcal{I}-\mathcal{A})^{m_i}$. 因此

$$\operatorname{Ker}(\lambda\mathcal{I}-\mathcal{A})^{n_i}=\operatorname{Ker}(\lambda\mathcal{I}-\mathcal{A})^{n_i+1}=\operatorname{Ker}(\lambda\mathcal{I}-\mathcal{A})^{n_i+2}=\cdots$$

就是 λ_i 对应的根子空间.

当 V 是无限维时, 我们无法定义线性变换 $\mathcal{A}$ 的特征多项式, 但是可以通过 $\mathcal{A}$ 的最小多项式 (或 $\mathcal{A}$ 关于某个向量 $\boldsymbol{\alpha}$ 的最小多项式) 求 $\mathcal{A}$ 的特征值和对应的特征向量.

定义 9.13 设 V 是 $\mathbb{F}$ 上的线性空间, $\mathcal{A}\in L(V)$. 若 $f\in\mathbb{F}[x]$ 满足 $f(\mathcal{A})=\mathcal{O}$, 则 f 称为 $\mathcal{A}$ 的一个**化零多项式**. 称 $\mathcal{A}$ 的所有化零多项式的最大公因式 (规定是首一多项式) 为 $\mathcal{A}$ 的**最小多项式**, 记作 $d_{\mathcal{A}}(x)$.

不是所有线性变换都有最小多项式. 例如, $\mathbb{R}[x]$ 上的微分变换 $\mathcal{D}$ 有特征值, 没有最小多项式; 积分变换 $\mathcal{S}$ 既没有特征值, 也没有最小多项式.

当 $d_{\mathcal{A}}(x)$ 存在时, $\mathcal{A}$ 的所有特征值就是 $d_{\mathcal{A}}(x)$ 在 $\mathbb{F}$ 中的所有根. 留作习题.

定理 9.15 设 V 是 $\mathbb{F}$ 上的线性空间, $\mathcal{A}\in L(V)$, f 是 $\mathcal{A}$ 的一个化零多项式. 若 $f=\prod\limits_{i=1}^{k}f_i$, 其中 $f_1,\cdots,f_k\in\mathbb{F}[x]$ 两两互素, 则 $V=\bigoplus\limits_{i=1}^{k}\operatorname{Ker}f_i(\mathcal{A})$.

这是定理 9.13 的推论.

例 9.21 设 $f \in L^1(\mathbb{R})$, 即 f 是 $\mathbb{R}$ 上的复数值连续函数, 并且 $\int_{-\infty}^{\infty} |f(x)| \mathrm{d}x$ 存在, 则

$$\hat{f}(x) = \frac{1}{\sqrt{2\pi}} \int_{-\infty}^{\infty} f(t) \, \mathrm{e}^{\mathrm{i}\, xt} \, \mathrm{d}t$$

也是 $\mathbb{R}$ 上的复数值连续函数. 根据逆变换公式

$$f(x) = \frac{1}{\sqrt{2\pi}} \int_{-\infty}^{\infty} \hat{f}(t) \, \mathrm{e}^{-\mathrm{i}\, xt} \, \mathrm{d}t$$

容易验证,$V = \{f \in L^1(\mathbb{R}) \mid \hat{f} \in L^1(\mathbb{R})\}$ 构成 $\mathbb{C}$ 上的线性空间, 映射 $\mathcal{F}: f \mapsto \hat{f}$ 是 V 上的线性变换. $\mathcal{F}$ 称为 **Fourier**[①]**变换**.

表 9.1

$f(x)$	$\mathrm{e}^{-\frac{x^2}{2}}$	$x\,\mathrm{e}^{-\frac{x^2}{2}}$	$(2x^2-1)\,\mathrm{e}^{-\frac{x^2}{2}}$	$(2x^3-3x)\,\mathrm{e}^{-\frac{x^2}{2}}$
$\hat{f}(x)$	$\mathrm{e}^{-\frac{x^2}{2}}$	$\mathrm{i}\,x\,\mathrm{e}^{-\frac{x^2}{2}}$	$-(2x^2-1)\,\mathrm{e}^{-\frac{x^2}{2}}$	$-\mathrm{i}(2x^3-3x)\,\mathrm{e}^{-\frac{x^2}{2}}$

由表 9.1 可知, $\lambda_1 = 1$, $\lambda_2 = \mathrm{i}$, $\lambda_3 = -1$, $\lambda_4 = -\mathrm{i}$ 是 $\mathcal{F}$ 的特征值. 对于任意 $f \in V$, 我们有

$$f(x) \xrightarrow{\mathcal{F}} \hat{f}(x) \xrightarrow{\mathcal{F}} f(-x) \xrightarrow{\mathcal{F}} \hat{f}(-x) \xrightarrow{\mathcal{F}} f(x)$$

即 $\mathcal{F}^4 = \mathcal{I}$. 从而, $\mathcal{F}$ 有最小多项式 $d_{\mathcal{F}}(x) = x^4 - 1$. 任意 $f \in V$ 还可以唯一地表示为

$$f = f_1 + f_2 + f_3 + f_4$$

的形式, 其中

$$\begin{aligned}
f_1(x) &= \frac{1}{4}[f(x) + \hat{f}(x) + f(-x) + \hat{f}(-x)] \in \mathrm{Ker}(\lambda_1\mathcal{I} - \mathcal{A}) \\
f_2(x) &= \frac{1}{4}[f(x) - \mathrm{i}\,\hat{f}(x) - f(-x) + \mathrm{i}\,\hat{f}(-x)] \in \mathrm{Ker}(\lambda_2\mathcal{I} - \mathcal{A}) \\
f_3(x) &= \frac{1}{4}[f(x) - \hat{f}(x) + f(-x) - \hat{f}(-x)] \in \mathrm{Ker}(\lambda_3\mathcal{I} - \mathcal{A}) \\
f_4(x) &= \frac{1}{4}[f(x) + \mathrm{i}\,\hat{f}(x) - f(-x) - \mathrm{i}\,\hat{f}(-x)] \in \mathrm{Ker}(\lambda_4\mathcal{I} - \mathcal{A})
\end{aligned}$$

即 $V = \bigoplus_{i=1}^{4} \mathrm{Ker}(\lambda_i\mathcal{I} - \mathcal{A})$.

定义 9.14 设 V 是 $\mathbb{F}$ 上的线性空间, $\mathcal{A} \in L(V)$, $\boldsymbol{\alpha} \in V$ 是非零向量. 若 $f \in \mathbb{F}[x]$ 满足 $f(\mathcal{A})\boldsymbol{\alpha} = \mathbf{0}$, 则 f 称为 $\mathcal{A}$ 关于 $\boldsymbol{\alpha}$ 的一个**化零多项式**. $\mathcal{A}$ 关于 $\boldsymbol{\alpha}$ 的所有化零多项式的最大公因式 (规定是首一多项式) 称为 $\mathcal{A}$ 关于 $\boldsymbol{\alpha}$ 的**最小多项式**, 记作 $d_{\mathcal{A},\boldsymbol{\alpha}}(x)$.

$d_{\mathcal{A},\boldsymbol{\alpha}}(x)$ 有可能不存在. 例如,$\mathbb{F}[x]$ 上的积分变换 $\mathcal{S}$ 关于任意非零向量 $\boldsymbol{\alpha}$ 都没有最小多项式. 当 $d_{\mathcal{A},\boldsymbol{\alpha}}(x)$ 存在时, $d_{\mathcal{A},\boldsymbol{\alpha}}(x)$ 在 $\mathbb{F}$ 中的根一定是 $\mathcal{A}$ 的特征值.

例 9.22 设 $V = \mathbb{F}[x]$. 求 $\mathcal{A} \in L(V): f(x) \mapsto f(x+1)$ 关于任意非零向量 $\boldsymbol{\alpha} \in V$ 的最小多项式.

① Jean-Baptiste Joseph Fourier, 1768～1830, 法国数学家、物理学家.

解 设 $\boldsymbol{\alpha}=\sum_{i=0}^{k}a_ix^i,a_0,\cdots,a_k\in\mathbb{F}$ 且 $a_k\neq 0$, 则 $\mathcal{A}\boldsymbol{\alpha}=\sum_{i=0}^{k}a_i(x+1)^i=\sum_{0\leqslant j\leqslant i\leqslant k}a_i\mathrm{C}_i^jx^j$, $\deg(\mathcal{A}\boldsymbol{\alpha}-\boldsymbol{\alpha})=k-1$. 由 $(\mathcal{A}-\mathcal{I})^k\boldsymbol{\alpha}=a_kk!\neq 0,(\mathcal{A}-\mathcal{I})^{k+1}\boldsymbol{\alpha}=0$, 得 $d_{\mathcal{A},\boldsymbol{\alpha}}(x)=(x-1)^{k+1}$.

例 9.22 中的线性变换 $\mathcal{A}$ 有唯一的特征值 $\lambda=1$, 相应的特征子空间 $\mathrm{Ker}(\lambda\mathcal{I}-\mathcal{A})=\mathbb{F}$, 根子空间 $\bigcup_{k=1}^{\infty}\mathrm{Ker}(\lambda\mathcal{I}-\mathcal{A})^k=V$, 最小多项式 $d_{\mathcal{A}}(x)$ 不存在.

习 题 9.6

1. 设 $V=\mathbb{R}_4[x]$, $\mathcal{A}\in L(V):f(x)\mapsto(1-x)^2f(0)+2x(1-x)f(1)+x^2f(2)$. 求 $\mathcal{A}$ 的所有特征值以及相应的特征子空间和根子空间.

2. 设 $\mathbb{R}$ 上的线性空间 $V=\mathscr{C}^{\infty}(-\infty,\infty)$ 由所有无穷次可微的实函数构成. 求微分变换 $\mathcal{D}\in L(V)$ 的所有特征值以及相应的特征子空间和根子空间.

3. 设 V 是 $\mathbb{F}$ 上的 n 维线性空间, $\mathcal{A}\in L(V)$. 证明下列四个叙述相互等价:

(1) V 可以分解为 n 个 1 维 $\mathcal{A}$-不变子空间的直和;

(2) V 可以分解为 $\mathcal{A}$ 的特征子空间的直和;

(3) 存在 V 的基 S, 使得 $\mathcal{A}$ 在 S 下的矩阵表示 $\boldsymbol{A}$ 是对角阵.

(4) $\mathcal{A}$ 的最小多项式 $d_{\mathcal{A}}=\prod_{i=1}^{k}(x-\lambda_i)$, 其中 $\lambda_1,\lambda_2,\cdots,\lambda_k\in\mathbb{F}$ 两两不同.

4. 设 V 是 $\mathbb{F}$ 上的线性空间, $\mathcal{A}\in L(V)$ 的最小多项式 $d_{\mathcal{A}}$ 存在, $\lambda\in\mathbb{F}$. 证明: λ 是 $\mathcal{A}$ 的特征值当且仅当 $d_{\mathcal{A}}(\lambda)=0$.

5. 设 V 是 $\mathbb{F}$ 上的线性空间, $\mathcal{A}\in L(V)$, I 是指标集合, $\{\lambda_i\mid i\in I\}$ 是 $\mathcal{A}$ 的一组两两不同的特征值, W_i 是 λ_i 对应的根子空间. 证明: $\sum_{i\in I}W_i$ 是直和.

6. 设 V 是 $\mathbb{F}$ 上的线性空间, $\mathcal{A}\in L(V)$, $d_{\mathcal{A}}(x)=\prod_{i=1}^{k}(x-\lambda_i)$, 其中 $\lambda_1,\lambda_2,\cdots,\lambda_k\in\mathbb{F}$ 两两不同. 证明: 任意 $\alpha\in V$ 可以表示为 $\boldsymbol{\alpha}=\sum_{i=1}^{k}\boldsymbol{\alpha}_i$ 的形式, 其中 $\boldsymbol{\alpha}_i=f_i(\mathcal{A})\boldsymbol{\alpha}\in\mathrm{Ker}(\lambda_i\mathcal{I}-\mathcal{A})$, $f_i(x)=\prod_{j\neq i}\dfrac{x-\lambda_j}{\lambda_i-\lambda_j}$.

7. 设 V 是 $\mathbb{C}$ 上的线性空间, $\mathcal{A}\in L(V)$ 满足 $\mathcal{A}^n=\mathcal{I}$. 证明: 任意 $\boldsymbol{\alpha}\in V$ 可以表示为 $\boldsymbol{\alpha}=\sum_{k=0}^{n-1}\boldsymbol{\alpha}_k$ 的形式, 其中 $\boldsymbol{\alpha}_k=\dfrac{1}{n}\sum_{j=0}^{n-1}\omega^{-kj}\mathcal{A}^j\boldsymbol{\alpha}\in\mathrm{Ker}(\omega^k\mathcal{I}-\mathcal{A})$,$\omega=\cos\dfrac{2\pi}{n}+\mathrm{i}\sin\dfrac{2\pi}{n}$.

8. 设 V 是 $\mathbb{F}$ 上的线性空间, $\mathcal{A}\in L(V)$, $d_{\mathcal{A}}(x)=\prod_{i=1}^{k}(x-\lambda_i)^{m_i}$, 其中 $\lambda_1,\lambda_2,\cdots,\lambda_k\in\mathbb{F}$ 两两不同. 证明:

(1) $W_i=\mathrm{Ker}(\lambda_i\mathcal{I}-\mathcal{A})^{m_i}$ 是 λ_i 对应的根子空间;

(2) $d_i(x)=(x-\lambda_i)^{m_i}$ 是 $\mathcal{A}$ 在 W_i 上的限制映射的最小多项式;

(3) 当 W_i 是有限维时, $m_i\leqslant\dim(W_i)\leqslant m_i\dim(V_i)$, 其中 $V_i=\mathrm{Ker}(\lambda_i\mathcal{I}-\mathcal{A})$.

9. 设 V 是 $\mathbb{F}$ 上的线性空间, $\mathcal{A}\in L(V)$, $\boldsymbol{\alpha}\in V$ 是非零向量, W 是 $\mathcal{A}$ 的特征值 $\lambda\in\mathbb{F}$ 对应的根子空间. 证明: $\boldsymbol{\alpha}\in W$ 当且仅当 $d_{\mathcal{A},\boldsymbol{\alpha}}$ 形如 $(x-\lambda)^m$.

10. 设 $V=\mathbb{F}[x]$, $\mathcal{A}\in L(V): f(x)\mapsto xf'(x)$.

(1) 求 $\mathcal{A}$ 的所有特征值以及相应的特征子空间和根子空间;

(2) 求 $\mathcal{A}$ 关于任意非零向量 $\boldsymbol{\alpha}\in V$ 的最小多项式.

9.7 循环子空间

定义 9.15 设 V 是 $\mathbb{F}$ 上的线性空间, $\mathcal{A}\in L(V)$, $\boldsymbol{\alpha}\in V$ 是非零向量.

$$\mathbb{F}[\mathcal{A}]\boldsymbol{\alpha}=\{f(\mathcal{A})\boldsymbol{\alpha}\mid f(x)\in\mathbb{F}[x]\}$$

是包含 $\boldsymbol{\alpha}$ 的最小 $\mathcal{A}$-不变子空间, 称为 $\boldsymbol{\alpha}$ 生成的 **$\mathcal{A}$-循环子空间** 或 **Krylov**[①] **子空间**. 特别地, 若 $V=\mathbb{F}[\mathcal{A}]\boldsymbol{\alpha}$, 则 $\mathcal{A}$ 称为**循环变换**, $\boldsymbol{\alpha}$ 称为 $\mathcal{A}$ 的**循环向量**.

循环子空间与最小多项式这两个概念之间有着紧密的联系.

定理 9.16 设 V 是 $\mathbb{F}$ 上的线性空间, $\mathcal{A}\in L(V)$, $\boldsymbol{\alpha}\in V$ 是非零向量. $U=\mathbb{F}[\mathcal{A}]\boldsymbol{\alpha}$ 是 V 的有限维子空间当且仅当 $d_{\mathcal{A},\boldsymbol{\alpha}}(x)$ 存在, 并且 $\dim(U)=\deg(d_{\mathcal{A},\boldsymbol{\alpha}})$.

证明 $\dim(U)=n\Leftrightarrow\{\boldsymbol{\alpha},\mathcal{A}\boldsymbol{\alpha},\cdots,\mathcal{A}^{n-1}\boldsymbol{\alpha}\}$ 是 U 的基 $\Leftrightarrow\deg(d_{\mathcal{A},\boldsymbol{\alpha}})=n$.

设 $n=\deg(d_{\mathcal{A},\boldsymbol{\alpha}})$, $\mathcal{B}$ 是 $\mathcal{A}$ 在 $U=\mathbb{F}[\mathcal{A}]\boldsymbol{\alpha}$ 上的限制映射, 则 $\mathcal{B}$ 在 U 的基 $\boldsymbol{\alpha},\mathcal{A}\boldsymbol{\alpha},\cdots,\mathcal{A}^{n-1}\boldsymbol{\alpha}$ 下的矩阵表示是 $d_{\mathcal{A},\boldsymbol{\alpha}}(x)$ 的友方阵.

定理 9.17 设 V 是 $\mathbb{F}$ 上的线性空间, $\mathcal{A}\in L(V)$, $\boldsymbol{\alpha}_1,\cdots,\boldsymbol{\alpha}_k\in V$ 都是非零向量, $d_{\mathcal{A},\boldsymbol{\alpha}_1},\cdots,d_{\mathcal{A},\boldsymbol{\alpha}_k}$ 存在且两两互素, 则 $\boldsymbol{\alpha}=\boldsymbol{\alpha}_1+\cdots+\boldsymbol{\alpha}_k$ 满足:

(1) $d_{\mathcal{A},\boldsymbol{\alpha}}=\prod\limits_{i=1}^{k}d_{\mathcal{A},\boldsymbol{\alpha}_i}$;

(2) $\mathbb{F}[\mathcal{A}]\boldsymbol{\alpha}=\bigoplus\limits_{i=1}^{k}\mathbb{F}[\mathcal{A}]\boldsymbol{\alpha}_i$.

证明 只需证明 $k=2$ 的情形. 记 $d_i=d_{\mathcal{A},\boldsymbol{\alpha}_i}$, $f=d_{\mathcal{A},\boldsymbol{\alpha}}$. 根据 Bézout 定理知, 存在 $u,v\in\mathbb{F}[x]$, 使得 $u(x)d_1(x)+v(x)d_2(x)=1$.

(1) 由 $\mathbf{0}=d_1(\mathcal{A})f(\mathcal{A})\boldsymbol{\alpha}=d_1(\mathcal{A})f(\mathcal{A})\boldsymbol{\alpha}_2$, 得 $d_2\mid(d_1f)$, 故 $d_2\mid f$. 同理, $d_1\mid f$. 故 $(d_1d_2)\mid f$. 另由 $d_1(\mathcal{A})d_2(\mathcal{A})(\boldsymbol{\alpha}_1+\boldsymbol{\alpha}_2)=\mathbf{0}$, 得 $f\mid(d_1d_2)$. 因此, $f=d_1d_2$.

(2) 易知 $\mathbb{F}[\mathcal{A}]\alpha\subset\mathbb{F}[\mathcal{A}]\alpha_1+\mathbb{F}[\mathcal{A}]\alpha_2$. 另由

$$\begin{aligned}\boldsymbol{\alpha}_1&=\big(u(\mathcal{A})d_1(\mathcal{A})+v(\mathcal{A})d_2(\mathcal{A})\big)\boldsymbol{\alpha}_1=v(\mathcal{A})d_2(\mathcal{A})\boldsymbol{\alpha}_1=v(\mathcal{A})d_2(\mathcal{A})\boldsymbol{\alpha}\in\mathbb{F}[\mathcal{A}]\boldsymbol{\alpha}\\ \boldsymbol{\alpha}_2&=\big(u(\mathcal{A})d_1(\mathcal{A})+v(\mathcal{A})d_2(\mathcal{A})\big)\boldsymbol{\alpha}_2=u(\mathcal{A})d_1(\mathcal{A})\boldsymbol{\alpha}_2=u(\mathcal{A})d_1(\mathcal{A})\boldsymbol{\alpha}\in\mathbb{F}[\mathcal{A}]\boldsymbol{\alpha}\end{aligned}$$

得 $\mathbb{F}[\mathcal{A}]\boldsymbol{\alpha}_1+\mathbb{F}[\mathcal{A}]\boldsymbol{\alpha}_2\subset\mathbb{F}[\mathcal{A}]\boldsymbol{\alpha}$. 对于任意 $\boldsymbol{\beta}\in\mathbb{F}[\mathcal{A}]\boldsymbol{\alpha}_1\bigcap\mathbb{F}[\mathcal{A}]\boldsymbol{\alpha}_2$, 由 $d_1(\mathcal{A})\boldsymbol{\beta}=d_2(\mathcal{A})\boldsymbol{\beta}=\mathbf{0}$, 得

$$\boldsymbol{\beta}=u(\mathcal{A})d_1(\mathcal{A})\boldsymbol{\beta}+v(\mathcal{A})d_2(\mathcal{A})\boldsymbol{\beta}=\mathbf{0}$$

① Alexey Nikolaevich Krylov, 1863～1945, 俄国海军工程师、应用数学家.

故 $\mathbb{F}[\mathcal{A}]\boldsymbol{\alpha}_1\bigcap\mathbb{F}[\mathcal{A}]\boldsymbol{\alpha}_2=\{\mathbf{0}\}$, $\mathbb{F}[\mathcal{A}]\boldsymbol{\alpha}_1+\mathbb{F}[\mathcal{A}]\boldsymbol{\alpha}_2$ 是直和. 因此, $\mathbb{F}[\mathcal{A}]\boldsymbol{\alpha}=\mathbb{F}[\mathcal{A}]\boldsymbol{\alpha}_1\bigoplus\mathbb{F}[\mathcal{A}]\boldsymbol{\alpha}_2$.

一般说来, 若干个 $\mathcal{A}$-循环子空间的和空间（无论是否是直和）仍然是 $\mathcal{A}$-不变子空间, 但不一定是 $\mathcal{A}$-循环子空间. 另一方面, 当 $d_{\mathcal{A},\boldsymbol{\alpha}}$ 可以因式分解时, 循环子空间 $\mathbb{F}[\mathcal{A}]\boldsymbol{\alpha}$ 也可以相应地分解为若干个 $\mathcal{A}$-循环子空间的直和.

定理 9.18 设 V 是 $\mathbb{F}$ 上的线性空间, $\mathcal{A}\in L(V)$, $\boldsymbol{\alpha}\in V$ 是非零向量, $d_{\mathcal{A},\boldsymbol{\alpha}}=\prod\limits_{i=1}^{k}f_i$, 其中 $f_1,f_2,\cdots,f_k\in\mathbb{F}[x]$ 是两两互素的首一多项式, 则存在非零向量 $\boldsymbol{\alpha}_1,\boldsymbol{\alpha}_2,\cdots,\boldsymbol{\alpha}_k\in V$ 满足下列三个条件:

(1) $\boldsymbol{\alpha}=\boldsymbol{\alpha}_1+\cdots+\boldsymbol{\alpha}_k$;

(2) $d_{\mathcal{A},\boldsymbol{\alpha}_i}=f_i(\forall i)$;

(3) $\mathbb{F}[\mathcal{A}]\boldsymbol{\alpha}=\bigoplus\limits_{i=1}^{k}\mathbb{F}[\mathcal{A}]\boldsymbol{\alpha}_i$.

证明 只需证明 $k=2$ 的情形. 根据 Bézout 定理知, 存在 $u,v\in\mathbb{F}[x]$, 使得 $u(x)f_1(x)+v(x)f_2(x)=1$.

(1) 设 $\boldsymbol{\alpha}_1=v(\mathcal{A})f_2(\mathcal{A})\boldsymbol{\alpha}$, $\boldsymbol{\alpha}_2=u(\mathcal{A})f_1(\mathcal{A})\boldsymbol{\alpha}$, $d_i=d_{\mathcal{A},\boldsymbol{\alpha}_i}(i=1,2)$. 显然, $\boldsymbol{\alpha}=\boldsymbol{\alpha}_1+\boldsymbol{\alpha}_2$.

(2) 由 $f_i(\mathcal{A})\boldsymbol{\alpha}_i=\mathbf{0}$ 得 $d_i\mid f_i$. 由 $d_1(\mathcal{A})d_2(\mathcal{A})(\boldsymbol{\alpha}_1+\boldsymbol{\alpha}_2)=\mathbf{0}$ 得 $(f_1f_2)\mid(d_1d_2)$. 故 $d_i=f_i$.

(3) 根据 (1)、(2) 和定理 9.17 知, $\mathbb{F}[\mathcal{A}]\boldsymbol{\alpha}=\mathbb{F}[\mathcal{A}]\boldsymbol{\alpha}_1\bigoplus\mathbb{F}[\mathcal{A}]\boldsymbol{\alpha}_2$.

定理 9.19 设 V 是 $\mathbb{F}$ 上的线性空间, $\mathcal{A}\in L(V)$ 有最小多项式. 则存在非零向量 $\boldsymbol{\alpha}$, 使得 $d_{\mathcal{A},\boldsymbol{\alpha}}=d_{\mathcal{A}}$.

证明 与定理 5.12 的证明类似.

定理 9.20 设 V 是 $\mathbb{F}$ 上的线性空间, $\mathcal{A}\in L(V)$ 有最小多项式. 对于满足 $d_{\mathcal{A},\boldsymbol{\alpha}}=d_{\mathcal{A}}$ 的任意非零向量 $\boldsymbol{\alpha}$, 存在 $\mathcal{A}$-不变子空间 U, 使得 $V=\mathbb{F}[\mathcal{A}]\boldsymbol{\alpha}\bigoplus U$.

证明 设 U 是满足 $U\bigcap\mathbb{F}[\mathcal{A}]\boldsymbol{\alpha}=\{\mathbf{0}\}$ 的一个极大的 $\mathcal{A}$-不变子空间, 下证 $V=\mathbb{F}[\mathcal{A}]\boldsymbol{\alpha}\bigoplus U$. 假设存在 $\boldsymbol{\beta}\notin\mathbb{F}[\mathcal{A}]\boldsymbol{\alpha}\bigoplus U$. 设 $f\in\mathbb{F}[x]$ 使得 $f(\mathcal{A})\boldsymbol{\beta}\in\mathbb{F}[\mathcal{A}]\boldsymbol{\alpha}\bigoplus U$ 且 $\deg(f)$ 最小, 则 $f\mid d_{\mathcal{A}}$.

设 $p=d_{\mathcal{A}}/f$, $f(\mathcal{A})\boldsymbol{\beta}=g(\mathcal{A})\boldsymbol{\alpha}+\boldsymbol{u}$, 其中 $g\in\mathbb{F}[x]$, $\boldsymbol{u}\in U$. 由 $p(\mathcal{A})(g(\mathcal{A})\boldsymbol{\alpha}+\boldsymbol{u})=\mathbf{0}$ 和 $\mathbb{F}[\mathcal{A}]\boldsymbol{\alpha}\bigcap U=\{\mathbf{0}\}$, 得 $d_{\mathcal{A}}\mid(pg)$, 故 $f\mid g$. 设 $q=g/f$, $\boldsymbol{\gamma}=\boldsymbol{\beta}-q(\mathcal{A})\boldsymbol{\alpha}$, $W=U+\mathbb{F}[\mathcal{A}]\boldsymbol{\gamma}$.

任取 $\boldsymbol{w}=\boldsymbol{v}+h(\mathcal{A})\boldsymbol{\gamma}\in W\bigcap\mathbb{F}[\mathcal{A}]\boldsymbol{\alpha}$, 其中 $\boldsymbol{v}\in U$, $h\in\mathbb{F}[x]$. 由 $h(\mathcal{A})\boldsymbol{\beta}=\boldsymbol{w}+h(\mathcal{A})q(\mathcal{A})\boldsymbol{\alpha}-\boldsymbol{v}\in\mathbb{F}[\mathcal{A}]\boldsymbol{\alpha}\bigoplus U$, 得 $f\mid h$. 再由 $f(\mathcal{A})\boldsymbol{\gamma}=\boldsymbol{u}\in U$, 得 $\boldsymbol{w}\in U$. 故 $\boldsymbol{w}\in U\bigcap\mathbb{F}[\mathcal{A}]\boldsymbol{\alpha}=\{\mathbf{0}\}$.

$\mathcal{A}$-不变子空间 W 满足 $W\bigcap\mathbb{F}[\mathcal{A}]\boldsymbol{\alpha}=\{\mathbf{0}\}$, 与 U 的极大性矛盾.

定理 9.21 设 V 是 $\mathbb{F}$ 上的线性空间, $\mathcal{A}\in L(V)$ 有最小多项式. 则存在一组向量 $\{\boldsymbol{\alpha}_i\mid i\in I\}$, 使得

$$V=\bigoplus_{i\in I}\mathbb{F}[\mathcal{A}]\boldsymbol{\alpha}_i$$

其中 I 是指标集合. 上式称为 V 的**循环子空间分解**.

证明 考虑形如 $\bigoplus\limits_{i\in I}\mathbb{F}[\mathcal{A}]\boldsymbol{\alpha}_i$ 的 $\mathcal{A}$-不变子空间, 其中 $\boldsymbol{\alpha}_i$ 满足 $d_{\mathcal{A},\boldsymbol{\alpha}_i}=d_{\mathcal{A}}$. 设 U_0 是这些子空间在集合的包含关系下的一个极大元. 设 U_1 是满足 $U_1\bigcap U_0=\{\mathbf{0}\}$ 的一个极大的 $\mathcal{A}$-不变子空间. 下证 $V=U_0\bigoplus U_1$.

假设存在 $\boldsymbol{\beta}\notin U_0\bigoplus U_1$. 设 $f\in\mathbb{F}[x]$ 使得 $f(\mathcal{A})\boldsymbol{\beta}\in U_0\bigoplus U_1$, 并且 $\deg(f)$ 最小, 则

$f \mid d_{\mathcal{A}}$. 设 $p = d_{\mathcal{A}}/f$, $f(\mathcal{A})\boldsymbol{\beta} = \boldsymbol{u} + \sum\limits_{i\in I} g_i(\mathcal{A})\boldsymbol{\alpha}_i$, 其中 $\boldsymbol{u} \in U_1, g_i \in \mathbb{F}[x]$, 并且仅有有限多个 $g_i \neq 0$. 由 $p(\mathcal{A})\big(\boldsymbol{u} + \sum\limits_{i\in I} g_i(\mathcal{A})\boldsymbol{\alpha}_i\big) = \boldsymbol{0}$, 得 $d_{\mathcal{A}} \mid pg_i$, 从而 $f \mid g_i(\forall i)$. 设 $q_i = g_i/f$, $\boldsymbol{\gamma} = \boldsymbol{\beta} - \sum\limits_{i\in I} q_i(\mathcal{A})\boldsymbol{\alpha}_i$, $U_2 = U_1 + \mathbb{F}[\mathcal{A}]\boldsymbol{\gamma}$. 任取 $\boldsymbol{w} \in U_2 \bigcap U_0$. 设 $\boldsymbol{w} = \boldsymbol{v} + h(\mathcal{A})\boldsymbol{\gamma}$,其中 $\boldsymbol{v} \in U_1$, $h \in \mathbb{F}[x]$. 由 $h(\mathcal{A})\boldsymbol{\beta} = \boldsymbol{w} + \sum\limits_{i\in I} h(\mathcal{A})q_i(\mathcal{A})\boldsymbol{\alpha}_i - \boldsymbol{v} \in U_0 \bigoplus U_1$, 得 $f \mid h$. 再由 $f(\mathcal{A})\boldsymbol{\gamma} = \boldsymbol{u} \in U_1$, 得 $\boldsymbol{w} \in U_1$. 故 $\boldsymbol{w} \in U_1 \bigcap U_0$, $\boldsymbol{w} = \boldsymbol{0}$. $\mathcal{A}$-不变子空间 U_2 满足 $U_2 \bigcap U_0 = \{\boldsymbol{0}\}$, 与 U_1 的极大性矛盾.

由 U_0 的极大性可知 $d_{\mathcal{A},u} \neq d_{\mathcal{A}}(\forall u \in U_1)$. 对线性变换的最小多项式的次数应用数学归纳法, 根据归纳假设知, U_1 是若干 $\mathcal{A}$-循环子空间的直和, 从而 V 也是若干 $\mathcal{A}$-循环子空间的直和.

利用有限维线性空间的根子空间分解和循环子空间分解, 可以很容易地得到复数方阵的 Jordan 标准形, 以及一般数域上方阵的相似标准形.

定理 9.22 设 V 是 $\mathbb{F}$ 上的有限维线性空间, $\mathcal{A} \in L(V)$, $\varphi_{\mathcal{A}} = \prod\limits_{i=1}^{k} p_i^{n_i}$, 其中 $p_1, \cdots, p_k \in \mathbb{F}[x]$ 是两两互素的首一不可约多项式, 则有

根子空间分解:

$$V = \operatorname{Ker} p_1^{n_1}(\mathcal{A}) \bigoplus \cdots \bigoplus \operatorname{Ker} p_k^{n_k}(\mathcal{A})$$

循环子空间分解:

$$\operatorname{Ker}\ \mathrm{p}_i^{n_i}(\mathcal{A}) = \mathbb{F}[\mathcal{A}]\alpha_{i1} \bigoplus \cdots \bigoplus \mathbb{F}[\mathcal{A}]\alpha_{it_i}$$

其中 $d_{\mathcal{A},\alpha_{ij}} = p_i^{m_{ij}}$, 并且 $m_{i1} \geqslant m_{i2} \geqslant \cdots \geqslant m_{it_i}$ 由 $\mathcal{A}$ 唯一确定. 具体说来, 恰有

$$\frac{1}{\deg(p_i)}\Big(\operatorname{rank}(p_i^{m-1}(\mathcal{A})) - 2\operatorname{rank}(p_i^{m}(\mathcal{A})) + \operatorname{rank}(p_i^{m+1}(\mathcal{A}))\Big)$$

个 α_{ij} 满足 $d_{\mathcal{A},\alpha_{ij}} = p_i^m$.

对于每个 $V_{ij} = \mathbb{F}[\mathcal{A}]\alpha_{ij}$, 设 $\mathcal{B}_{ij}$ 是 $\mathcal{A}$ 在 V_{ij} 上的限制映射, 则 $\mathcal{B}_{ij}$ 在 V_{ij} 的基

$$\Big\{\underbrace{\alpha_{ij},\ \mathcal{A}\alpha_{ij},\ \cdots,\ \mathcal{A}^{s-1}\alpha_{ij}},\ \underbrace{p_i(\mathcal{A})\alpha_{ij},\ p_i(\mathcal{A})\mathcal{A}\alpha_{ij},\ \cdots,\ p_i(\mathcal{A})\mathcal{A}^{s-1}\alpha_{ij}},\quad \cdots,$$
$$\underbrace{p_i(\mathcal{A})^{m_{ij}-1}\alpha_{ij},\ p_i(\mathcal{A})^{m_{ij}-1}\mathcal{A}\alpha_{ij},\ \cdots,\ p_i(\mathcal{A})^{m_{ij}-1}\mathcal{A}^{s-1}\alpha_{ij}}\Big\}$$

下的矩阵表示

$$\boldsymbol{M}_{ij} = \begin{pmatrix} \boldsymbol{C}_i & & & \\ \boldsymbol{E} & \boldsymbol{C}_i & & \\ & \ddots & \ddots & \\ & & \boldsymbol{E} & \boldsymbol{C}_i \end{pmatrix}$$

其中 $s = \deg(p_i)$, $\boldsymbol{C}_i$ 是 p_i 的友方阵, $\boldsymbol{E}$ 是右上角元素为 1、其他元素为 0 的基础方阵. 特别地, 当 $p_i(x) = x - \lambda_i$ 时, $\boldsymbol{M}_{ij}^{\mathrm{T}}$ 是 Jordan 块方阵 $\boldsymbol{J}_{m_{ij}}(\lambda_i)$.

定理 9.22 与定理 5.18 有异曲同工之效. 定理 9.22 依据的是线性空间 V 的不变子空间分解, 首先把 V 分解成若干根子空间的直和, 然后把每个根子空间分解为若干循环子空间的直和, 最后在每个循环子空间中适当地选取基, 得到相似标准形.

定理 5.18 依据的是特征方阵的模相抵, 首先把特征多项式分解成不变因子的乘积, 然后又分解成初等因子的乘积, 最后得到相似标准形. 这种做法相当于首先把 V 分解成若干循环子空间的直和, 然后把每个循环子空间分解为若干根子空间的直和.

这两种推导矩阵的相似标准形的方法各有特点. 不变子空间分解方法对于线性空间的维数没有限制, 同样适用于无限维线性空间. 特征方阵方法对于方阵所在的数域没有限制, 可以根据需要随时调整, 便于得到各种形式的相似标准形.

习 题 9.7

1. 设 $V = \mathbb{F}[x]$, $\operatorname{char}\mathbb{F} = 0$, $\mathcal{D}, \mathcal{S} \in L(V)$ 分别是微分变换和积分变换. 证明:

(1) 每个非平凡的 $\mathcal{D}$-不变子空间都是 $\mathcal{D}$-循环子空间;

(2) 每个非平凡的 $\mathcal{S}$-不变子空间都是 $\mathcal{S}$-循环子空间.

2. 设 V 是 $\mathbb{F}$ 上的线性空间, $\mathcal{A} \in L(V)$, U_1 是 $\mathcal{A}$-循环子空间, U_2 是 $\mathcal{A}$-不变子空间.

(1) 证明: $U_1 \bigcap U_2$ 是 $\mathcal{A}$-循环子空间;

(2) 举例: $U_1 \bigoplus U_2$ 不是 $\mathcal{A}$-循环子空间;

(3) 举例: 不存在 U_2, 使得 $V = U_1 \bigoplus U_2$.

3. 设 V 是 $\mathbb{F}$ 上的有限维线性空间, $\mathcal{A} \in L(V)$. 证明下列四个叙述相互等价:

(1) $\mathcal{A}$ 是循环变换; (2) V 的任意 $\mathcal{A}$-不变子空间都是 $\mathcal{A}$-循环子空间;

(3) $d_{\mathcal{A}} = \varphi_{\mathcal{A}}$; (4) $\mathcal{A}$ 在 V 的某个基下的矩阵表示是友方阵.

4. 设 V 是 $\mathbb{F}$ 上的有限维线性空间, $\mathcal{A} \in L(V)$ 是循环变换. 证明下列叙述等价:

(1) 任意非零向量 $\boldsymbol{\alpha} \in V$ 都是 $\mathcal{A}$ 的循环向量; (2) $\varphi_{\mathcal{A}}(x)$ 在 $\mathbb{F}[x]$ 中不可约.

5. 设 V 是 $\mathbb{F}$ 上的线性空间, $\mathcal{A} \in L(V)$ 是幂零变换. 对 $\deg(d_{\mathcal{A}})$ 应用数学归纳法, 证明: V 可以分解为若干 $\mathcal{A}$-循环子空间的直和.

6. 设 V 是 $\mathbb{F}$ 上的线性空间, $\mathcal{A}, \mathcal{B} \in L(V)$ 满足 $\mathcal{AB} = \mathcal{BA}$. 证明:

(1) 若 $\mathcal{A}$ 是循环变换, 则存在 $f(x) \in \mathbb{F}[x]$, 使得 $\mathcal{B} = f(\mathcal{A})$;

(2) 若 U 是 $\mathcal{A}$-循环子空间, U 是否一定是 $\mathcal{B}$-不变子空间? 证明你的结论.

第 10 章 内积空间

一个线性空间 V 是定义了 “加法” 和 “数乘” 运算的非空集合. 数域 $\mathbb{F}$ 上的两个线性空间同构当且仅当它们的维数相等. 这种看法是对 V 的结构的一种抽象. V 上的线性变换从侧面更深入地反映了 V 的子空间结构. 在实际应用中, V 可能具有更加丰富的结构, 如度量、测度、拓扑等. 本章考虑定义了 “内积” 函数的线性空间, 称为**内积空间**. 利用内积的概念, 我们可以在内积空间上定义度量, 然后引入极限、收敛、开集、闭集、连续、稠密、完备等概念, 使 V 成为一个拓扑空间.

10.1 基本概念

定义 10.1 设 V 是 $\mathbb{R}$ 上的线性空间. 若 V 上的二元函数 $\rho: V\times V\to\mathbb{R}$ 具有下列性质:

(1) (**对称性**) $\rho(\boldsymbol{\alpha},\boldsymbol{\beta})=\rho(\boldsymbol{\beta},\boldsymbol{\alpha})$;

(2) (**双线性**) $\rho(\lambda\boldsymbol{\alpha}+\mu\boldsymbol{\beta},\boldsymbol{\gamma})=\lambda\rho(\boldsymbol{\alpha},\boldsymbol{\gamma})+\mu\rho(\boldsymbol{\beta},\boldsymbol{\gamma})$, $\rho(\boldsymbol{\alpha},\lambda\boldsymbol{\beta}+\mu\boldsymbol{\gamma})=\lambda\rho(\boldsymbol{\alpha},\boldsymbol{\beta})+\mu\rho(\boldsymbol{\alpha},\boldsymbol{\gamma})$;

(3) (**正定性**) 当 $\boldsymbol{\alpha}\neq\boldsymbol{0}$ 时,$\rho(\boldsymbol{\alpha},\boldsymbol{\alpha})>0$,

其中 $\boldsymbol{\alpha},\boldsymbol{\beta},\boldsymbol{\gamma}\in V$, $\lambda,\mu\in\mathbb{R}$, 则 ρ 称为 V 上的**内积**, 代数结构 (V,ρ) 称为**实内积空间**. 设 U 是 V 的子空间, 则 ρ 可以自然地限制在 U 上, 成为内积 $\hat{\rho}: U\times U\to\mathbb{R}$. 实内积空间 $(U,\hat{\rho})$ 称为实内积空间 (V,ρ) 的**子空间**.

对于 $\mathbb{R}$ 上的一个线性空间 V, 可能存在多个函数 $\rho: V\times V\to\mathbb{R}$ 满足内积的定义. V 配上不同的内积 ρ 构成不同的实内积空间. 对于一个实内积空间 V, ρ 是取定的. 在不引起歧义的情形下, 可以略去内积名称 ρ, 把 $\rho(\boldsymbol{\alpha},\boldsymbol{\beta})$ 记作 $(\boldsymbol{\alpha},\boldsymbol{\beta})$. 许多教科书也使用记号 $\langle\boldsymbol{\alpha},\boldsymbol{\beta}\rangle$ 表示内积.

例 10.1 设 $V=\mathbb{R}^n$. 二元函数 $\rho(\boldsymbol{x},\boldsymbol{y})=\sum\limits_{i=1}^{n}x_iy_i$ 是 V 上的内积, 称为**标准内积**. $\mathbb{R}^n$ 连同标准内积称为 n 维 **Euclid 空间**.

例 10.2 设 $V=\mathbb{R}^{m\times n}$. 二元函数 $\rho(\boldsymbol{X},\boldsymbol{Y})=\mathrm{tr}(\boldsymbol{X}^{\mathrm{T}}\boldsymbol{Y})$ 是 V 上的内积.

例 10.3 设 $V=\mathscr{C}[a,b]$. 二元函数 $\rho(f,g)=\int_a^b f(x)g(x)\mathrm{d}x$ 是 V 上的内积.

定义 10.2 设 (V,ρ) 是 n 维实内积空间, $S=\{\boldsymbol{\alpha}_1,\boldsymbol{\alpha}_2,\cdots,\boldsymbol{\alpha}_n\}$ 是 V 的一个基. 对于任意 $\boldsymbol{\alpha},\boldsymbol{\beta}\in V$, 设 $\boldsymbol{\alpha}$ 和 $\boldsymbol{\beta}$ 在 S 下的坐标分别是 $\boldsymbol{x}=(x_1,x_2,\cdots,x_n)$ 和 $\boldsymbol{y}=(y_1,y_2,\cdots,y_n)$,

则有

$$\rho(\boldsymbol{\alpha},\boldsymbol{\beta})=\rho\left(\sum_{i=1}^{n}x_i\boldsymbol{\alpha}_i,\sum_{j=1}^{n}y_j\boldsymbol{\beta}_j\right)=\sum_{1\leqslant i,j\leqslant n}x_iy_j\rho(\boldsymbol{\alpha}_i,\boldsymbol{\alpha}_j)=\boldsymbol{x}^{\mathrm{T}}\boldsymbol{G}\boldsymbol{y}$$

其中 $\boldsymbol{x},\boldsymbol{y}$ 视为列向量. $\rho(\boldsymbol{\alpha},\boldsymbol{\beta})=\boldsymbol{x}^{\mathrm{T}}\boldsymbol{G}\boldsymbol{y}$ 称为 ρ 在 S 下的**坐标表示**. n 阶方阵 $\boldsymbol{G}=\big(\rho(\boldsymbol{\alpha}_i,\boldsymbol{\alpha}_j)\big)$ 称为 ρ 在 S 下的**度量矩阵**或 **Gram 方阵**. 当 $\boldsymbol{G}=\boldsymbol{I}_n$ 时, S 称为实内积空间 (V,ρ) 的一个**标准正交基**.

例 10.4 设 $V=\mathbb{R}^{2\times 2}$, 内积 $\rho(\boldsymbol{X},\boldsymbol{Y})=\mathrm{tr}(\boldsymbol{X}^{\mathrm{T}}\boldsymbol{Y})$ 在 V 的基 $\boldsymbol{E}_{11},\boldsymbol{E}_{12},\boldsymbol{E}_{21},\boldsymbol{E}_{22}$ 下的度量矩阵 $\boldsymbol{G}$ 是单位方阵 $\boldsymbol{I}_4$.

例 10.5 设 V 是所有 2 阶对称实数方阵构成的 $\mathbb{R}^{2\times 2}$ 的子空间, 内积 $\rho(\boldsymbol{X},\boldsymbol{Y})=\mathrm{tr}(\boldsymbol{X}^{\mathrm{T}}\boldsymbol{Y})$ 在 V 的基 $\begin{pmatrix}1&1\\1&0\end{pmatrix},\begin{pmatrix}0&1\\1&0\end{pmatrix},\begin{pmatrix}0&1\\1&1\end{pmatrix}$ 下的度量矩阵 $\boldsymbol{G}=\begin{pmatrix}3&2&2\\2&2&2\\2&2&3\end{pmatrix}$.

例 10.6 设 $V=\mathbb{R}_3[x]$, 内积 $\rho(f,g)=\int_0^1 f(x)g(x)\mathrm{d}x$ 在 V 的基 $1,x,x^2$ 下的度量矩阵

$$\boldsymbol{G}=\begin{pmatrix}1&\frac{1}{2}&\frac{1}{3}\\\frac{1}{2}&\frac{1}{3}&\frac{1}{4}\\\frac{1}{3}&\frac{1}{4}&\frac{1}{5}\end{pmatrix}$$

例 10.7 设 $V=\mathbb{R}_3[x]$, 内积 $\rho(f,g)=\int_0^{\infty} f(x)g(x)\,\mathrm{e}^{-x}\,\mathrm{d}x$ 在 V 的基 $1,x,x^2$ 下的度量矩阵

$$\boldsymbol{G}=\begin{pmatrix}1&1&2\\1&2&3!\\2&3!&4!\end{pmatrix}$$

取定线性空间 V 的基 S, 由内积的坐标表示可知, V 上的内积 ρ 由其在 S 下的度量矩阵 G 唯一确定. 显然, 度量矩阵是对称实数方阵. 但是, 并非所有对称实数方阵都可以成为度量矩阵.

定理 10.1 设 (V,ρ) 是 n 维实内积空间.

(1) ρ 在 V 的任意基 S 下的度量矩阵 $\boldsymbol{G}$ 是正定对称方阵.

(2) 设 $\boldsymbol{G}_1,\boldsymbol{G}_2$ 分别是 ρ 在 V 的基 S_1,S_2 下的度量矩阵, $\boldsymbol{P}$ 是从 S_1 到 S_2 的过渡矩阵, 则 $\boldsymbol{G}_2=\boldsymbol{P}^{\mathrm{T}}\boldsymbol{G}_1\boldsymbol{P}$.

(3) 对于任意正定对称方阵 $\boldsymbol{G}\in\mathbb{R}^{n\times n}$, 存在 V 的基 S, 使得 ρ 在 S 下的度量矩阵是 $\boldsymbol{G}$.

证明 (1) 由内积的对称性知, $\boldsymbol{G}$ 是对称方阵.再由内积的正定性和坐标表示得, $\boldsymbol{x}^{\mathrm{T}}\boldsymbol{G}\boldsymbol{x}>0(\forall\boldsymbol{x}\neq 0)$. 故 $\boldsymbol{G}$ 是正定对称方阵.

(2) 设 $S_2=\{\boldsymbol{\alpha}_1,\boldsymbol{\alpha}_2,\cdots,\boldsymbol{\alpha}_n\}$. $\boldsymbol{P}=\begin{pmatrix}\boldsymbol{x}_1&\boldsymbol{x}_2&\cdots&\boldsymbol{x}_n\end{pmatrix}$, 其中 $\boldsymbol{x}_i$ 是 α_i 在 S_1 下的坐标. 由 ρ 在 S_1 下的坐标表示, 可得 $\boldsymbol{G}_2=\big(\rho(\alpha_i,\alpha_j)\big)=\big(\boldsymbol{x}_i^{\mathrm{T}}\boldsymbol{G}_1\boldsymbol{x}_j\big)=\boldsymbol{P}^{\mathrm{T}}\boldsymbol{G}_1\boldsymbol{P}$.

(3) 任取 V 的基 S_1, 设 $\boldsymbol{G}_1$ 是 ρ 在 S_1 下的度量矩阵. 由于 $\boldsymbol{G}_1$ 和 $\boldsymbol{G}$ 的元素都是 n 阶正定对称方阵, 故存在可逆方阵 $\boldsymbol{P}$, 使得 $\boldsymbol{G}=\boldsymbol{P}^{\mathrm{T}}\boldsymbol{G}_1\boldsymbol{P}$. 取 V 的基 S, 使得 $\boldsymbol{P}$ 是从 S_1 到 S 的过渡矩阵. 由结论 2 得, $\boldsymbol{G}$ 是 ρ 在 S 下的度量矩阵.

定理 10.1 表明, 任意 n 维实内积空间 (V,ρ) 都有标准正交基,ρ 在标准正交基下的坐标表示与 Euclid 空间 $\mathbb{R}^n$ 上的标准内积完全相同. 存在一一映射 $\tau: V\to\mathbb{R}^n$ 把 V 的标准正交基映成 $\mathbb{R}^n$ 的标准正交基. τ 既保持两个空间的线性运算之间的对应, 也保持内积运算之间的对应. 作为实内积空间, V 与 $\mathbb{R}^n$ 同构. 因此, 许多教材把有限维实内积空间都称为 Euclid 空间.

定理 10.2 设 (V,ρ) 是实内积空间, I 是指标集合, $\{\boldsymbol{\alpha}_i\mid i\in I\}$ 是 V 的基. 若 $\boldsymbol{\beta}\in V$ 满足对于任意 $i\in I$, 都有 $\rho(\boldsymbol{\alpha}_i,\boldsymbol{\beta})=0$, 则 $\boldsymbol{\beta}=\mathbf{0}$.

证明 $\boldsymbol{\beta}=x_1\boldsymbol{\alpha}_{i_1}+x_2\boldsymbol{\alpha}_{i_2}+\cdots+x_k\boldsymbol{\alpha}_{i_k}$, 其中 $i_1,i_2,\cdots,i_k\in I$, $x_i,x_2,\cdots,x_k\in\mathbb{R}$. $\rho(\boldsymbol{\beta},\boldsymbol{\beta})=x_1\rho(\boldsymbol{\alpha}_{i_1},\boldsymbol{\beta})+x_2\rho(\boldsymbol{\alpha}_{i_2},\boldsymbol{\beta})+\cdots+x_k\rho(\boldsymbol{\alpha}_{i_k},\boldsymbol{\beta})=0\Rightarrow\boldsymbol{\beta}=\mathbf{0}$.

定理 10.3 (Cauchy 不等式①) 设 (V,ρ) 是实内积空间. 对于任意 $\boldsymbol{\alpha},\boldsymbol{\beta}\in V$, 有

$$(\rho(\boldsymbol{\alpha},\boldsymbol{\beta}))^2\leqslant\rho(\boldsymbol{\alpha},\boldsymbol{\alpha})\rho(\boldsymbol{\beta},\boldsymbol{\beta})\tag{10.1}$$

等号成立当且仅当 $\boldsymbol{\alpha},\boldsymbol{\beta}$ 线性相关.

证明 当 $\boldsymbol{\alpha}=\mathbf{0}$ 时, 结论显然成立. 下设 $\boldsymbol{\alpha}\neq\mathbf{0}$. 取 $\boldsymbol{\gamma}=\boldsymbol{\beta}-\lambda\boldsymbol{\alpha}\in V$, 其中 $\lambda=\dfrac{\rho(\boldsymbol{\alpha},\boldsymbol{\beta})}{\rho(\boldsymbol{\alpha},\boldsymbol{\alpha})}\in\mathbb{R}$. 由内积的对称性和双线性, 有

$$\rho(\boldsymbol{\gamma},\boldsymbol{\gamma})=\rho(\boldsymbol{\beta},\boldsymbol{\beta})-2\lambda\cdot\rho(\boldsymbol{\alpha},\boldsymbol{\beta})+\lambda^2\rho(\boldsymbol{\alpha},\boldsymbol{\alpha})=\rho(\boldsymbol{\beta},\boldsymbol{\beta})-\frac{(\rho(\boldsymbol{\alpha},\boldsymbol{\beta}))^2}{\rho(\boldsymbol{\alpha},\boldsymbol{\alpha})}$$

由内积的正定性 $\rho(\boldsymbol{\gamma},\boldsymbol{\gamma})\geqslant 0$, 可得 $\rho(\boldsymbol{\alpha},\boldsymbol{\alpha})\rho(\boldsymbol{\beta},\boldsymbol{\beta})\geqslant(\rho(\boldsymbol{\alpha},\boldsymbol{\beta}))^2$. 等号成立的充分必要条件是 $\boldsymbol{\gamma}=\mathbf{0}$, 即 $\boldsymbol{\beta}=\lambda\boldsymbol{\alpha}$.

在任意实内积空间中, 可以定义一个向量的长度和两个向量之间的夹角, 使空间具有度量结构.

定义 10.3 设 (V,ρ) 是实内积空间, $\boldsymbol{\alpha},\boldsymbol{\beta}\in V$.

(1) $\|\boldsymbol{\alpha}\|=\sqrt{\rho(\boldsymbol{\alpha},\boldsymbol{\alpha})}$ 称为 $\boldsymbol{\alpha}$ 的**长度**. 当 $\|\boldsymbol{\alpha}\|=1$ 时,$\boldsymbol{\alpha}$ 称为**单位向量**.

(2) $\arccos\dfrac{\rho(\boldsymbol{\alpha},\boldsymbol{\beta})}{\|\boldsymbol{\alpha}\|\,\|\boldsymbol{\beta}\|}$ 称为 $\boldsymbol{\alpha}$ 和 $\boldsymbol{\beta}$ 的**夹角**. 当 $\rho(\boldsymbol{\alpha},\boldsymbol{\beta})=0$ 时, 称 $\boldsymbol{\alpha}$ 和 $\boldsymbol{\beta}$ **正交**, 记作 $\boldsymbol{\alpha}\perp\boldsymbol{\beta}$.

使线性空间具有度量结构的方式还有许多. 常见的是引入**范数**和**距离**的概念.

定义 10.4 设 V 是 $\mathbb{R}$ 上的线性空间. 若函数 $p: V\to\mathbb{R}$ 具有下列性质:

(1) **(拟线性)** $p(\lambda\boldsymbol{\alpha})=|\lambda|\ p(\boldsymbol{\alpha})$;

(2) **(正定性)** 当 $\boldsymbol{\alpha}\neq\mathbf{0}$ 时, $p(\boldsymbol{\alpha})>0$;

(3) **(三角不等式)** $p(\boldsymbol{\alpha}+\boldsymbol{\beta})\leqslant p(\boldsymbol{\alpha})+p(\boldsymbol{\beta})$,

其中 $\boldsymbol{\alpha},\boldsymbol{\beta}\in V$, $\lambda\in\mathbb{R}$, 则 p 称为 V 上的**范数**, 代数结构 (V,p) 称为**赋范线性空间**. 特别地, 实内积空间 (V,ρ) 上的函数 $p(\boldsymbol{\alpha})=\sqrt{\rho(\boldsymbol{\alpha},\boldsymbol{\alpha})}$ 构成 V 上的范数, 称为内积 ρ 的**导出范数**.

例 10.8 设 $p>0$ 或 $p=\infty$. 在 $V=\mathbb{R}^n$ 上定义函数

$$\|\boldsymbol{x}\|_p=(|x_1|^p+|x_2|^p+\cdots+|x_n|^p)^{\frac{1}{p}},\quad \|\boldsymbol{x}\|_\infty=\max\{|x_1|,|x_2|,\cdots,|x_n|\}$$

---

① Augustin-Louis Cauchy 在 1821 年首先发表了求和形式的 Cauchy 不等式, Viktor Bunyakovsky 在 1859 年证明了不等式的积分形式, 而 Hermann Amandus Schwarz 则在 1888 年独立地证明了不等式的积分形式. 因此, 它也称为 Cauchy-Bunyakovsky-Schwarz 不等式.

当 $p \geqslant 1$ 时, $\|\cdot\|_p$ 满足定义 10.4, 是 V 上的范数, 称为 **p-范数**. 当 $p \geqslant 1$ 且 $p \neq 2$ 时, $\|\cdot\|_p$ 不是 V 上任何内积的导出范数.

类似地, 在 $V = \mathscr{C}[a,b]$ 上定义函数

$$\|f\|_p = \left(\int_a^b |f(x)|^p \mathrm{d}x\right)^{\frac{1}{p}}, \quad \|f\|_\infty = \max_{a \leqslant x \leqslant b} |f(x)|$$

当 $p \geqslant 1$ 时, $\|\cdot\|_p$ 满足定义 10.4, 是 V 上的范数, 也称为 **p-范数**.

定义 10.5 设 V 是一个非空集合. 若函数 $d: V \times V \to \mathbb{R}$ 具有下列性质:

(1) **(对称性)** $d(x,y) = d(y,x)$;

(2) **(正定性)** $d(x,x) = 0$, 当 $x \neq y$ 时, $d(x,y) > 0$;

(3) **(三角不等式)** $d(x,z) \leqslant d(x,y) + d(y,z)$,

其中 $x,y,z \in V$, 则 d 称为 V 上的**距离**, 代数结构 (V,d) 称为**距离空间**. 特别地, 赋范线性空间 (V,p) 上的函数 $d(\boldsymbol{\alpha},\beta) = p(\boldsymbol{\alpha} - \boldsymbol{\beta})$ 构成 V 上的距离, 称为范数 p 的**导出距离**.

例 10.9 $V = \mathbb{R}^n$ 上的二元函数 $d(x,y) = \begin{cases} 0, & x = y \\ 1, & x \neq y \end{cases}$ 满足定义 10.5, 是 V 上的距离. 显然, d 不是 V 上任何范数的导出距离.

习 题 10.1

1. 设 V 是 $\mathbb{R}$ 上的线性空间. 判断下列函数 ρ 是否是 V 上的内积, 并且说明理由:

(1) $V = \mathbb{R}^3$, $\rho(\boldsymbol{x},\boldsymbol{y}) = x_1(y_2+y_3) + x_2(y_1+y_3) + x_3(y_1+y_2)$;

(2) $V = \mathbb{R}^3$, $\rho(\boldsymbol{x},\boldsymbol{y}) = x_1(y_1+y_2) + x_2(y_2+y_3) + x_3(y_1+y_3)$;

(3) $V = \mathbb{R}^3$, $\rho(\boldsymbol{x},\boldsymbol{y}) = x_1(2y_1-y_2) + x_2(2y_2-y_1-y_3) + x_3(2y_3-y_2)$;

(4) $V = \mathbb{R}^{2\times 2}$, $\rho(\boldsymbol{X},\boldsymbol{Y}) = \mathrm{tr}(\boldsymbol{XY})$;

(5) $V = \mathbb{C}^{2\times 2}$, $\rho(\boldsymbol{X},\boldsymbol{Y}) = \mathrm{tr}(\boldsymbol{X}^{\mathrm{H}}\boldsymbol{Y})$;

(6) $V = \mathbb{C}^{2\times 2}$, $\rho(\boldsymbol{X},\boldsymbol{Y}) = \mathrm{tr}(\boldsymbol{X}^{\mathrm{H}}\boldsymbol{Y} + \boldsymbol{Y}^{\mathrm{H}}\boldsymbol{X})$.

2. 设 (V,ρ) 是实内积空间. 计算 ρ 在 V 的基 S 下的度量矩阵.

(1) $V = \left\{\boldsymbol{x} \in \mathbb{R}^n \,\middle|\, \sum\limits_{i=1}^n x_i = 0\right\}$, $\rho(\boldsymbol{x},\boldsymbol{y}) = \boldsymbol{x}^{\mathrm{T}}\boldsymbol{y}$, $S = \{\boldsymbol{e}_2 - \boldsymbol{e}_1, \boldsymbol{e}_3 - \boldsymbol{e}_1, \cdots, \boldsymbol{e}_n - \boldsymbol{e}_1\}$;

(2) $V = \{\boldsymbol{X} \in \mathbb{R}^{n\times n} \mid \mathrm{tr}(\boldsymbol{X}) = 0\}, \rho(\boldsymbol{X},\boldsymbol{Y}) = \mathrm{tr}(\boldsymbol{X}^{\mathrm{T}}\boldsymbol{Y}), S = \{E_{ii} - E_{11} \mid 2 \leqslant i \leqslant n\} \bigcup \{E_{ij} \mid 1 \leqslant i \neq j \leqslant n\}$;

(3) $V = \{f(x) = \sum\limits_{k=0}^n a_k \cos(kx) + \sum\limits_{k=1}^n b_k \sin(kx) \mid a_k, b_k \in \mathbb{R}\}$, $\rho(f,g) = \int_0^{2\pi} f(x)g(x)\mathrm{d}x$, $S = \{1, \cos x, \cos(2x), \cdots, \cos(nx), \sin x, \sin(2x), \cdots, \sin(nx)\}$;

(4) $V = \mathbb{R}_n[x]$, $\rho(f,g) = \int_0^1 f(x)g(x)|\ln x|\mathrm{d}x$, $S = \{1, x, x^2, \cdots, x^{n-1}\}$.

3. 证明: 下列方阵 $\boldsymbol{A} = (a_{ij}) \in \mathbb{R}^{n\times n}$ $(1 \leqslant i,j \leqslant n)$ 是正定方阵.

(1) $a_{ij} = \dfrac{1}{i+j}$; (2) $a_{ij} = \dfrac{1}{(i+j)^2}$; (3) $a_{ij} = \dfrac{(i+j)!}{i!j!}$.

4. 设 $V=\mathbb{R}^{m\times n}$, $S\in\mathbb{R}^{m\times m}$. 证明: $\rho(\boldsymbol{X},\boldsymbol{Y})=\mathrm{tr}(\boldsymbol{X}^{\mathrm{T}}\boldsymbol{S}\boldsymbol{Y})$ 是 V 上的内积 $\Leftrightarrow$ $\boldsymbol{S}$ 是正定的.

5. 设 $w(x)$ 是定义在 $[0,1]$ 上的连续函数, 并且 $w(x)$ 不恒为 0. 证明:

(1) $\rho(f,g)=\displaystyle\int_0^1 f(x)g(x)w(x)\mathrm{d}x$ 是 $V=\mathbb{R}[x]$ 上的内积 $\Leftrightarrow$ $w(x)\geqslant 0(\forall x\in[0,1])$;

(2) 对于 $V=\mathbb{R}_n[x]$, 上述结论是否仍然成立? 证明你的结论.

6. 设 (V,ρ) 是实内积空间, $S=\{\boldsymbol{\alpha}_1,\boldsymbol{\alpha}_2,\cdots,\boldsymbol{\alpha}_n\}\subset V$, $G=\big(\rho(\boldsymbol{\alpha}_i,\boldsymbol{\alpha}_j)\big)\in\mathbb{R}^{n\times n}$. 证明:

(1) $\boldsymbol{G}$ 是半正定的;

(2) $\boldsymbol{G}$ 是正定的 $\Leftrightarrow \det(\boldsymbol{G})\neq 0 \Leftrightarrow S$ 是线性无关的.

7. 设 (V,ρ) 是实内积空间. 对于任意 $\boldsymbol{\alpha},\boldsymbol{\beta}\in V$, 证明:

(1) (勾股定理) 若 $\boldsymbol{\alpha}\perp\boldsymbol{\beta}$, 则 $\|\boldsymbol{\alpha}+\boldsymbol{\beta}\|^2=\|\boldsymbol{\alpha}\|^2+\|\boldsymbol{\beta}\|^2$;

(2) (余弦定理) $\|\boldsymbol{\alpha}-\boldsymbol{\beta}\|^2=\|\boldsymbol{\alpha}\|^2+\|\boldsymbol{\beta}\|^2-2\|\boldsymbol{\alpha}\|\,\|\boldsymbol{\beta}\|\cos\theta$, 其中 θ 是 $\boldsymbol{\alpha}$ 和 $\boldsymbol{\beta}$ 的夹角;

(3) (三角不等式) $\|\boldsymbol{\alpha}+\boldsymbol{\beta}\|\leqslant\|\boldsymbol{\alpha}\|+\|\boldsymbol{\beta}\|$;

(4) (菱形对角线性质) 若 $\|\boldsymbol{\alpha}\|=\|\boldsymbol{\beta}\|$, 则 $(\boldsymbol{\alpha}+\boldsymbol{\beta})\perp(\boldsymbol{\alpha}-\boldsymbol{\beta})$;

(5) (平行四边形法则) $\|\boldsymbol{\alpha}+\boldsymbol{\beta}\|^2+\|\boldsymbol{\alpha}-\boldsymbol{\beta}\|^2=2\|\boldsymbol{\alpha}\|^2+2\|\boldsymbol{\beta}\|^2$;

(6) (Apollonius 等式) $\|\boldsymbol{\alpha}-\boldsymbol{\gamma}\|^2+\|\boldsymbol{\beta}-\boldsymbol{\gamma}\|^2=\dfrac{1}{2}\|\boldsymbol{\alpha}-\boldsymbol{\beta}\|^2+\dfrac{1}{2}\|\boldsymbol{\alpha}+\boldsymbol{\beta}-2\boldsymbol{\gamma}\|^2$;

(7) (极化恒等式) $\|\boldsymbol{\alpha}+\boldsymbol{\beta}\|^2-\|\boldsymbol{\alpha}-\boldsymbol{\beta}\|^2=4\rho(\boldsymbol{\alpha},\boldsymbol{\beta})$.

8. 设 $\boldsymbol{\alpha}_1,\boldsymbol{\alpha}_2,\cdots,\boldsymbol{\alpha}_m$ 是 n 维实内积空间 (V,ρ) 中的一组非零向量. 证明:

(1) 若对于任意 $i<j$ 都有 $\rho(\boldsymbol{\alpha}_i,\boldsymbol{\alpha}_j)<0$, 则 $m\leqslant n+1$;

(2) 若对于任意 $i<j$ 都有 $\rho(\boldsymbol{\alpha}_i,\boldsymbol{\alpha}_j)\leqslant 0$, 则 $m\leqslant 2n$.

9. 设 $V=\mathbb{R}^n$, $\|\cdot\|_p$ 是例 10.8 中的函数. 证明: 当 $0<p<1$ 时, $\|\cdot\|_p$ 不是 V 上的范数.

10.2 标准正交基

定义 10.6 设 S 是实内积空间 V 中的一个向量组.

(1) 若 S 中任意两个向量相互正交, 则 S 称为**正交向量组**.

(2) 若 S 是正交向量组且 S 中每个向量的长度都是 1, 则 S 称为**标准正交向量组**.

(3) 若 S 是 V 的基且是正交向量组, 则 S 称为 V 的一个**正交基**.

(4) 若 S 是 V 的基且是标准正交向量组, 则 S 称为 V 的一个**标准正交基**.

对于给定的实内积空间 V, 我们并不知道 V 是否有标准正交基. 自然地, 我们提出如下问题:

(1) 什么样的实内积空间有标准正交基? 是否有简便的判定方法?

(2) 当标准正交基存在时, 如何构造出标准正交基? 不同的标准正交基之间有何联系?

(3) 当标准正交基不存在时, 能够找到标准正交基的替代? 如何描述实内积空间的度量结构?

借助度量矩阵, 定理 10.1 证明了有限维实内积空间必有标准正交基. 事实上, 实内积空间 V 中任意一组线性无关的向量 $\boldsymbol{\alpha}_1,\boldsymbol{\alpha}_2,\cdots,\boldsymbol{\alpha}_n$ 都可以通过如下 **Gram-Schmidt 标准正交**

化过程, 改造成为一个标准正交向量组 $\boldsymbol{\gamma}_1,\boldsymbol{\gamma}_2,\cdots,\boldsymbol{\gamma}_n$:

$$\boldsymbol{\beta}_k=\boldsymbol{\alpha}_k-\sum_{i=1}^{k-1}(\boldsymbol{\gamma}_i,\boldsymbol{\alpha}_k)\boldsymbol{\gamma}_i,\quad \boldsymbol{\gamma}_i=\frac{1}{\|\boldsymbol{\beta}_k\|}\boldsymbol{\beta}_k\quad (k=1,2,\cdots,n) \tag{10.2}$$

上述过程可以看作是 (6.1) 式的推广.

类似地, 通过 Gram-Schmidt 标准正交化过程, 可数维实内积空间 V 的任意一组基都可以被改造成为 V 的一个标准正交基. 因此, 当 $\dim(V)\leqslant\aleph_0$ 时, V 必有标准正交基.

例 10.10 设 $V=\mathbb{R}_3[x]$, 内积 $(f,g)=\int_0^1 f(x)g(x)\mathrm{d}x$. 求 V 的标准正交基.

解法 1 对基 $1,x,x^2$ 作 Gram-Schmidt 标准正交化:

$$\begin{aligned}
&\beta_1=1, && \|\beta_1\|=1, && \gamma_1=1\\
&\beta_2=x-\frac{1}{2}\gamma_1=x-\frac{1}{2}, && \|\beta_2\|=\frac{1}{\sqrt{12}}, && \gamma_2=\sqrt{12}(x-\frac{1}{2})\\
&\beta_3=x^2-\frac{1}{3}\gamma_1-\frac{\sqrt{3}}{6}\gamma_2=x^2-x+\frac{1}{6}, && \|\beta_3\|=\frac{1}{\sqrt{180}}, && \gamma_3=\sqrt{180}(x^2-x+\frac{1}{6})
\end{aligned}$$

$\gamma_1,\gamma_2,\gamma_3$ 是 V 的标准正交基.

解法 2 对基 $1,x,x^2$ 下的度量矩阵作相合变换:

$$\begin{pmatrix}1&0&0&1&\frac{1}{2}&\frac{1}{3}\\0&1&0&\frac{1}{2}&\frac{1}{3}&\frac{1}{4}\\0&0&1&\frac{1}{3}&\frac{1}{4}&\frac{1}{5}\end{pmatrix}\to\begin{pmatrix}1&0&0&1&0&0\\-\frac{1}{2}&1&0&0&\frac{1}{12}&\frac{1}{12}\\-\frac{1}{3}&0&1&0&\frac{1}{12}&\frac{4}{45}\end{pmatrix}$$
$$\to\begin{pmatrix}1&0&0&1&0&0\\-\frac{1}{2}&1&0&0&\frac{1}{12}&0\\\frac{1}{6}&-1&1&0&0&\frac{1}{180}\end{pmatrix}$$

由此可得 $e_1=1$, $e_2=\sqrt{12}(x-\frac{1}{2})$, $e_3=\sqrt{180}(x^2-x+\frac{1}{6})$ 是 V 的标准正交基.

解法 3 设 $f_i=\frac{\mathrm{d}^i}{\mathrm{d}x^i}[x^i(1-x)^i]$, 由分部积分可得 $\int_0^1 x^j f_i(x)\mathrm{d}x=0$ $(\forall 0\leqslant j<i\leqslant 2)$.

$$\begin{aligned}
&f_0=1, && f_1=(x-x^2)'=1-2x, && f_2=(x^2-2x^3+x^4)''=2-12x+12x^2\\
&g_0=\frac{f_0}{\|f_0\|}=1, && g_1=\frac{f_1}{\|f_1\|}=\sqrt{12}(x-\frac{1}{2}), && g_2=\frac{f_2}{\|f_2\|}=\sqrt{180}(x^2-x+\frac{1}{6})
\end{aligned}$$

g_0,g_1,g_2 是 V 的标准正交基.

以上三种方法均可以求得 $\mathbb{R}_3[x]$ 的一个标准正交基. 解法 1 和解法 2 是通用方法, 解法 3 是特殊方法. 解法 1 的计算量较大, 解法 2 的计算量适中, 并且容易编程实现.

定理 10.4 设 V 是有限维实内积空间, S_1,S_2 是 V 的两个标准正交基, 则从 S_1 到 S_2 的过渡矩阵 $\boldsymbol{P}$ 是正交方阵. 对于任意 $\mathcal{A}\in L(V)$, 设 $\mathcal{A}$ 在 S_1,S_2 下的矩阵表示分别是 $\boldsymbol{A}_1,\boldsymbol{A}_2$, 则 $\boldsymbol{A}_2=\boldsymbol{P}^{-1}\boldsymbol{A}_1\boldsymbol{P}$, 即 $\boldsymbol{A}_1$ 与 $\boldsymbol{A}_2$ 正交相似.

这是定理 9.3 和定理 10.1 (2) 的推论.

在线性空间中, "极大线性无关组" 与 "线性空间的基" 是等价的. 在实内积空间 V 中, 标准正交基一定是 (在集合的包含关系下) 极大的标准正交向量组, 反之不一定成立. 当 V 是有限维时, 极大标准正交向量组一定是标准正交基. 当 V 是无限维时, 极大标准正交向量组一定存在, 标准正交基有可能不存在. 当 V 的标准正交基不存在时, 我们试图通过具有标准正交基的子空间来研究 V 的结构.

例 10.11 设 V 是满足 $\sum\limits_{n=0}^{\infty} a_n^2$ 收敛的实数数列 $\{a_n\}_{n\in\mathbb{N}}$ 的全体. 在数列的加法和数乘运算下, V 构成 $\mathbb{R}$ 上的线性空间. $\rho\big(\{a_n\},\{b_n\}\big)=\sum\limits_{n=0}^{\infty} a_nb_n$ 是 V 上内积. 实内积空间 (V,ρ) 通常称为 l^2 **空间**.

易知, 当 $0<q<1$ 时, 等比数列 $\alpha_q=\{q^n\}_{n\in\mathbb{N}}\in V$. 对于任意两两不同的 $q_1,\cdots,q_k\in(0,1)$, $\alpha_{q_1},\cdots,\alpha_{q_k}$ 是线性无关的. 因此, $\{\alpha_q \mid 0<q<1\}$ 是线性无关的, $\dim(V)$ 是不可数的.

设数列 $e_n(n\in\mathbb{N})$ 的第 n 项是 1, 其他项是 0. 易知, $S=\{e_n \mid n\in\mathbb{N}\}$ 是 V 的一个标准正交向量组. 若 $\{a_n\}_{n\in\mathbb{N}}\in V$ 与每个 e_n 都正交, 则 $a_n=0(\forall n\in\mathbb{N})$. 因此, S 是极大标准正交向量组.

假设 V 有标准正交基 $T=\{\alpha_i \mid i\in I\}$, 其中 I 是不可数的指标集合. 由于每个 e_n 都是 T 中有限多个向量的线性组合, 故存在可数子集 $J\subset I$, 使得 $S\subset \operatorname{Span}(\{\alpha_j \mid j\in J\})$. 设 $i\in I\setminus J$. 由 $\alpha_i\perp\alpha_j(\forall j\in J)$ 可得 $\alpha_i\perp e_n(\forall n\in\mathbb{N})$. 故 $\alpha_i=\mathbf{0}$. 矛盾. 因此, V 没有标准正交基.

定义 10.7 设 V 是实内积空间, $S\subset V$. 容易验证

$$S^{\perp}=\{\boldsymbol{\alpha}\in V \mid \boldsymbol{\alpha}\perp\boldsymbol{\beta},\ \forall\boldsymbol{\beta}\in S\}$$

是 V 的子空间. $S^{\perp}$ 称为 $\operatorname{Span}(S)$ 的**正交补空间**.

容易证明, $\{\mathbf{0}\}^{\perp}=V$, $V^{\perp}=\{\mathbf{0}\}$, $S^{\perp}\bigcap\operatorname{Span}(S)=\{\mathbf{0}\}$. 从而, $S^{\perp}+\operatorname{Span}(S)$ 是直和.

例 10.12 设 $V=\mathbb{R}^{n\times n}$, 内积 $(\boldsymbol{X},\boldsymbol{Y})=\operatorname{tr}(\boldsymbol{X}^{\mathrm{T}}\boldsymbol{Y})$. V 的子空间 $U=\{\boldsymbol{X}\in V \mid \boldsymbol{X}^{\mathrm{T}}=\boldsymbol{X}\}$ 和 $W=\{\boldsymbol{X}\in V \mid \boldsymbol{X}^{\mathrm{T}}=-\boldsymbol{X}\}$ 互为正交补空间.

证明 $\boldsymbol{A}=(a_{ij})\in U^{\perp}\Leftrightarrow(\boldsymbol{A},\boldsymbol{E}_{ij}+\boldsymbol{E}_{ji})=0\ (\forall i,j\in I)\Leftrightarrow a_{ji}+a_{ij}=0\ (\forall i,j\in I)\Leftrightarrow \boldsymbol{A}^{\mathrm{T}}=-\boldsymbol{A}$.

$\boldsymbol{B}=(b_{ij})\in W^{\perp}\Leftrightarrow(\boldsymbol{B},\boldsymbol{E}_{ij}-\boldsymbol{E}_{ji})=0\ (\forall i,j\in I)\Leftrightarrow b_{ji}-b_{ij}=0\ (\forall i,j\in I)\Leftrightarrow \boldsymbol{B}^{\mathrm{T}}=\boldsymbol{B}$.

定理 10.5 设 S 是实内积空间 V 中的正交向量组. $S^{\perp}=\{\mathbf{0}\}\Leftrightarrow S$ 是极大正交向量组.

证明 $(\Leftarrow)$ 若 $S^{\perp}\neq\{\mathbf{0}\}$, 则存在非零向量 $\boldsymbol{\alpha}\in S^{\perp}$, $S\bigcup\{\boldsymbol{\alpha}\}$ 也是正交向量组, 与 S 的极大性矛盾.

$(\Rightarrow)$ 若存在正交向量组 $T\supsetneqq S$, 则 $T\setminus S\subset S^{\perp}$, 与 $S^{\perp}=\{\mathbf{0}\}$ 矛盾.

定理 10.6 设 U 是实内积空间 V 的子空间.

(1) 若 U 是有限维的, 则 $V=U\bigoplus U^{\perp}$;

(2) 若 $V=U\bigoplus U^{\perp}$, 则 $(U^{\perp})^{\perp}=U$.

证明 (1) 任取 U 的标准正交基 $\boldsymbol{e}_1,\boldsymbol{e}_2,\cdots,\boldsymbol{e}_n$. 对于任意 $\boldsymbol{\alpha}\in V$, $\boldsymbol{\beta}=\sum\limits_{i=1}^{n}(\boldsymbol{e}_i,\boldsymbol{\alpha})\boldsymbol{e}_i\in U$, $\boldsymbol{\alpha}-\boldsymbol{\beta}\in U^{\perp}$. 故 $V=U+U^{\perp}$. 再由 $U\bigcap U^{\perp}=\{\boldsymbol{0}\}$, 得 $V=U\bigoplus U^{\perp}$.

(2) 一方面, 对于任意 $\boldsymbol{\alpha}\in U$, 由 $\boldsymbol{\alpha}\perp U^{\perp}$ 可得 $\boldsymbol{\alpha}\in(U^{\perp})^{\perp}$. 故 $U\subset(U^{\perp})^{\perp}$. 另一方面, 对于任意 $\boldsymbol{\alpha}\in(U^{\perp})^{\perp}$, 设 $\boldsymbol{\alpha}=\boldsymbol{u}+\boldsymbol{w}$, 其中 $\boldsymbol{u}\in U$, $\boldsymbol{w}\in U^{\perp}$. 由 $\boldsymbol{\alpha}\perp\boldsymbol{w}$ 且 $\boldsymbol{u}\perp\boldsymbol{w}$ 可得 $\boldsymbol{w}=\boldsymbol{0}$, 从而 $\boldsymbol{\alpha}\in U$. 故 $(U^{\perp})^{\perp}\subset U$. 综上, $(U^{\perp})^{\perp}=U$.

在定理 10.6 中, 结论 (1) 的条件 "U 是有限维的" 不可省略. 例如, 在例 10.11 中, $U=\mathrm{Span}(S)$ 满足 $U^{\perp}=\{\boldsymbol{0}\}$, $V\neq U\bigoplus U^{\perp}$, $(U^{\perp})^{\perp}\neq U$. 结论 (2) 的条件 $V=U\bigoplus U^{\perp}$ 也不是必要的.

例 10.13 设 V 是实内积空间. 给定 $\boldsymbol{\alpha}_1,\boldsymbol{\alpha}_2,\cdots,\boldsymbol{\alpha}_n,\ \boldsymbol{\alpha}\in V$, 求 $\boldsymbol{x}=(x_1,x_2,\cdots,x_n)\in\mathbb{R}^n$, 使

$$f(\boldsymbol{x})=\left\|\boldsymbol{\alpha}-\sum_{i=1}^{n}x_i\boldsymbol{\alpha}_i\right\|^2$$

取得最小值. 本问题是例 6.9 最小二乘问题的推广.

解 设 $U=\mathrm{Span}(\boldsymbol{\alpha}_1,\boldsymbol{\alpha}_2,\cdots,\boldsymbol{\alpha}_n)$. 根据定理 10.6 知, $\boldsymbol{\alpha}$ 可以唯一地表示为 $\boldsymbol{\beta}+\boldsymbol{\gamma}$ 的形式, 其中 $\boldsymbol{\beta}\in U$, $\boldsymbol{\gamma}\in U^{\perp}$. 从而, $f(\boldsymbol{x})=\left\|\boldsymbol{\beta}-\sum\limits_{i=1}^{n}x_i\boldsymbol{\alpha}_i\right\|^2+\|\boldsymbol{\gamma}\|^2$. 当且仅当 $\boldsymbol{\beta}=\sum\limits_{i=1}^{n}x_i\boldsymbol{\alpha}_i$ 时, $f(\boldsymbol{x})$ 取得最小值 $\|\boldsymbol{\gamma}\|^2$. 注意到 $\boldsymbol{\beta}=\sum\limits_{i=1}^{n}x_i\boldsymbol{\alpha}_i$ 等价于 $\boldsymbol{\alpha}-\sum\limits_{i=1}^{n}x_i\boldsymbol{\alpha}_i\in U^{\perp}$, 即 $\left(\boldsymbol{\alpha}_i,\boldsymbol{\alpha}-\sum\limits_{i=1}^{n}x_i\boldsymbol{\alpha}_i\right)=0(\forall i\in I)$. 由此得线性方程组

$$\begin{pmatrix}(\boldsymbol{\alpha}_1,\boldsymbol{\alpha}_1) & (\boldsymbol{\alpha}_1,\boldsymbol{\alpha}_2) & \cdots & (\boldsymbol{\alpha}_1,\boldsymbol{\alpha}_n)\\ (\boldsymbol{\alpha}_2,\boldsymbol{\alpha}_1) & (\boldsymbol{\alpha}_2,\boldsymbol{\alpha}_2) & \cdots & (\boldsymbol{\alpha}_2,\boldsymbol{\alpha}_n)\\ \vdots & \vdots & & \vdots\\ (\boldsymbol{\alpha}_n,\boldsymbol{\alpha}_1) & (\boldsymbol{\alpha}_n,\boldsymbol{\alpha}_2) & \cdots & (\boldsymbol{\alpha}_n,\boldsymbol{\alpha}_n)\end{pmatrix}\begin{pmatrix}x_1\\ x_2\\ \vdots\\ x_n\end{pmatrix}=\begin{pmatrix}(\boldsymbol{\alpha}_1,\boldsymbol{\alpha})\\ (\boldsymbol{\alpha}_2,\boldsymbol{\alpha})\\ \vdots\\ (\boldsymbol{\alpha}_n,\boldsymbol{\alpha})\end{pmatrix}$$

上述线性方程组的任意解 $\boldsymbol{x}$ 都是 $f(\boldsymbol{x})$ 的最小值点.

定理 10.7 设 V 是实内积空间, I 是指标集合, $\{\boldsymbol{e}_i\mid i\in I\}$ 是 V 的一个标准正交基.

(1) (Parseval①等式) 对于任意 $\boldsymbol{\alpha},\boldsymbol{\beta}\in V$, $(\boldsymbol{\alpha},\boldsymbol{\beta})=\sum\limits_{i\in I}(\boldsymbol{\alpha},\boldsymbol{e}_i)(\boldsymbol{e}_i,\boldsymbol{\beta})$;

(2) (Bessel②等式) 对于任意 $\boldsymbol{\alpha}\in V$, $\|\boldsymbol{\alpha}\|^2=\sum\limits_{i\in I}(\boldsymbol{e}_i,\boldsymbol{\alpha})^2$.

证明 对于任意 $\boldsymbol{\alpha},\boldsymbol{\beta}\in V$, 存在有限子集 $J\subset I$, 使得 $\boldsymbol{\alpha}=\sum\limits_{j\in J}x_j\boldsymbol{e}_j$, $\boldsymbol{\beta}=\sum\limits_{j\in J}y_j\boldsymbol{e}_j$, 其中 $x_j,y_j\in\mathbb{R}$.

$$(\boldsymbol{e}_i,\boldsymbol{\alpha})=\begin{cases}x_i, & i\in J\\ 0, & i\notin J\end{cases},\quad (\boldsymbol{e}_j,\boldsymbol{\beta})=\begin{cases}y_i, & i\in J\\ 0, & i\notin J\end{cases}$$

因此, $(\boldsymbol{\alpha},\boldsymbol{\beta})=\sum\limits_{j\in J}x_jy_j=\sum\limits_{i\in I}(\boldsymbol{\alpha},\boldsymbol{e}_i)(\boldsymbol{e}_i,\boldsymbol{\beta})$. 特别地, 当 $\boldsymbol{\alpha}=\boldsymbol{\beta}$ 时, $\|\boldsymbol{\alpha}\|^2=\sum\limits_{i\in I}(\boldsymbol{e}_i,\boldsymbol{\alpha})^2$.

---

① Marc-Antoine Parseval, 1755～1836, 法国数学家.

② Friedrich Wilhelm Bessel, 1784～1846, 德国天文学家、数学家、物理学家.

定理 10.8 设 V 是实内积空间, I 是指标集合, $S=\{\boldsymbol{e}_i \mid i\in I\}$ 是 V 中的标准正交向量组.

(1) (Bessel 不等式) 对于任意 $\boldsymbol{\alpha}\in V$, $\|\boldsymbol{\alpha}\|^2 \geqslant \sum\limits_{i\in I}(\boldsymbol{e}_i,\boldsymbol{\alpha})^2$;

(2) 对于任意 $\boldsymbol{\alpha}\in V$ 和 $\boldsymbol{\beta}\in \mathrm{Span}(S)$, $\|\boldsymbol{\alpha}-\boldsymbol{\beta}\|^2 \geqslant \|\boldsymbol{\alpha}\|^2-\sum\limits_{i\in I}(\boldsymbol{e}_i,\boldsymbol{\alpha})^2$;

(3) 对于任意 $\boldsymbol{\alpha}\in V$, $\|\boldsymbol{\alpha}\|^2=\sum\limits_{i\in I}(\boldsymbol{e}_i,\boldsymbol{\alpha})^2 \Leftrightarrow$ 存在 $\{\boldsymbol{\beta}_n \mid n\in\mathbb{N}\}\subset \mathrm{Span}(S)$, 使得 $\lim\limits_{n\to\infty}\|\boldsymbol{\alpha}-\boldsymbol{\beta}_n\|=0$.

证明 (1) 对于任意有限子集 $J\subset I$, 设 $\boldsymbol{\beta}=\sum\limits_{j\in J}(\boldsymbol{e}_j,\boldsymbol{\alpha})\boldsymbol{e}_j$. 由 $\boldsymbol{\alpha}-\boldsymbol{\beta}\perp\{\boldsymbol{e}_j \mid j\in J\}$ 可得 $(\boldsymbol{\beta},\boldsymbol{\alpha}-\boldsymbol{\beta})=0$. 从而, $\|\boldsymbol{\alpha}\|^2=\|\boldsymbol{\beta}\|^2+\|\boldsymbol{\alpha}-\boldsymbol{\beta}\|^2\geqslant\|\boldsymbol{\beta}\|^2=\sum\limits_{j\in J}(\boldsymbol{e}_j,\boldsymbol{\alpha})^2$. 因此, $\|\boldsymbol{\alpha}\|^2\geqslant\sum\limits_{i\in I}(\boldsymbol{e}_i,\boldsymbol{\alpha})^2$.

(2) 设 $\boldsymbol{\beta}=\sum\limits_{j\in J}x_j\boldsymbol{e}_j$, 其中 J 是 I 的有限子集. 记 $\boldsymbol{\gamma}=\sum\limits_{j\in J}(\boldsymbol{e}_j,\boldsymbol{\alpha})\boldsymbol{e}_j$. 由 $\boldsymbol{\alpha}-\boldsymbol{\gamma}\perp\{\boldsymbol{e}_j \mid j\in J\}$ 可得 $\|\boldsymbol{\alpha}-\boldsymbol{\beta}\|^2=\|\boldsymbol{\alpha}-\boldsymbol{\gamma}\|^2+\|\boldsymbol{\beta}-\boldsymbol{\gamma}\|^2\geqslant\|\boldsymbol{\alpha}-\boldsymbol{\gamma}\|^2=\|\boldsymbol{\alpha}\|^2-\sum\limits_{j\in J}(\boldsymbol{e}_j,\boldsymbol{\alpha})^2\geqslant\|\boldsymbol{\alpha}\|^2-\sum\limits_{i\in I}(\boldsymbol{e}_i,\boldsymbol{\alpha})^2$.

(3) 一方面, 若 $\|\boldsymbol{\alpha}\|^2=\sum\limits_{i\in I}(\boldsymbol{e}_i,\boldsymbol{\alpha})^2$, 则存在一列有限子集 $J_n\subset I$, 使得 $\lim\limits_{n\to\infty}\sum\limits_{i\in J_n}(\boldsymbol{e}_i,\boldsymbol{\alpha})^2=\|\boldsymbol{\alpha}\|^2$. 故 $\boldsymbol{\beta}_n=\sum\limits_{j\in J_n}(\boldsymbol{e}_j,\boldsymbol{\alpha})\boldsymbol{e}_j$ 满足 $\lim\limits_{n\to\infty}\|\boldsymbol{\alpha}-\boldsymbol{\beta}_n\|=0$. 另一方面, 若 $\boldsymbol{\beta}_n\in\mathrm{Span}(S)$ 满足 $\lim\limits_{n\to\infty}\|\boldsymbol{\alpha}-\boldsymbol{\beta}_n\|=0$, 则 $J_n=\{i\in I \mid (\boldsymbol{e}_i,\boldsymbol{\beta}_n)\neq 0\}$, 使得 $\|\boldsymbol{\alpha}\|^2-\sum\limits_{i\in J_n}(\boldsymbol{e}_i,\boldsymbol{\alpha})^2\leqslant\|\boldsymbol{\alpha}-\boldsymbol{\beta}_n\|^2$. 故 $\|\boldsymbol{\alpha}\|^2=\sum\limits_{i\in I}(\boldsymbol{e}_i,\boldsymbol{\alpha})^2$.

设 U 是实内积空间 V 的无限维子空间. 对于任意 $\boldsymbol{\alpha}\in V$, 存在一系列 $\boldsymbol{\beta}_n\in U(n\in\mathbb{N})$, 使得 $\|\boldsymbol{\beta}_n-\boldsymbol{\alpha}\|$ 单调递减. 但是, 这并不能说明存在 $\boldsymbol{\beta}\in U$, 使得 $\|\boldsymbol{\beta}-\boldsymbol{\alpha}\|$ 取得最小值.

设 (V,d) 是距离空间, $\{\boldsymbol{\alpha}_n\}_{n\in\mathbb{N}}$ 是 V 中的点列. 若存在 $\boldsymbol{\alpha}\in V$, 使得 $\lim\limits_{n\to\infty}d(\boldsymbol{\alpha}_n,\boldsymbol{\alpha})=0$, 则称 $\boldsymbol{\alpha}$ 是 $\{\boldsymbol{\alpha}_n\}_{n\in\mathbb{N}}$ 的**极限**, 或者称 $\{\boldsymbol{\alpha}_n\}_{n\in\mathbb{N}}$ **收敛**到 $\boldsymbol{\alpha}$, 记作 $\lim\limits_{n\to\infty}\boldsymbol{\alpha}_n=\boldsymbol{\alpha}$. 由三角不等式可知, 若 $\{\boldsymbol{\alpha}_n\}_{n\in\mathbb{N}}$ 在 V 中收敛, 则 $\{\boldsymbol{\alpha}_n\}_{n\in\mathbb{N}}$ 满足如下的 **Cauchy 准则**:

对于任意 $\varepsilon>0$, 存在 N, 使得 $d(\boldsymbol{\alpha}_m,\boldsymbol{\alpha}_n)<\varepsilon\ (\forall m>n>N)$. 若 V 中满足 Cauchy 准则的点列都在 V 中收敛, 则称 V 是**完备的**. 完备的赋范线性空间 (V,p) 称为 **Banach①空间**, 完备的实内积空间 (V,ρ) 称为 **Hilbert②空间**.

例如, 所有有限维实内积空间都是 Hilbert 空间. 在例 10.11 中, V 是 Hilbert 空间, 没有标准正交基; V 的子空间 $\mathrm{Span}(S)$ 不是 Hilbert 空间, 有标准正交基.

习 题 10.2

1. 设 V 分别是例 10.5 和例 10.7 中的实内积空间. 求 V 的一个标准正交基.

① Stefan Banach, 1892～1945, 波兰数学家, 泛函分析创始人之一.

② David Hilbert, 1862～1943, 德国数学家. 1900 年 8 月提出的 23 个 Hilbert 问题对现代数学的研究和发展产生了深刻的影响.

2. 分别求 $V=\mathbb{R}[x]$ 上的一个内积 ρ, 使得 S 构成 (V,ρ) 的正交基.

(1) $S=\{P_n(x)\mid n\in\mathbb{N}\}$, 其中 $P_n(x)=\dfrac{1}{2^n n!}\dfrac{\mathrm{d}^n}{\mathrm{d}x^n}\big((x^2-1)^n\big)$ 是 Legendre① 多项式;

(2) $S=\{T_n(x)\mid n\in\mathbb{N}\}$, 其中 $T_n(\cos\theta)=\cos(n\theta)$ 是第一类 Chebyshev② 多项式;

(3) $S=\{U_n(x)\mid n\in\mathbb{N}\}$, 其中 $U_n(\cos\theta)=\dfrac{\sin((n+1)\theta)}{\sin\theta}$ 是第二类 Chebyshev 多项式.

3. 设 S 是有限维实内积空间 V 的标准正交基. 证明: 向量组 T 是 V 的标准正交基 $\Leftrightarrow$ 从 S 到 T 的过渡矩阵是正交方阵.

4. 设实内积空间 $V=\mathbb{R}^{2\times 2}$, 内积 $(\boldsymbol{X},\boldsymbol{Y})=\operatorname{tr}(\boldsymbol{X}^{\mathrm{T}}\boldsymbol{Y})$, $\mathcal{A}\in L(V):\boldsymbol{X}\mapsto\boldsymbol{A}\boldsymbol{X}$, 其中 $\boldsymbol{A}=\begin{pmatrix}1&2\\3&6\end{pmatrix}$. 分别求 $\operatorname{Ker}\mathcal{A}$, $(\operatorname{Ker}\mathcal{A})^{\perp}$, $\operatorname{Im}\mathcal{A}$, $(\operatorname{Im}\mathcal{A})^{\perp}$ 的一个标准正交基.

5. 设 $\boldsymbol{A}\in\mathbb{R}^{m\times n}$, $\boldsymbol{B}\in\mathbb{R}^{k\times n}$, $\boldsymbol{\alpha}\in\mathbb{R}^{m\times 1}$, $\boldsymbol{x}\in\mathbb{R}^{n\times 1}$. 求 $\|\boldsymbol{A}\boldsymbol{x}-\boldsymbol{\alpha}\|$ 在条件 $\boldsymbol{B}\boldsymbol{x}=\boldsymbol{0}$ 下的最小值.

6. 证明: 在实内积空间中, 不含零向量的正交向量组一定是线性无关的.

7. 举例: 实内积空间 V 有标准正交基, 并且 $\dim(V)$ 是不可数的.

8. 举例: U 是实内积空间 V 的子空间, $U=(U^{\perp})^{\perp}$, $V\neq U\bigoplus U^{\perp}$.

9. 设 U_1,U_2 是实内积空间 V 的子空间. 证明:

(1) $(U_1+U_2)^{\perp}=U_1^{\perp}\bigcap U_2^{\perp}$,$(U_1\bigcap U_2)^{\perp}\supset U_1^{\perp}+U_2^{\perp}$;

(2) 若 U_1+U_2 是有限维的, 则 $(U_1\bigcap U_2)^{\perp}=U_1^{\perp}+U_2^{\perp}$;

(3) 举例: $(U_1\bigcap U_2)^{\perp}\neq U_1^{\perp}+U_2^{\perp}$.

10. 设 V 是实内积空间, I 是指标集合, $\{\boldsymbol{e}_i\mid i\in I\}$ 是 V 中的极大标准正交向量组. 对于任意 $\boldsymbol{\alpha}\in V$, 是否都有 $\|\boldsymbol{\alpha}\|^2=\sum\limits_{i\in I}(\boldsymbol{e}_i,\boldsymbol{\alpha})^2$? 证明你的结论.

10.3 正交变换

定义 10.8 设 V 是实内积空间, $\mathcal{A}\in L(V)$ 可逆. 若 $\mathcal{A}$ 保持任意两个向量的内积不变, 即

$$(\mathcal{A}\boldsymbol{\alpha},\mathcal{A}\boldsymbol{\beta})=(\boldsymbol{\alpha},\boldsymbol{\beta})\quad(\forall\boldsymbol{\alpha},\boldsymbol{\beta}\in V)$$

则 $\mathcal{A}$ 称为 V 上的**正交变换**.

许多教材也把以下定理作为正交变换的一个等价的定义.

定理 10.9 设 V 是实内积空间, $\mathcal{A}\in L(V)$ 可逆. 若 $\mathcal{A}$ 保持每个向量的长度不变, 即

$$\|\mathcal{A}\boldsymbol{\alpha}\|=\|\boldsymbol{\alpha}\|\quad(\forall\boldsymbol{\alpha}\in V)$$

则 $\mathcal{A}$ 是正交变换.

证明 对于任意 $\boldsymbol{\alpha},\boldsymbol{\beta}\in V$, 由余弦定理, 得

$$(\mathcal{A}\boldsymbol{\alpha},\mathcal{A}\boldsymbol{\beta})=\frac{1}{2}\big(\|\mathcal{A}\boldsymbol{\alpha}+\mathcal{A}\boldsymbol{\beta}\|^2-\|\mathcal{A}\boldsymbol{\alpha}\|^2-\|\mathcal{A}\boldsymbol{\beta}\|^2\big)=\frac{1}{2}\big(\|\boldsymbol{\alpha}+\boldsymbol{\beta}\|^2-\|\boldsymbol{\alpha}\|-\|\boldsymbol{\beta}\|^2\big)=(\boldsymbol{\alpha},\boldsymbol{\beta})$$

① Adrien-Marie Legendre, 1752～～1833, 法国数学家.

② Pafnuty Lvovich Chebyshev, 1821～1894, 俄国数学家.

因此, $\mathcal{A}$ 是正交变换.

例 10.14　设 V 是实内积空间. 任取非零向量 $\boldsymbol{v}\in V$. $\boldsymbol{v}$ 称为 $\pi=\{\boldsymbol{v}\}^{\perp}$ 的**法向量**.

(1) 恒等变换 $\mathcal{I}(\boldsymbol{\alpha})=\boldsymbol{\alpha}$ 是 V 上的正交变换.

(2) 线性变换 $\mathcal{A}(\boldsymbol{\alpha})=2\dfrac{(\boldsymbol{v},\boldsymbol{\alpha})}{(\boldsymbol{v},\boldsymbol{v})}\boldsymbol{v}-\boldsymbol{\alpha}$ 把每个点 $\boldsymbol{\alpha}$ 映射到其关于 $\boldsymbol{v}$ 所在直线的对称点. $\mathcal{A}$ 是 V 上的正交变换, 称为关于对称轴 $\boldsymbol{v}$ 的**轴对称**变换.

(3) 线性变换 $\mathcal{B}=-\mathcal{A}$ 把每个点 $\boldsymbol{\alpha}$ 映射到其关于 π 的对称点. $\mathcal{B}$ 也是 V 上的正交变换, 称为关于法向量 $\boldsymbol{v}$ 的**镜面反射**变换.

例 10.15　设 $V=\left\{\sum\limits_{i=-m}^{n}a_ix^i\,\middle|\,a_i\in\mathbb{R},\ m,n\in\mathbb{N}\right\}$, 内积 $\left(\sum\limits_i a_ix^i,\sum\limits_i b_ix^i\right)=\sum\limits_i a_ib_i$. 线性变换 $\mathcal{A}:f(x)\mapsto xf(x)$ 是 V 上的正交变换. $\mathbb{R}[x]$ 是 V 的 $\mathcal{A}$-不变子空间. $\mathcal{A}$ 在 $\mathbb{R}[x]$ 上的限制映射 $\mathcal{B}$ 不是满射. 故 $\mathcal{B}$ 不是 $\mathbb{R}[x]$ 上的正交变换.

当实内积空间 V 是无限维时, V 的结构可能非常复杂, 验证一个线性变换是否是正交变换, 或者构造一个满足要求的正交变换, 通常不是一件容易的事. 当 V 是有限维时, 由于存在标准正交基, V 的结构相对简单. 有下列常用结论.

定理 10.10　设 V 是 n 维实内积空间, $\mathcal{A}\in L(V)$, $S=\{\boldsymbol{e}_1,\boldsymbol{e}_2,\cdots,\boldsymbol{e}_n\}$ 是 V 的一个标准正交基. 下列叙述相互等价:

(1) $\mathcal{A}$ 是正交变换;

(2) $\mathcal{A}(S)=\{\mathcal{A}\boldsymbol{e}_1,\mathcal{A}\boldsymbol{e}_2,\cdots,\mathcal{A}\boldsymbol{e}_n\}$ 也是 V 的一个标准正交基;

(3) $\mathcal{A}$ 在 S 下的矩阵表示是正交方阵.

证明　(1) $\Rightarrow$ (2): 设 $x_1\mathcal{A}\boldsymbol{e}_1+\cdots+x_n\mathcal{A}\boldsymbol{e}_n=\mathcal{A}(x_1\boldsymbol{e}_1+\cdots+x_n\boldsymbol{e}_n)=\mathbf{0}$. 由于 $\mathcal{A}$ 是可逆变换, 故 $x_1\boldsymbol{e}_1+\cdots+x_n\boldsymbol{e}_n=\mathbf{0}\Rightarrow x_1=\cdots=x_n=0$. 因此, $\mathcal{A}(S)$ 线性无关, $\mathcal{A}(S)$ 是 V 的基. 再由 $(\mathcal{A}\boldsymbol{e}_i,\mathcal{A}\boldsymbol{e}_j)=(\boldsymbol{e}_i,\boldsymbol{e}_j)=\delta_{ij}$, 得 $\mathcal{A}(S)$ 是 V 的标准正交基.

(2) $\Rightarrow$ (1): 设 $\boldsymbol{\alpha}=x_1\boldsymbol{e}_1+\cdots+x_n\boldsymbol{e}_n\in\operatorname{Ker}\mathcal{A}$. 由 $\mathcal{A}\boldsymbol{\alpha}=x_1\mathcal{A}\boldsymbol{e}_1+\cdots+x_n\mathcal{A}\boldsymbol{e}_n=\mathbf{0}$, 得 $x_1=\cdots=x_n=0$, 即 $\boldsymbol{\alpha}=\mathbf{0}$. 故 $\mathcal{A}$ 是单射. 根据定理 9.10, $\mathcal{A}$ 也是满射. 对于任意 $\boldsymbol{\alpha}=\sum\limits_{i=1}^{n}x_i\boldsymbol{e}_i,\boldsymbol{\beta}=\sum\limits_{i=1}^{n}y_i\boldsymbol{e}_i$, 有 $(\mathcal{A}\boldsymbol{\alpha},\mathcal{A}\boldsymbol{\beta})=\sum\limits_{i,j=1}^{n}x_iy_j(\mathcal{A}\boldsymbol{e}_i,\mathcal{A}\boldsymbol{e}_j)=\sum\limits_{i=1}^{n}x_iy_i=(\boldsymbol{\alpha},\boldsymbol{\beta})$. 因此, $\mathcal{A}$ 是正交变换.

(2) $\Leftrightarrow$ (3): 设 $\boldsymbol{P}$ 是 $\mathcal{A}$ 在 S 下的矩阵表示, 则 $\boldsymbol{P}^{\mathrm{T}}\boldsymbol{P}=\big((\mathcal{A}\boldsymbol{e}_i,\mathcal{A}\boldsymbol{e}_j)\big)$. 因此, $\mathcal{A}(S)$ 是 V 的标准正交基 $\Leftrightarrow(\mathcal{A}\boldsymbol{e}_i,\mathcal{A}\boldsymbol{e}_j)=\delta_{ij}\Leftrightarrow\boldsymbol{P}^{\mathrm{T}}\boldsymbol{P}=I\Leftrightarrow\boldsymbol{P}$ 是正交方阵.

当 V 是无穷维时, 我们有与定理 10.10 类似的结论.

定理 10.11　设 V 是实内积空间, $\mathcal{A}\in L(V)$, I 是指标集合, $S=\{\boldsymbol{e}_i\mid i\in I\}$ 是 V 的一个标准正交基. $\mathcal{A}$ 是正交变换 $\Leftrightarrow\mathcal{A}(S)=\{\mathcal{A}\boldsymbol{e}_i\mid i\in I\}$ 也是 V 的一个标准正交基.

定理 10.12　设 V 是实内积空间, $\mathcal{A}\in L(V)$ 是正交变换, U 是有限维 $\mathcal{A}$-不变子空间, 则 $U^{\perp}$ 也是 $\mathcal{A}$-不变子空间.

证明　设 $\mathcal{B}\in L(U)$ 是 $\mathcal{A}$ 在 U 上的限制映射. 若 $\boldsymbol{\alpha}\in\operatorname{Ker}(\mathcal{B})$, 则 $\|\boldsymbol{\alpha}\|=\|\mathcal{B}\boldsymbol{\alpha}\|=0$, $\boldsymbol{\alpha}=\mathbf{0}$. 故 $\mathcal{B}$ 是单射. 又 U 是有限维, 故 $\mathcal{B}$ 可逆. 从而, 对于任意 $\boldsymbol{\alpha}\in U$ 和 $\boldsymbol{\beta}\in U^{\perp}$, 有

$$\mathcal{A}^{-1}\boldsymbol{\alpha}=\mathcal{B}^{-1}\boldsymbol{\alpha}\in U,\quad(\boldsymbol{\alpha},\mathcal{A}\boldsymbol{\beta})=(\mathcal{A}^{-1}\boldsymbol{\alpha},\boldsymbol{\beta})=0.$$

因此, $\mathcal{A}(U^\perp)\subset U^\perp$.

定理 10.12 中的条件"U 是有限维的"不可缺少.

例 10.16 设 $V,\mathcal{A}$ 同例 10.15, $U=\mathbb{R}[x]$ 是 $\mathcal{A}$-不变子空间, $U^\perp=\left\{\sum\limits_{i=1}^{n}a_ix^{-i}\,\middle|\,a_i\in\mathbb{R},\ n\in\mathbb{N}\right\}$ 不是 $\mathcal{A}$-不变子空间, 尽管有 $V=U\bigoplus U^\perp$.

如下定理可以看作是定理 10.12 的推广.

定理 10.13 设 V 是实内积空间, $\mathcal{A}\in L(V)$, U 和 $U^\perp$ 都是 $\mathcal{A}$-不变子空间, 并且 $V=U\bigoplus U^\perp$. $\mathcal{A}$ 是正交变换 $\Leftrightarrow$ $\mathcal{A}$ 在 U 和 $U^\perp$ 上的限制映射都是正交变换.

证明 ($\Rightarrow$) 设 $\mathcal{B}$ 是 $\mathcal{A}$ 在 U 上的限制映射. 由于 $\mathcal{A}$ 是正交变换, 故 $\mathcal{B}$ 保持 U 中任意两个向量的内积不变, 并且 $\mathcal{B}$ 是单射. 对于任意 $\boldsymbol{\alpha}\in U$, 设 $\mathcal{A}^{-1}\boldsymbol{\alpha}=\boldsymbol{u}+\boldsymbol{v}(\boldsymbol{u}\in U,\ \boldsymbol{v}\in U^\perp)$, 由 $\boldsymbol{\alpha}=\mathcal{A}\boldsymbol{u}+\mathcal{A}\boldsymbol{v}$, 可得 $\boldsymbol{\alpha}=\mathcal{A}\boldsymbol{u}$, $\mathcal{A}\boldsymbol{v}=\boldsymbol{0}$. 故 $\mathcal{B}$ 是满射. 因此, $\mathcal{B}$ 是正交变换. 同理, $\mathcal{A}$ 在 $U^\perp$ 上的限制映射也是正交变换.

($\Leftarrow$) 对于任意 $\boldsymbol{\alpha}=\boldsymbol{u}+\boldsymbol{v}\in V$ $(\boldsymbol{u}\in U,\ \boldsymbol{v}\in U^\perp)$, 设 $\boldsymbol{u}=\mathcal{A}\boldsymbol{u}_1$, $\boldsymbol{v}=\mathcal{A}\boldsymbol{v}_1$ $(\boldsymbol{u}_1\in U,\ \boldsymbol{v}_1\in U^\perp)$, 则 $\boldsymbol{\alpha}=\mathcal{A}(\boldsymbol{u}_1+\boldsymbol{v}_1)$. 故 $\mathcal{A}$ 是满射. 若 $\mathcal{A}\boldsymbol{\alpha}=\boldsymbol{0}$, 则 $\mathcal{A}\boldsymbol{u}=-\mathcal{A}\boldsymbol{v}\in U\bigcap U^\perp=\{\boldsymbol{0}\}\Rightarrow\boldsymbol{u}=\boldsymbol{v}=\boldsymbol{0}\Rightarrow\boldsymbol{\alpha}=\boldsymbol{0}$. 故 $\mathcal{A}$ 是单射. 对于任意 $\boldsymbol{\beta}=\boldsymbol{u}'+\boldsymbol{v}'\in V$ $(\boldsymbol{u}'\in U,\ \boldsymbol{v}'\in U^\perp)$, 有

$$(\mathcal{A}\boldsymbol{\alpha},\mathcal{A}\boldsymbol{\beta})=(\mathcal{A}\boldsymbol{u}+\mathcal{A}\boldsymbol{u}',\mathcal{A}\boldsymbol{v}+\mathcal{A}\boldsymbol{v}')=(\boldsymbol{u},\boldsymbol{u}')+(\boldsymbol{v},\boldsymbol{v}')=(\boldsymbol{u}+\boldsymbol{u}',\boldsymbol{v}+\boldsymbol{v}')=(\boldsymbol{\alpha},\boldsymbol{\beta})$$

因此, $\mathcal{A}$ 是正交变换.

例 10.17 设 V 是实内积空间, $\boldsymbol{\alpha}_1,\cdots,\boldsymbol{\alpha}_k,\boldsymbol{\beta}_1,\cdots,\boldsymbol{\beta}_k\in V$ 满足 $(\boldsymbol{\alpha}_i,\boldsymbol{\alpha}_j)=(\boldsymbol{\beta}_i,\boldsymbol{\beta}_j)(\forall i,j)$, 则存在 V 上的正交变换 $\mathcal{A}$, 使得 $\mathcal{A}\boldsymbol{\alpha}_i=\boldsymbol{\beta}_i$ $(\forall i)$.

证明 任取 $U=\mathrm{Span}(\boldsymbol{\alpha}_1,\cdots,\boldsymbol{\alpha}_k,\boldsymbol{\beta}_1,\cdots,\boldsymbol{\beta}_k)$ 的标准正交基 $S=\{\boldsymbol{e}_1,\cdots,\boldsymbol{e}_r\}$. 设 $\boldsymbol{A},\boldsymbol{B}\in\mathbb{R}^{r\times k}$ 的列向量分别由 $\boldsymbol{\alpha}_1,\cdots,\boldsymbol{\alpha}_k$ 和 $\boldsymbol{\beta}_1,\cdots,\boldsymbol{\beta}_k$ 在 S 下的坐标构成. 由 $(\boldsymbol{\alpha}_i,\boldsymbol{\alpha}_j)=(\boldsymbol{\beta}_i,\boldsymbol{\beta}_j)$ $(\forall i,j)$ 可得 $\boldsymbol{A}^{\mathrm{T}}\boldsymbol{A}=\boldsymbol{B}^{\mathrm{T}}\boldsymbol{B}$. 根据习题 6.2 第 2 题, 存在正交方阵 $\boldsymbol{P}$, 使得 $\boldsymbol{B}=\boldsymbol{P}\boldsymbol{A}$. 设 U 上的正交变换 $\mathcal{B}$ 在 S 下的矩阵表示是 $\boldsymbol{P}$, 则有 $\mathcal{B}\boldsymbol{\alpha}_i=\boldsymbol{\beta}_i(\forall i)$. 下面, 我们把 $\mathcal{B}$ 延拓为 V 上的正交变换. 根据定理 10.6,$V=U\bigoplus U^\perp$. 定义线性变换 $\mathcal{A}\in L(V)$:

$$\mathcal{A}(\boldsymbol{u}+\boldsymbol{v})=\mathcal{B}\boldsymbol{u}+\boldsymbol{v}\quad(\forall\boldsymbol{u}\in U,\ \boldsymbol{v}\in U^\perp)$$

容易看出, $\mathcal{A}$ 在 U 和 $U^\perp$ 上的限制映射 (分别是 $\mathcal{B}$ 和恒等映射) 都是正交变换. 根据定理 10.13 得, $\mathcal{A}$ 是正交变换.

例 10.17 的结论不可以推广到无穷多个向量. 例如, 在 $V=\mathbb{R}[x]$ 上定义内积

$$\left(\sum_i a_ix^i,\sum_i b_ix^i\right)=\sum_i a_ib_i$$

把所有 x^n $(n\in\mathbb{N})$ 映成 x^{n+1} 的线性变换 $\mathcal{A}\in L(V)$ 不是满射. 故 $\mathcal{A}$ 不是正交变换.

习　题　10.3

1. 设 $\mathcal{A},\mathcal{B}$ 都是实内积空间 V 上的正交变换. 证明: $\mathcal{AB}$ 和 $\mathcal{A}^{-1}$ 也都是 V 上的正交变换.

2. 设 V 是实内积空间, $\mathcal{A}:V\to V$ 是任意映射.

(1) 证明: 若 $(\mathcal{A}\boldsymbol{\alpha},\mathcal{A}\boldsymbol{\beta})=(\boldsymbol{\alpha},\boldsymbol{\beta})(\forall\boldsymbol{\alpha},\boldsymbol{\beta}\in V)$, 则 $\mathcal{A}$ 是线性映射;

(2) 举例: 线性映射 $\mathcal{A}$ 满足 $(\mathcal{A}\boldsymbol{\alpha},\mathcal{A}\boldsymbol{\beta})=(\boldsymbol{\alpha},\boldsymbol{\beta})(\forall\boldsymbol{\alpha},\boldsymbol{\beta}\in V)$, 但 $\mathcal{A}$ 不是可逆映射;

(3) 举例: 可逆映射 $\mathcal{A}$ 满足 $\|\mathcal{A}\boldsymbol{\alpha}\|=\|\boldsymbol{\alpha}\|(\forall\boldsymbol{\alpha}\in V)$, 但 $\mathcal{A}$ 不是线性映射.

3. 完成定理 10.11 的证明.

4. 设 V 是实内积空间, $\mathcal{A}\in L(V)$ 可逆. 证明: 若 $\mathcal{A}$ 保持任意两个向量的正交关系, 即

$$\mathcal{A}\boldsymbol{\alpha}\perp\mathcal{A}\boldsymbol{\beta}\ \Leftrightarrow\ \boldsymbol{\alpha}\perp\boldsymbol{\beta}\quad(\forall\boldsymbol{\alpha},\boldsymbol{\beta}\in V)$$

则存在 $\lambda>0$, 使得 $\lambda\mathcal{A}$ 是正交变换.

5. 设 V 是实内积空间, $\mathcal{A}\in L(V)$ 是正交变换. 证明:

(1) 若 $\lambda\in\mathbb{R}$ 是 $\mathcal{A}$ 的特征值, 则 $\lambda=1$ 或 $\lambda=-1$;

(2) 若 $\boldsymbol{\alpha},\boldsymbol{\beta}\in V$ 满足 $\mathcal{A}\boldsymbol{\alpha}=\boldsymbol{\alpha}$ 且 $\mathcal{A}\boldsymbol{\beta}=-\boldsymbol{\beta}$, 则 $\boldsymbol{\alpha}\perp\boldsymbol{\beta}$;

(3) $\mathrm{Ker}(\mathcal{I}-\mathcal{A})=\mathrm{Ker}(\mathcal{I}-\mathcal{A})^2$, $\mathrm{Ker}(\mathcal{I}+\mathcal{A})=\mathrm{Ker}(\mathcal{I}+\mathcal{A})^2$;

(4) 若 $d_{\mathcal{A}}(x)=\prod\limits_{i=1}^{k}(x-\lambda_i)$, 其中 $\lambda_i\in\mathbb{C}$, 则 $|\lambda_i|=1$ 并且 $\lambda_1,\lambda_2,\cdots,\lambda_k$ 两两不同.

10.4　伴 随 变 换

在 9.3 节中介绍了一般线性空间 V 的对偶空间 V^* 的概念, 以及线性映射 $\mathcal{A}\in L(U,V)$ 的伴随映射 $\mathcal{A}^{\dagger}\in L(V^*,U^*)$ 的概念. 在本章中, 实数域上的线性空间 V 被赋予内积运算, 成为了实内积空间. 我们将重新审视对偶空间和伴随变换的性质.

定理 10.14 (Riesz①表示定理) 设 V 是有限维实内积空间, $f\in V^*$, 则存在唯一的 $\boldsymbol{\alpha}\in V$, 使得

$$f(\boldsymbol{x})=(\boldsymbol{\alpha},\boldsymbol{x})\quad(\forall\boldsymbol{x}\in V)$$

证明　任取 V 的标准正交基 $\boldsymbol{e}_1,\boldsymbol{e}_2,\cdots,\boldsymbol{e}_n$, 设 $\boldsymbol{x}=\sum\limits_{i=1}^{n}x_i\boldsymbol{e}_i$, $\boldsymbol{\alpha}=\sum\limits_{i=1}^{n}f(\boldsymbol{e}_i)\boldsymbol{e}_i$, 则

$$f(\boldsymbol{x})=\sum_{i=1}^{n}x_if(\boldsymbol{e}_i)=\sum_{i=1}^{n}f(\boldsymbol{e}_i)(\boldsymbol{e}_i,\boldsymbol{x})=(\boldsymbol{\alpha},\boldsymbol{x})$$

若 $\widetilde{\boldsymbol{\alpha}}\in V$ 也满足 $f(\boldsymbol{x})=(\widetilde{\boldsymbol{\alpha}},\boldsymbol{x})$, 则 $(\widetilde{\boldsymbol{\alpha}}-\boldsymbol{\alpha},\boldsymbol{x})=0(\forall x\in V)$. 特别地, 取 $\boldsymbol{x}=\widetilde{\boldsymbol{\alpha}}-\boldsymbol{\alpha}$, 得 $\widetilde{\boldsymbol{\alpha}}=\boldsymbol{\alpha}$. 因此, $\boldsymbol{\alpha}$ 是唯一的.

定理 10.14 表明, 当 V 是有限维时, V 上的任意线性函数 $f(\boldsymbol{x})$ 都可以表示为 $f(\boldsymbol{x})=(\boldsymbol{\alpha},\boldsymbol{x})$ 的形式. 当 V 是无限维时, 存在 V 上的线性函数 $f(\boldsymbol{x})$ 无法表示为 $(\boldsymbol{\alpha},\boldsymbol{x})$ 的形式.

① Frigyes Frédéric Riesz, 1880～1956, 匈牙利数学家, 泛函分析创始人之一.

例 10.18 在 $V=\mathbb{R}[x]$ 上定义内积 $(f,g)=\int_0^1 f(x)g(x)\mathrm{d}x$. 映射 $g\mapsto g(0)$ 是 V 上的线性函数. 不存在 $f\in V$, 使得 $g(0)=(f,g)(\forall g\in V)$.

证明 假设存在 $f\in\mathbb{R}[x]$ 使得 $g(0)=(f,g)$ 恒成立. 取 $g(x)=xf(x)$, 由 $\int_0^1 xf^2(x)\mathrm{d}x=(f,g)=0$, 得 $f=0$. 再取 $g(x)=1$, 得 $(f,1)=1$, 与 $f=0$ 矛盾.

我们自然会提出问题: 什么样的线性函数 $f(x)$ 可以表示为 $f(x)=(\alpha,x)$ 的形式? 此类问题是更深层次的线性代数和泛函分析学科的研究内容. 感兴趣者可参阅相关文献, 如文献 [19].

显然, 对于任意 $\boldsymbol{\alpha}\in V$, $f_{\boldsymbol{\alpha}}(\boldsymbol{x})=(\boldsymbol{\alpha},\boldsymbol{x})$ 是 V 上的线性函数. $\widetilde{V}=\{f_{\boldsymbol{\alpha}}\mid\boldsymbol{\alpha}\in V\}$ 是 V^* 的子空间. V 与 $\widetilde{V}$ 之间可以建立一一对应 $\tau:V\to\widetilde{V},\boldsymbol{\alpha}\mapsto f_{\boldsymbol{\alpha}}$. 容易验证, τ 是同构映射. 根据定义 9.8, 任意线性变换 $\mathcal{A}\in L(V)$ 有伴随变换 $\mathcal{A}^\dagger\in L(V^*)$, $(\mathcal{A}^\dagger f)(x)=f(\mathcal{A}x)$. 若 $\widetilde{V}$ 是 $\mathcal{A}^\dagger$-不变子空间, 则 $\mathcal{A}^\dagger: f_\alpha\mapsto f_\beta$ 诱导出 V 上的线性变换 $\mathcal{A}^*:\boldsymbol{\alpha}\mapsto\boldsymbol{\beta}$, 如下所示:

$$\begin{array}{ccc}\boldsymbol{\alpha}\in V & \xrightarrow{\mathcal{A}^*} & \boldsymbol{\beta}\in V\\ \tau\Big\downarrow & & \Big\uparrow\tau^{-1}\\ f_{\boldsymbol{\alpha}}\in\widetilde{V} & \xrightarrow{\mathcal{A}^\dagger} & f_{\boldsymbol{\beta}}\in\widetilde{V}\end{array}$$

由 $\mathcal{A}^*=\tau^{-1}\circ\mathcal{A}^\dagger\circ\tau$, 我们可以认为 $\mathcal{A}^\dagger$ 与 $\mathcal{A}^*$ 是“相似”的. $\mathcal{A}^*$ 也被称为“伴随变换”.

定义 10.9 设 V 是实内积空间,$\mathcal{A}\in L(V)$. 若存在 $\mathcal{B}\in L(V)$, 使得

$$(\mathcal{B}\boldsymbol{\alpha},\boldsymbol{\beta})=(\boldsymbol{\alpha},\mathcal{A}\boldsymbol{\beta})\quad(\forall\boldsymbol{\alpha},\boldsymbol{\beta}\in V)$$

则 $\mathcal{B}$ 是唯一的,$\mathcal{B}$ 称为 $\mathcal{A}$ 的**伴随变换**, 记作 $\mathcal{A}^*$.

当 V 是有限维时, 根据定理 10.14得, $\widetilde{V}=V^*$. 因此, 任意 $\mathcal{A}\in L(V)$ 都有伴随变换 $\mathcal{A}^*$, 并且有如下结论:

定理 10.15 设 V 是有限维实内积空间, $\mathcal{A}\in L(V)$, S 是 V 的一个标准正交基, A 是 $\mathcal{A}$ 在 S 下的矩阵表示, 则 $\boldsymbol{A}^{\mathrm{T}}$ 是 $\mathcal{A}^*$ 在 S 下的矩阵表示.

证明 任取 $\boldsymbol{\alpha},\boldsymbol{x}\in V$, 设 $\boldsymbol{\beta}=\mathcal{A}^*(\alpha)$ 且 $\boldsymbol{a},\boldsymbol{b},\boldsymbol{x}$ 分别是 $\boldsymbol{\alpha},\boldsymbol{\beta},\boldsymbol{x}$ 在 S 下的坐标. 由

$$(\boldsymbol{\alpha},\mathcal{A}\boldsymbol{x})=\boldsymbol{a}^{\mathrm{T}}\boldsymbol{A}\boldsymbol{x},\quad(\boldsymbol{\beta},\boldsymbol{x})=\boldsymbol{b}^{\mathrm{T}}\boldsymbol{x}$$

可得 $\boldsymbol{b}=\boldsymbol{A}^{\mathrm{T}}\boldsymbol{a}$, 此即为 $\mathcal{A}^*$ 在 S 下的坐标表示. 故 $\boldsymbol{A}^{\mathrm{T}}$ 是 $\mathcal{A}^*$ 在 S 下的矩阵表示.

例 10.19 设 $V=\mathbb{R}_3[x]$ 的内积 $(f,g)=\int_0^1 f(x)g(x)\mathrm{d}x$. 求微分变换 $\mathcal{D}\in L(V)$ 的伴随变换 $\mathcal{D}^*$.

解法 1 在 V 的基 $S=\{1,x,x^2\}$ 下, 度量矩阵

$$\boldsymbol{G}=\begin{pmatrix}1&\frac{1}{2}&\frac{1}{3}\\ \frac{1}{2}&\frac{1}{3}&\frac{1}{4}\\ \frac{1}{3}&\frac{1}{4}&\frac{1}{5}\end{pmatrix}$$

$\mathcal{D}$ 的矩阵表示 $\boldsymbol{A}=\begin{pmatrix}0&1&0\\0&0&2\\0&0&0\end{pmatrix}$, $\mathcal{D}^*$ 的矩阵表示 $\boldsymbol{B}$ 满足 $\boldsymbol{B}^{\mathrm{T}}\boldsymbol{G}=\boldsymbol{G}\boldsymbol{A}$. 故

$$\boldsymbol{B}=\boldsymbol{G}^{-1}\boldsymbol{A}^{\mathrm{T}}\boldsymbol{G}=\begin{pmatrix}-6&2&3\\12&-24&-26\\0&30&30\end{pmatrix}$$

即 $\mathcal{D}^*(1)=12x-6$, $\mathcal{D}^*(x)=30x^2-24x+2$, $\mathcal{D}^*(x^2)=30x^2-26x+3$.

解法 2 根据例 10.10, 取 V 的标准正交基

$$\gamma_1=1,\quad \gamma_2=\sqrt{12}(x-1/2),\quad \gamma_3=\sqrt{180}(x^2-x+1/2)$$

则 $\mathcal{D}(\gamma_1)=0$, $\mathcal{D}(\gamma_2)=\sqrt{12}\gamma_1$, $\mathcal{D}(\gamma_3)=\sqrt{60}\gamma_2$. 在 $\{\gamma_1,\gamma_2,\gamma_3\}$ 下, $\mathcal{D}$ 的矩阵表示 $\boldsymbol{A}=\begin{pmatrix}0&\sqrt{12}&0\\0&0&\sqrt{60}\\0&0&0\end{pmatrix}$, $\mathcal{D}^*$ 的矩阵表示 $\boldsymbol{B}=\boldsymbol{A}^{\mathrm{T}}$. 即 $\mathcal{D}^*(\gamma_1)=\sqrt{12}\gamma_2$, $\mathcal{D}^*(\gamma_2)=\sqrt{60}\gamma_3$, $\mathcal{D}^*(\gamma_3)=0$.

当 V 是无限维时, 不是所有线性变换 $\mathcal{A}\in L(V)$ 都有伴随变换 $\mathcal{A}^*$.

例 10.20 设 $V=\mathbb{R}[x]$, $\mathcal{D}\in L(V)$ 是微分变换.

(1) 在 V 上定义内积 $\left(\sum\limits_{i=0}^n f_ix^i,\sum\limits_{i=0}^n g_ix^i\right)=\sum\limits_{i=0}^n f_ig_i$, 其中 $f_i,g_i\in\mathbb{R}$. 求 $\mathcal{D}$ 的伴随变换;

(2) 在 V 上定义内积 $(f,g)=\displaystyle\int_0^1 f(x)g(x)\mathrm{d}x$. 证明: $\mathcal{D}$ 没有伴随变换.

证明 (1) 设 $\mathcal{A}\in L(V)$, $\sum\limits_{i=0}^n f_ix^i\mapsto\sum\limits_{i=0}^n(i+1)f_ix^{i+1}$, 则

$$(\mathcal{A}x^i,x^j)=\big((i+1)x^{i+1},x^j\big)=j\delta_{i+1,j}=\big(x^i,jx^{j-1}\big)=(x^i,\mathcal{D}x^j)\quad(\forall i,j\in\mathbb{N})$$

故 $\mathcal{A}$ 是 $\mathcal{D}$ 的伴随变换;

(2) 假设 $\mathcal{D}^*$ 存在. 设 $f=\mathcal{D}^*1$, 则

$$\int_0^1 f(x)g(x)dx=(\mathcal{D}^*1,g)=(1,\mathcal{D}g)=\int_0^1 g'(x)dx=g(1)-g(0)\quad(\forall g\in V)$$

取 $g=x(1-x)f(x)$, 得 $\int_0^1 x(1-x)f^2(x)dx=0$, 故 $f=0$. 再取 $g=x$, 得 $\int_0^1 f(x)xdx=1$, 与 $f=0$ 矛盾.

定理 10.16 设 V 是实内积空间, $\mathcal{A},\mathcal{B}\in L(V)$, $\lambda\in\mathbb{R}$. 若 $\mathcal{A}^*$ 和 $\mathcal{B}^*$ 都存在, 则 $\mathcal{A}^*$, $\lambda\mathcal{A}$, $\mathcal{A}+\mathcal{B}$, $\mathcal{AB}$ 的伴随变换都存在, 并且

$$(\mathcal{A}^*)^*=\mathcal{A},\ (\lambda\mathcal{A})^*=\lambda\mathcal{A}^*,\ (\mathcal{A}+\mathcal{B})^*=\mathcal{A}^*+\mathcal{B}^*,\ (\mathcal{AB})^*=\mathcal{B}^*\mathcal{A}^*$$

证明 设 $\boldsymbol{\alpha},\boldsymbol{\beta}$ 是 V 中任意向量.

(1) $(\mathcal{A}\boldsymbol{\alpha},\boldsymbol{\beta})=(\boldsymbol{\beta},\mathcal{A}\boldsymbol{\alpha})=(\mathcal{A}^*\boldsymbol{\beta},\boldsymbol{\alpha})=(\boldsymbol{\alpha},\mathcal{A}^*\boldsymbol{\beta})$. 故 $\mathcal{A}$ 是 $\mathcal{A}^*$ 的伴随变换;

(2) $(\lambda\mathcal{A}^*\boldsymbol{\alpha},\boldsymbol{\beta})=\lambda(\mathcal{A}^*\boldsymbol{\alpha},\boldsymbol{\beta})=\lambda(\boldsymbol{\alpha},\mathcal{A}\boldsymbol{\beta})=(\boldsymbol{\alpha},\lambda\mathcal{A}\boldsymbol{\beta})$. 故 $\lambda\mathcal{A}^*$ 是 $\lambda\mathcal{A}$ 的伴随变换;

(3) $((\mathcal{A}^*+\mathcal{B}^*)\boldsymbol{\alpha},\boldsymbol{\beta})=(\mathcal{A}^*\boldsymbol{\alpha},\boldsymbol{\beta})+(\mathcal{B}^*\boldsymbol{\alpha},\boldsymbol{\beta})=(\boldsymbol{\alpha},\mathcal{A}\boldsymbol{\beta})+(\boldsymbol{\alpha},\mathcal{B}\boldsymbol{\beta})=(\boldsymbol{\alpha},(\mathcal{A}+\mathcal{B})\boldsymbol{\beta})$. 故 $\mathcal{A}^*+\mathcal{B}^*$ 是 $\mathcal{A}+\mathcal{B}$ 的伴随变换;

(4) $(\mathcal{B}^*(\mathcal{A}^*\boldsymbol{\alpha}),\boldsymbol{\beta})=(\mathcal{A}^*\boldsymbol{\alpha},\mathcal{B}\boldsymbol{\beta})=(\boldsymbol{\alpha},\mathcal{A}(\mathcal{B}\boldsymbol{\beta}))$. 故 $\mathcal{B}^*\mathcal{A}^*$ 是 $\mathcal{A}\mathcal{B}$ 的伴随变换.

定理 10.17 设 V 是实内积空间, $\mathcal{A}\in L(V)$, $\mathcal{A}^*$ 存在.

(1) 若 U 是 $\mathcal{A}$-不变子空间, 则 $U^\perp$ 是 $\mathcal{A}^*$-不变子空间.

(2) $\operatorname{Ker}(\mathcal{A}^*\mathcal{A})=\operatorname{Ker}\mathcal{A}=(\operatorname{Im}\mathcal{A}^*)^\perp=(\operatorname{Im}(\mathcal{A}^*\mathcal{A}))^\perp$.

当 $\operatorname{Im}\mathcal{A}^*$ 是有限维时, $V=\operatorname{Ker}\mathcal{A}\bigoplus\operatorname{Im}\mathcal{A}^*$, $\operatorname{Im}\mathcal{A}^*=\operatorname{Im}(\mathcal{A}^*\mathcal{A})$.

(3) $\operatorname{Ker}(\mathcal{A}\mathcal{A}^*)=\operatorname{Ker}\mathcal{A}^*=(\operatorname{Im}\mathcal{A})^\perp=(\operatorname{Im}(\mathcal{A}\mathcal{A}^*))^\perp$.

当 $\operatorname{Im}\mathcal{A}$ 是有限维时, $V=\operatorname{Im}\mathcal{A}\bigoplus\operatorname{Ker}\mathcal{A}^*$,$\operatorname{Im}\mathcal{A}=\operatorname{Im}(\mathcal{A}\mathcal{A}^*)$.

证明 (1) 对于任意 $\boldsymbol{\alpha}\in U^\perp$, $(\mathcal{A}^*\boldsymbol{\alpha},\boldsymbol{\beta})=(\boldsymbol{\alpha},\mathcal{A}\boldsymbol{\beta})=0(\forall\boldsymbol{\beta}\in U)\Rightarrow\mathcal{A}^*\boldsymbol{\alpha}\in U^\perp$. 因此, $U^\perp$ 是 $\mathcal{A}^*$-不变子空间.

(2) 显然 $\operatorname{Ker}(\mathcal{A}^*\mathcal{A})\supset\operatorname{Ker}\mathcal{A}$. 对于任意 $\boldsymbol{\alpha}\in\operatorname{Ker}(\mathcal{A}^*\mathcal{A})$, $(\mathcal{A}\boldsymbol{\alpha},\mathcal{A}\boldsymbol{\alpha})=(\mathcal{A}^*(\mathcal{A}\boldsymbol{\alpha}),\boldsymbol{\alpha})=0\Rightarrow\mathcal{A}\boldsymbol{\alpha}=\mathbf{0}$, 即 $\boldsymbol{\alpha}\in\operatorname{Ker}\mathcal{A}$. 故 $\operatorname{Ker}(\mathcal{A}^*\mathcal{A})\subset\operatorname{Ker}\mathcal{A}$. 因此, $\operatorname{Ker}(\mathcal{A}^*\mathcal{A})=\operatorname{Ker}\mathcal{A}$.

对于任意 $\boldsymbol{\alpha}\in V$, $\boldsymbol{\alpha}\in\operatorname{Ker}\mathcal{A}\Leftrightarrow(\mathcal{A}\boldsymbol{\alpha},\boldsymbol{\beta})=0\ (\forall\boldsymbol{\beta}\in V)\Leftrightarrow(\alpha,\mathcal{A}^*\boldsymbol{\beta})=0\ (\forall\boldsymbol{\beta}\in V)\Leftrightarrow\alpha\in(\operatorname{Im}\mathcal{A}^*)^\perp$. 因此, $\operatorname{Ker}\mathcal{A}=(\operatorname{Im}\mathcal{A}^*)^\perp$.

设 $\mathcal{B}=\mathcal{A}^*\mathcal{A}$, 则 $\mathcal{B}^*=\mathcal{B}$. 由 $\operatorname{Ker}\mathcal{B}=(\operatorname{Im}\mathcal{B}^*)^\perp$ 可得 $\operatorname{Ker}(\mathcal{A}^*\mathcal{A})=(\operatorname{Im}(\mathcal{A}^*\mathcal{A}))^\perp$.

当 $U=\operatorname{Im}\mathcal{A}^*$ 是有限维时, 由定理 10.6 可得 $V=U\bigoplus U^\perp=\operatorname{Ker}\mathcal{A}\bigoplus\operatorname{Im}\mathcal{A}^*$ 以及 $U=(U^\perp)^\perp$. 又 $\operatorname{Im}(\mathcal{A}^*\mathcal{A})$ 也是有限维的, 故 $\operatorname{Im}\mathcal{A}^*=\operatorname{Im}(\mathcal{A}^*\mathcal{A})$.

(3) 把结论 (2) 中的 $\mathcal{A}$ 换成 $\mathcal{A}^*$, 由 $(\mathcal{A}^*)^*=\mathcal{A}$ 可得结论 (3) 成立.

定义 10.10 设 V 是实内积空间, $\mathcal{A}\in L(V)$ 的伴随变换 $\mathcal{A}^*$ 存在. 若 $\mathcal{A}^*=\mathcal{A}$, 则 $\mathcal{A}$ 称为**自伴变换**. 若 $\mathcal{A}^*=-\mathcal{A}$, 则 $\mathcal{A}$ 称为**斜自伴变换**. 若 $\mathcal{A}^*\mathcal{A}=\mathcal{A}\mathcal{A}^*$, 则 $\mathcal{A}$ 称为**规范变换**.

例 10.21 设 V 是实内积空间, $\mathcal{A}\in L(V)$ 可逆. $\mathcal{A}$ 是正交变换 $\Leftrightarrow\mathcal{A}^*=\mathcal{A}^{-1}$.

例 10.22 设 $\mathbb{R}$ 上的线性空间 V 由所有形如 $f(x)=\sum\limits_{k=0}^{n}a_k\cos(kx)+\sum\limits_{k=1}^{n}b_k\sin(kx)$ 的三角函数构成. 在 V 上定义内积 $(f,g)=\int_0^{2\pi}f(x)g(x)\mathrm{d}x$, 使 V 成为实内积空间. 设 $\mathcal{D}\in L(V)$ 是微分变换, 则 $\mathcal{D}$ 是斜自伴变换, $\mathcal{D}^2$ 是自伴变换. 对于任意多项式 $p(x)\in\mathbb{R}[x]$, $p(\mathcal{D})$ 是规范变换.

证明 对于任意 $f,g\in V$, 有

$$(f,\mathcal{D}g)+(\mathcal{D}f,g)=\int_0^{2\pi}\Big(f(x)g'(x)+f'(x)g(x)\Big)\mathrm{d}x=f(2\pi)g(2\pi)-f(0)g(0)=0$$

因此, $\mathcal{D}^*=-\mathcal{D}$, $\mathcal{D}$ 是斜自伴变换. 由于 $(\mathcal{D}^2)^*=(\mathcal{D}^*)^2=\mathcal{D}^2$, 得 $\mathcal{D}^2$ 是自伴变换. 由于 $(p(\mathcal{D}))^*=p(\mathcal{D}^*)=p(-\mathcal{D})$ 与 $p(\mathcal{D})$ 乘积可交换, 故 $p(\mathcal{D})$ 是规范变换.

定理 10.18 设 V 是实内积空间, $\mathcal{A}\in L(V)$. 下列叙述相互等价:

(1) $\mathcal{A}$ 是规范变换;

(2) 对于任意 $\boldsymbol{\alpha}\in V$, $\|\mathcal{A}\boldsymbol{\alpha}\|=\|\mathcal{A}^*\boldsymbol{\alpha}\|$;

(3) 对于任意 $\boldsymbol{\alpha},\boldsymbol{\beta}\in V$, $(\mathcal{A}\boldsymbol{\alpha},\mathcal{A}\boldsymbol{\beta})=(\mathcal{A}^*\boldsymbol{\alpha},\mathcal{A}^*\boldsymbol{\beta})$.

证明 (1) ⇒ (2):

$$\|\mathcal{A}\boldsymbol{\alpha}\|^2=(\mathcal{A}\boldsymbol{\alpha},\mathcal{A}\boldsymbol{\alpha})=(\mathcal{A}^*\mathcal{A}\boldsymbol{\alpha},\boldsymbol{\alpha})=(\mathcal{A}\mathcal{A}^*\boldsymbol{\alpha},\boldsymbol{\alpha})=(\mathcal{A}^*\boldsymbol{\alpha},\mathcal{A}^*\boldsymbol{\alpha})=\|\mathcal{A}^*\boldsymbol{\alpha}\|^2$$

(2) ⇒ (3):

$$\begin{aligned}(\mathcal{A}\boldsymbol{\alpha},\mathcal{A}\boldsymbol{\beta})&=\frac{1}{4}\Big(\|\mathcal{A}(\boldsymbol{\alpha}+\boldsymbol{\beta})\|^2-\|\mathcal{A}(\boldsymbol{\alpha}-\boldsymbol{\beta})\|^2\Big)\\&=\frac{1}{4}\Big(\|\mathcal{A}^*(\boldsymbol{\alpha}+\boldsymbol{\beta})\|^2-\|\mathcal{A}^*(\boldsymbol{\alpha}-\boldsymbol{\beta})\|^2\Big)=(\mathcal{A}^*\boldsymbol{\alpha},\mathcal{A}^*\boldsymbol{\beta})\end{aligned}$$

(3) ⇒ (1): 对于任意 $\boldsymbol{\alpha},\boldsymbol{\beta}\in V$,

$$(\mathcal{A}^*\mathcal{A}\boldsymbol{\alpha},\boldsymbol{\beta})=(\mathcal{A}\boldsymbol{\alpha},\mathcal{A}\boldsymbol{\beta})=(\mathcal{A}^*\boldsymbol{\alpha},\mathcal{A}^*\boldsymbol{\beta})=(\mathcal{A}\mathcal{A}^*\boldsymbol{\alpha},\boldsymbol{\beta})$$

由 $\boldsymbol{\alpha},\boldsymbol{\beta}$ 的任意性, 得 $\mathcal{A}^*\mathcal{A}=\mathcal{A}\mathcal{A}^*$, 故 $\mathcal{A}$ 是规范变换.

定理 10.19 设 V 是有限维实内积空间, $\mathcal{A}\in L(V)$.

(1) 设 S 是 V 的标准正交基, $\boldsymbol{A}$ 是 $\mathcal{A}$ 在 S 下的矩阵表示, 则 $\mathcal{A}$ 是正交变换/自伴变换/斜自伴变换/规范变换当且仅当 $\boldsymbol{A}$ 是正交方阵/对称方阵/反对称方阵/规范方阵;

(2) 设 S_1 和 S_2 都是 V 的标准正交基, $\boldsymbol{A}_i$ 是 $\mathcal{A}$ 在 S_i 下的矩阵表示, $\boldsymbol{P}$ 是从 S_1 到 S_2 的过渡矩阵, 则 $\boldsymbol{A}_2=\boldsymbol{P}\boldsymbol{A}_1\boldsymbol{P}^{-1}$, $\boldsymbol{P}$ 是正交方阵, 即 $\boldsymbol{A}_1$ 和 $\boldsymbol{A}_2$ 正交相似.

下面是定理 10.12 的一个推广.

定理 10.20 设 V 是实内积空间, $\mathcal{A}\in L(V)$ 是规范变换, U 是有限维的 $\mathcal{A}$-不变子空间, 则 U 是 $\mathcal{A}^*$-不变子空间, 从而 $U^\perp$ 是 $\mathcal{A}$-不变子空间.

证明 任取 U 的一个标准正交基 $\boldsymbol{e}_1,\boldsymbol{e}_2,\cdots,\boldsymbol{e}_n$. 根据定理 10.8 知, 对 $\forall i=1,2,\cdots,n$, 有

$$\|\mathcal{A}\boldsymbol{e}_i\|^2=\sum_{j=1}^n(\mathcal{A}\boldsymbol{e}_i,\boldsymbol{e}_j)^2,\quad \|\mathcal{A}^*\boldsymbol{e}_i\|^2\geqslant\sum_{j=1}^n(\mathcal{A}^*\boldsymbol{e}_i,\boldsymbol{e}_j)^2=\sum_{j=1}^n(\boldsymbol{e}_i,\mathcal{A}\boldsymbol{e}_j)^2$$

由此可得, $\displaystyle\sum_{i=1}^n\|\mathcal{A}^*\boldsymbol{e}_i\|^2\geqslant\sum_{i=1}^n\|\mathcal{A}\boldsymbol{e}_i\|^2$. 由于 $\mathcal{A}$ 是规范变换, $\|\mathcal{A}^*\boldsymbol{e}_i\|=\|\mathcal{A}(\boldsymbol{e}_i)\|$, 故上述不等式均取等号, 得 $\mathcal{A}^*\boldsymbol{e}_i\in U$. 因此, U 是 $\mathcal{A}^*$-不变子空间. 根据定理 10.17 知, $U^\perp$ 是 $\mathcal{A}$-不变子空间.

当 V 是有限维实内积空间时, 设 $\mathcal{A}\in L(V)$ 是规范变换, $p(x)$ 是 $\varphi_{\mathcal{A}}(x)$ 的不可约因子, U 是任意非零向量 $\boldsymbol{\alpha}\in\operatorname{Ker}p(\mathcal{A})$ 生成的 $\mathcal{A}$-循环子空间, 则 $\dim(U)=\deg(p)\leqslant 2$. 根据定理 10.20 和定理 10.6 知, $U^\perp$ 是 $\mathcal{A}$-不变子空间, $V=U\bigoplus U^\perp$. 考虑 $\mathcal{A}$ 在 $U^\perp$ 上的限制映射, 同理可以分解 $U^\perp$. 重复以上过程, 从而可以把 V 分解为若干个两两正交的 $\mathcal{A}$-循环子空间的直和, $V=\bigoplus\limits_{i\in I}V_i$, 其中每个 V_i 的维数都不超过 2. 由此可得定理 6.9 的几何解释.

习 题 10.4

1. 设 V 是实内积空间, $\mathcal{A}\in L(V)$. 证明: 若 $\mathcal{A}^*$ 存在, 则 $\mathcal{A}^*$ 是唯一的.

2. 证明定理 10.19.

3. 设 $V=\mathbb{R}^n$, 内积 $(\boldsymbol{x},\boldsymbol{y})=\boldsymbol{x}^{\mathrm{T}}\boldsymbol{G}\boldsymbol{y}$, $\mathcal{A}(\boldsymbol{x})=\boldsymbol{x}+(\boldsymbol{\alpha},\boldsymbol{x})\boldsymbol{\beta}$, $\boldsymbol{\alpha},\boldsymbol{\beta}\in V$. 求 $\mathcal{A}^*$.

4. 设 $V=\mathbb{R}^{m\times n}$, 内积 $(\boldsymbol{X},\boldsymbol{Y})=\mathrm{tr}(\boldsymbol{X}^{\mathrm{T}}\boldsymbol{Y})$, $\mathcal{A}(\boldsymbol{X})=\boldsymbol{P}\boldsymbol{X}\boldsymbol{Q}$, $\boldsymbol{P}\in\mathbb{R}^{m\times m}$, $\boldsymbol{Q}\in\mathbb{R}^{n\times n}$. 求 $\mathcal{A}^*$.

5. 设 $V=\mathbb{R}[x]$, 内积 $(f,g)=\displaystyle\int_{-1}^{1}f(x)g(x)\mathrm{d}x$, $\mathcal{A}\in L(V):f(x)\mapsto xf(-x)$. 求 $\mathcal{A}^*$.

6. 设 $V=\mathbb{R}_3[x]$, 内积 $(f,g)=\displaystyle\int_{-1}^{1}f(x)g(x)\mathrm{d}x$, $\mathcal{D}\in L(V)$ 是微分变换. 求 $\mathcal{D}^*$.

7. 设 V 是实内积空间, $\mathcal{A},\mathcal{B}\in L(V)$ 都是自伴变换. 证明: $\mathcal{AB}$ 是自伴变换 $\Leftrightarrow \mathcal{AB}=\mathcal{BA}$.

8. 设 V 是实内积空间, $\mathcal{A}\in L(V)$ 可逆, $\mathcal{A}^*$ 存在. 证明:

(1) $\mathcal{A}^*$ 是单射, 并且 $(\mathrm{Im}\,\mathcal{A}^*)^{\perp}=\{\mathbf{0}\}$;

(2) 若 $\mathcal{A}^*$ 可逆, 则 $(\mathcal{A}^{-1})^*$ 存在, 并且 $(\mathcal{A}^{-1})^*=(\mathcal{A}^*)^{-1}$;

(3) 若 $(\mathcal{A}^{-1})^*$ 存在, 则 $\mathcal{A}^*$ 可逆, 并且 $(\mathcal{A}^*)^{-1}=(\mathcal{A}^{-1})^*$.

(4) 举例: $\mathcal{A}^*$ 不是满射, 从而 $\mathcal{A}^*$ 不可逆, $(\mathcal{A}^{-1})^*$ 不存在.

9. 设 V 是实内积空间, $\mathcal{A}\in L(V)$, $\mathcal{A}^*$ 存在. 证明:

(1) $\mathcal{A}$ 是斜自伴变换当且仅当对于任意 $\boldsymbol{\alpha}\in V$, 有 $(\boldsymbol{\alpha},\mathcal{A}\boldsymbol{\alpha})=0$;

(2) 若 V 是有限维的, $\mathcal{A}$ 是斜自伴变换, 则 $(\mathcal{I}+\mathcal{A})^{-1}(\mathcal{I}-\mathcal{A})$ 是正交变换;

(3) 若 $\mathcal{A}$ 是斜自伴变换. $\mathcal{I}+\mathcal{A}$ 和 $\mathcal{I}-\mathcal{A}$ 是否一定是可逆变换? 证明你的结论.

10. 设 V 是实内积空间, $\mathcal{A}\in L(V)$, $\mathcal{A}^*$ 和 $d_{\mathcal{A}}(x)$ 都存在. 证明:

(1) $d_{\mathcal{A}^*}(x)=d_{\mathcal{A}}(x)$;

(2) $\mathcal{A}$ 是规范变换 $\Rightarrow d_{\mathcal{A}}$ 无重根.

(3) $\mathcal{A}$ 是规范变换 $\Leftrightarrow$ 存在 $f(x)\in\mathbb{R}[x]$, 使得 $\mathcal{A}^*=f(\mathcal{A})$.

10.5 复内积空间

由于 $\mathbb{C}$ 是 $\mathbb{R}$ 的代数闭包, 我们试图在复数域上的线性空间 V 上定义内积, 赋予 V 几何结构. 注意到 $\mathbb{C}$ 有一个自然的度量 $|z|^2=z\cdot\overline{z}$. 因此, 我们保留内积的 "正定性", 而对 "对称性" 和 "双线性" 略作修改. 由此得到如下的复内积.

定义 10.11 设 V 是 $\mathbb{C}$ 上的线性空间. 若函数 $\rho:V\times V\to\mathbb{C}$ 具有下列性质:

(1) (**共轭对称性**) $\rho(\boldsymbol{\alpha},\boldsymbol{\beta})=\overline{\rho(\boldsymbol{\beta},\boldsymbol{\alpha})}$;

(2) (**共轭双线性**) $\rho(\lambda\boldsymbol{\alpha}+\mu\boldsymbol{\beta},\boldsymbol{\gamma})=\overline{\lambda}\rho(\boldsymbol{\alpha},\boldsymbol{\gamma})+\overline{\mu}\rho(\boldsymbol{\beta},\boldsymbol{\gamma})$, $\rho(\boldsymbol{\alpha},\lambda\boldsymbol{\beta}+\mu\boldsymbol{\gamma})=\lambda\rho(\boldsymbol{\alpha},\boldsymbol{\beta})+\mu\rho(\boldsymbol{\alpha},\boldsymbol{\gamma})$;

(3) (**正定性**) 当 $\boldsymbol{\alpha}\neq\mathbf{0}$ 时, $\rho(\boldsymbol{\alpha},\boldsymbol{\alpha})>0$,

其中 $\boldsymbol{\alpha},\boldsymbol{\beta},\boldsymbol{\gamma}\in V$, $\lambda,\mu\in\mathbb{C}$, 则 ρ 称为 V 上的一个**复内积**, 代数结构 (V,ρ) 称为**复内积空间**. 设 U 是 V 的子空间, 则 ρ 可以自然地限制在 U 上, 成为复内积 $\hat{\rho}:U\times U\to\mathbb{C}$. 复内积空间 $(U,\hat{\rho})$ 称为 (V,ρ) 的**子空间**. 在不引起歧义的情形下, 可以略去复内积名称 ρ, 把 $\rho(\boldsymbol{\alpha},\boldsymbol{\beta})$ 记作 $(\boldsymbol{\alpha},\boldsymbol{\beta})$.

通过复内积可以定义一个向量的**长度** $\|\boldsymbol{\alpha}\|=\sqrt{(\boldsymbol{\alpha},\boldsymbol{\alpha})}$ 和两个向量的**正交**关系 $\boldsymbol{\alpha}\perp\boldsymbol{\beta}\Leftrightarrow(\boldsymbol{\alpha},\boldsymbol{\beta})=0$. 长度是 1 的向量称为**单位向量**. 复内积没有对称性. 两个向量的正交关系却是对

称的, $\boldsymbol{\alpha}\perp\boldsymbol{\beta}\Leftrightarrow\boldsymbol{\beta}\perp\boldsymbol{\alpha}$.

设 $S\subset V$, $S^{\perp}=\{\boldsymbol{\alpha}\in V\mid\boldsymbol{\alpha}\perp\boldsymbol{\beta},\forall\boldsymbol{\beta}\in S\}$ 是 V 的子空间, 称为 $\mathrm{Span}(S)$ 的**正交补空间**. 对于任意向量组 S, 有 $\mathrm{Span}(S)\bigcap S^{\perp}=\{\boldsymbol{0}\}$, 即 $\mathrm{Span}(S)+S^{\perp}$ 是直和.

当 V 是有限维时, 设 $S=\{\boldsymbol{\alpha}_1,\boldsymbol{\alpha}_2,\cdots,\boldsymbol{\alpha}_n\}$ 是 V 的基, n 阶 Hermite 方阵 $\boldsymbol{G}=\big(\rho(\alpha_i,\alpha_j)\big)$ 称为复内积 ρ 在 S 下的**度量矩阵**或 **Gram 方阵**. 对于任意 $\boldsymbol{\alpha},\boldsymbol{\beta}\in V$, 设 $\boldsymbol{x},\boldsymbol{y}$ 分别是 $\boldsymbol{\alpha},\boldsymbol{\beta}$ 在 S 下的坐标, 则有 $\rho(\boldsymbol{\alpha},\boldsymbol{\beta})=\boldsymbol{x}^{\mathrm{H}}\boldsymbol{G}\boldsymbol{y}$, 称为复内积 ρ 在 S 下的**坐标表示**.

例 10.23　设 $V=\mathbb{C}^n$. 二元函数 $\rho(\boldsymbol{x},\boldsymbol{y})=\sum\limits_{i=1}^{n}\overline{x_i}y_i$ 是 V 上的复内积, 称为**标准复内积**. $\mathbb{C}^n$ 连同标准复内积称为 n 维**酉空间**.

例 10.24　设 $V=\mathbb{C}^{m\times n}$. 二元函数 $\rho(\boldsymbol{X},\boldsymbol{Y})=\mathrm{tr}(\boldsymbol{X}^{\mathrm{H}}\boldsymbol{Y})$ 是 V 上的复内积.

例 10.25　设 V 是 $[a,b]$ 上的复数值连续函数全体. 二元函数 $\rho(f,g)=\displaystyle\int_a^b\overline{f(x)}g(x)\mathrm{d}x$ 是 V 上的复内积.

定理 10.21　设 V 是复内积空间. 对于任意 $\boldsymbol{\alpha},\boldsymbol{\beta}\in V$, 有

(1) (Cauchy 不等式) $|(\boldsymbol{\alpha},\boldsymbol{\beta})|\leqslant\|\boldsymbol{\alpha}\|\cdot\|\boldsymbol{\beta}\|$, 等号成立当且仅当 $\boldsymbol{\alpha},\boldsymbol{\beta}$ 线性相关;

(2) (三角不等式) $\|\boldsymbol{\alpha}+\boldsymbol{\beta}\|\leqslant\|\boldsymbol{\alpha}\|+\|\boldsymbol{\beta}\|$, 等号成立当且仅当存在 $\lambda\geqslant 0$, 使得 $\boldsymbol{\alpha}=\lambda\boldsymbol{\beta}$ 或 $\boldsymbol{\beta}=\lambda\boldsymbol{\alpha}$;

(3) (勾股定理) 若 $\boldsymbol{\alpha}\perp\boldsymbol{\beta}$, 则 $\|\boldsymbol{\alpha}+\boldsymbol{\beta}\|^2=\|\boldsymbol{\alpha}\|^2+\|\boldsymbol{\beta}\|^2$.

定理 10.22　设 (V,ρ) 是 n 维复内积空间.

(1) ρ 在 V 的任意基 S 下的度量矩阵 $\boldsymbol{G}$ 是正定 Hermite 方阵;

(2) 设 G_i 是 ρ 在 V 的基 S_i 下的度量矩阵, $\boldsymbol{P}$ 是从 S_1 到 S_2 的过渡矩阵, 则 $\boldsymbol{G}_2=\boldsymbol{P}^{\mathrm{H}}\boldsymbol{G}_1\boldsymbol{P}$;

(3) 对于任意正定 Hermite 方阵 $\boldsymbol{G}\in\mathbb{C}^{n\times n}$, 存在 V 的基 S, 使得 ρ 在 S 下的度量矩阵是 $\boldsymbol{G}$.

上述定理表明, 任意 n 维复内积空间 V 有标准正交基. 存在一一映射 $\tau:V\to\mathbb{C}^n$ 把 V 的标准正交基映成 $\mathbb{C}^n$ 的标准正交基. τ 既保持两个空间的线性运算之间的对应, 也保持内积运算之间的对应. V 与酉空间 $\mathbb{C}^n$ 同构. 因此, 许多教材把有限维复内积空间都称为酉空间.

对于无限维复内积空间 V, 标准正交基有可能不存在. 但是, 总是可以通过 **Gram-Schmidt 标准正交化**过程把有限多个线性无关的向量改造成两两正交的单位向量组. 设 $\boldsymbol{\alpha}_1,\boldsymbol{\alpha}_2,\cdots,\boldsymbol{\alpha}_n$ 线性无关, 令

$$\boldsymbol{\beta}_k=\boldsymbol{\alpha}_k-\sum_{i=1}^{k-1}(\boldsymbol{\gamma}_i,\boldsymbol{\alpha}_k)\boldsymbol{\gamma}_i,\quad \boldsymbol{\gamma}_i=\frac{1}{\|\boldsymbol{\beta}_k\|}\boldsymbol{\beta}_k\quad(k=1,2,\cdots,n)\tag{10.3}$$

则 $\{\boldsymbol{\gamma}_1,\boldsymbol{\gamma}_2,\cdots,\boldsymbol{\gamma}_n\}$ 构成标准正交向量组.

注意: 与 (10.2) 式不同, (10.3) 式中的 $(\boldsymbol{\gamma}_i,\boldsymbol{\alpha}_k)$ 不可以写成 $(\boldsymbol{\alpha}_k,\boldsymbol{\gamma}_i)$.

定理 10.23　设 U 是复内积空间 V 的子空间.

(1) 若 U 是有限维的, 则 $V=U\bigoplus U^{\perp}$;

(2) 若 $V=U\bigoplus U^{\perp}$, 则 $(U^{\perp})^{\perp}=U$.

定理 10.24 设 V 是复内积空间, I 是指标集合, $S=\{\boldsymbol{e}_i \mid i\in I\}$ 是 V 中的标准正交向量组.

(1) (Parseval 等式) 若 S 是 V 的标准正交基, 则 $(\boldsymbol{\alpha},\boldsymbol{\beta})=\sum\limits_{i\in I}(\boldsymbol{\alpha},\boldsymbol{e}_i)(\boldsymbol{e}_i,\boldsymbol{\beta})$ $(\forall\boldsymbol{\alpha},\boldsymbol{\beta}\in V)$;

(2) (Bessel 等式) 若 S 是 V 的标准正交基, 则 $\|\boldsymbol{\alpha}\|^2=\sum\limits_{i\in I}|(\boldsymbol{e}_i,\boldsymbol{\alpha})|^2$ $(\forall\boldsymbol{\alpha}\in V)$;

(3) (Bessel 不等式) $\|\boldsymbol{\alpha}\|^2\geqslant\sum\limits_{i\in I}|(\boldsymbol{e}_i,\boldsymbol{\alpha})|^2$ $(\forall\alpha\in V)$;

(4) $\|\boldsymbol{\alpha}\|^2=\sum\limits_{i\in I}|(\boldsymbol{e}_i,\boldsymbol{\alpha})|^2$ 当且仅当存在 $\boldsymbol{\beta}_1,\boldsymbol{\beta}_2,\cdots,\boldsymbol{\beta}_n\in \mathrm{Span}(S)$, 使得 $\lim\limits_{n\to\infty}\|\boldsymbol{\alpha}-\boldsymbol{\beta}_n\|=0$.

考虑 V 上的线性变换 $\mathcal{A}\in L(V)$. 当 V 是有限维时, $\mathcal{A}$ 在 V 的某组基 S 下的矩阵表示 $\boldsymbol{A}$ 与 $\mathcal{A}$ 一一对应. 通常取 S 为 V 的标准正交基. 当 V 是无限维时, 通常考虑 $\mathcal{A}$ 在某个有限维的 $\mathcal{A}$-不变子空间 U 上的限制映射, 以及 $\mathcal{A}$ 在 $U^{\perp}$ 上的限制映射. 当 $\mathcal{A}$ 具有良好的性质时, $U^{\perp}$ 也是 $\mathcal{A}$-不变子空间.

定理 10.25 设 V 是有限维复内积空间, S_1,S_2 都是 V 的标准正交基, $\boldsymbol{P}$ 是从 S_1 到 S_2 的过渡矩阵, 则 $\boldsymbol{P}$ 是酉方阵. 对于任意 $\mathcal{A}\in L(V)$, 设 $\mathcal{A}$ 在 S_1,S_2 下的矩阵表示分别是 $\boldsymbol{A}_1,\boldsymbol{A}_2$, 则 $\boldsymbol{A}_2=\boldsymbol{P}^{-1}\boldsymbol{A}_1\boldsymbol{P}$, 即 $\boldsymbol{A}_1$ 与 $\boldsymbol{A}_2$ 酉相似.

定义 10.12 设 V 是复内积空间, $\mathcal{A}\in L(V)$. 若存在 $\mathcal{B}\in L(V)$, 使得

$$(\mathcal{B}\boldsymbol{\alpha},\boldsymbol{\beta})=(\boldsymbol{\alpha},\mathcal{A}\boldsymbol{\beta})\quad(\forall\boldsymbol{\alpha},\boldsymbol{\beta}\in V)$$

则 $\mathcal{B}$ 是唯一的, $\mathcal{B}$ 称为 $\mathcal{A}$ 的**伴随变换**, 记作 $\mathcal{A}^*$. 若 $\mathcal{A}^*=\mathcal{A}^{-1}$, 则 $\mathcal{A}$ 称为**酉变换**; 若 $\mathcal{A}^*=\mathcal{A}$, 则 $\mathcal{A}$ 称为**自伴变换**; 若 $\mathcal{A}^*=-\mathcal{A}$, 则 $\mathcal{A}$ 称为**斜自伴变换**; 若 $\mathcal{A}^*\mathcal{A}=\mathcal{A}\mathcal{A}^*$, 则 $\mathcal{A}$ 称为**规范变换**.

酉变换、自伴变换、斜自伴变换都是规范变换的特例.

定理 10.26 设 V 是有限维复内积空间, $\mathcal{A}\in L(V)$, S 是 V 的一个标准正交基.

(1) 设 $\boldsymbol{A}$ 是 $\mathcal{A}$ 在 S 下的矩阵表示, 则 $\boldsymbol{A}^{\mathrm{H}}$ 是 $\mathcal{A}^*$ 在 S 下的矩阵表示.

(2) $\mathcal{A}$ 是酉变换/自伴变换/斜自伴变换/规范变换当且仅当 $\boldsymbol{A}$ 是酉方阵/Hermite 方阵/反 Hermite 方阵/规范方阵.

定理 10.27 设 V 是复内积空间, $\mathcal{A},\mathcal{B}\in L(V)$, $\lambda\in\mathbb{C}$. 若 $\mathcal{A}^*$ 和 $\mathcal{B}^*$ 都存在, 则 $\mathcal{A}^*$, $\lambda\mathcal{A}$, $\mathcal{A}+\mathcal{B}$, $\mathcal{A}\mathcal{B}$ 的伴随变换都存在, 并且 $(\mathcal{A}^*)^*=\mathcal{A}$, $(\lambda\mathcal{A})^*=\overline{\lambda}\mathcal{A}^*$, $(\mathcal{A}+\mathcal{B})^*=\mathcal{A}^*+\mathcal{B}^*$, $(\mathcal{A}\mathcal{B})^*=\mathcal{B}^*\mathcal{A}^*$.

定理 10.28 设 V 是复内积空间, $\mathcal{A}\in L(V)$, 并且 $\mathcal{A}^*$ 存在.

(1) 若 U 是 $\mathcal{A}$-不变子空间, 则 $U^{\perp}$ 是 $\mathcal{A}^*$-不变子空间;

(2) $\mathrm{Ker}(\mathcal{A}^*\mathcal{A})=\mathrm{Ker}\,\mathcal{A}=(\mathrm{Im}\,\mathcal{A}^*)^{\perp}=(\mathrm{Im}\,(\mathcal{A}^*\mathcal{A}))^{\perp}$;

当 $\mathrm{Im}\,\mathcal{A}^*$ 是有限维时, $V=\mathrm{Ker}\,\mathcal{A}\bigoplus\mathrm{Im}\,\mathcal{A}^*$, $\mathrm{Im}\,\mathcal{A}^*=\mathrm{Im}(\mathcal{A}^*\mathcal{A})$.

(3) $\mathrm{Ker}(\mathcal{A}\mathcal{A}^*)=\mathrm{Ker}\,\mathcal{A}^*=(\mathrm{Im}\,\mathcal{A})^{\perp}=(\mathrm{Im}(\mathcal{A}\mathcal{A}^*))^{\perp}$.

当 $\mathrm{Im}\,\mathcal{A}$ 是有限维时, $V=\mathrm{Im}\,\mathcal{A}\bigoplus\mathrm{Ker}\,\mathcal{A}^*$, $\mathrm{Im}\,\mathcal{A}=\mathrm{Im}(\mathcal{A}\mathcal{A}^*)$.

定理 10.29 设 V 是复内积空间, $\mathcal{A}\in L(V)$, I 是指标集合, $S=\{\boldsymbol{e}_i\mid i\in I\}$ 是 V 的一个标准正交基. 下列叙述相互等价:

(1) $\mathcal{A}$ 是 V 上的酉变换;

(2) $\mathcal{A}(S)=\{\mathcal{A}\boldsymbol{e}_i, \mid i\in I\}$ 也是 V 的一个标准正交基;

(3)（V 是有限维情形）$\mathcal{A}$ 在 S 下的矩阵表示是酉方阵.

定理 10.30 设 V 是复内积空间, $\mathcal{A}\in L(V)$. 下列叙述相互等价:

(1) $\mathcal{A}$ 是规范变换;

(2) 对于任意 $\boldsymbol{\alpha}\in V$, $\|\mathcal{A}\boldsymbol{\alpha}\|=\|\mathcal{A}^*\boldsymbol{\alpha}\|$;

(3) 对于任意 $\boldsymbol{\alpha},\boldsymbol{\beta}\in V$, $(\mathcal{A}\boldsymbol{\alpha},\mathcal{A}\boldsymbol{\beta})=(\mathcal{A}^*\boldsymbol{\alpha},\mathcal{A}^*\boldsymbol{\beta})$.

定理 10.31 设 V 是复内积空间, $\mathcal{A}\in L(V)$ 是规范变换, U 是有限维 $\mathcal{A}$-不变子空间, 则 U 是 $\mathcal{A}^*$-不变子空间, $U^\perp$ 是 $\mathcal{A}$-不变子空间. 由此可得, 当 $\dim(V)=n<\infty$ 时, V 可以分解为 n 个两两正交的 1 维 $\mathcal{A}$-不变子空间的直和.

习 题 10.5

1. 对复内积空间 V, 推广习题 10.1 第 7 题中的结论, 并给出证明.

2. 补充完成本节中所有定理的证明.

3. 对酉空间 $\mathbb{C}^3$ 中向量组 $\boldsymbol{\alpha}_1=(\mathrm{i},1,0)$, $\boldsymbol{\alpha}_2=(0,\mathrm{i},1)$, $\boldsymbol{\alpha}_3=(1,0,\mathrm{i})$ 作 Gram-Schmidt 标准正交化.

4. 在 $\mathbb{C}_3[x]$ 上定义复内积 $(f,g)=\int_0^1\overline{f(x)}g(x)\mathrm{d}x$. 对基 $1,x,x^2$ 作 Gram-Schmidt 标准正交化.

5. 设 V 是复内积空间. 求下列线性变换 $\mathcal{A}\in L(V)$ 的伴随变换.

(1) $V=\mathbb{C}^3$, 复内积 $(\boldsymbol{x},\boldsymbol{y})=\boldsymbol{x}^{\mathrm{H}}\boldsymbol{G}\boldsymbol{y}$, $\mathcal{A}(\boldsymbol{X})=(\boldsymbol{\alpha},\boldsymbol{x})\boldsymbol{\beta}$ $(\boldsymbol{\alpha},\boldsymbol{\beta}\in V)$;

(2) $V=\mathbb{C}^{3\times3}$, 复内积 $(\boldsymbol{X},\boldsymbol{Y})=\mathrm{tr}(\boldsymbol{X}^{\mathrm{H}}\boldsymbol{Y})$, $\mathcal{A}(\boldsymbol{X})=\boldsymbol{PXQ}$ $(\boldsymbol{P},\boldsymbol{Q}\in V)$;

(3) $V=\mathbb{C}_3[x]$, 复内积 $(f,g)=\int_{-1}^1\overline{f(x)}g(x)\mathrm{d}x$, $\mathcal{A}:f(x)\mapsto f(\mathrm{i}x)$

6. 设复线性空间 $V=\mathbb{C}^{m\times n}$, $\rho(\boldsymbol{X},\boldsymbol{Y})=\boldsymbol{X}^{\mathrm{H}}\boldsymbol{SY}$, $\mathcal{A}(\boldsymbol{X})=\boldsymbol{PXQ}$, 其中 $\boldsymbol{S},\boldsymbol{P},\boldsymbol{Q}$ 都是复数矩阵.

(1) 求 $\boldsymbol{S}$ 应满足的充分必要条件, 使得 ρ 是 V 上的复内积;

(2) 分别求矩阵对 $(\boldsymbol{P},\boldsymbol{Q})$ 应满足的充分必要条件, 使得 $\mathcal{A}$ 是 (V,ρ) 上的酉变换/自伴变换/斜自伴变换/规范变换.

10.6 内积的推广

对于任意数域 $\mathbb{F}$ 上的线性空间 V, 我们保留内积的 “双线性”, 放松 “对称性”, 用 “非退化性” 替换 “正定性”, 把具有 “良好性质” 的双线性函数作为 V 上的内积概念的推广.

定义 10.13 设 V 是 $\mathbb{F}$ 上的线性空间, 若映射 $\rho: V\times V\to\mathbb{F}$ 满足

$$\rho(\lambda\boldsymbol{\alpha}+\mu\boldsymbol{\beta},\boldsymbol{\gamma})=\lambda\rho(\boldsymbol{\alpha},\boldsymbol{\gamma})+\mu\rho(\boldsymbol{\beta},\boldsymbol{\gamma}),\quad \rho(\boldsymbol{\alpha},\lambda\boldsymbol{\beta}+\mu\boldsymbol{\gamma})=\lambda\rho(\boldsymbol{\alpha},\boldsymbol{\beta})+\mu\rho(\boldsymbol{\alpha},\boldsymbol{\gamma})$$

其中 $\boldsymbol{\alpha},\boldsymbol{\beta},\boldsymbol{\gamma}\in V$, $\lambda,\mu\in\mathbb{F}$, 则 ρ 称为 V 上的**双线性函数**.

若存在非零向量 $\boldsymbol{\alpha}\in V$, 使得“$\rho(\boldsymbol{\alpha},\boldsymbol{\beta})=0\ (\forall\boldsymbol{\beta}\in V)$”或者“$\rho(\boldsymbol{\beta},\boldsymbol{\alpha})=0\ (\forall\boldsymbol{\beta}\in V)$”, 则 ρ 称为**退化**的. 否则 ρ 称为**非退化**的.

若对于任意 $\boldsymbol{\alpha},\boldsymbol{\beta}\in V$ 有 $\rho(\boldsymbol{\alpha},\boldsymbol{\beta})=\rho(\boldsymbol{\beta},\boldsymbol{\alpha})$, 则 ρ 称为**对称**的. 若 $\rho(\boldsymbol{\alpha},\boldsymbol{\alpha})=0\ (\forall\boldsymbol{\alpha}\in V)$, 则 ρ 称为**反对称**的. 容易证明, 若 ρ 是反对称的, 则有 $\rho(\boldsymbol{\alpha},\boldsymbol{\beta})=-\rho(\boldsymbol{\beta},\boldsymbol{\alpha})\ (\forall\boldsymbol{\alpha},\boldsymbol{\beta}\in V)$.

若 $\boldsymbol{\alpha},\boldsymbol{\beta}\in V$ 满足 $\rho(\boldsymbol{\alpha},\boldsymbol{\beta})=0$, 则称 $\boldsymbol{\alpha}$ 与 $\boldsymbol{\beta}$ **正交**, 记作 $\boldsymbol{\alpha}\perp\boldsymbol{\beta}$.

一般地, 由 $\boldsymbol{\alpha}\perp\boldsymbol{\beta}$ 并不能够推出 $\boldsymbol{\beta}\perp\boldsymbol{\alpha}$. 为了符合传统的几何直观, 我们希望正交关系是对称的, 即 $\boldsymbol{\alpha}\perp\boldsymbol{\beta}\Leftrightarrow\boldsymbol{\beta}\perp\boldsymbol{\alpha}$.

定理 10.32 设 V 是 $\mathbb{F}$ 上的线性空间, ρ 是 V 上的双线性函数. 若对于任意 $\boldsymbol{\alpha},\boldsymbol{\beta}\in V$ 都有

$$\rho(\boldsymbol{\alpha},\boldsymbol{\beta})=0\quad\Leftrightarrow\quad\rho(\boldsymbol{\beta},\boldsymbol{\alpha})=0$$

则“ρ 是对称的”和“ρ 是反对称的”两者之一成立.

证明 假设 ρ 不是反对称的, 则存在 $\boldsymbol{v}\in V$ 满足 $\rho(\boldsymbol{v},\boldsymbol{v})\neq 0$. 对于任意 $\boldsymbol{\alpha}\in V$, $\boldsymbol{u}=\boldsymbol{\alpha}-\dfrac{\rho(\boldsymbol{\alpha},\boldsymbol{v})}{\rho(\boldsymbol{v},\boldsymbol{v})}\boldsymbol{v}$ 满足 $\rho(\boldsymbol{u},\boldsymbol{v})=0$, 故 $\rho(\boldsymbol{v},\boldsymbol{u})=0$, 得 $\rho(\boldsymbol{\alpha},\boldsymbol{v})=\rho(\boldsymbol{v},\boldsymbol{\alpha})$. 对于任意 $\boldsymbol{\alpha},\boldsymbol{\beta}\in V$, 存在 $\lambda,\mu\in\mathbb{F}$ 使得 $\rho(\boldsymbol{\alpha}+\lambda\boldsymbol{v},\boldsymbol{\beta}+\mu\boldsymbol{v})=0$. 再由 $\rho(\boldsymbol{\beta}+\mu\boldsymbol{v},\boldsymbol{\alpha}+\lambda\boldsymbol{v})=0$, 得 $\rho(\boldsymbol{\alpha},\boldsymbol{\beta})=\rho(\boldsymbol{\beta},\boldsymbol{\alpha})$. 从而 ρ 是对称的.

当 V 是有限维时, 设 $S=\{\boldsymbol{\alpha}_1,\boldsymbol{\alpha}_2,\cdots,\boldsymbol{\alpha}_n\}$ 是 V 的一组基. $\boldsymbol{G}=\big(\rho(\boldsymbol{\alpha}_i,\boldsymbol{\alpha}_j)\big)\in\mathbb{F}^{n\times n}$ 称为 ρ 在 S 下的**矩阵表示**. 对于任意 $\boldsymbol{\alpha},\boldsymbol{\beta}\in V$, 设 $\boldsymbol{x},\boldsymbol{y}$ 分别是 $\boldsymbol{\alpha},\boldsymbol{\beta}$ 在 S 下的坐标, 则有

$$\rho(\boldsymbol{\alpha},\boldsymbol{\beta})=\boldsymbol{x}^{\mathrm{T}}\boldsymbol{G}\boldsymbol{y}$$

上式称为 ρ 在 S 下的**坐标表示**.

定理 10.33 设 V 是 $\mathbb{F}$ 上的有限维线性空间, S_1,S_2 都是 V 的基, $\boldsymbol{P}$ 是从 S_1 到 S_2 的过渡矩阵,V 上的双线性函数 ρ 在 S_1 和 S_2 下的矩阵表示分别是 $\boldsymbol{G}_1$ 和 $\boldsymbol{G}_2$, 则 $\boldsymbol{G}_2=\boldsymbol{P}^{\mathrm{T}}\boldsymbol{G}_1\boldsymbol{P}$, 即 $\boldsymbol{G}_1$ 与 $\boldsymbol{G}_2$ 在 $\mathbb{F}$ 上相合.

定理 10.34 设 V 是 $\mathbb{F}$ 上的有限维线性空间, ρ 是 V 上的双线性函数.

(1) ρ 是非退化的 $\Leftrightarrow$ ρ 在 V 的任意一组基 S 下的矩阵表示是可逆方阵;

(2) 若 ρ 是反对称的, 则存在 V 的基 S, 使得 ρ 在 S 下的矩阵表示形如 $\begin{pmatrix}\boldsymbol{O} & \boldsymbol{I}_s & \\ -\boldsymbol{I}_s & \boldsymbol{O} & \\ & & \boldsymbol{O}\end{pmatrix}$;

(3) 若 ρ 是对称的且不是反对称的, 则存在 V 的基 S, 使得 ρ 在 S 下的矩阵表示为对角方阵.

证明 设 S 是 V 的任意一组基, $\boldsymbol{G}=(g_{ij})\in\mathbb{F}^{n\times n}$ 是 ρ 在 S 下的矩阵表示. 不妨设 $\boldsymbol{G}\neq\boldsymbol{O}$.

(1) ρ 是非退化的 $\Leftrightarrow$ 线性映射 $\boldsymbol{x}\mapsto\boldsymbol{x}^{\mathrm{T}}\boldsymbol{G}$ 和 $x\mapsto\boldsymbol{G}\boldsymbol{x}$ 都是 $\mathbb{F}^n$ 上的一一映射 $\Leftrightarrow$ $\boldsymbol{G}$ 是可逆方阵.

(2) ρ 是反对称的 $\Rightarrow$ $\boldsymbol{G}$ 是反对称方阵且对角元素都是 0. 根据定理 10.33 知, 只需证明 $\boldsymbol{G}$ 可相合于

$$\begin{pmatrix}\boldsymbol{O} & \boldsymbol{I}_s & \\ -\boldsymbol{I}_s & \boldsymbol{O} & \\ & & \boldsymbol{O}\end{pmatrix}$$

设 $g_{ij}\neq 0$, 则 $\boldsymbol{G}$ 与 $\boldsymbol{D}_1(\frac{1}{g_{ij}})S_{2j}S_{1i}\boldsymbol{G}S_{1i}S_{2j}\boldsymbol{D}_1(\frac{1}{g_{ij}})=\begin{pmatrix}\boldsymbol{A} & \boldsymbol{B}\\ -\boldsymbol{B}^{\mathrm{T}} & \boldsymbol{C}\end{pmatrix}$ 和 $\begin{pmatrix}A & \\ & \widetilde{\boldsymbol{G}}\end{pmatrix}$ 都相合, 其中 $\boldsymbol{A}=\begin{pmatrix}0 & 1\\ -1 & 0\end{pmatrix}$, $\widetilde{\boldsymbol{G}}=\boldsymbol{C}+\boldsymbol{B}^{\mathrm{T}}\boldsymbol{A}^{-1}\boldsymbol{B}$ 是反对称方阵且对角元素都是 0. 利用数学归纳法容易证明, $\boldsymbol{G}$ 可相合于 $\mathrm{diag}(\underbrace{\boldsymbol{A},\cdots,\boldsymbol{A}}_{s个},\boldsymbol{O})$, 进而 $\boldsymbol{G}$ 可相合于 $\begin{pmatrix}\boldsymbol{O} & \boldsymbol{I}_s & \\ -\boldsymbol{I}_s & \boldsymbol{O} & \\ & & \boldsymbol{O}\end{pmatrix}$.

(3) ρ 是对称的 $\Rightarrow$ $\boldsymbol{G}$ 是对称方阵. 根据定理 10.33 知, 只需证明 $\boldsymbol{G}$ 可相合于对角方阵.

① 情形 1 $\mathrm{char}\,\mathbb{F}\neq 2$.

(a) 若存在 $g_{ii}\neq 0$, 则 $S_{1i}\boldsymbol{G}S_{1i}$ 的 $(1,1)$ 元素不是 0. 不妨设 $g_{11}\neq 0$, 则 $\boldsymbol{G}=\begin{pmatrix}g_{11} & \boldsymbol{\alpha}^{\mathrm{T}}\\ \boldsymbol{\alpha} & \boldsymbol{B}\end{pmatrix}$ 与 $\begin{pmatrix}g_{11} & \\ & \widetilde{\boldsymbol{G}}\end{pmatrix}$ 相合, 其中 $\widetilde{\boldsymbol{G}}=\boldsymbol{B}-\frac{1}{g_{11}}\boldsymbol{\beta}\boldsymbol{\beta}^{\mathrm{T}}$ 是对称方阵. 利用数学归纳法容易证明, $\boldsymbol{G}$ 可相合于对角方阵.

(b) 若所有 $g_{ii}=0$, 则存在 $g_{ij}\neq 0$. $T_{ij}(1)\boldsymbol{G}T_{ji}(1)$ 的 (i,i) 元素为 $2g_{ij}$, 化为 $g_{ii}\neq 0$ 情形.

② 情形 2 $\mathrm{char}\,\mathbb{F}=2$.

由于 ρ 不是反对称的, 故 $\boldsymbol{G}$ 的对角元素不都是 0. 设 $g_{ii}=a\neq 0$, 则 $\boldsymbol{G}$ 与 $S_{1i}\boldsymbol{G}S_{1i}=\begin{pmatrix}a & \boldsymbol{\alpha}^{\mathrm{T}}\\ \alpha & B\end{pmatrix}$ 和 $\begin{pmatrix}a & \\ & \boldsymbol{C}\end{pmatrix}$ 都相合, 其中 $\boldsymbol{C}=\boldsymbol{B}-\frac{1}{a}\boldsymbol{\alpha}\boldsymbol{\alpha}^{\mathrm{T}}$ 是对称方阵, 也是反对称方阵.

(a) 若 $\boldsymbol{C}$ 的对角元素不都是 0, 利用数学归纳法容易证明,$\boldsymbol{G}$ 可相合于对角方阵.

(b) 若 $\boldsymbol{C}$ 的对角元素都是 0, 则根据结论 (2) 知, $\boldsymbol{C}$ 可相合于 $\mathrm{diag}(\underbrace{\boldsymbol{A},\cdots,\boldsymbol{A}}_{s个},\boldsymbol{O})$, 其中 $\boldsymbol{A}=\begin{pmatrix}0 & 1\\ 1 & 0\end{pmatrix}$.

由 $\begin{pmatrix}1 & 0 & a\\ 1 & 1 & 0\\ 1 & 1 & a\end{pmatrix}\begin{pmatrix}a & 0 & 0\\ 0 & 0 & 1\\ 0 & 1 & 0\end{pmatrix}\begin{pmatrix}1 & 1 & 1\\ 0 & 1 & 1\\ a & 0 & a\end{pmatrix}=\begin{pmatrix}a & 0 & 0\\ 0 & a & 0\\ 0 & 0 & a\end{pmatrix}$ 可得 $\boldsymbol{G}$ 与 $\begin{pmatrix}a\boldsymbol{I}_{2s+1} & \\ & \boldsymbol{O}\end{pmatrix}$ 相合.

定义 10.14 设 V 是 $\mathbb{F}$ 上的线性空间, $\mathcal{A}\in L(V)$ 可逆.

(1) V 上的对称非退化双线性函数 ρ 称为**内积**, 代数结构 (V,ρ) 称为**内积空间**. 若 $\mathcal{A}$ 满足

$$\rho(\mathcal{A}\boldsymbol{\alpha},\mathcal{A}\boldsymbol{\beta})=\rho(\boldsymbol{\alpha},\boldsymbol{\beta})\quad(\forall\boldsymbol{\alpha},\boldsymbol{\beta}\in V)$$

则称 $\mathcal{A}$ 为**正交变换**. V 上的正交变换的全体, 在线性变换的乘积运算下构成群, 称为**正交群**.

(2) V 上的反对称非退化双线性函数称为**辛内积**, 代数结构 (V,ρ) 称为**辛空间**. 若 $\mathcal{A}$ 满足

$$\rho(\mathcal{A}\boldsymbol{\alpha},\mathcal{A}\boldsymbol{\beta})=\rho(\boldsymbol{\alpha},\boldsymbol{\beta})\quad(\forall\boldsymbol{\alpha},\boldsymbol{\beta}\in V)$$

则称 $\mathcal{A}$ 为**辛变换**. 辛空间 V 上的辛变换的全体, 在线性变换的乘积运算下构成群, 称为**辛群**.

例 10.26 设 V 是 $\mathbb{F}$ 上的有限维线性空间, $\mathcal{A}\in L(V)$, $\boldsymbol{A}$ 是 $\mathcal{A}$ 在 V 的某组基 S 下的矩阵表示.

(1) 设 ρ 是 V 上的对称非退化双线性函数, $\boldsymbol{G}$ 是 ρ 在 S 下的矩阵表示, 则 $\mathcal{A}$ 是 (V,ρ) 上的正交变换当且仅当 $\boldsymbol{A}^{\mathrm{T}}\boldsymbol{G}\boldsymbol{A}=\boldsymbol{G}$. 特别地, 若 $\mathcal{A}$ 是正交变换, 则 $\det(\boldsymbol{A})=\pm 1$.

(2) 设 ρ 是 V 上的反对称非退化双线性函数, $\boldsymbol{G}$ 是 ρ 在 S 下的矩阵表示, 则 $\mathcal{A}$ 是 (V,ρ) 上的辛变换当且仅当 $\boldsymbol{A}^{\mathrm{T}}\boldsymbol{G}\boldsymbol{A}=\boldsymbol{G}$. 特别地, 若 $\mathcal{A}$ 是辛变换, 则 $\det(\boldsymbol{A})=1$ (见例 4.12).

例 10.27 **Minkowski 空间**是 Minkowski[①] 于 1907 年为了适应狭义相对论的需要而提出来的时空模型. 一般的 n 维 Minkowski 空间是内积空间 $V=(\mathbb{R}^n,\rho)$, 其中 ρ 在标准基下的矩阵表示 $\boldsymbol{G}=\mathrm{diag}(1,\cdots,1,-1)$. 狭义相对论中采用的是 4 维 Minkowski 空间. 在 4 维时空世界中, 每个时空点有 4 个坐标分量 (x,y,z,t), 其中 x,y,z 代表空间坐标, t 代表时间坐标.

V 上的正交变换称为 **Lorentz[②] 变换**. Lorentz 变换的矩阵表示 $\boldsymbol{A}$ 满足 $\boldsymbol{A}^{\mathrm{T}}\boldsymbol{G}\boldsymbol{A}=\boldsymbol{G}$. 保持 t 分量的正负号不变的 Lorentz 变换称为**正常 Lorentz 变换**. 狭义相对论要求物理定律在正常 Lorentz 变换下是不变的.

习 题 10.6

1. 设 V 是 $\mathbb{F}$ 上的线性空间, $\mathrm{char}\,\mathbb{F}\neq 2$, ρ 是 V 上的双线性函数. 证明: 存在 V 上的对称双线性函数 f 和反对称双线性函数 g, 使得 $\rho=f+g$, 并且这种表示方式是唯一的.

2. 设 V 是 $\mathbb{F}$ 上的线性空间, ρ 是 V 上的双线性函数.

(1) 证明: 若 ρ 是反对称的, 则有 $\rho(\boldsymbol{\alpha},\boldsymbol{\beta})=-\rho(\boldsymbol{\beta},\boldsymbol{\alpha})$ $(\forall\boldsymbol{\alpha},\boldsymbol{\beta}\in V)$;

(2) 举例: ρ 不是反对称的, 亦有 $\rho(\boldsymbol{\alpha},\boldsymbol{\beta})=-\rho(\boldsymbol{\beta},\boldsymbol{\alpha})$ $(\forall\boldsymbol{\alpha},\boldsymbol{\beta}\in V)$.

3. 证明定理 10.33.

4. 设 ρ 是线性空间 V 上的双线性函数. 证明: 下列两个叙述等价.

(1) 存在 $f,g\in V^*$ 使得 $\rho(\boldsymbol{\alpha},\boldsymbol{\beta})=f(\boldsymbol{\alpha})g(\boldsymbol{\beta})$;

(2) $\begin{vmatrix}\rho(\boldsymbol{\alpha}_1,\boldsymbol{\beta}_1) & \rho(\boldsymbol{\alpha}_1,\boldsymbol{\beta}_2)\\ \rho(\boldsymbol{\alpha}_2,\boldsymbol{\beta}_1) & \rho(\boldsymbol{\alpha}_2,\boldsymbol{\beta}_2)\end{vmatrix}=0$ $(\forall\boldsymbol{\alpha}_i,\boldsymbol{\beta}_i\in V, i=1,2)$.

5. 设 $V=(\mathbb{F}^{2n},\rho)$ 是辛空间, 其中辛内积 ρ 在 $\mathbb{F}^{2n}$ 的标准基下的矩阵表示 $\boldsymbol{G}=\begin{pmatrix}\boldsymbol{O} & \boldsymbol{I}_n\\ -\boldsymbol{I}_n & \boldsymbol{O}\end{pmatrix}$. 研究 V 上的辛变换、自伴变换、斜自伴变换和规范变换的性质.

---

① Hermann Minkowski, 1864～1909, 德国数学家.

② Hendrik Antoon Lorentz, 1853～1928, 荷兰物理学家、数学家, 1902 年获 Nobel 物理学奖.

参 考 文 献

[1] 华罗庚. 数论导引[M]. 北京: 科学出版社, 1957.

[2] 华罗庚. 华罗庚文集: 数论卷Ⅱ[M]. 北京: 科学出版社, 2010.

[3] 华罗庚, 万哲先. 典型群[M]. 上海: 上海科学技术出版社, 1963.

[4] 华罗庚, 万哲先. 华罗庚文集: 代数卷Ⅰ[M]. 北京: 科学出版社, 2010.

[5] 钱宝琮. 中国数学史[M]. 北京: 科学出版社, 1964.

[6] 许以超. 代数学引论[M]. 上海: 上海科学技术出版社, 1966.

[7] Hoffman K, Kunze R. Linear Algebra[M]. 2nd ed. New Jersey: Prentice-Hall, 1971.

[8] Greub W H.Linear Algebra[M]. 4th ed. New York: Springer-Verlag, 1974.

[9] 华罗庚. 高等数学引论[M]. 北京: 科学出版社, 1984.

[10] 华罗庚. 高等数学引论: 第四册[M]. 北京: 高等教育出版社, 2009.

[11] (宋) 秦九韶. 数书九章新释[M]. 合肥: 安徽科学技术出版社, 1992.

[12] Jech T. Set theory: The Third Millennium Edition, revised and expanded[M]. New York: Springer, 2003.

[13] 柳柏濂. 组合矩阵论[M]. 2 版. 北京: 科学出版社, 2005.

[14] 李尚志. 线性代数[M]. 北京: 高等教育出版社, 2006.

[15] Hogben L.Handbook of Linear Algebra[M]. New York: Chapman & Hall/CRC, 2006.

[16] Kostrikin A I. 代数学引论: 基础代数[M]. 2 版. 张英伯, 译. 北京: 高等教育出版社, 2006.

[17] Kostrikin A I. 代数学引论: 线性代数[M]. 3 版. 牛凤文, 译. 北京: 高等教育出版社, 2008.

[18] 许以超. 线性代数与矩阵论[M]. 2 版. 北京: 高等教育出版社, 2008.

[19] Roman S.Advanced Linear Algebra[M]. 3rd ed. New York: Springer, 2008.

[20] 李炯生, 查建国, 王新茂. 线性代数[M]. 2 版. 合肥: 中国科学技术大学出版社, 2010.

[21] 王东明, 牟晨琪, 李晓亮, 等. 多项式代数[M]. 北京: 高等教育出版社, 2011.

[22] 陆启铿. 典型流形与典型域[M]. 北京: 科学出版社, 2011.

[23] Gene H G, Charles F Van L. Matrix Computations[M]. 4th ed. Baltimore: Johns Hopkins University Press, 2012.

[24] Andries E B, Willem H H. Spectra of Graphs[M]. New York: Springer, 2012.

[25] 丘维声. 高等代数[M]. 北京: 科学出版社, 2013.

[26] Kline M. 古今数学思想: 第 1~3 册[M]. 张理京, 石生明, 邓东皋, 等译. 上海: 上海科学技术出版社, 2014.

[27] 郭书春. 九章算术新校: 上、下册[M]. 合肥: 中国科学技术大学出版社, 2014.

[28] 丘维声. 高等代数: 上、下册[M]. 3 版. 北京: 高等教育出版社, 2015.

[29] 陈发来, 陈效群, 李思敏, 等. 线性代数与解析几何[M]. 2 版. 北京: 高等教育出版社, 2015.

[30] David C L. 线性代数及其应用[M]. 4 版. 刘深泉, 张万芹, 陈玉珍, 等译. 北京: 机械工业出版社, 2007.

[31] 徐俊明. 图论及其应用[M]. 4 版. 合肥: 中国科学技术大学出版社, 2019.

[32] Stephan R G, Roger A H. 线性代数高级教程: 矩阵理论及应用[M]. 张明尧, 译. 北京: 机械工业出版社, 2020.